DB-Fachbuch
Herausgegeben vom Bahn Fachverlag

BFV
BAHN
FACHVERLAG

Jürgen Janicki

Systemwissen Eisenbahn

3. überarbeitete Auflage

BFVELog

Inklusive Online-Version

Der Inhalt des Buches steht online auf der Plattform BFV ELog zur Verfügung (Freischaltcode und Registrierung erforderlich). Weitere Informationen zu Freischaltcode und Registrierung auf www.bfv-elog.de.

Bibliografische Information der Deutschen Nationalbibliothek

Die Deutsche Nationalbibliothek verzeichnet diese Publikation in der Deutschen Nationalbibliografie; detaillierte bibliografische Daten sind im Internet über http://dnb.d-nb.de abrufbar.

Jürgen Janicki

Systemwissen Eisenbahn

DB-Fachbuch

3. überarbeitete Auflage – Bahn Fachverlag GmbH, Berlin 2021

Herausgeber:

Bahn Fachverlag GmbH in Kooperation mit DB Training, Learning & Consulting

Redaktioneller Hinweis: In diesem Buch werden aus Gründen der besseren Lesbarkeit die generisch maskulinen Berufsbezeichnungen verwendet. Damit sind ausdrücklich stets alle Leser jeden Geschlechts angesprochen.

Foto auf dem Titel: DB AG/Faruk Hosseini

Abbildungen ohne Quelle: Autor

Foto im Vorwort: Urban Zintel

Umschlaggestaltung und Satz: DB AG; CRUFF, Berlin

Druck und buchbinderische Verarbeitung: Laub GmbH & Co. KG, Elztal-Dallau

Printed in Germany

ISBN 978-3-943214-30-7

Inhalt

Vorwort

Die Deutsche Bahn ist als fester Bestandteil der Mobilität in Deutschland nicht mehr wegzudenken. Besonders für die erfolgreiche Umsetzung der Verkehrswende spielt die Bahn eine essenzielle Rolle: Wir haben den Auftrag, die Bahn als das zentrale nachhaltige Verkehrsmittel weiterzuentwickeln und damit einen wesentlichen Beitrag für den Klimaschutz zu leisten. Damit verantwortet die Deutsche Bahn eine langfristige, zukunftsorientierte und sinnstiftende Aufgabe für die Menschen, das Klima, die Wirtschaft unseres Landes – und übergreifend auch für Europa.

Unsere Umwelt verändert sich und wir bei der Deutschen Bahn können und wollen die Zukunft mitgestalten. Die Geschichte der Bahn zeigt, dass wir uns immer wieder an dynamische Situationen angepasst und uns stetig weiterentwickelt haben. Mit dieser Erfahrung treiben wir auch heute Themen aktiv voran, von denen wir überzeugt sind, dass sie eine zentrale Rolle für die Mobilität von morgen spielen werden.

Immer wieder sehen wir, wie schnell sich die Welt, in der wir leben und arbeiten, verändern kann und wie wichtig es ist, an diesem Wandel aktiv mitzuwirken, um als Organisation langfristig zukunftsfähig zu bleiben. Die Basis für erfolgreiche Transformationsprozesse bilden unsere Mitarbeitenden. Genau deswegen wollen wir unsere Mitarbeitenden mitnehmen und ermutigen, sich aktiv an prozessualen und strukturellen Veränderungen zu beteiligen. Hinter diesem Prinzip stehe ich nicht nur als Vorstand für Personal und Recht bei der Deutschen Bahn, sondern auch persönlich. Eine besondere Bedeutung haben für uns aktuell die Themen „Digitalisierung", „New Work" und „Vielfalt", welche die Arbeit bei der Bahn grundlegend verändern. Gemeinsam mit unseren Mitarbeitenden gestalten wir diese Veränderung aktiv mit, um ein Arbeitsumfeld zu schaffen, das verschiedenen Lebensumständen gerecht wird und jedem die Chance auf Erfolg gibt.

Das Fachbuch „Systemwissen Eisenbahn" beschreibt die bestehenden Zusammenhänge und Abhängigkeiten, die gemeinsam die Gesamtheit des Eisenbahnsystems ausmachen. Damit ist es sowohl für erfahrene Eisenbahner und Eisenbahnerinnen als auch für Neu- und Quereinsteiger ein spannendes Nachschlagewerk zu den praktischen Elementen im Eisenbahngeschäft.

Ich wünsche viel Freude beim Lesen.

Herzliche Grüße
Ihr

Martin Seiler

1 Grundlagen

1.1 Überblick über das Gesamtsystem

1.1.1 Einführung

Der Begriff Eisenbahn kennzeichnet ein schienengebundenes Verkehrsmittel zur Beförderung von Personen und zum Transport von Gütern. Dabei fahren die eigentlichen Fahrzeuge mit stählernen Rädern auf stählernen Schienen. Die Spurgebundenheit und die geringe Reibung zwischen Rad und Schiene sind die wesentlichen Merkmale dieses Verkehrsmittels. Nicht zuletzt wegen dieser besonderen Eigenschaften wurde die „Eisenbahn" von Anfang an nach ihrem Fahrweg benannt.

Abb. 1-1: Die Spurbindung des Systems Eisenbahn bietet gegenüber anderen Verkehrssystemen eine hohe Sicherheit.
Foto: DB AG/Volker Emersleben

Entscheidend für die weitere Entwicklung der Eisenbahn ist neben der Gebundenheit an den Schienenweg auch das günstige Verhältnis zwischen Energiebedarf und Beförderungsleistung. Wegen des geringen Rollwiderstands auf der Schiene ist der Kraftbedarf für die Erbringung einer Transport- oder Verkehrsleistung deutlich niedriger als auf der Straße. Dieser geringe Rollwiderstand und die bei der Eisenbahn bewegten großen Massen haben natürlich auch eine Erhöhung des Bremswegs zur Folge, was einen wesentlichen Einfluss auf die Ausführung der Bremsanlage hat. Da Züge mit hohen Geschwindigkeiten in dichter Folge sicher gefahren werden müssen, sind auch besondere technische Einrichtungen am Gleis und an den Fahrzeugen sowie umfassende Regelungen für die Betriebsdurchführung erforderlich.

Herausforderungen

Aktuell steht das Eisenbahnsystem vor großen Herausforderungen: Einerseits muss es den wachsenden Bedarf nach Beförderungs- und Transportleistungen decken und andererseits eine Alternative zu anderen Verkehrsträgern bieten, und dies vor dem Hintergrund steigender Energiepreise und der wachsenden Beachtung der Auswirkungen des Verkehrs auf die Umwelt. Dabei verfügt das Eisenbahnsystem über zahlreiche Stärken: Im Gegensatz zu anderen Verkehrsträgern ist die Eisenbahn nicht nur ein äußerst umweltfreundliches Verkehrsmittel, sondern gleichzeitig auch ein besonders sicheres. In vielen Marktbereichen und Relationen bietet sie eine preisgünstigere und schnellere Alternative zu anderen Verkehrsträgern.

Diese Erkenntnisse haben in vielen Ländern zu einem Umdenkprozess geführt. Galt die fast 200 Jahre alte Eisenbahn noch vor einigen Jahrzehnten in vielen Ländern als Auslaufmodell unter den Verkehrsträgern, erlebt sie heute eine Renaissance. Eine starke Bahn kann helfen, die Klimaziele im Verkehrsbereich zu erreichen. Zahlreiche Länder haben inzwischen die Vorteile des Schienenverkehrs wiederentdeckt und planen den Bau neuer Eisenbahnstrecken.

In den klassischen Bahnländern zählt die Modernisierung der vorhandenen Verkehrs- und Schieneninfrastruktur zu den vorrangigen Aufgaben der Entwicklungsplanung. Die Bundesregierung hat in ihrem Klimaschutzprogramm 2030 ein Maßnahmenbündel zur Stärkung des Schienenverkehrs vorgelegt. Zahlreiche Einzelmaßnahmen sollen in den nächsten zehn Jahren mit Gesetzen und Förderprogrammen umgesetzt werden.

Abb. 1-2: Verknüpfung verschiedener Güterverkehrssysteme im Containerterminal Burchardkai Foto: HHLA/Thies Rätzke

Um den anstehenden Herausforderungen im Verkehrsbereich zu begegnen, ist eine effiziente und leistungsfähige Bahn unerlässlich. Das Verkehrsmittel Bahn allein kann dabei seine Fahrgäste systembedingt nicht von Haus zu Haus befördern. Im Personenverkehr gewinnen deshalb sowohl die Schnittstellen zu anderen öffentlichen Verkehrssystemen und zum Individualverkehr wie auch die Bildung von Reiseketten zunehmend an Bedeutung.

Im Güterverkehr werden mehrere Verkehrsträger zu einer Transportkette verknüpft, denn nur so kann ein wesentlicher Beitrag zu einer effizienten und ökologischen Beförderung von Gütern erreicht werden.

Struktureller Wandel des Eisenbahnsystems

Als Folge der Liberalisierungspolitik der Europäischen Wirtschaftsgemeinschaft (EWG) sowie ihrer Nachfolgeorganisationen Europäische Gemeinschaft (EG) und Europäische Union (EU) haben sich die rechtlichen Rahmenbedingungen für Eisenbahnen in Europa seit Mitte der 1990er-Jahre grundlegend geändert.

In der Vergangenheit war das Eisenbahnsystem in Europa weitgehend durch staatliche Eisenbahngesellschaften geprägt. Diese „Staatsbahnen" betrieben die nationalen Bahnnetze und Eisenbahnverkehrsleistungen als Monopol und übten auch einen starken Einfluss auf die Entwicklungsprozesse der Bahnindustrie aus. Die Eisenbahnsysteme und deren technische Komponenten wurden in der Vergangenheit national entwickelt und sind deshalb oftmals inkompatibel mit den Systemen anderer Länder.

Seitdem vollzog sich im europäischen Eisenbahnsystem ein tiefgreifender struktureller Wandel. Die Staatsbahnen wurden in Wirtschaftsunternehmen umgewandelt und der Schienenmarkt für Dritte geöffnet. Heute stehen beim Betrieb des Bahnverkehrs zahlreiche Unternehmen in einem zunehmenden Wettbewerb.

Die Strom- und Sicherungssysteme sind in Europa historisch bedingt unterschiedlich und die daraus resultierenden Betriebsvorschriften weichen voneinander ab. Trotzdem soll ein einheitlicher Eisenbahnraum entstehen. Gleichzeitig soll der Bahnsektor effizienter, integrierter und moderner werden und schneller auf Kundenwünsche reagieren. Dies erfordert neben der Marktöffnung des Schienenverkehrs für mehr Wettbewerb auch die technische Harmonisierung der verschiedenen Bahnsysteme und die Modernisierung der Infrastruktur.

Damit der europaweite Eisenbahnverkehr in Zukunft nicht durch technische oder organisatorische Barrieren ausgebremst wird, arbeiten die EU, die Mitgliedstaaten und zahlreiche Institutionen an der Harmonisierung der verschiedenen Eisenbahnsysteme. Die Herstellung und das Betreiben eines sicheren und an den Grenzen durchgehenden Zugverkehrs ist der Schlüssel zur Wettbewerbs- und Zukunftsfähigkeit des Eisenbahnverkehrs im 21. Jahrhundert.

Abb. 1-3: Hochgeschwindigkeitszug ICE 3 der Deutschen Bahn im niederländischen Bahnhof Amsterdam Centraal

Abbildung: DB AG/Uwe Miethe

1.1.2 Verkehrssysteme

Die Ortsveränderung von Personen oder Gütern wird als Transport bezeichnet. In der deutschen Fachsprache wird dazu häufig auch der Begriff „Verkehr" synonym verwendet. Verkehrssysteme enthalten alle strukturellen Komponenten, die für diese Ortsveränderung erforderlich sind. Damit umfassen sie neben der Infrastruktur (z. B. den Fahrweganlagen) auch die notwendigen Transportmittel (z. B. die Fahrzeuge). Teil eines Verkehrssystems sind auch die Aktivitäten, die den Verkehr verursachen, sowie die Einrichtungen, die den Transportprozess organisieren und steuern.

Bei den Verkehrssystemen existieren verschiedene Ausprägungsformen (Verkehrszweige). Eine erste Abgrenzung findet nach dem Bewegungsraum (Luft, Wasser, Land) statt. Anschließend lassen sich die landgebundenen Verkehrssysteme in Straßenverkehr und spurgeführten Verkehr weiter unterteilen. Die wichtigsten spurgeführten Systeme sind die Schienenbahnen, die das Rad-Schiene-Prinzip nutzen und auch als Schienenverkehrssysteme bezeichnet werden.

Neben der Eisenbahn gehören dazu auch vergleichbare Systeme wie beispielsweise die Straßen- oder Untergrundbahn (U-Bahn) oder auch die Zahnradbahn. Andere spurgeführte Systeme sind beispielsweise Hängebahnen, Magnetschwebebahnen, Spurbussysteme und an Kabeln oder Seilen geleitete Bahnen.

Schienenverkehrssysteme und deren gesetzliche Grundlage

In Deutschland orientiert sich die Einteilung und Unterscheidung der Schienenverkehrssysteme am Gültigkeitsbereich entsprechender Gesetze und Verordnungen. Auf der einen Seite steht die Gruppe von Bahnsystemen, die unter das Allgemeine Eisenbahngesetz (AEG) fallen und neben den Zügen des Regional- und Fernverkehrs auch regionale Eisenbahnen sonstiger Betreiber umfassen, z. B., wenn sie aus städtischen Verkehrsnetzen herausfahren.

Der Bau der Fahrzeuge sowie die Betriebsführung dieser Systeme sind für Eisenbahnen des öffentlichen Verkehrs in der Eisenbahn-Bau- und Betriebsordnung (EBO) – für Schmalspurbahnen in der Eisenbahn-Bau- und Betriebsordnung für Schmalspurbahnen (ESBO) – geregelt. Eisenbahnen des öffentlichen Verkehrs stehen jedem zur Benutzung offen. Dagegen sind die Eisenbahnen des nichtöffentlichen Verkehrs Teil des innerbetrieblichen Transports von Unternehmen. Hier finden sich entsprechende Regelungen in der Verordnung über den Bau und Betrieb von Anschlussbahnen (BOA) bzw. der Eisenbahn-Bau- und Betriebsordnung für Anschlussbahnen (EBOA).

Demgegenüber stehen die auf Grundlage des Personenbeförderungsgesetzes betriebenen städtischen Schienenbahnen, deren Bau und Betriebsführung der Straßenbahn-Bau- und Betriebsordnung (BOStrab) unterliegen.

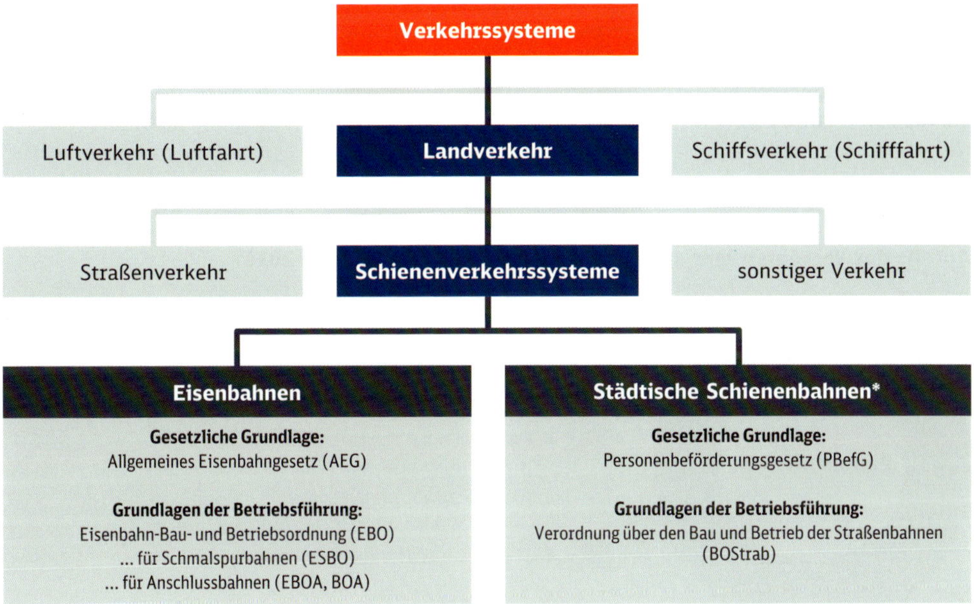

* Straßenbahnen, Stadtbahnen sowie Hoch- und Untergrundbahnen (U-Bahnen)

Abb. 1-4: Verkehrssysteme im Überblick (Auszug)

Abbildung: Jürgen Janicki

Marktanteile der Verkehrsträger

Obwohl die Eisenbahn gegenüber dem Straßenverkehr als das umweltverträglichere Verkehrsmittel gilt, hat ihr Marktanteil in den letzten 100 Jahren ständig abgenommen. Im Gegenzug stiegen die Anteile des Straßenverkehrs an. Im Personenfernverkehr fand zudem noch eine starke Verlagerung zum Luftverkehr statt. Diese Entwicklung hatte zahlreiche strukturelle Ursachen und schien nicht einfach umkehrbar zu sein. In den letzten Jahren war jedoch eine positive Trendwende zu verzeichnen. Höhere Kraftstoffpreise, Einschränkungen im Luftverkehr und eine steigende Nachfrage führten im Schienenpersonenverkehr zu einer positiven Marktentwicklung.

Im Jahr 2018 blieb die Verkehrsleistung im deutschen Personenverkehrsmarkt in etwa auf Vorjahresniveau. Während der Schienenverkehr seine Marktanteile um 2,4 Prozent steigern konnte, sank die Verkehrsleistung im innerdeutschen Luftverkehr geringfügig um 0,7 Prozent. Der motorisierte Individualverkehr und der öffentliche Straßenpersonenverkehr stagnierten.

Anders sieht die Entwicklung im europäischen Güterverkehrsmarkt aus. Hier stieg die Verkehrsleistung im Jahr 2018 zum sechsten Mal in Folge. Der harte intermodale Wettbewerb mit z. T. ruinös agierenden Straßenverkehrsunternehmen führte zu einem überdurchschnittlichen Wachstum im Straßenverkehr. Im Schienengüterverkehr (SGV) lag die Verkehrsleistung annähernd auf dem Niveau des Vorjahres. Die Binnenschifffahrt musste als Folge der extremen Niedrigwasserstände deutliche Leistungsrückgänge verzeichnen.

Trotz abschwächender Konjunktur wird in den nächsten Jahren mit einem nochmaligen Verkehrswachstum gerechnet. Es ist absehbar, dass die einzelnen Verkehrssysteme künftig immer häufiger an ihre Kapazitätsgrenzen stoßen werden. Staus im Straßenverkehr sind schon heute die Regel. Auch im Eisenbahnverkehr sind aufseiten des Schienennetzes Schwachstellen erkennbar, die eine weitere Kapazitätserhöhung behindern könnten. Hier sind für die nächsten Jahre beträchtliche Investitionsmittel für die Erweiterung der Bahnhofs- und Netzkapazität eingeplant, um damit die erforderlichen Anpassungen an das Verkehrswachstum vollziehen zu können.

Anteile der Verkehrsträger an der Verkehrsleistung (Modal Split 2018)

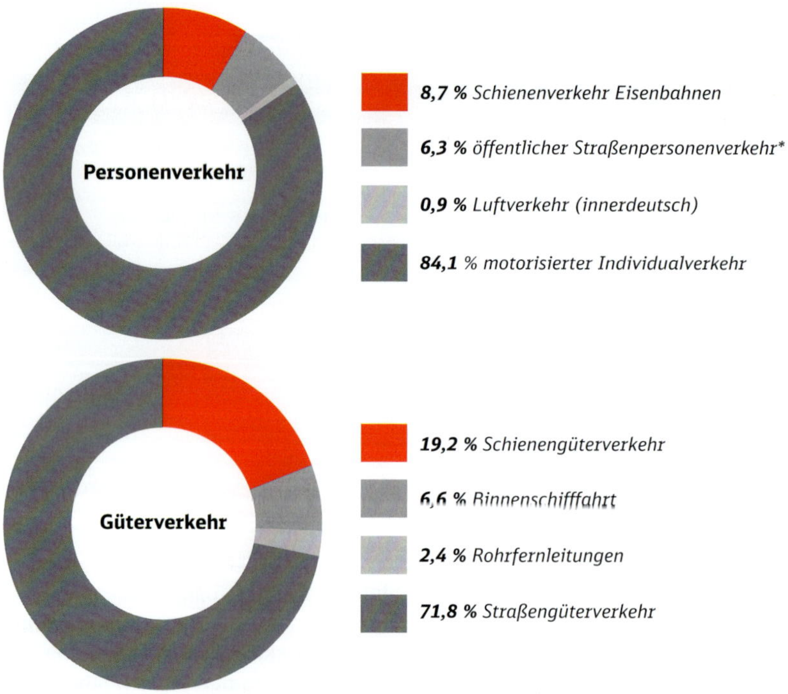

* Städtische Schienenbahnen und Busse

Abb. 1-5: Anteile der Verkehrsträger an den Verkehrsleistungen (Stand: 2019) Quelle: Wettbewerbsbericht/Wettbewerbskennzahlen DB AG 2018/19

1.1.3 Umweltaspekte

Grundsätzlich ist der Transport von Gütern wie von Menschen durch den motorisierten Individualverkehr mit einer Belastung der Umwelt verbunden. Mit der Wahl des Verkehrsmittels können Energie eingespart und Schadstoffe vermieden werden. Wer Bahn fährt, ist energieeffizient und umweltfreundlich unterwegs. Hinsichtlich der Umweltauswirkungen schneidet das spurgeführte System Eisenbahn im Vergleich der Verkehrsträger deutlich besser ab als das Auto, der Lkw oder das Flugzeug.

In Teilbereichen konnte die Eisenbahn ihren Umweltvorsprung in den letzten Jahren sogar noch weiter ausbauen, beispielsweise durch Umstellung von Linien auf elektrischen Betrieb. Auch die Möglichkeit zur Rückgewinnung von Bremsenergie, die seit Jahren beim elektrischen Zugbetrieb Standard ist, wirkt sich positiv auf den Energieverbrauch aus.

Energieverbrauch

Der Schienenverkehr weist ein besonders günstiges Verhältnis von Energieeinsatz und Transportleistung auf. Im Vergleich mit dem Pkw verbraucht die Bahn im Personenverkehr bei gleicher Verkehrsleistung nur gut die Hälfte der Energie. Dabei profitiert die Schiene von einem geringen Rollwiderstand (Stahl auf Stahl statt Gummireifen auf Asphalt). Gegenüber dem Flugverkehr ist die Fahrt im Fernzug sogar fast dreimal energieeffizienter. Im Güterverkehr ist die Energieeffizienz der Schiene noch besser: Lkw benötigen für dieselbe Verkehrsleistung knapp fünfmal mehr Energie als die Bahnen.

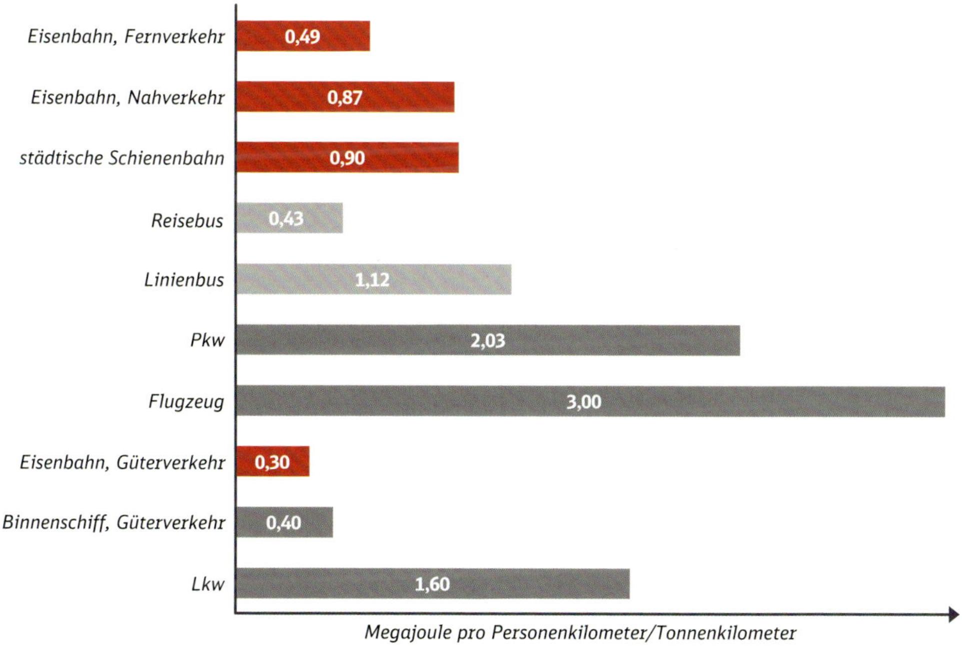

Abb. 1-6: Spezifischer Energieverbrauch im Personen- und Güterverkehr im Vergleich (Stand 01/2020) Quelle: Umweltbundesamt (04/2021)

Durch umsichtige und energieeffiziente Fahrweise kann viel Energie gespart und gleichzeitig das Klima geschützt werden. Dabei hilft auch die Physik: Hat ein Zug seine angestrebte Höchstgeschwindigkeit erreicht, kann er über weite Strecken rollen und verliert dabei nur geringfügig an Geschwindigkeit. Energieverbrauchsanzeigen helfen dem Triebfahrzeugführer zu erkennen, wie effizient seine Fahrweise ist.

Emissionen

Verkehrsträger verursachen aufgrund ihrer Antriebsarten und Kraftstoffe sowie Auslastung unterschiedliche Emissionen. Bei der Verbrennung fossiler Energieträger entstehen Luftschadstoffe wie Kohlendioxid (CO_2), Stickoxid (NO_x), Feinstaub- und Rußpartikel, Ozonvorläufersubstanzen oder Schwefeldioxid (SO_2); der Verkehrssektor spielt auch hier eine entscheidende Rolle. Im Vergleich mit anderen Verkehrsträgern ist die Bahn im Personen- und Güterverkehr um ein Vielfaches schadstoffärmer. Beispielsweise weist der SGV bei den Stickoxiden und bei den Partikelemissionen aus Verbrennung eine rund zehnfach bessere Bilanz als der Lkw auf. Im Vergleich mit Flugzeug und Auto unterbietet die Bahn im Reiseverkehr den Ausstoß der Treibhausgase deutlich.

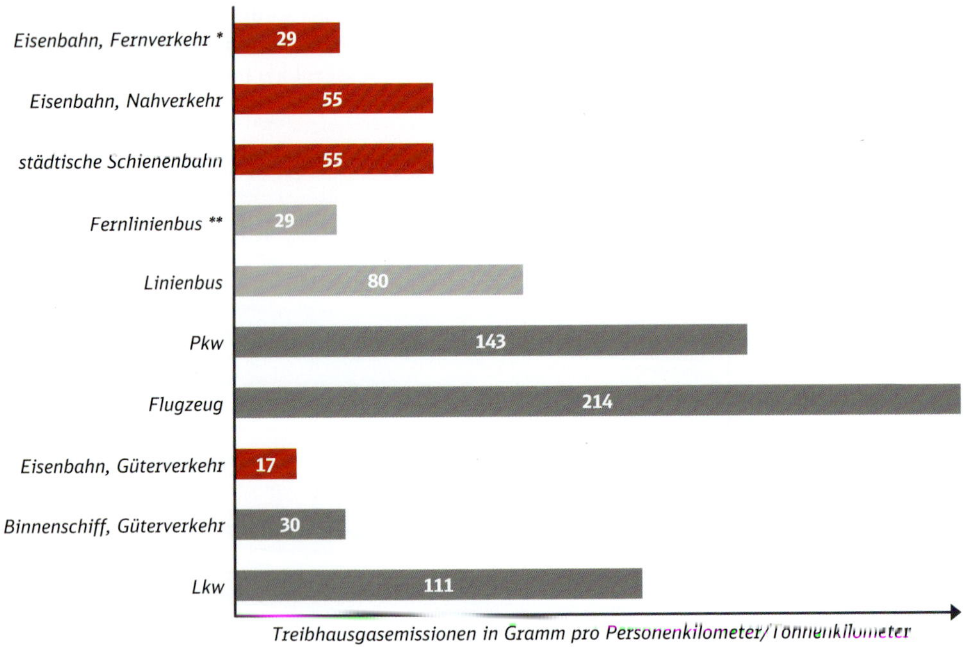

* Wert basiert auf Angaben zum durchschnittlichen Strom-Mix in Deutschland. Werte, die auf unternehmens- oder sektorbezogenen Strombezügen basieren, weichen daher davon ab.

** Werte sind nicht auf Reisebusse übertragbar; Reisebusse verkehren im Gelegenheitsverkehr und sind deshalb gut ausgelastet.

Abb. 1-7: Treibhausgasemissionen (Kohlendioxid, Methan und Stickoxid) verschiedener Verkehrsträger im Vergleich (Bezugsjahr 2019)

Quelle: Umweltbundesamt (11/2020), DB AG

Klimaschutz

Die Deutsche Bahn AG hat schon bei ihrer Gründung ein Energiesparprogramm beschlossen und umgesetzt. Seitdem hat das Unternehmen seine spezifischen Kohlendioxid-Emissionen im Schienenverkehr in Deutschland deutlich senken können. Erreicht wurde dies mit unterschiedlichen Maßnahmen: Neue Fahrzeuge oder aber neue Motoren in älteren Fahrzeugen haben den Dieselbetrieb deutlich sauberer gemacht, neue Grenzwerte für den dieselbetriebenen Schienenverkehr haben eine weitere Reduktion unterstützt. Im elektrischen Betrieb haben Verbesserungen in der Kraftwerkstechnik jene Emissionen reduziert, die indirekt bei der Stromproduktion anfallen. Weitere Maßnahmen liegen in der Vermeidung unnötiger Leerfahrten und der stärkeren Auslastung der Züge. Auch die zunehmende Elektrifizierung und der Einsatz erneuerbarer Energien sind wichtige Stellhebel.

Die Bahnen ruhen sich jedoch nicht auf ihrem Umweltbonus aus, sondern nutzen ihren Systemvorteil, um den ökologischen Vorsprung weiter auszubauen. So wird die DB auch in den nächsten Jahren weitere Anstrengungen für den Klimaschutz unternehmen. Langfristig möchte das Unternehmen sogar den CO_2-freien Schienenverkehr umsetzen.

Elektrischer Betrieb

In Deutschland werden etwa 95 Prozent des SGV und 90 Prozent des Eisenbahnpersonenverkehrs mit elektrifizierten Zügen erbracht. Aktuell hat das elektrifizierte Eisenbahnnetz in Deutschland eine Länge von knapp 21.000 km, was einem Anteil von etwa 61 Prozent am Gesamtstreckennetz entspricht. Damit ist Deutschland beim Elektrifizierungsgrad im EU-Vergleich nur mittelmäßig unterwegs. Deutlich besser sind hier Belgien (86 Prozent), die Niederlande (76 Prozent) und Schweden (75 Prozent). Spitzenreiter ist die Schweiz mit einem Elektrifizierungsgrad von annähernd 100 Prozent. In Deutschland soll ein Milliardenprogramm des Bundes die Streckenelektrifizierung vorantreiben und den Elektrifizierungsgrad bis 2025 auf 70 Prozent steigern. Damit wird der Umweltvorteil der Schiene gegenüber anderen Verkehrsträgern weiter ausgebaut.

Neben einer Erhöhung der Energieeffizienz ist der verstärkte Einsatz erneuerbarer Energien eine weitere Möglichkeit zur Senkung der spezifischen CO_2-Emissionen. Der weitgehend elektrisch betriebene Schienenverkehr bietet schon heute die Möglichkeit, verstärkt auf CO_2-freie bzw. CO_2-arme Energien zurückzugreifen. Anfang des Jahres 2020 lag bei der DB der Anteil des Stroms aus erneuerbaren Energien im Bahnstrommix bei 60 Prozent. Die Fernverkehrsnetze werden sogar ausschließlich mit Strom aus erneuerbaren Energien versorgt.

Künftig soll die Nutzung regenerativer Energien weiter steigen; bis 2038 stellt die DB den Bahnstrom auch im Güter- und Regionalverkehr vollständig auf Ökostrom um. Dazu fördert die Deutsche Bahn unter anderem die Erforschung der Geothermie, einer regenerativen Energiequelle aus der Erde, deren Nutzung den CO_2-Ausstoß deutlich reduzieren kann. Wichtig sind auch moderne Technologien und Fahrzeuge. Fast alle elektrisch betriebenen Züge wandeln die beim Bremsen freigesetzte Energie in Strom um und speisen diesen in die Oberleitung zurück. Jährlich werden so rund 1.350 Gigawattstunden (GWh) eingespart – das entspricht fast 15 Prozent des kompletten Stromverbrauchs der Bahn (Stand 2018).

Abb. 1-8: Die Nutzung regenerativer Energien und die Installation von Lärmschutzwänden sind wichtige Beiträge zum Umwelt- und Klimaschutz. Foto: DB AG/Volker Emersleben

Verkehrslärm

Lärm wird als äußerst störend empfunden und macht krank. Der Verkehrssektor ist hier mit Straßen-, Flug- und Schienenlärm unrühmlicher Spitzenreiter und steht noch vor Industrie und Gewerbelärm. Die Bahnen erreichen bei rein technischer Messung der Geräuschemissionen und identischem Abstand zu ebenso schnell fahrenden Straßenfahrzeugen ein vergleichbares Lärmniveau. Schienenfahrzeuge verursachen unangenehme Rollgeräusche vor allem dann, wenn ältere Bremssysteme die Räder aufrauen. Seit einigen Jahren ist Lärmschutz ein zentrales Unternehmensziel der DB. Neben der Errichtung von Lärmschutzwänden hat vor allem der Einsatz lärmarmer Bremssohlen (Flüsterbremsen) zu einer nennenswerten Reduzierung der Lärmbelastung gesorgt. Bis zum Jahr 2020 konnte so die Belastung durch Schienenlärm im Vergleich zu 2000 halbiert werden.

Flächenverbrauch

Im direkten Vergleich liegt der spezifische Flächenverbrauch der Eisenbahn bei nur einem Drittel der Straße (westdeutsche Autobahnen). Anders ausgedrückt: Um die Transportkapazität einer zweispurigen Eisenbahntrasse mit einer Breite von 14 m zu erreichen, bedarf es einer sechsspurigen Autobahn mit 36 m Breite. Im Güterverkehr verursacht die Bahn sogar nur ein Fünfzehntel des spezifischen Flächenverbrauchs des Lkw-Verkehrs.

Der Bau neuer Verkehrswege ist fast immer mit einem erheblichen Eingriff in die Natur verbunden (Flächenverbrauch, Trennwirkungen). Deshalb spielen ökologische Gesichtspunkte bei der Planung neuer Bahnstrecken von Anfang an eine entscheidende Rolle. Die Auswirkungen auf Mensch und Umwelt sind Gegenstand zahlreicher Gutachten und Untersuchungen. Dabei werden die geologischen und kleinklimatischen Verhältnisse ebenso erfasst wie Vegetation, Flächennutzung und kulturgeschichtliche Besonderheiten. Betrachtet wird immer der gesamte Raum, auf dessen Naturhaushalt, Landschaftsbild und Flächennutzung sich die Baumaßnahme auswirkt. Ziel ist es, Belastungen nach Möglichkeit ganz zu vermeiden oder zumindest auf ein vertretbares Maß zu reduzieren. Um Eingriffe in die Natur und den Flächenverbrauch möglichst gering zu halten, wird eine Bündelung mit bereits vorhandenen Verkehrswegen angestrebt. Beispielsweise verlaufen zahlreiche Neubaustrecken weitgehend neben Autobahnen. Da bei elektrifizierten Strecken die Luft entlang der Trasse nicht verschmutzt wird, bleiben etwa zwei Drittel der Flächen, die für eine Neubaustrecke benötigt werden, als biologisch wertvolle Lebensräume erhalten.

Abb. 1-9: Eine zweispurige Eisenbahntrasse hat die gleiche Kapazität wie eine sechsspurige Autobahn. Foto: DB AG/Claus Weber

1.1.4 Gliederung des Eisenbahnsystems

Allgemein beschreibt der Begriff System ein Gebilde, das aus verschiedenen Teilen aufgebaut ist, die miteinander in Beziehung stehen. Wegen ihrer Komplexität sind Systeme oft schwer durchschaubar und erfordern genaue Kenntnisse der zugrunde liegenden Mechanismen sowie einen hohen Aufwand der Steuerung und Kontrolle.

Das ist beim System Eisenbahn nicht anders; hier existieren zahlreiche technische und funktionelle Komponenten, deren Zusammenspiel aufgrund verschiedener systemtechnischer Besonderheiten – wie beispielsweise der Spurbindung – sehr komplex ist. Zwischen den einzelnen Systemkomponenten bestehen zahlreiche Verknüpfungen und Abhängigkeiten.

Grundlegende Komponente des Eisenbahnsystems ist die Infrastruktur, die wesentliche Rahmenbedingungen für das Teilsystem Fahrzeuge festlegt. So sind z. B. Spurweite und Tragfähigkeit der Gleise sowie die Breite des Fahrwegs die Grundlage für die Beschaffenheit und Dimensionierung der einzusetzenden Fahrzeuge.

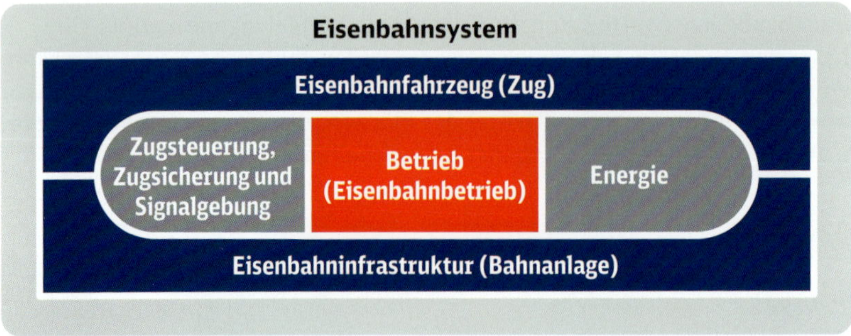

Abb. 1-10: Gliederung des Eisenbahnsystems Abbildung: Jürgen Janicki

Systemkomponenten

Das System Eisenbahn besteht im Wesentlichen aus den Komponenten Eisenbahnfahrzeug und Eisenbahninfrastruktur mit dem Bindeglied des Betriebs (Eisenbahnbetrieb).

Der aus Eisenbahnfahrzeugen gebildete Zug ist die Produktionseinheit im Schienenverkehr. Züge weisen je nach Transportaufgabe und Einsatzzweck z. T. stark voneinander abweichende Bauformen und Eigenschaften auf. Während in Reisezügen verhältnismäßig geringe „Lasten" mit großer Geschwindigkeit, großer Anfahrbeschleunigung und Bremsverzögerung bei einem Höchstmaß an Laufruhe und Komfort befördert werden, dienen Güterzüge dem Transport großer Lasten mit mittleren Geschwindigkeiten und entsprechend kleineren Beschleunigungen und Verzögerungen.

Die Eisenbahninfrastruktur umfasst neben den Grundstücken alle baulichen Anlagen und technischen Einrichtungen, die zur unmittelbaren Abwicklung des Verkehrs auf der Schiene erforderlich sind. Vielfach wird hierfür auch der Begriff Bahnanlage verwendet. Die baulichen Anlagen werden unterschieden nach Ingenieurbau-, Oberbau- und Hochbau-Anlagen (IOH-Anlagen). Zu den technischen Einrichtungen zählen Signal-, Telekommunikations- und elektrotechnische Anlagen (STE-Anlagen). Die Bahnhöfe erfüllen neben ihrer Funktion als „Bahnanlage" noch wesentliche Aufgaben als Verkehrsstation und Schnittstelle zum Fahrgast. Zum Betreiben der Schienenwege gehören auch der Betrieb der zugehörigen Steuerungs- und Sicherungssysteme sowie der Anlagen zur streckenbezogenen Versorgung mit Fahrstrom.

Der Bahnbetrieb umfasst alle Tätigkeiten, die mit der Durchführung des Fahrbetriebs bei einer Eisenbahn zusammenhängen. Neben dem Fahren von Zügen gehören zum Bahnbetrieb auch die Planung des Bahnbetriebs, das Rangieren, die Zugbildung und das Notfallmanagement.

Unter den Begriffen Zugsteuerung, Zugsicherung und Signalgebung sind die technischen Mittel zur Gewährleistung der Sicherung, Steuerung und Kontrolle von Zugbewegungen sowie die Kommunikationsnetzwerke zusammengefasst. Diese Anlagen und Einrichtungen können sich sowohl am Fahrweg wie auch im Fahrzeug befinden. Beispielsweise dienen Stellwerke dazu, in den Regelungsprozess von Fahrzeugbewegungen steuernd und sichernd einzugreifen und damit deren reibungslosen Ablauf zu gewährleisten.

Zum Betreiben einer Eisenbahninfrastruktur gehört auch die Energieversorgung. Sie umfasst alle Anlagen und Einrichtungen, die zur Energieversorgung der Eisenbahnverkehrs- und -infrastrukturunternehmen dienen. Ein wesentliches Element dazu ist die Bahnstromversorgung. Neben Umformeinrichtungen, die aus dem Landesnetz oder eigenen Kraftwerken Energie bereitstellen, gehören dazu auch die Fahrleitungsanlagen und Rückstromführungen der Triebfahrzeuge.

Rad-Schiene-System

Die Verbindung zwischen Fahrzeug (Rad) und Fahrweg (Schiene) ist die wesentliche Schnittstelle im System Eisenbahn. Hier übernimmt der Radsatz die Spurführung der Fahrzeuge, stützt das Fahrzeuggewicht ab und überträgt jene Zug- und Bremskräfte, die zur Fahrzeugbewegung erforderlich sind. Der betriebssichere und ruhige Lauf wird nicht nur durch das Laufwerk eines Fahrzeugs, sondern auch durch das zu befahrende Gleis bestimmt. Das Rad-Schiene-System stellt damit eine technologische Einheit dar, die aufgrund der sehr komplexen Wechselwirkungen äußerst sensibel auf einseitige Änderungen reagiert. In der Vergangenheit wurden deshalb beide Komponenten immer gemeinsam weiterentwickelt. So sind beispielsweise aufeinander abgestimmte Rad-Schiene-Profile die Voraussetzung dafür, gute Fahreigenschaften zu erzielen und den Verschleiß zu minimieren.

Das System Eisenbahn ist offen gegenüber Umwelteinflüssen. Beispielsweise beeinflussen bestimmte Witterungsverhältnisse die Reibung zwischen Rad und Schiene und damit auch die Fahr- und Bremseigenschaften.

Abb. 1-11:
Schnittstelle zwischen Rad und Schiene
Foto: DB AG/Uwe Miethe

Schnittstelle zum Kunden

Bahnhöfe sind das Zugangstor zur Eisenbahn, Umschlagplatz für Güter, Verkehrsdrehscheibe für die Verknüpfung der verschiedenen Verkehrsträger und Marktplatz für den Einkauf von Konsumgütern oder Dienstleistungen. Bahnhöfe haben neben den verkehrlichen auch betriebliche Aufgaben. Die EBO definiert Bahnhöfe als Bahnanlagen mit mindestens einer Weiche, wo Züge beginnen, enden, ausweichen oder wenden dürfen. Bahnhöfe werden nach ihrer verkehrlichen Bedeutung in Personen- und Güterbahnhöfe unterschieden.

1.1.5 Bahnbetrieb

Die Spurgebundenheit der Schienenfahrzeuge stellt nicht nur besondere Anforderungen an die Bahnsicherungssysteme, sondern ermöglicht technische Sicherungen, die anderen Verkehrsmitteln fremd sind. Technisch muss ausgeschlossen werden, dass bei Zugfahrten mehrere Züge einen Fahrweg gleichzeitig in Anspruch nehmen. Bevor eine Zugfahrt stattfindet, wird geprüft, ob der Fahrweg frei und befahrbar ist. Das System Eisenbahn bietet gegenüber anderen Verkehrssystemen eine weitgehende Sicherheit vor Unfällen.

Das System Eisenbahn stellt besondere Anforderungen an die Betriebsplanung. Dazu zählen nicht nur das Aufstellen der Fahrpläne und die Erstellung von Fahrzeugumlauf- und Personaleinsatzplänen, sondern auch die Festlegung von Betriebsverfahren und die Erarbeitung von Regeln für die Betriebsdisposition.

Abb. 1-12: Zwei Züge begegnen sich bei Eltersdorf. Foto: DB AG/Claus Weber

Trassen

Für die Nutzung des Fahrwegs werden beim Eisenbahninfrastrukturunternehmen (EIU) sogenannte Trassen beantragt. Unter einer Trasse ist dabei die geplante zeitliche und räumliche Belegung eines Streckenabschnitts für eine Zugfahrt zu verstehen. Die Vergabe der Trassen muss diskriminierungsfrei erfolgen. Hierüber wacht die Bundesnetzagentur (BNetzA). Für die Benutzung einer Trasse wird an das jeweilige EIU ein Trassenentgelt gezahlt. Dazu kommen für zusätzliche Leistungen noch weitere Entgelte wie beispielsweise für die Nutzung von Personenverkehrsanlagen. Im Jahr 2018 wurden mehr als eine Milliarde Trassenkilometer (Trkm) auf den Gleisen der DB gefahren. Für den Netzfahrplan 2020 hatten 440 Eisenbahnverkehrsunternehmen (EVU) etwa 72.000 Trassenwünsche angemeldet.

Fahrplan

Damit Zugfahrten koordiniert ablaufen, wird schon im Planungsstadium für jede Zugfahrt ein Fahrplan erstellt. Er bildet die Produktionsketten im Personen- und Güterverkehr ab. Bei der Fahrplanerstellung werden die Laufwege der Züge, ihre Sollfahrzeiten zwischen den einzelnen Betriebsstellen und ihre Haltezeiten an den Bahnhöfen berücksichtigt. Dazu kommen noch Zeitzuschläge z. B. für die Einstellung der Fahrstraßen, das Ein- und Ausstiegsverhalten der Kunden und besondere Streckenverhältnisse. Damit ist der Fahrplan nicht nur eines der Kernelemente des Systems Bahn, sondern auch für die Kunden im Güter- und Reiseverkehr von großer Bedeutung. Im laufenden Betrieb führen Unregelmäßigkeiten dazu, dass der Sollfahrplan nicht immer eingehalten werden kann. Größere Baumaßnahmen sind in der Regel im Netzfahrplan berücksichtigt und können so von den Kunden eingeplant werden.

Signalgeführter Betrieb

Ein wesentliches Merkmal des Bahnbetriebs ist die Steuerung und Sicherung der Zugfahrten durch Signale. Allgemein sind Signale sichtbare, hörbare oder elektronische Zeichen mit einer festgelegten Bedeutung. Sie dienen der Übermittlung von Informationen und gewährleisten das sichere Bewegen von Eisenbahnfahrzeugen. Dabei werden entweder ortsfeste Signale oder Führerraumanzeigen angewendet. Als Rückfallebene oder bei Abweichungen vom Regelbetrieb erfolgt die Erteilung der Zustimmung zur Zugfahrt durch schriftliche oder mündliche Aufträge.

Abb. 1-13:
Lichtsignale auf der Ausbaustrecke nach Bamberg
Foto: DB AG/Claus Weber

Betriebsverfahren

Das Betriebsverfahren besteht aus einem System betrieblicher Regeln und technischer Mittel zur Durchführung von Fahrten mit Eisenbahnfahrzeugen auf einer Eisenbahninfrastruktur. Betriebsverfahren werden nach der Art der Erteilung der Zustimmung zur Zugfahrt in „signalgeführt“ oder „nicht signalgeführt“ eingeteilt. Im ersten Fall erfolgt die Zustimmung mittels Signaleinrichtung, im zweiten Fall mittels mündlicher oder schriftlicher Aufträge (Befehle). Darüber hinaus erfolgt eine weitere Klassifizierung nach der Struktur der Fahrdienstleitung in „zentral“ oder „dezentral“.

Der Fahrweg der Züge wird von den Gleisen in den Bahnhöfen und deren Fortsetzung auf der freien Strecke gebildet. Weichen ermöglichen einen Gleiswechsel. Zur Sicherstellung der Abstandshaltung werden Züge in der Regel im festen Raumabstand gefahren. Dabei wird der Fahrweg in Blockabschnitte unterteilt, in die ein Zug nur einfahren darf, wenn sie frei sind. Bei signalgeführtem Betrieb mit ortsfesten Signalen sind die Blockabschnitte durch Hauptsignale begrenzt. Die Freigabe der Fahrstraße erfolgt durch Fahrtstellung des Hauptsignals. Technische Sicherungen und Abhängigkeiten verhindern, dass die Fahrstraße während einer Zugfahrt verändert oder von einer anderen Zugfahrt benutzt werden kann. Dieses Betriebsverfahren wurde von vielen Bahnverwaltungen bereits in der zweiten Hälfte des 19. Jahrhunderts eingeführt und hat sich seitdem zum Standard der Zugfolgesicherung entwickelt. Im Eisenbahnbetrieb wird es heute fast ausschließlich angewendet.

Stellwerke

Ein Stellwerk dient der Stellung von Fahrwegelementen wie Weichen und Gleissperren, stellt Abhängigkeiten zwischen den Fahrwegelementen und Signalen her und bindet Bahnübergangssicherungsanlagen in die Sicherungslogik ein. Die Bedienung eines Stellwerks erfolgt aus einem örtlichen Bedienraum oder ferngesteuert aus einer „Zentrale“.

Abb. 1-14: Im Stellwerk Maschen werden die Betriebsabläufe per Computer gesteuert. Foto: DB AG/Max Lautenschläger

Digitalisierung des Bahnsystems

Die Digitalisierung des Bahnsystems schafft mehr Kapazität im Bahnnetz, steigert die Zuverlässigkeit des Bahnbetriebs und erhöht dessen Effizienz. Damit werden die Voraussetzungen geschaffen, das wachsende Verkehrsaufkommen in Deutschland zu bewältigen.

Mit dem Programm „Digitale Schiene Deutschland" wird der gesamte Bahnsektor die flächendeckende Einführung von neuer Leit- und Sicherungstechnik (European Train Control System, abgekürzt ETCS) und digitalen Stellwerken im Eisenbahnnetz vorantreiben. Dazu kommt noch das integrierte Leit- und Bediensystem (iLBS). Mit diesen neuen Techniken können Züge dann voll automatisiert und in kürzeren Abständen fahren, in Echtzeit intelligent und automatisiert gesteuert werden sowie ihre Umwelt und ihre Position durch Sensorik erkennen. Sämtliche Elemente der Infrastruktur wie Gleise, Weichen, Stellwerke und Signale sind dabei untereinander und mit den darauf rollenden Fahrzeugen vernetzt. Züge können ohne Signale an der Strecke sicher geleitet werden. Dazu werden zwischen dem Zug und der Streckenzentrale Daten übermittelt und die Signalinformationen dem Lokführer direkt auf einem Display angezeigt.

1.1.6 Das Streckennetz

Das deutsche Eisenbahnnetz weist eine Betriebslänge von fast 40 Tausend Kilometer auf. Es ist damit das längste Netz in Europa und dreimal so lang wie die deutschen Autobahnen. Etwa 85 Prozent des Eisenbahnnetzes oder 33.399 Kilometer werden von der Deutschen Bahn AG (DB Netz AG) betrieben. Die übrigen 15 Prozent entfallen auf nicht bundeseigene Eisenbahnen (NE-Bahnen).

Dieses Eisenbahnnetz steht allen zugelassenen EVU zur Nutzung offen. Dabei wird das Netz überwiegend von allen Verkehrsarten genutzt; Güter- und Personenzüge sind also auf dem gleichen Netz unterwegs. Es gibt nur wenige Strecken, auf denen ein spezialisierter Verkehr stattfindet.

Je nach Streckennutzung wird in erster Linie zwischen dem Nah- und dem Fernverkehrsnetz unterschieden. Beide Typen weisen in der Regel unterschiedliche Ausbauparameter aus. Fernverkehrsstrecken können auch für höhere Geschwindigkeiten ausgelegt sein – einige neugebaute Strecken lassen Höchstgeschwindigkeiten von bis zu 300 km/h zu. Auf konventionellen Strecken werden meist Geschwindigkeiten von 160 km/h gefahren. Zu den Nahverkehrsnetzen zählen auch die Strecken der verschiedenen S-Bahnen.

Um das Eisenbahnnetz des Bundes in einem uneingeschränkt nutzbaren Zustand zu erhalten, wurde erstmals 2009 zwischen dem Bund und den EIU der Deutschen Bahn AG eine Leistungs- und Finanzierungsvereinbarung (LuFV) abgeschlossen. Damit verpflichtet sich der Bund, jährlich eine feste Summe für Ersatzinvestitionen in das Bestandsnetz zur Verfügung zu stellen. Die EIU müssen dafür das Eisenbahnnetz in einer festgelegten Qualität bereitstellen und in einem festgelegten Umfang Investitionen tätigen sowie Instandhaltungsmaßnahmen durchführen.

Abb. 1-15: Grundnetz der Deutschen Bahn in Deutschland

Abbildung: Jürgen Janicki/Quelle: KCW GmbH (2019): Railmap 2030

Auf dem Schienennetz der DB verkehren rund 440 EVU. Rund 60 Prozent der Zugleistungen werden auf etwa einem Viertel des Schienennetzes erbracht. Mit Ausnahme weniger Hochgeschwindigkeits- und S-Bahn-Strecken fahren schnelle und langsame Personen- und Güterzüge im Mischbetrieb. Entscheidend für die künftige Rolle des Schienenverkehrs im Wettbewerbsmarkt wird die Kapazität des Schienennetzes sein, die aktuell durch verschiedene technische Maßnahmen erweitert werden soll.

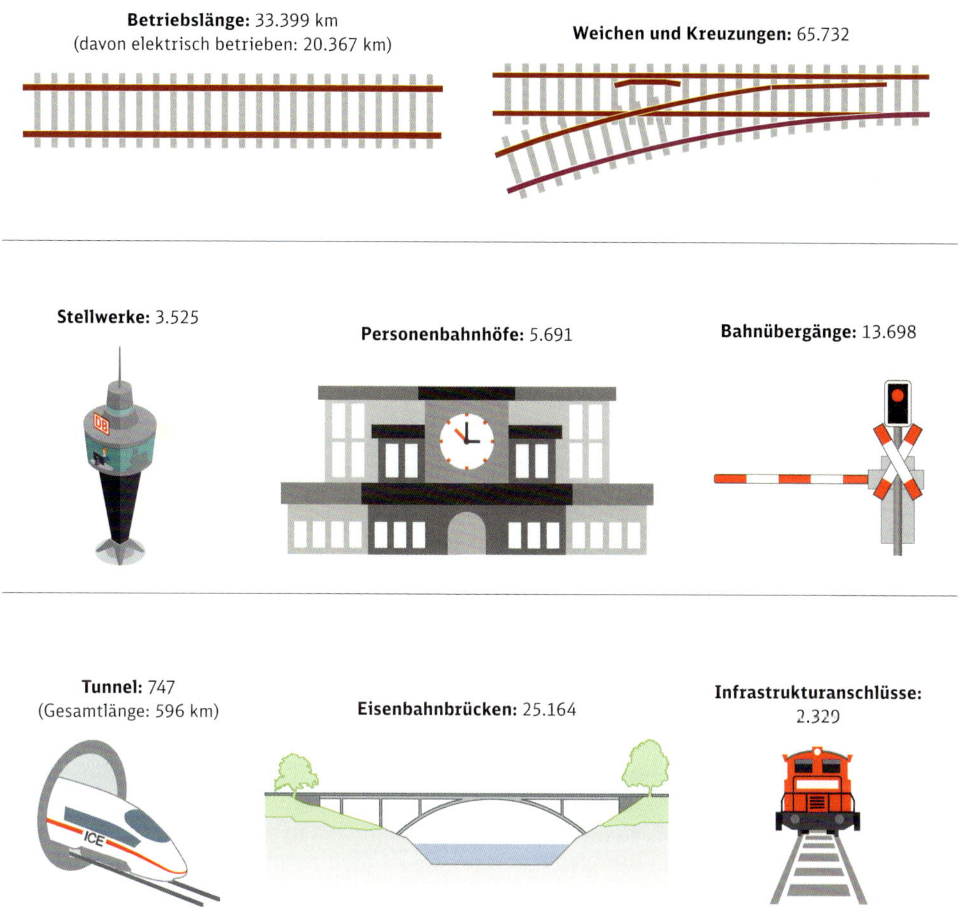

Abb. 1-16: Fakten zum Netz der Deutschen Bahn (Stand 2020)

Quelle: www.deutschebahn.com

Bundesverkehrswegeplan

Die Bundesverkehrswegeplanung der Bundesregierung legt den Investitionsrahmen für den Bereich der überregionalen Verkehrsinfrastruktur des Bundes für einen Zeitraum von zehn bis 15 Jahren fest. Die öffentlichen Mittel müssen verantwortungsvoll und dem Gemeinwohl dienend eingesetzt werden. Dafür ist die Priorisierung von Investitionen – also die Auswahl der Projekte und die Festlegung der Reihenfolge ihrer Realisierung – von entscheidender Bedeutung. Auf Basis verkehrsträgerübergreifender Prognosen über die Entwicklung des Verkehrs in Deutschland bestimmt das Bundeskabinett das für die Erhaltung und den Ausbau der bestehenden Verkehrsinfrastruktur erforderliche Investitionsvolumen.

Der Bundesverkehrswegeplan (BVWP) selber hat keine unmittelbare rechtliche Wirkung. Jedoch ist er die Grundlage für die vom Parlament verabschiedeten Gesetze und Bedarfspläne, die den Ausbau der Schienen-, Straßen- und Wasserverkehrswege regeln. So folgt der Ausbau der Schienenwege der Eisenbahnen des Bundes dem Bundesschienenwegeausbaugesetz und dem Bedarfsplan für die Bundesschienenwege, der dem Gesetz als Anlage beigefügt ist.

Seit 1973 haben die Bundesregierungen sechs Bundesverkehrswegepläne verabschiedet. Der aktuelle BVWP 2030 wurde 2016 vom Bundeskabinett beschlossen. Er hat ein Gesamtvolumen von rund 270 Mrd. €; davon entfallen 42 Prozent (112 Mrd. €) auf die Bundesschienenwege.

Die aktuelle Priorisierungsstrategie sieht den Erhalt der Bestandsnetze und die Beseitigung von Engpässen auf Hauptachsen und in wichtigen Verkehrsknoten vor. Dabei werden Anforderungen des Klima-, Umwelt- und Lärmschutzes sowie der Verkehrssicherheit als wichtige Randbedingungen berücksichtigt.

Aus- und Neubauprojekte im Bereich des Schienennetzes orientieren sich erstmals am Ziel eines Deutschland-Takts und bilden die infrastrukturelle Grundlage für seine Einführung. Der Deutschland-Takt soll mit einem netzweit abgestimmten Taktangebot im Schienenpersonenverkehr die Wegekette im System Bahn für eine große Anzahl von Personen attraktiver gestalten.

1.1.7 Berufe im Systemverbund Eisenbahn

Im Systemverbund Eisenbahn gibt es verschiedene Tätigkeitsgruppen. Die Mitarbeiter beraten Kunden und verkaufen Beförderungsleistungen, sorgen für die Sicherheit der Reisenden und Güter, kümmern sich um Gleisanlagen und Fahrzeuge, führen die Triebfahrzeuge und regeln die Zugfahrten auf den Stellwerken. Sie alle gewährleisten den reibungslosen Ablauf im Systemverbund Bahn und erbringen damit für die Kunden zuverlässige und anspruchsvolle Mobilitäts- und Logistikdienstleistungen.

Die wichtigsten Berufe innerhalb eines Eisenbahnunternehmens lassen sich entsprechend ihrem Ausbildungshintergrund in bahnbetriebliche, kaufmännisch-serviceorientierte und gewerblich-technische Tätigkeiten unterteilen. Dabei ist diese Zuordnung nicht immer eindeutig. Beispielsweise ist die Tätigkeit eines Zugbegleiters hauptsächlich kaufmännisch-serviceorientiert, enthält aber auch einige bahnbetriebliche Elemente.

Abb. 1-17: Beispiele für Berufe im Systemverbund Eisenbahn

Fotos: DB AG/Pablo Castagnola (l. o.), DB AG/Uwe Miethe (r. o.), DB AG/Max Lautenschläger (l. m./l. u.), DB AG/Guenther Bauer (r. m.), DB AG/Bartlomiej Banaszak (r. u.)

Bahnbetriebliche Tätigkeiten

Es gibt eine Vielzahl von Mitarbeitern, deren Tätigkeit hauptsächlich in der Durchführung von Zugfahrten besteht. Dazu gehören in erster Linie die Mitarbeiter in den Zügen, auf Betriebsstellen und in Betriebszentralen: also Triebfahrzeugführer, Zugbegleiter, Fahrdienstleiter, Weichenwärter.

- **Triebfahrzeugführer** – umgangssprachlich auch Lokführer genannt – führen angetriebene Eisenbahnfahrzeuge (Triebfahrzeuge) im Nah-, Fern- oder Werkverkehr und sind für die reibungslose Beförderung von Personen oder den Transport von Gütern verantwortlich. Zu ihren weiteren Aufgaben gehören der Vorbereitungs- und Abschlussdienst auf dem Fahrzeug, das Bilden und Auflösen von Zügen sowie die Bereitstellung von Wagen für die Be- oder Entladung.

- **Rangierer** oder **Rangierbegleiter** wirken bei der Zugvorbereitung mit und führen zusammen mit dem Triebfahrzeugführer Rangierfahrten durch. Sie kuppeln und entkuppeln Fahrzeuge, sichern abgestellte Fahrzeuge und bedienen Weichen.

- **Fahrdienstleiter** gewährleisten zusammen mit den anderen Mitarbeitern im Stellwerksdienst eine sichere, pünktliche und wirtschaftliche Betriebsdurchführung. Sie führen mithilfe der Stellwerksanlage Zug- und Rangierfahrten aus, indem sie die Zugfolge und die Durchführung der Zugfahrten nach den Fahrplänen regeln, Zugmeldungen abgeben und annehmen, Weichen und Signale stellen und Bahnübergänge sichern. Bei Störungen und gefährlichen Ereignissen sperren sie bestimmte Gleise oder veranlassen Nothalte.

- **Weichenwärter** wirken bei der Durchführung von Zugfahrten mit und führen im Rahmen ihrer Zuständigkeit Rangierfahrten durch. Schrankenwärter sichern Bahnübergänge durch das rechtzeitige Schließen der Schranken.

- **Mitarbeiter in einer Leit- oder Dispositionsstelle** überwachen den Zuglauf und können so Störungen des geplanten Betriebsablaufs erkennen. Bei Abweichungen vom Betriebsablauf leiten sie entsprechende Gegenmaßnahmen mit dem Ziel ein, die Auswirkungen einer Störung möglichst gering zu halten.

- Für den Bahnverkehr zwingend notwendig sind auch die Personen, die den Zugverkehr und die damit zusammenhängenden Betriebsabläufe vorbereiten und planen. Zu den bahnbetrieblichen Funktionen gehören auch die Leitenden und Aufsichtführenden sowie weitere Überwachungsfunktionen im Bahnbetrieb.

Die Mitarbeiter verfügen über besonders spezifische Kenntnisse des Bahnbetriebs. Die Anforderungen an deren körperliche Fähigkeiten sowie deren Ausbildung, Fortbildung, Prüfung und Überwachung sind in der Eisenbahn-Bau- und Betriebsordnung festgelegt. Hohe Sicherheitsstandards führen dazu, dass hier das Qualifikationsniveau der Mitarbeiter durchgehend hoch ist und meist über eine Berufsausbildung oder über ein eisenbahnspezifisches Studium vermittelt wird. Die beiden größten eisenbahnspezifischen Tätigkeitsgruppen im Bahnbetrieb sind die Triebfahrzeugführer und die Fahrdienstleiter auf den Stellwerken. Die für diese beiden Tätigkeiten typische Berufsausbildung ist die Ausbildung zum Eisenbahner im Betriebsdienst (EiB) mit der Fachrichtung Lokführer/Transport oder Fachrichtung Fahrweg.

Gewerblich-technische Tätigkeiten

Infrastruktur und Fahrzeuge sind die wesentlichen technischen Systemkomponenten der Eisenbahn. Ihre Pflege, Instandhaltung und Instandsetzung ist Aufgabe der Berufsgruppen im gewerblich-technischen Bereich.

Im Bereich Fahrweg stellen zahlreiche Tätigkeiten sicher, dass Züge überhaupt erst rollen können. Dazu gehören beispielsweise die Mitarbeiter, die Gleise und Weichen verlegen und damit Verkehrswege aufbauen und ausbessern. In der Regel haben diese Mitarbeiter eine Berufsausbildung als Tiefbaufacharbeiter/Gleisbauer absolviert. Wichtig ist auch der

Elektroniker für Betriebstechnik, der beispielsweise als Instandhalter für Stellwerks- und Energieanlagen arbeitet.

Mitarbeiter der Fahrzeuginstandhaltung sind für die Sicherheit und Zuverlässigkeit der Eisenbahnfahrzeuge verantwortlich. Sie gewährleisten in den Werkstätten vor Ort die betriebsnahe Instandhaltung. Die Mitarbeiter der Fahrzeuginstandhaltung benötigen dazu in der Regel eine berufliche Erstausbildung im technischen Bereich, z. B. als Mechatroniker, Elektroniker für Betriebstechnik oder Industriemechaniker. Werkstätten gibt es auch im Signalbereich und für den Bau bzw. die Aufarbeitung von Weichen.

Wagenmeister stellen durch Regel- und Sonderuntersuchungen sicher, dass Güterwagen und ggf. auch Reisezugwagen im Eisenbahnverkehr eingesetzt werden können und dürfen. Dazu werden Wagen auf betriebssicheren und verkehrstauglichen Zustand geprüft oder untersucht und Bremsproben ausgeführt. Wagenmeister sind dabei technisch so ausgebildet, dass sie kleinere technische Probleme direkt vor Ort beheben können.

Kaufmännisch-serviceorientierte Tätigkeiten

Diese Mitarbeiter arbeiten an der Schnittstelle zu den Kunden, indem sie beispielsweise als Zugbegleiter oder Kundenbetreuer Fahrgäste betreuen, Kunden informieren, Fahrplan- und Preisauskünfte geben, Störungen und Unregelmäßigkeiten managen und z. T. auch betriebliche Aufgaben übernehmen. Zu dieser Berufsgruppe gehören auch die Mitarbeiter, die Güterverkehrskunden betreuen. Die typischen Berufsausbildungen hierfür sind der Beruf des Kaufmanns für Verkehrsservice und des Kaufmanns für Speditions- und Logistikdienstleistungen.

Sonstige Tätigkeiten

Controller sorgen für Transparenz bei den internen und externen Geschäftsabläufen und tragen dazu bei, die Wirtschaftlichkeit des Bahnunternehmens zu optimieren. Sie planen, steuern und kontrollieren die betrieblichen Leistungsprozesse und führen das unternehmensinterne Berichtswesen. Controller verfügen über gute Kenntnisse in den Bereichen Buchführung und Rechnungswesen, entweder aus einer betriebswirtschaftlichen Berufsausbildung oder einem Studium.

Personalreferenten betreuen die Mitarbeiter, verwalten die Personalakten (in der Regel elektronisch), kalkulieren die Personalkosten und übernehmen ggf. die Personalabrechnung. Sie wirken mit bei der Ausschreibung von Arbeitsplätzen sowie bei der Auswahl und Einstellung neuer Mitarbeiter. Die fachliche Befähigung für diese Tätigkeit wird in der Regel nicht durch eine klassische Berufsausbildung, sondern durch Erwerb eines Abschlusses in einem kaufmännischen oder verwaltenden Beruf erworben.

Ausgebildete IT-Spezialisten übernehmen die Federführung bei der Digitalisierung der Bahnunternehmen. Hierzu analysieren und strukturieren sie die Bedürfnisse der einzelnen Bereiche. Sie fügen IT-Einzelkomponenten wie beispielsweise Infrastruktur, Software und Schnittstellen zusammen und entwickeln daraus ein betriebsfähiges Gesamtsystem. Ggf. übernehmen sie auch die Wartung der Systeme und wirken bei ihrer Weiterentwicklung mit. Die typische Berufsausbildung ist ein abgeschlossenes IT-Studium.

1.2 Entwicklung des Eisenbahnsystems in Deutschland

1.2.1 Die Ursprünge des Eisenbahnsystems

Die Eisenbahn ist aus den Holzspurbahnen hervorgegangen, die im späten Mittelalter in den Bergwerken genutzt wurden. Im 18. Jahrhundert dienten von Pferden gezogene schienengeführte Wagen dazu, den ständig zunehmenden Transportbedarf in den Erz- und Kohleminen sowie den damaligen Hüttenwerken zu decken. Die eigentliche Entwicklung der Eisenbahnen begann nach der Erfindung der Dampfmaschine. Die entscheidenden Arbeiten gehen auf James Watt zurück, der die Dampfmaschine so weit verbesserte, dass sie für die meisten Anwendungen tauglich wurde. Die erste öffentliche Eisenbahn verkehrte 1825 in England.

Erste Eisenbahnstrecken

In Deutschland begann das Zeitalter der Eisenbahn am 7. Dezember 1835 auf der Strecke von Nürnberg nach Fürth. Die dort eingesetzte Dampflokomotive war eine englische Lokomotive aus der Fabrik George Stephensons und hieß „Adler" (damaliges Wappentier des Kaisers und der freien Reichsstädte). In den Folgejahren wurden überall in Deutschland Eisenbahnlinien gebaut. Der Kapitalbedarf dafür war gewaltig: Die Investitionen in den Eisenbahnbau umfassten zeitweilig fast zwei Drittel der deutschen Gesamtinvestitionen.

Zu dieser Zeit entwickelte sich Deutschland von einem landwirtschaftlich geprägten Land zu einem modernen Industriestaat. Mit dem Deutschen Bund bestand ein lockerer Staatenbund, der aus mehr als 30 Fürstenstaaten und freien Städten bestand. Er umfasste dabei nicht alle deutschen Gebiete, aber neben dem Kaiserreich Österreich noch einige weitere ausländische. Der Deutsche Bund wurde als Folge des Deutschen Krieges vom Sommer 1866 aufgelöst.

Der Eisenbahnbau wurde zum Wachstumsmotor für die Industrialisierung Deutschlands. Die Aufträge für den Bau von Eisenbahnfahrzeugen und Bahnhöfen sowie der Ausbau des Schienennetzes kurbelten die Produktion vieler Industriezweige an. Schwerindustrie und Steinkohlenbergbau entwickelten sich zum Zentrum der deutschen Wirtschaft. Bau und Betrieb von Eisenbahnen lagen anfangs in privater Hand; der Entwicklung lag keine zentrale Planung zugrunde. Noch am heutigen Verlauf zahlreicher Eisenbahnlinien ist zu erkennen, dass sie sich ursprünglich nicht nur an geografischen Gegebenheiten, sondern auch an ehemals politischen Grenzen zwischen den Fürstentümern, Ländern und Städten orientierten. Nur in einigen süddeutschen Ländern (Bayern, Baden, Württemberg) und in Mecklenburg, Oldenburg und Braunschweig ging man relativ schnell zum Staatsbahnsystem über.

Diese Verschiedenheit der deutschen Eisenbahnsysteme war für die Schnelligkeit der Entwicklung zunächst vorteilhaft. Sie führte aber durch den Bau von Konkurrenzlinien zur Unwirtschaftlichkeit und hemmte die Verkehrsentwicklung in den ärmeren Landesteilen. Da es an einem zusammenfassenden Reichsorgan fehlte, konnte der nötige Zusammenschluss der einzelnen Netze nicht erreicht werden. Einen ersten Höhepunkt erreichte der Eisenbahnbau in Deutschland im Jahr 1870.

Nach der Gründung des Deutschen Kaiserreichs im Jahr 1871 bemühte sich der damalige Reichskanzler Bismarck, die gesamten Eisenbahnen Deutschlands zu einer einheitlichen Reichseisenbahn zusammenzuschließen. Die Reichsverfassung vom 16. April 1871 spiegelte bereits den Gedanken einer Einheit des deutschen Verkehrswesens wider. Allmählich entwickelte sich auch der „Netzgedanke" mit dem Ziel einer sinnvollen Verknüpfung der Verkehrswege und Verkehrsströme. Bis 1886 übernimmt der preußische Staat fast alle Eisenbahnstrecken in den Ländern des Deutschen Reichs. Die Staatsbahnen erwirtschaften Gewinne und trugen entscheidend zum wirtschaftlichen Wachstum bei.

Abb. 1-18:
In Deutschland fuhr der erste Zug 1835. Die dort eingesetzte Lokomotive trug den Namen „Adler".
Abbildung: Deutsche Bahn Stiftung

Der Eisenbahn-Boom

Als die ersten Bahnlinien in Betrieb gingen, war noch nicht abzusehen, wie sehr die Eisenbahn das Leben und auch den Städtebau verändern würde. Die Eisenbahn war nicht nur der Motor der Industrialisierung, sondern auch Symbol einer neuen Zeit. Sie beschleunigte den Transport von Personen und Gütern und führte zu einer Reduzierung der Transportkosten.

Als Folge des in der Mitte des 19. Jahrhunderts einsetzenden „Eisenbahn-Booms" musste der Bestand an Lokomotiven deutlich erweitert und dabei Zuladung, Geschwindigkeit und Zugkraft erheblich gesteigert werden. Es liefen weiterentwickelte Lokomotiven aus den Werken, die gleichzeitig von der bis dahin frühindustriell-handwerklichen zu einer großindustriellen Fertigung übergingen.

Die eigentliche „Glanzzeit" der Eisenbahnen begann gegen Ende des 19. Jahrhunderts. Durch das stürmische Wachstum stießen die Hauptstrecken fast überall an ihre Kapazitätsgrenzen. Der Zugverkehr stieg so stark an, dass die mittlerweile fast 60 Jahre alten baulichen und maschinentechnischen Anlagen und Einrichtungen nicht mehr dem Bedarf angepasst werden konnten. Der Neubau leistungsfähiger Bahnanlagen brachte eine Entflechtung der bisherigen „Universalbahnhöfe" und es entstanden Spezialanlagen für einzelne Betriebszwecke wie der Personenbahnhof, der Güterbahnhof oder das Bahnbetriebswerk.

Die frühen Bahnhofsbauten mit ihren angegliederten Bahnanlagen wurden angesichts des stürmischen Wachstums der Eisenbahn bald zu klein und genügten dem Repräsentationsbedürfnis der selbstbewussten und kapitalstarken Staats- und Privatbahnen schon nach wenigen Jahrzehnten nicht mehr. Gegen Ende des 19. Jahrhunderts entstanden deshalb prächtige Bahnhöfe mit riesigen Hallenkonstruktionen aus Glas und Stahl, für die wenig später der Begriff „Kathedralen der Mobilität" geprägt wurde. Beispiele aus dieser Zeit sind heute noch in Frankfurt am Main, Hamburg, Köln, Dresden und Leipzig zu bewundern. Auch die Strecken wurden erneuert und bei der Gelegenheit für höhere Achslasten und Geschwindigkeiten ausgelegt. Gleichzeitig erhöhten neue Stellwerksgenerationen wie die elektromechanischen Bauarten die Sicherheit und Leistungsfähigkeit. Viele Städte mit mehreren Fernbahnhöfen begannen, diese auf direktem Wege miteinander zu verbinden.

Abb. 1-19: Bahnhof Frankfurt am Main Hauptbahnhof um 1890 Abbildungen: DB AG/DB Museum

1.2.2 Erste Standardisierungen

Mit Ausnahme der gemeinsamen Spurweite gab es in der Frühzeit der Eisenbahn nur wenige Gemeinsamkeiten. In den Orten galten noch die jeweiligen Ortszeiten, die sich nach dem örtlichen Sonnenstand richteten. Maße, Gewichte und Währungen waren noch nicht vereinheitlicht. Der Transport von Gütern und Personen von einer Bahngesellschaft zur anderen fand ausschließlich durch Umladen bzw. Umsteigen in den Grenzbahnhöfen statt. Mit dem fortschreitenden Ausbau der Eisenbahnnetze entstand der Wunsch, Wagen zwischen den verschiedenen Staats- und Privatbahnen auszutauschen. Die Bahnverwaltungen begannen, sich über gemeinsame Normen der Eisenbahntechnik und über Kooperationen im Betrieb zu verständigen. Dazu wurde 1847 der Verein Deutscher Eisenbahnverwaltungen (VDEV) gegründet.

Bereits ab dem Jahr 1850 wurden Pufferhöhen und -abstände harmonisiert und die heute noch genutzte Schraubenkupplung eingeführt. Auch wurde das „Fahren im Raumabstand" eingeführt. Hier darf ein Streckenabschnitt nur dann von einem Zug befahren werden, wenn der vorhergehende ihn verlassen hat. Zur Sicherung wurden Streckenposten eingesetzt, die sich auf Sicht mit Fahnen und Laternen verständigten. Später wurden elektrische „Läutewerke" als Informationsmittel zwischen den verschiedenen Betriebsstellen eingesetzt. Mithilfe einer vorher vereinbarten und festgeschriebenen Anzahl von Glockenschlägen (Läutesignale) wurden die Mitarbeiter entlang der Strecke einseitig über bevorstehende Zugfahrten oder Unregelmäßigkeiten informiert.

In der zweiten Hälfte des 19. Jahrhunderts wurden Flügelsignale eingesetzt und zur Erhöhung der Sicherheit des Eisenbahnverkehrs mechanisch arbeitende Zugbeeinflussungseinrichtungen entwickelt und erprobt. Die optische Übermittlung von Informationen wurde durch elektrische Kommunikation, Telegrafie und später auch „Telefonie" ergänzt. Auf Betreiben der Eisenbahngesellschaften wurden „Eisenbahnzeiten" eingeführt, ohne die ein geregelter Eisenbahnbetrieb nicht möglich war. Erst 1893 wurde für alle Länder des Deutschen Kaiserreichs eine gemeinsame Uhrzeit festgelegt.

1873 wurde zur Durchführung der Reichsaufsicht das Reichseisenbahnamt in Berlin geschaffen, das jedoch keine führende Position erringen konnte. Das lag zum einen daran, dass ein regelndes Eisenbahngesetz fehlte, und zum anderen an der beherrschenden Stellung des preußischen Netzes. Dagegen leistete es auf einzelnen Gebieten, insbesondere bei der Regelung des internationalen Rechts, wichtige Arbeit. Eisenbahn-Bau- und Betriebsordnung, Eisenbahn-Verkehrsordnung und Eisenbahn-Signalordnung entstanden in ihren Grundlagen aus der Tätigkeit dieses Amtes.

Da vor allem die süddeutschen Staaten sich gegen eine Vereinheitlichung der Bahnen in der Hand des Reiches sträubten, ging Preußen 1879 zum reinen Staatsbahnsystem über. Bis 1895 war die Verstaatlichung vollzogen. An dieser Organisationsform hat sich im Wesentlichen bis zum Ende des Ersten Weltkriegs nichts geändert.

Einführung des elektrischen Zugbetriebs

Gegen Ende des 19. Jahrhunderts war bei der Dampflokomotive die Grenze ihrer konstruktiven Gestaltung nahezu erreicht. Der unbefriedigende Wirkungsgrad von etwa 4 bis 10 Prozent bereitete den Konstrukteuren Probleme, während einem wirtschaftlichen Betrieb die hohen Unterhaltungs- und Instandhaltungsaufwendungen entgegenstanden. Deshalb bestand schon damals ein großes Interesse an einer anderen Antriebs- bzw. Traktionsart.

Ab 1880 entstanden in fast allen größeren deutschen Städten mit Gleichstrom betriebene Straßennetze. Parallel dazu wurden zahlreiche Klein- und Vorortbahnen auf elektrischen Gleichstrombetrieb umgestellt. Richtungweisend für die Fernbahnelektrifizierung in Mitteleuropa war die Einigung der Länder Preußen, Bayern und Baden im Jahr 1912 auf eine einheitliche Verwendung von Einphasenwechselstrom 16 ⅔ Hertz (Hz) und 15 Kilovolt (kV) für die Oberleitung. Die Schweiz, Österreich, Schweden und Norwegen schlossen sich dem Vertrag an.

1.2.3 Deutsche Reichsbahn

Im Ersten Weltkrieg (1914 bis 1918) hatte die Eisenbahn eine wichtige strategische Rolle gespielt. Damals wurden die verschiedenen Eisenbahnverwaltungen zusammengelegt und einer zentralen militärischen Leitung unterstellt. Die Zusammenarbeit nach der Bekanntgabe der Mobilmachung des deutschen Heeres am 1. August 1914 funktionierte deshalb auch reibungslos; nie zuvor waren so viele Soldaten und so große Materialmengen in Bewegung gesetzt worden. Mit der Niederlage Deutschlands endete auch die Zeit der eigenständigen deutschen Staatseisenbahnen.

Gründung der Deutschen Reichsbahn

Zwischen 1919 und 1933 bestand mit der Weimarer Republik erstmals eine parlamentarische Demokratie in Deutschland. Die ersten Jahre waren von den Nachwirkungen des Ersten Weltkriegs geprägt. Die Nationalversammlung des Jahres 1919 verabschiedete die Weimarer Verfassung und forderte zur Stärkung der Reichseinheit eine Vereinheitlichung des Verkehrswesens, insbesondere der Eisenbahnen. In Übereinstimmung aller Länder mit Staatsbahnbesitz wurde in der Weimarer Reichsverfassung die Übernahme aller Eisenbahnen, die dem allgemeinen Verkehr dienten, in das Eigentum des Reiches bestimmt und als Zeitpunkt der Vereinheitlichung der 1. April 1921 festgesetzt. Verwirklicht wurde dieser Artikel der Verfassung schon zum 1. April 1920 durch einen Staatsvertrag zwischen dem Reich und den damaligen acht Staatsländern unter Leitung des neu errichteten Reichsverkehrsministeriums.

Die Deutsche Reichsbahn war gegründet, und zwar als reine Staatsverwaltung, die an den Staatshaushalt und das Parlament gebunden war. Erst 1924 wurde ein rechtlich und wirtschaftlich selbstständiges Unternehmen gegründet: die Deutsche Reichsbahn Gesellschaft. Diese hatte die Aufgabe, den Betrieb der Reichsbahn zu führen. Der Sachwert „Reichsbahn“ blieb im Besitz des Reiches.

Wirtschaftskrisen, politischer Terror und ein mangelndes Vertrauen in die Demokratie ließen die Weimarer Republik 1933 scheitern. Nach der Machtübernahme der Nationalsozialisten 1933 wurde die Reichsbahn nach kurzer Zeit zu einem Werkzeug der Diktatur. Im Jahr 1937 wurde diese Gesellschaft wieder in die Deutsche Reichsbahn umgewandelt und in den nationalsozialistischen Staat integriert. Damit war der Staatsbetrieb auch unmittelbar an den Verbrechen des Nationalsozialismus beteiligt. Ohne die Reichsbahn wäre die Deportation von Millionen Menschen in die Konzentrations- und Vernichtungslager nicht möglich gewesen. 1938 veranlassten österreichische und deutsche Nationalsozialisten die Eingliederung des Bundesstaats Österreich in das nationalsozialistische Deutsche Reich; mit dem Anschluss ging die Österreichische Eisenbahn in der Reichsbahn auf.

Am 1. September 1939 begann der Zweite Weltkrieg mit dem deutschen Überfall auf Polen. Bei den folgenden Angliederungen weiterer Länder an Deutschland sowie der Besetzung von Gebieten durch die deutsche Wehrmacht wurden die jeweils fremden Bahnen in die Deutsche Reichsbahn eingegliedert. Wie schon im Ersten Weltkrieg erfolgten die Transporte von Soldaten und Nachschub an die Fronten mit der Eisenbahn.

Zusammenbruch und Wiederaufbau nach dem Zweiten Weltkrieg

Der Zusammenbruch im Jahr 1945 legte die Reichsbahn nahezu völlig lahm. Die Bombenangriffe der Alliierten und die Zerstörungen der Wehrmacht auf ihrem Rückzug hatten zu einer weitgehenden Verwüstung der Bahnanlagen geführt. Nach und nach baute man Betrieb und Verwaltung aus kleinen örtlichen Anfängen wieder auf, doch es dauerte mehrere Monate, bis der Eisenbahnbetrieb wieder anlaufen konnte. In dieser Zeit teilten die vier Siegermächte (Sowjetunion, USA, Großbritannien und Frankreich) Deutschland in vier Besatzungszonen auf. Die Ostgebiete wurden von den drei Westzonen abgetrennt und der Wiederaufbau der Eisenbahn und deren Verwaltung vollzogen sich zunächst in jeder Besatzungszone unterschiedlich.

Davon besonders betroffen war Berlin: Die im Juni 1948 verhängte Blockade der Land- und Wasserwege durch die Sowjets brachte schließlich den Verkehr von und nach West-Berlin fast vollständig zum Erliegen. Der nach Beendigung der Blockade im Mai 1949 wieder aufgenommene Zugverkehr war im Vergleich zu den Vorkriegsleistungen nur noch ein kümmerlicher Rest.

Im Mai 1949 entstand aus den drei Westzonen die Bundesrepublik Deutschland (BRD). Wenige Monate später wurde auf dem Gebiet der damaligen sowjetischen Besatzungszone die Deutsche Demokratische Republik (DDR) gegründet. Damit war die Teilung Deutschlands endgültig besiegelt. Während in den Westgebieten die Deutsche Reichsbahn in Deutsche Bundesbahn umbenannt wurde, behielt sie in der sowjetischen Besatzungszone die Bezeichnung aus statusrechtlichen Gründen bei.

Neustart der Deutschen Reichsbahn in der DDR

In der DDR war der Neustart als Folge der durch den Krieg zerstörten Bahnanlagen ausgesprochen schwierig. Auch hatte die sowjetische Besatzungsmacht ganze Bahnstrecken demontiert und zusammen mit Eisenbahnfahrzeugen als Reparationsleistungen in die UdSSR abtransportiert. Die Abriegelung der innerdeutschen Grenzen im Jahr 1952 führte zu einer weitgehenden Beendigung des Zugverkehrs in den Westen. Zur Umfahrung West-Berlins wurden die noch fehlenden Abschnitte des Berliner Außenrings ergänzt. Die Deutsche Reichsbahn erhielt von den Westalliierten die Zustimmung, die S-Bahn auch im Westteil Berlins zu betreiben.

Der Mauerbau zerschnitt 1961 nicht nur die Stadt, sondern auch das Berliner Nahverkehrssystem. Es entstanden zwei S-Bahn-Systeme, die beide von der Reichsbahn betrieben wurden. Immer mehr West-Berliner Bürger boykottierten die S-Bahn und drückten so ihren Unmut über die Mauer aus. Schon nach kurzer Zeit spielte die S-Bahn im Nahverkehr keine Rolle mehr. Mit Genehmigung der Alliierten übernahmen die Berliner Verkehrsbetriebe 1984 den Betrieb der West-Berliner S-Bahn von der Deutschen Reichsbahn.

Abb. 1-20: Bahnhof Berlin Ostbahnhof mit Reisenden und Zügen in den 1950er-Jahren

Foto: DB AG/Archiv

1.2.4 Deutsche Bundesbahn

Bundesbahngesetz

Das Bundesbahngesetz (BBahnG) vom 13. Dezember 1951 beendete für den Bereich der Bundesrepublik die wechselvolle Entwicklung, die die Deutsche Reichsbahn seit 1945 durchzumachen hatte. Damit erhielten die Eisenbahnen der Bundesrepublik wieder einen einheitlichen Aufbau. Nach diesem Gesetz verwaltete die Bundesrepublik Deutschland unter dem Namen „Deutsche Bundesbahn" das Bundeseisenbahnvermögen als nicht rechtsfähiges Sondervermögen des Bundes mit eigener Wirtschafts- und Rechnungsführung.

Rückgang der Verkehrsleistungen

In den 50er Jahren des letzten Jahrhunderts führten die steigende Motorisierung im Personenverkehr und die Verdrängung des SGV durch den Lkw-Transport mit seinen Marktvorteilen zu einer rückläufigen Entwicklung der Marktanteile der Eisenbahnen. Die Verkehrspolitik reagierte auf diesen Mobilitätswandel mit einer einseitigen Förderung des Straßenbaus und sinkenden Investitionen ins Schienennetz. Gleichzeitig wurden umfangreiche Streckenstilllegungen vorgenommen und das Verkehrsangebot auf der Schiene verringert.

1.2.5 Die Gründung der Deutschen Bahn AG

Im Jahr 1989 legte der damalige Bundesminister für Verkehr einen Bericht zur Lage des Eisenbahnwesens in Deutschland vor. Als Folge einer mangelnden Leistungs- und Wettbewerbsfähigkeit hatte sich die wirtschaftliche Situation der Deutschen Bundesbahn über einen langen Zeitraum kontinuierlich verschlechtert. Hauptursache dafür war die Behördenstruktur der Bundesbahn und damit das Fehlen ausreichender Entscheidungsspielräume für unternehmerisches Handeln sowie der Zwang zur Erfüllung gemeinwirtschaftlicher Aufgaben.

Der Bundesminister für Verkehr setzte die Regierungskommission Bahn ein, welche die Wettbewerbsfähigkeit, die Privatisierung der Deutschen Bundesbahn, die Zukunft des Verkehrssystems Schiene und die Beteiligung regionaler Körperschaften am Schienenpersonennahverkehr untersuchen sollte. Nach der Wiedervereinigung der beiden deutschen Staaten wurden 1990 Deutsche Bundesbahn und Deutsche Reichsbahn mit dem Einigungsvertrag zu zwei getrennten Sondervermögen der Bundesrepublik Deutschland.

Der Schlussbericht der Regierungskommission Bahn lag 1991 vor. Er sah zur einheitlichen und unternehmerischen Führung der Eisenbahnen des Bundes die umgehende Gründung einer Deutschen Bahn AG vor. Voraussetzung für die Gründung war die Zustimmung des Bundestags und des Bundesrats zu einer Änderung des Grundgesetzes. Mit der Verabschiedung der Gesetze zur Bahnreform im Dezember 1993 wurden im Wesentlichen zwei Ziele verfolgt: Erstens sollten die auf der Schiene transportierten Verkehrsmengen sowie der Anteil des Schienenverkehrs am Gesamtverkehrsmarkt gesteigert werden, was eine Erhöhung der Leistungsfähigkeit der Eisenbahn erforderte. Zweitens wurde die dauerhafte Entlastung des Bundeshaushalts und die Wiederherstellung finanzieller Berechenbarkeit festgeschrieben, was zwingend die wirtschaftliche Sanierung von Deutscher Bundesbahn und Deutscher Reichsbahn erforderte.

Bahnreform

Mit dem Eisenbahnneuordnungsgesetz (ENeuOG) wurde zum 1. Januar 1994 in einem Zwischenschritt das unter dem Namen „Deutsche Bundesbahn" als nicht rechtsfähiges Sondervermögen verwaltete Bundeseisenbahnvermögen sowie das Sondervermögen Deutsche Reichsbahn zu einem nicht rechtsfähigen Sondervermögen des Bundes zusammengeführt und vom Bund unter dem Namen „Bundeseisenbahnvermögen" verwaltet. Daraus wurde der unternehmerische Teil, der zum Erbringen von Eisenbahnverkehrsleistungen und zum Betreiben der Eisenbahninfrastruktur notwendig war, auf die neu gegründete Deutsche Bahn AG ausgegliedert. Die Verbindlichkeiten von Bundes- und Reichsbahn sowie die nicht für den Eisenbahnbetrieb notwendigen Immobilien wurden dem neu gegründeten Bundeseisenbahnvermögen zur weiteren Verwertung zugeordnet. Die hoheitlichen Aufgaben im Bereich Genehmigung und Unternehmensaufsicht wurden dem ebenfalls neu gegründeten Eisenbahn-Bundesamt (EBA) übertragen.

Seit ihrer Gründung im Jahr 1994 ist die Deutsche Bahn eine Aktiengesellschaft nach deutschem Recht. Dementsprechend verfügt sie über eine duale Führungs- und Kontrollstruktur mit Vorstand und Aufsichtsrat. Alleiniger Eigentümer ist der Bund. Anders als die frühere Deutsche Bundesbahn und die Deutsche Reichsbahn hat die Deutsche Bahn AG nicht mehr den besonderen Status einer Staatsbahn. Mit Gründung der DB AG wurde auch die buchhalterische Trennung von Netz und Betrieb vorgenommen, zu der die Eisenbahnunternehmen nach EU-Recht verpflichtet sind. Heute ist der DB-Konzern ein internationaler Anbieter von Mobilitäts- und Logistikdienstleistungen mit einem jährlichen Umsatz von fast 44 Milliarden Euro (Stand 2018). Das Unternehmen agiert weltweit in über 130 Ländern und beschäftigt über 318.000 Mitarbeiter, knapp 40 Prozent davon außerhalb Deutschlands.

1.2.6 Entwicklung des Streckennetzes

Als 1835 die erste deutsche Eisenbahn in Betrieb ging, gab es weltweit bereits Strecken mit einer Gesamtlänge von 2.400 Kilometern. Die weitere Entwicklung verlief in Deutschland zunächst uneinheitlich; sie umfasste lediglich den Bau einzelner Strecken ohne Netzbildung. Erst ab den 1840er-Jahren fanden die ersten Streckenvernetzungen statt.

Zehn Jahre nach der Fahrt des Adlers war die Länge der Eisenbahnstrecken in Deutschland auf 2.000 Kilometer angewachsen. Bis 1880 weitete sich das Schienennetz auf eine Länge von fast 34.000 Kilometern aus. Es umfasste dabei bereits 90 Prozent der Hauptstrecken, die in unseren heutigen Zeiten als Hauptstrecken dienen. In den Folgejahren wurde das Netz durch zahlreiche Nebenstrecken ergänzt. Zudem wurden hoch ausgelastete Strecken zweigleisig ausgeführt.

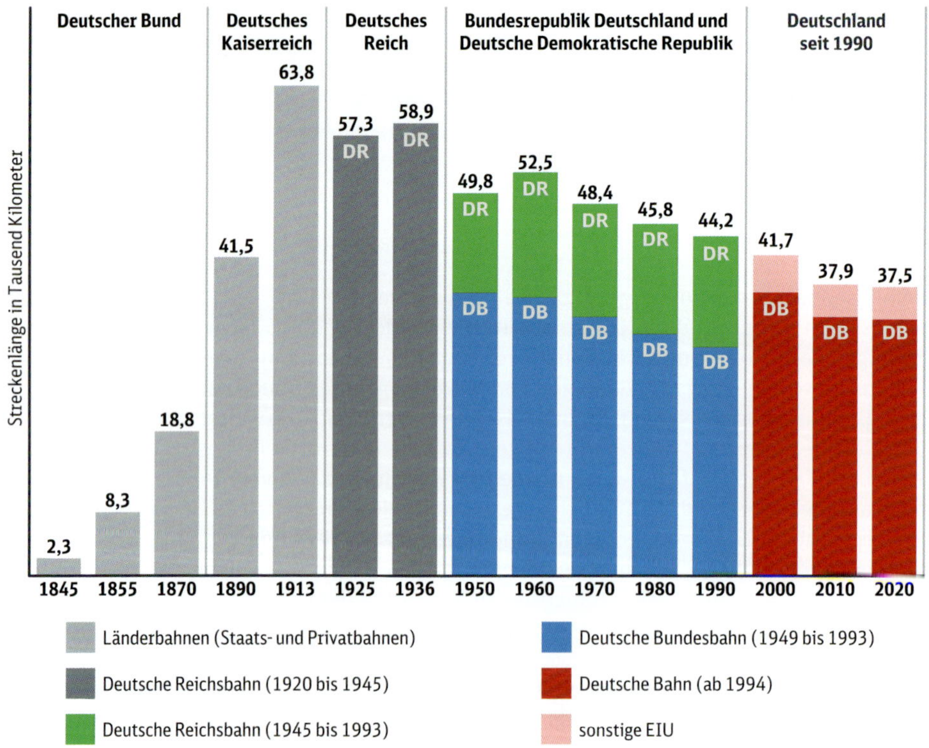

Abb. 1-21: Historische Entwicklung des Eisenbahnnetzes in Deutschland von 1845 bis 2020. Beide Weltkriege hatten Gebietsabtretungen an die Nachbarländer zur Folge. Die deutschen Annexionen in den Kriegsgebieten im Verlauf der Kriegshandlungen sind nicht dargestellt.

Quellen: Geschichte der deutschen Eisenbahnen von Berthold Stumpf/Verkehr in Zahlen hrsg. vom BMVI

Die wesentliche Entwicklung des Eisenbahnnetzes in Deutschland endete im Zweiten Weltkrieg. Mit Ausnahme des Baus einiger S-Bahn-Strecken wurde das Eisenbahnnetz in den Folgejahren nicht wesentlich erweitert. Erst im Jahr 1970 legte die damalige Deutsche Bundesbahn Planungen für einen Netzausbau mit zahlreichen Neu- und Ausbaustrecken vor, die sie in den folgenden Jahren umsetzte. Im Jahr 1986 nahm die Deutsche Bundesbahn die ersten Abschnitte einer Neubaustrecke in Betrieb. Mit Inbetriebnahme der Neubaustrecke Köln–Frankfurt im Jahr 2002 erhielt Deutschland die erste 300-km/h-Strecke.

Nach der Wiedervereinigung im Jahr 1990 galt es, die Netze der DB und DR durch Lückenschlussmaßnahmen wieder miteinander zu verknüpfen. In den Folgejahren wurden darüber hinaus auch einige neue Strecken zwischen den alten und neuen Bundesländern in Betrieb genommen. Im Jahr 1991 beschloss die Bundesregierung die Verkehrsprojekte Deutsche Einheit (VDE). Neben verschiedenen Autobahnprojekten und einem Wasserstraßenprojekt bildeten zahlreiche Schienenprojekte das Grundgerüst leistungsfähiger und moderner Verkehrsverbindungen zwischen den alten und neuen Bundesländern.

1.3 Grundlagen für Bau und Betrieb

1.3.1 Eisenbahnunternehmen

Eisenbahnen sind öffentliche Einrichtungen oder privatrechtlich organisierte Unternehmen, die als Eisenbahnverkehrsunternehmen (EVU) Eisenbahnverkehrsleistungen erbringen oder als Eisenbahninfrastrukturunternehmen (EIU) Eisenbahninfrastruktur (Schienenwege und Serviceeinrichtungen) betreiben. Dabei übt eine große Zahl von Eisenbahnunternehmen beide Funktionen im Verbund aus.

Zum Betreiben einer Eisenbahninfrastruktur gehört neben dem Vorhalten der Schienenwege und dem Führen von Betriebsleit-, Energieversorgungs- und Sicherungssystemen auch die Konstruktion der Trassen, also die Erstellung der Fahrpläne. Aufgrund des relativ engen Zusammenhangs zwischen Infrastruktur (Fahrweg) und Eisenbahnfahrzeug ist die Umsetzung einer organisatorischen Trennung zwischen EIU und EVU nur durch eine systemgerechte Gestaltung der sicherheitlichen Schnittstellen zu lösen. Verfahren und Prozesse gewährleisten das reibungslose Zusammenwirken aller Beteiligten und die Sicherheit des Eisenbahnbetriebs.

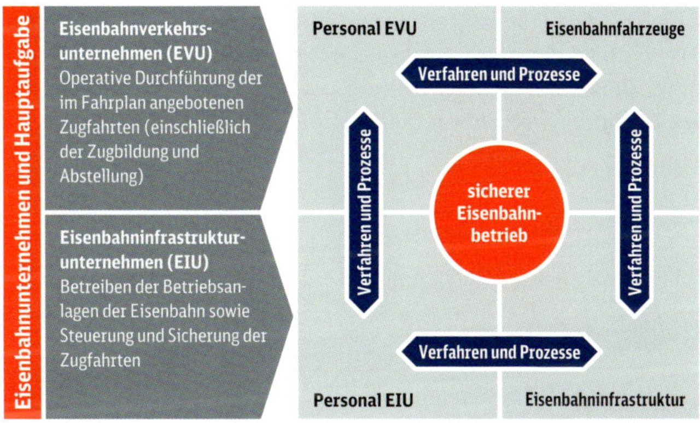

Abb. 1-22:
Zusammenhang zwischen Eisenbahnverkehrs- und -infrastrukturunternehmen
Abbildung: Jürgen Janicki

Verkehrsunternehmen

EIU dienen dem öffentlichen Verkehr, wenn sie Zugang zu ihrer Eisenbahninfrastruktur bzw. ihren Schienenwegen gewähren müssen. EVU dienen dem öffentlichen Verkehr, wenn sie gewerbs- oder geschäftsmäßig betrieben werden und jedermann sie nach ihrer Zweckbestimmung zur Beförderung von Personen oder Gütern benutzen kann. Alle anderen Eisenbahnunternehmen sind nichtöffentliche Eisenbahnen.

Zurzeit gibt es in Deutschland 445 öffentliche und 144 nichtöffentliche EVU (Stand 01/2021); als EIU sind 404 Unternehmen registriert (Stand 2017).

Eisenbahnen des Bundes

Eisenbahnen des Bundes sind Unternehmen, die sich überwiegend in der Hand des Bundes oder eines mehrheitlich dem Bund gehörenden Unternehmens befinden. Neben der Deutschen Bahn AG zählen dazu auch Gleisanschlüsse, deren Eigentümer mehrheitlich der Bund ist.

Werksbahnen

Werksbahnen sind Eisenbahninfrastrukturen, die ausschließlich für den eigenen Güterverkehr genutzt werden. Darüber werden auch Transporte für angeschlossene Eisenbahnen und für die an der Infrastruktur ansässigen Unternehmen durchgeführt.

Serviceeinrichtungen

Zur Erbringung von Eisenbahnverkehrsleistungen sind neben den Schienenwegen auch Serviceeinrichtungen erforderlich. Dazu zählen Bahnhöfe, Zugbildungseinrichtungen, Abstellgleise, Terminals, Wartungseinrichtungen und Tankstellen.

1.3.2 Eisenbahnrecht

Der Begriff Eisenbahnrecht umfasst die Gesamtheit aller Rechtsvorschriften und Rechtsnormen für den Bau und Betrieb von Eisenbahnen. Gerade in den letzten Jahren sind eine Vielzahl neuer Gesetze und Gesetzesänderungen in Kraft getreten, die den rechtlichen Rahmen für das Eisenbahnwesen betreffen. Die fortschreitende Europäisierung und Liberalisierung des Schienenverkehrsmarkts und die damit verbundene Harmonisierung des Eisenbahnrechts wird langfristig zu einer Vereinheitlichung der unterschiedlichen nationalen Vorgaben der Mitgliedstaaten der Europäischen Union (EU) führen.

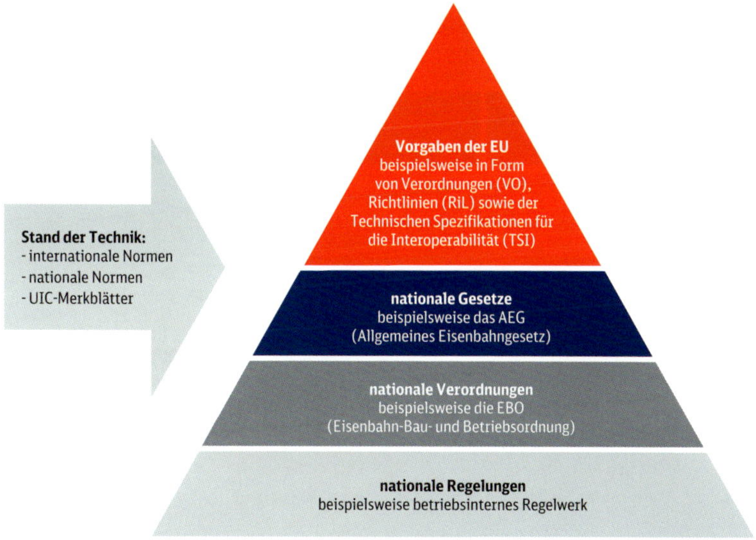

Abb. 1-23:
Regelungspyramide für Eisenbahnen
Abbildung: Jürgen Janicki

Unionsrecht

Das Recht der Europäischen Union wirkt im innerstaatlichen Bereich unmittelbar und hat Vorrang vor dem nationalen Recht der einzelnen Mitgliedsländer. Die in den EU-Verträgen niedergelegten Ziele werden mithilfe verschiedener Rechtsakte verwirklicht:

- Eine **Verordnung (VO)** gilt unmittelbar nach Inkrafttreten und mit dem genannten Inkraftsetzungstermin in allen EU-Ländern. In ihrer Wirkung ist sie mit einem Gesetz vergleichbar.
- Eine **Richtlinie (RiL)** ist für die Mitgliedsländer hinsichtlich des zu erreichenden Ziels verbindlich. Sie muss zunächst in nationales Recht umgesetzt werden, um in einem EU-Land Anwendung zu finden. Für die Umsetzung wird dazu eine Frist genannt.
- **Beschlüsse** sind für diejenigen EU-Länder verbindlich und unmittelbar anwendbar, an die sie gerichtet sind.
- **Empfehlungen** und **Stellungnahmen** sind nicht verbindlich.

Nationale Eisenbahngesetzgebung

Die Grundlage für den öffentlichen Schienenverkehr bildet das Grundgesetz der Bundesrepublik Deutschland. Der Bund hat die ausschließliche Gesetzgebung über den Verkehr von Eisenbahnen des Bundes, den Bau, die Unterhaltung und das Betreiben von Schienenwegen der Eisenbahnen des Bundes sowie die Erhebung von Entgelten für deren Benutzung. Für die Schienenbahnen, die nicht Eisenbahnen des Bundes sind, haben die Länder die Befugnis der konkurrierenden Gesetzgebung, solange und soweit der Bund von seiner Gesetzgebungszuständigkeit nicht durch Gesetz Gebrauch macht.

Für den Verkehr auf der Schiene zentrale Gesetze sind das Allgemeine Eisenbahngesetz (AEG) und das Eisenbahnregulierungsgesetz (ERegG).

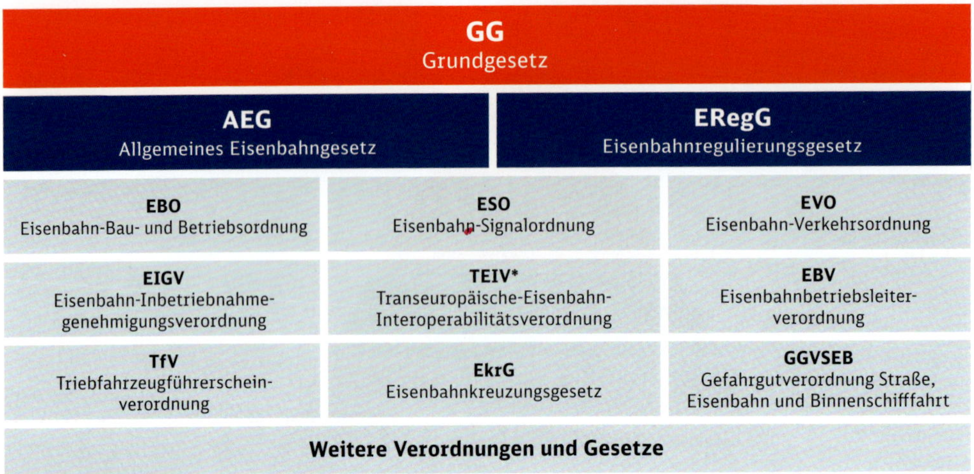

* Wurde 2018 außer Kraft gesetzt, kommt aber unter bestimmten Umständen noch zur Anwendung.

Abb. 1-24: Rechtsgrundlagen (Auszug) Abbildung: Jürgen Janicki

Allgemeines Eisenbahngesetz (AEG)

Das AEG behandelt diejenigen allgemeinen Fragen des Eisenbahnwesens, die bundesrechtlich zu regeln sind. Es dient der Umsetzung oder Durchführung von Rechtsakten der Europäischen Gemeinschaften oder der Europäischen Union im Bereich des Eisenbahnrechts und ist auch wesentliche Rechtsgrundlage für eine Vielzahl nachrangiger Rechtsverordnungen.

Das AEG verpflichtet die Eisenbahnen zur sicheren Betriebsführung, zur Gewährleistung eines attraktiven Verkehrsangebots auf der Schiene sowie zur Wahrung der Interessen der Verbraucher im Eisenbahnmarkt. Es regelt zentrale Themen des Eisenbahnwesens wie die Eisenbahnaufsicht, die Instandhaltung der Eisenbahninfrastruktur, die Beförderungspflicht und die Betriebspflicht. Darüber hinaus enthält das AEG Regelungen zur Erfordernis und zum Erhalt von Betriebsgenehmigungen oder Sicherheitsbescheinigungen, macht Vorgaben für die Planfeststellung und die Plangenehmigung und regelt die Abgabe und Stilllegung von Eisenbahninfrastruktureinrichtungen. Eisenbahnen im Sinne des AEG sind Schienenbahnen mit Ausnahme der Straßenbahnen und der nach ihrer Bau- oder Betriebsweise ähnlichen Bahnen wie beispielsweise Bergbahnen.

Eisenbahnregulierungsgesetz (ERegG)

Das 2016 vom Bundestag verabschiedete ERegG soll den Wettbewerb der Eisenbahnunternehmen untereinander weiter stärken und so zu einer Effizienzsteigerung im Eisenbahnsektor führen. Kernstück des Gesetzes ist der Zugang zur Eisenbahninfrastruktur und die Regulierung der Entgelte für deren Nutzung. Das ERegG entspricht der Europäischen Verkehrspolitik und setzt eine entsprechende EG-Richtlinie in nationales Recht um.

Eisenbahn-Bau- und Betriebsordnung (EBO)

Die EBO ist eine Rechtsverordnung des Bundesministers für Verkehr über den Bau und Betrieb von regelspurigen Eisenbahnen des öffentlichen Verkehrs in der Bundesrepublik Deutschland. Sie gilt gleichermaßen für die Eisenbahnen des Bundes wie auch für nichtbundeseigene Eisenbahnen (NE). Die EBO ist keine unmittelbare Betriebsvorschrift, sondern gibt nur den gesetzlichen Rahmen vor, den die Eisenbahnen mit eigenem betrieblichen Regelwerk gestalten müssen. Sie enthält unter anderem die Rahmenvorschriften über die Ausgestaltung der Bahnanlagen und der Fahrzeuge sowie die Grundsätze für den Bahnbetrieb. Mit dieser Verordnung soll erreicht werden, dass Bahnanlagen und Fahrzeuge so beschaffen sind, dass sie den Anforderungen der Sicherheit und Ordnung genügen. Diese Anforderungen gelten als erfüllt, wenn die Bahnanlagen und Fahrzeuge den Vorschriften der EBO und, soweit diese keine ausdrücklichen Vorschriften enthält, den anerkannten Regeln der Technik entsprechen. Von den anerkannten Regeln der Technik kann abgewichen werden, wenn dabei mindestens die gleiche Sicherheit gewährleistet bleibt. Die Beweislast dafür trägt derjenige, der von den anerkannten Regeln der Technik abweicht.

Zusätzlich zur EBO werden vom Bundesminister für Verkehr noch die Eisenbahn-Bau- und Betriebsordnung für Schmalspurbahnen (ESBO) sowie die Verordnung über den Bau und Betrieb der Straßenbahnen (BOStrab) herausgegeben. Die letztgenannte Rechtsverordnung gilt auch für straßenbahnähnliche Bahnen sowie Hoch- und Untergrundbahnen. Daneben gibt es noch die von den Landesverkehrsbehörden herausgegebenen Eisenbahn-Bau- und Betriebsordnungen für Anschlussbahnen (EBOA/BOA).

Eisenbahn-Signalordnung (ESO)

Die ESO gibt die für den Betrieb der Eisenbahnen erforderlichen Signale mit Bezeichnung, Form und Bedeutung vor. Es dürfen keine anderen als die hier aufgeführten Signale verwendet werden und auch diese nur in den zugelassenen Formen, Farben und Klangarten und auch nur für die angegebenen Zwecke.

Eisenbahn-Verkehrsordnung (EVO)

Die EVO enthält Vorschriften für die Beförderung von Personen und Reisegepäck durch öffentliche Eisenbahnen. Die Grundsätze des Eisenbahnverkehrsrechts sind im Handelsgesetzbuch dargestellt, während die weiteren verkehrsrechtlichen Bestimmungen Inhalt der EVO sind. Dazu zählen die Bestimmungen über die Pflichten und Rechte der Eisenbahnen und ihrer Kunden.

Eisenbahn-Inbetriebnahmegenehmigungsverordnung (EIGV)

Mit der im Jahr 2018 in Kraft getretenen „Verordnung über die Erteilung von Inbetriebnahmegenehmigungen für das Eisenbahnsystem“ erfolgte die Zusammenführung der unterschiedlichen nationalen Verfahrensvorschriften für die Inbetriebnahme von Infrastrukturen und Fahrzeuge entsprechend dem europäischen Rechtsrahmen.

Transeuropäische-Eisenbahn-Interoperabilitätsverordnung (TEIV)

Mit der im Jahr 2007 erlassenen Verordnung über die Interoperabilität des transeuropäischen Eisenbahnsystems wurden verschiedene Richtlinien des Europäischen Parlaments und des Rates in nationales Recht umgesetzt, so beispielsweise die Richtlinien über die Interoperabilität der Bahnsysteme. Die TEIV wurde 2018 außer Kraft gesetzt, kann aber unter bestimmten Umständen noch zur Anwendung gelangen.

Eisenbahnbetriebsleiterverordnung (EBV)

Die EBV beschreibt die Rechtsstellung der Eisenbahnbetriebsleiter (EBL). Sie enthält Regelungen über deren Bestellung und Bestätigung sowie ihre Aufgaben und Befugnisse.

Triebfahrzeugführerscheinverordnung (TfV)

Mit der „Verordnung über die Erteilung der Fahrberechtigung an Triebfahrzeugführer sowie die Anerkennung von Personen und Stellen für Ausbildung und Prüfung“ ist ein einheitlicher Standard für alle Triebfahrzeugführer vorhanden und dokumentiert. Diese Verordnung regelt darüber hinaus auch die Voraussetzungen für den Erwerb der einzelnen Führerscheinklassen, die zugrunde liegenden Ausbildungs- und Prüfungsvorschriften sowie die Registerführung und die Überwachung für Triebfahrzeugführer.

Eisenbahnkreuzungsgesetz (EkrG)

Das EkrG regelt die aus dem Verhältnis der Beteiligten an einer (öffentlichen) Straße und einer (öffentlichen) Eisenbahn entstehenden Rechtsverhältnisse. Eine Regelung ist notwendig, da der unmittelbare Kreuzungsbereich einem der beiden Verkehrsträger zugeordnet werden muss.

Gefahrgutverordnung Straße, Eisenbahn und Binnenschifffahrt (GGVSEB)

Die GGVSEB regelt den innerstaatlichen und grenzüberschreitenden Transport gefährlicher Güter auf der Straße und mit Eisenbahnen. Neben allgemeinen Bestimmungen enthält die GGVSEB besondere Bestimmungen für die Beförderung von Gütern einzelner Gefahrklassen. In zahlreichen Anhängen werden beispielsweise bestimmte Sicherheitsbedingungen, Prüfverfahren und Verpackungen vorgeschrieben.

Weitere Verordnungen und Gesetze

Neben den hier aufgeführten Rechtsgrundlagen gibt es zahlreiche weitere Verordnungen. Darüber hinaus enthalten auch andere Rechtsverordnungen und Gesetze Regelungen, die für die Eisenbahnen von Bedeutung sind. Auch ohne ausdrückliche gesetzliche Regelungen können sich bestimmte Pflichten der Bahn im Hinblick auf die Gewährleistung höchstmöglicher Sicherheit aus allgemeinen Rechtsgrundsätzen, insbesondere den sogenannten Verkehrssicherungspflichten ergeben.

1.3.3 Europäische Richtlinien und Verordnungen

Seit den 1990er-Jahren ist die Stärkung des Eisenbahnsektors ein Schlüsselziel europäischer Verkehrspolitik. Die EWG sowie ihre Nachfolgeorganisationen EG und EU haben in den letzten 30 Jahren zahlreiche Maßnahmen zur Förderung der Wettbewerbsfähigkeit der Eisenbahn vorangetrieben.

* Fähigkeit eines Schienenfahrzeugs, sich an unterschiedliche technische Standards (z. B. Spurweite oder Stromsystem) anzupassen.

Abb. 1-25: Regelungsinhalte innerhalb der Europäischen Union mit Eisenbahnbezug
Abbildung: Jürgen Janicki

Die zur Harmonisierung des Eisenbahnrechts notwendigen Veränderungen waren im Wesentlichen Ergebnis von zahlreichen Verordnungen und Richtlinien sowie von vier „Eisenbahnpaketen", die zwischenzeitlich in den meisten Mitgliedstaaten in nationales Recht umgesetzt worden sind.

- 1991 war eine europäische Richtlinie der erste Schritt zur Deregulierung der Eisenbahnen innerhalb Europas. Sie forderte eine größere Unabhängigkeit der Bahnen vom Staat, die buchhalterische Trennung zwischen dem Betrieb der Eisenbahninfrastruktur und der Erbringung der Verkehrsleistung sowie einen diskriminierungsfreien Zugang für Dritte. Damit wurde eine wesentliche Voraussetzung geschaffen, um den Wettbewerb im Eisenbahnsektor zu stärken und die Verteilung öffentlicher Ausgaben effektiver zu gestalten.

- 1995 wurden zur weiteren Konkretisierung Richtlinien über die Genehmigung von Eisenbahnunternehmen, Zuweisung von Fahrwegkapazitäten und Berechnung von Wegeentgelten (Trassenpreise) erlassen.

- Seit 1999 werden Technische Spezifikationen für die Interoperabilität (TSI) zur Durchsetzung der EG-Richtlinie 96/48/EG herausgegeben. Sie regeln vereinbarte Anforderungen, die an Schienenfahrzeuge für den grenzüberschreitenden Verkehr im Europäischen Wirtschaftsraum gestellt werden.

- 2001 legte die Europäische Kommission das 1. Eisenbahnpaket vor. Es beinhaltete die Trennung von Netz und Betrieb, die Verbesserung des Zugangs zur Infrastruktur, die Liberalisierung des internationalen Güterverkehrs, die Erteilung von Genehmigungen und die Einrichtung unabhängiger Genehmigungsstellen.

- 2004 wurde das 2. Eisenbahnpaket vorgelegt. Es beinhaltete die Verbesserung der Sicherheit, die vollständige Öffnung des europäischen SGV und die Errichtung einer Europäischen Eisenbahnagentur.

- 2007 kam das 3. Eisenbahnpaket. Es beinhaltete die Liberalisierung des Schienenpersonenverkehrs, die Zertifizierung von Triebfahrzeugführern (Triebfahrzeugführerschein) sowie die Rechte und Pflichten der Fahrgäste.

- 2008 legte eine Richtlinie die Bedingungen fest, die für die Verwirklichung der Interoperabilität des Eisenbahnsystems innerhalb der EU erfüllt sein müssen. Diese Bedingungen betrafen neben Planung, Bau, Inbetriebnahme, Umrüstung, Erneuerung, Betrieb und Instandhaltung von Bestandteilen dieses Systems auch die Punkte Umweltschutz und technische Kompatibilität.

- 2016 wurde das aus zwei Säulen bestehende 4. Eisenbahnpaket vorgelegt. Die „Technische Säule" hatte die Interoperabilität des Eisenbahnsystems der EU zum Thema und ersetzte eine ältere Richtlinie. Darüber hinaus gab es für die Zulassung von Schienenfahrzeugen neue Zuständigkeiten, Befugnisse, Pflichten und Verfahrensabläufe. Die „Politische Säule" hatte die Marktöffnung des Personenverkehrs zum Schwerpunkt.

- 2018 kam eine neue EU Zulassungsverordnung für Schienenfahrzeuge. Damit gilt in allen Mitgliedstaaten, für alle Behörden und für alle Antragsteller nur noch ein einheitliches Zulassungsverfahren (siehe auch Kapitel 1.3.9).

Eisenbahnagentur der Europäischen Union

Mit der Einrichtung der Eisenbahnagentur der Europäischen Union (European Union Agency for Railways; abgekürzt ERA) mit Sitz in Valenciennes (Frankreich) wurde 2004 eine zentrale Stelle für Interoperabilitäts- und Sicherheitsbelange geschaffen. Die ERA soll die Integration der europäischen Eisenbahnsysteme fördern und so einen wichtigen Beitrag zur Stärkung und Modernisierung des europäischen Eisenbahnwesens liefern.

Die ERA hat in Zusammenarbeit mit dem Eisenbahnsektor, nationalen Behörden, den EU-Institutionen und anderen Einrichtungen wirtschaftlich tragbare technische Normen sowie Sicherheitsmaßnahmen und -ziele ausgearbeitet und damit maßgeblich an der Schaffung einheitlicher Signalisierungsstandards in Europa mitgewirkt. Im Rahmen des 4. Eisenbahnpakets übernahm die ERA 2016 die zentrale Zuständigkeit für Sicherheitsbescheinigungen von EVU sowie die Zuständigkeit für die Zulassung grenzüberschreitend eingesetzter Fahrzeuge.

1.3.4 Eisenbahnaufsicht und Regulierung

Im Zuge der Neustrukturierung des Eisenbahnwesens in Deutschland (siehe Kapitel 1.3.3) wurde zum 1. Januar 1994 das Eisenbahn-Bundesamt (EBA) als selbstständige Bundesoberbehörde für Aufgaben der Eisenbahnverkehrsverwaltung errichtet. Das EBA wurde damit Aufsichtsbehörde für die Eisenbahnen des Bundes mit Sitz in der Bundesrepublik Deutschland. Für nichtbundeseigene Eisenbahnen sind hierfür die jeweiligen Länder zuständig. Die Landeseisenbahnaufsicht kann auch ganz oder teilweise dem EBA übertragen werden.

Neben dem EBA bestand im Laufe der letzten 25 Jahre die Notwendigkeit für die Bildung weiterer auf dem Gebiet des Eisenbahnrechts tätiger Behörden. Dies sind die Bundesnetzagentur (BNetzA) sowie die Eisenbahn-Unfalluntersuchungsstelle des Bundes (EUB).

Eisenbahn-Bundesamt

Das Eisenbahn-Bundesamt (EBA) unterliegt als selbstständige deutsche Bundesoberbehörde der Fach- und Rechtsaufsicht des Bundesministeriums für Verkehr und digitale Infrastruktur (BMVI). Dem EBA organisatorisch angegliedert sind das Deutsche Zentrum für Schienenverkehrsforschung (DZSF) und die Benannte Stelle Eisenbahn-Cert (EBC). Das EBA wird von einem Präsidenten geleitet und hat seinen Sitz in Bonn.

Wesentliche Aufgaben des EBA für die Eisenbahnen des Bundes sind die Eisenbahnaufsicht, die Planfeststellung (Plangenehmigung), die Zulassung von Infrastruktur und Fahrzeugen, die Bewilligung bestimmter Fördermittel sowie die Durchsetzung von Fahrgastrechten. Auch entscheidet das EBA über Anträge zur dauernden Einstellung des Betriebs einer Strecke, eines für die Betriebsabwicklung wichtigen Bahnhofs oder die mehr als geringfügige Verringerung der Kapazität. Die Entscheidung ergeht im Benehmen mit der zuständigen Landesbehörde.

Das EBA prüft, ob die Eisenbahnunternehmen bei der Erstellung, dem Betrieb und der Instandhaltung ihrer Infrastrukturanlagen und Fahrzeuge die geltenden rechtlichen Vorschriften und Sicherheitsanforderungen einhalten. Dies geschieht in Form geeigneter objekt- und unternehmensbezogener Stichproben, durch anlassbedingte Prüfungen sowie im Rahmen von Audits. Für die zulassungs- und aufsichtsrelevante Behandlung der Betriebsanlagen und für weitere Themengebiete der Eisenbahnen hat das EBA verwaltungsinterne Vorschriften herausgegeben.

Bundesnetzagentur

Die Bundesnetzagentur (BNetzA) ist eine selbstständige Bundesoberbehörde mit Sitz in Bonn. Ihr obliegt in erster Linie die Aufgabe, die Einhaltung der Rechtsvorschriften über den Zugang zur Eisenbahninfrastruktur zu überwachen und so den diskriminierungsfreien Zugang zur Schieneninfrastruktur und den damit verbundenen Leistungen sicherzustellen. Darüber hinaus setzt sich die BNetzA für ein verbessertes und marktangemessenes Trassenpreissystem ein und führt Marktbeobachtungen durch.

Eisenbahn-Unfalluntersuchungsstelle des Bundes

Abgeleitet aus europäischen Vorgaben besteht seit dem Jahr 2008 die Verpflichtung zur Untersuchung von gefährlichen Ereignissen im Eisenbahnbetrieb durch eine unabhängige Behörde. Die Eisenbahn-Unfalluntersuchungsstelle des Bundes (EUB) klärt die Ursachen von gefährlichen Ereignissen im Eisenbahnbetrieb auf und hat jederzeit die Möglichkeit, Sicherheitsempfehlungen zur Verbesserung der Eisenbahnsicherheit auszusprechen.

1.3.5 Technische Spezifikationen für die Interoperabilität

Mit Interoperabilität wird die Fähigkeit eines Eisenbahnfahrzeugs bzw. Zuges bezeichnet, innerhalb Europas auf allen Abschnitten des Eisenbahnnetzes zu fahren und dabei die unterschiedlichen Eisenbahnsysteme durchgängig und sicher zu nutzen.

Das System Bahn ist in seiner Gesamtheit nur dann interoperabel, wenn die technischen Schnittstellen zwischen den verschiedenen Teilsystemen aufeinander abgestimmt sind. Mit den „Technischen Spezifikationen für die Interoperabilität" (TSI) hat die EU für die transeuropäischen Eisenbahnsysteme ein Regelwerk erlassen und so den rechtlichen Rahmen für eine Angleichung der verschiedenen technischen Systeme der Mitgliedstaaten geschaffen. Aufgrund seines Umfangs und seiner komplexen Struktur wurde das Gesamtsystem Eisenbahn in Teilsysteme gegliedert, für die jeweils eigene TSI erstellt wurden. Darin wird für das jeweilige Teilsystem beschrieben, in welcher Weise die in den Richtlinien festgelegten grundlegenden Anforderungen an die Interoperabilität erfüllt werden sollen.

Die TSI enthalten auch Verfahrensweisen, wie die Einhaltung der Regeln geprüft werden soll. Jedes Teilsystem wird einer gesonderten Prüfung unterzogen. Damit soll festgestellt werden, inwieweit die Bestandteile des Teilsystems einzeln und innerhalb des Teilsystems sowie anhand der definierten Schnittstellen mit anderen Teilsystemen ganzheitlich zusammenwirken und die europäischen Vorgaben erfüllt sind.

Ursprünglich bestanden für das Hochgeschwindigkeitsbahnsystem und für das konventionelle Bahnsystem eigene Richtlinien. Seit 2016 gelten die TSI für beide Systeme gleichermaßen und umfassen auch den erweiterten Bereich der nationalen Schienennetze. Die TSI gelten in der Regel nicht für städtische Schienenbahnen (Straßenbahnen, Stadtbahnen sowie Hoch- und

Untergrundbahnen) sowie für Bahnen im Privateigentum, die für den eigenen Güterverkehr oder zur nicht gewerblichen Personenbeförderung genutzt werden. In den EU-Mitgliedstaaten sind die TSI den nationalen Regelungen übergeordnet. Damit stellen die TSI sicher, dass für das jeweilige Teilsystem die grundlegenden Anforderungen erfüllt werden und die Interoperabilität gewährleistet wird.

Teilsystem	Technische Spezifikationen für die Interoperabilität (TSI)
Verkehrsbetrieb und Verkehrssteuerung	**TSI OPE** (operation and traffic management)
Infrastruktur	**TSI INF** (infrastructure)
Energie	**TSI ENE** (energy)
Fahrzeuge: ▪ Lokomotiven und Personenwagen* ▪ Güterwagen	**Rolling Stock:** **TSI LOC & PAS** (locomotives and passenger)* **TSI WAG** (wagons)
Lärm	**TSI NOI** (noise)
Zugsteuerung, Zugsicherung und Signalgebung	**TSI CCS** (control, command and signalling)
Eingeschränkt mobile Personen	**TSI PRM** (persons with reduced mobility)
Sicherheit in Eisenbahntunnel	**TSI SRT** (safety in railway tunnel)
Telematikanwendungen für den Personenverkehr **Telematikanwendungen** für den Güterverkehr	**TSI TAP** (telematics applications for passenger services) **TSI TAF** (telematics applications for freight subsystem)

* gilt auch für Triebzüge und Triebwagen sowie mobile Ausrüstungen für den Bau und die Instandhaltung von Eisenbahninfrastrukturen

Abb. 1-26: Gliederung der TSI

Quelle: www.eisenbahn-cert.de

1.3.6 Regelwerke der Eisenbahnen

Die Eisenbahninfrastrukturunternehmen (EIU) bzw. Eisenbahnverkehrsunternehmen (EVU) haben zur Konkretisierung gesetzlicher Vorgaben besondere Ausführungsbestimmungen in Form von internen Anweisungen erlassen. Die DB AG hat dazu ein umfangreiches innerbetriebliches Richtlinienwerk geschaffen, das allgemeine Regularien und unternehmensinterne Vorgaben enthält. Für den Bereich der nichtbundeseigenen Eisenbahnen (NE) gibt es neben den gesetzlichen Vorgaben die Regelwerke des Verbands Deutscher Verkehrsunternehmen (VDV).

Für die Nutzung der Schienenwege eines Infrastrukturbetreibers (z. B. der DB Netz AG) ist die Anwendung und Beachtung sowohl des netzzugangsrelevanten als auch des betrieblich-technischen Regelwerks bindend. Das netzzugangsrelevante Regelwerk enthält Bestimmungen, die als Voraussetzung für den Zugang bedeutsam sind und die Kompatibilität der Fahrzeuge mit den Anforderungen des Netzes sicherstellen sollen. Das betrieblich-technische Regelwerk enthält Regelungen zur Abwicklung des Bahnbetriebs und Anleitungen für die Bedienung bestimmter Eisenbahnanlagen und Signale.

netzzugangsrelevantes Regelwerk	betrieblich-technisches Regelwerk
Ril 124 Brandschutz **Ril 402** Trassenmanagement **TNB** – Technische Nutzungsbedingungen	**Ril 135** Konzernsicherheit/DB-Lagezentrum **Ril 301** Signalbuch (SB) **Ril 406** Baubetriebsplanung, Betra, La **Ril 408** Fahrdienstvorschrift (FV-DB) **Ril 420** Betriebsleitstellen **Ril 423** Notfallmanagement, Brandschutz **Ril 438** Züge fahren und Rangieren (FV-NE) **Ril 482** Signalanlagen bedienen **Ril 483** Zugbeeinflussungsanlagen bedienen **Ril 492** Triebfahrzeuge führen

Abb. 1-27: Richtlinien der DB Netz AG für die Nutzung der Schienenwege (Auszug) Quelle: Schienennetznutzungsbedingungen der DB Netz AG (SNB 2021)

Fahrdienstvorschrift

Die Richtlinie 408 „Fahrdienstvorschrift (FV-DB)“ ist das grundlegende Regelwerk für die Abwicklung der Zug- und Rangierfahrten auf dem Netz der Deutschen Bahn. Die Fahrdienstvorschrift der DB gliedert sich in folgende wesentliche Teile:

- **Teil 1** enthält die Regeln für die Mitarbeiter des EIU (z. B. die Fahrdienstleiter), die im Zusammenhang mit dem Fahren von Zügen zu beachten sind. Neben der Beschreibung der internen Prozesse enthält dieser Teil auch Regelungen für die Zusammenarbeit mit Mitarbeitern der EVU (z. B. den Triebfahrzeugführern).
- **Teil 2** gilt verbindlich für EVU. Dieser Teil enthält Vorgaben und Schnittstellenregeln, die in Zusammenarbeit mit Mitarbeitern des EIU zu beachten sind.
- **Teil 3** enthält die Rangierregeln für die am Rangieren beteiligten Mitarbeiter.
- **Teil 4** enthält aus älteren Ausgaben der Fahrdienstvorschrift archivierte Regeln, die z. T. noch zur Anwendung gelangen.

Fahrdienstvorschrift für nichtbundeseigene Eisenbahnen (FV-NE)

Die vom Verband Deutscher Verkehrsunternehmen herausgegebene Fahrdienstvorschrift (FV-NE) gilt für die nichtbundeseigenen Eisenbahnen des öffentlichen Verkehrs, die als Nebenbahnen betrieben werden. Sie enthält die wesentlichen Vorschriften über die Handhabung des Betriebsdienstes. Da auch die DB Netz AG die Anwendung der FV-NE auf einigen ihrer Strecken erklären kann, ist sie als inhaltlich identische Ril 438 Bestandteil des betrieblich-technischen Regelwerks der DB AG.

Signalbuch

Die Richtlinie 301 „Signalbuch“ enthält die wesentlichen Bestimmungen zu den bei der DB AG verwendeten Signalen. Neben der Beschreibung des Signals (Signalbild oder/und Signalton) erläutert diese Richtlinie auch deren Bedeutung.

1.3.7 Verbände

Eine Vielzahl von Verbänden repräsentieren die Interessen der Unternehmen der Bahnbranche. Nachfolgend drei Beispiele:

- Ein großer Teil der Eisenbahnunternehmen ist im Verband Deutscher Verkehrsunternehmen (VDV) organisiert. Der VDV berät die Mitgliedsunternehmen, erarbeitet technische, betriebliche, rechtliche und wirtschaftliche Grundsätze und vertritt die Unternehmensinteressen gegenüber Parlamenten, Behörden, Industrie und anderen Institutionen.

- Der im Jahr 1922 gegründete Internationale Eisenbahnverband UIC (französisch: Union Internationale des Chemins de fer) mit Sitz in Paris vertritt im Auftrag seiner Mitglieder weltweit deren Interessen. Seine Aktivitäten haben das Ziel, die Zusammenarbeit der Bahnen in allen Bereichen des Schienenverkehrs zu fördern und die Betriebsbedingungen durch Standardisierung zu verbessern.

- Der Verband der Bahnindustrie in Deutschland (VDB) repräsentiert Unternehmen der Bahnbranche am Standort Deutschland.

1.3.8 Netzzugang

Das Allgemeine Eisenbahngesetz (AEG) verpflichtet öffentliche EIU, den diskriminierungsfreien Zugang zur Eisenbahninfrastruktur und zu den von ihnen angebotenen Leistungen zu gewähren. Die Betreiber der Schienenwege haben darüber hinaus einen Mindestumfang an Leistungen zu erbringen. Zur Ausgestaltung des Netzzugangs hinsichtlich Umfang, Dauer und Entgeltbemessung enthält das AEG europarechtlich vorgegebene allgemeine Hinweise und verweist hinsichtlich der Einzelheiten auf das ERegG.

Der Netzzugang wird zwischen EVU und EIU vertraglich vereinbart (Prinzip des „verhandelten Netzzugangs"). Dabei unterliegt das EIU einem allgemeinen Kontrahierungszwang und ist somit verpflichtet, einen Vertrag mit dem EVU abzuschließen. Die BNetzA überwacht die Einhaltung der Vorschriften des Eisenbahnrechts über den Zugang zur Eisenbahninfrastruktur und macht unter anderem Vorgaben zur Entgeltregulierung.

Schienennetz-Benutzungsbedingungen

Gemäß ERegG müssen die EIU die Bedingungen für Zugang und Nutzung ihrer Infrastruktur veröffentlichen (Schienennetz-Benutzungsbedingungen, abgekürzt SNB). Die SNB informieren über die Zugangsbedingungen zum jeweiligen Schienennetz und beschreiben das Prozedere für die Anmeldung von Fahrplantrassen. Darüber hinaus enthalten sie die Regeln, Fristen, Verfahren, Entgeltgrundsätze und Geschäftsbedingungen für deren Nutzung.

Unternehmensgenehmigung

Nach § 6 AEG ist für die Erbringung von Eisenbahnverkehrsleistungen, für die selbstständige Teilnahme am Eisenbahnbetrieb als Halter eines Eisenbahnfahrzeugs und für das Betreiben von bestimmter Eisenbahninfrastruktur eine sogenannte Unternehmensgenehmigung erforderlich. Diese wird für bundeseigene Eisenbahnen durch das EBA, für nichtbundeseigene Eisenbahnen mit Sitz in der Bundesrepublik durch eine von der Landesregierung bestimmte Behörde (in der Regel das Landesverkehrsministerium) erteilt.

Sicherheitsbescheinigung, Sicherheitsgenehmigung

Die Verantwortung für die Betriebssicherheit und die Beherrschung der damit verbundenen Risiken wird den Eisenbahnunternehmen zugewiesen. EVU benötigen deshalb eine Sicherheitsbescheinigung (SiBe), wenn sie am öffentlichen Eisenbahnbetrieb teilnehmen bzw. öffentliche Infrastruktur nutzen. EIU benötigen eine Sicherheitsgenehmigung (SiGe), wenn sie Eisenbahninfrastruktur im übergeordneten Netz betreiben. SiBe bzw. SiGe werden auf Antrag vom EBA erteilt.

Sicherheitsmanagementsystem

Voraussetzung für die Erteilung einer SiBe bzw. SiGe ist der Nachweis eines Sicherheitsmanagementsystems (SMS), das den EU-rechtlichen Anforderungen genügt. Dessen wesentliche Aufgabe ist die Identifizierung, Beherrschung und Dokumentation der durch die eigene Geschäftstätigkeit geschaffenen Risiken und Gefährdungen. Im Rahmen des Risikomanagements werden sämtliche Bereiche und Themen des EVU betrachtet, in Form von Prozessen beschrieben und mit Regelwerk untersetzt. Darüber hinaus muss das EVU nachweisen, dass es die nationalen Anforderungen für den sicheren Verkehrsbetrieb auf dem Eisenbahnnetz erfüllt. Vom EIU ist nachzuweisen, dass es die nationalen Anforderungen für eine sichere Auslegung, Instandhaltung und einen sicheren Betrieb der Schienenwege einschließlich der Steuerungs- und Sicherungssysteme erfüllt.

Ergänzend zum Sicherheitsmanagementsystem sind die Betreiber oder Hersteller von Schienenfahrzeugen und anderen Eisenbahn-Teilsystemen zur Einführung eines Risikomanagementsystems verpflichtet.

Eisenbahnbetriebsleiter

Der deutsche Gesetzgeber hat in der Eisenbahnbetriebsleiterverordnung (EBV) festgelegt, dass öffentliche EIU und öffentliche EVU verpflichtet sind, vor der Betriebsaufnahme einen oder mehrere Betriebsleiter zu bestellen. Ausgenommen davon sind EVU, die gemäß AEG einer Sicherheitsbescheinigung bedürfen. Der EBL ist ein mit besonderen Befugnissen ausgestatteter und in Sicherheitsfragen besonders befähigter Mitarbeiter, der unbeschadet der Verantwortung des Eisenbahnunternehmers für das sichere Erbringen der Verkehrsleistung oder das sichere Betreiben der Infrastruktur und die betriebsinterne Implementierung des SMS verantwortlich ist. Damit ist die Auditierung des vom EBL verantworteten SMS durch das EBA und die Erhaltung der Sicherheitsbescheinigung der wesentliche Gradmesser für seine erfolgreiche Tätigkeit. Die Aufgaben und Befugnisse des EBL sind in der EBV geregelt.

1.3.9 Einsatz von Eisenbahnfahrzeugen

Für den Infrastrukturzugang eines Eisenbahnfahrzeugs ist die Kompatibilität mit den technischen, betrieblichen und sicherheitlichen Anforderungen des zu befahrenden Netzes von entscheidender Bedeutung. Dies gilt insbesondere für Fahrzeuge, die besondere technische Merkmale aufweisen.

Die Zugangsbedingungen zu einem Netz werden von den Betreibern der Infrastruktur in Form von Schienennetz-Benutzungsbedingungen veröffentlicht. Durch Erfüllung der darin genannten Anforderungen stellt das Schienenverkehrsunternehmen bzw. der Fahrzeughalter sicher, dass die von ihm eingesetzten Fahrzeuge sicher sowie störungs- und fehlerfrei auf dem Schienennetz zum Einsatz kommen.

Abb. 1-28: Neu gebaute Eisenbahnfahrzeuge benötigen eine Inbetriebnahmegenehmigung. Foto: Siemens

Inbetriebnahmegenehmigung

Mit Einführung und Inkrafttreten der „Verordnung über die Interoperabilität des transeuropäischen Eisenbahnsystems“ (TEIV = Transeuropäische-Eisenbahn-Interoperabilitätsverordnung) benötigen Eisenbahnfahrzeuge, die auf dem transeuropäischen Eisenbahnnetz verkehren sollen, eine Inbetriebnahmegenehmigung (IBG). Sofern nicht eine in der TEIV genannte Ausnahme gilt oder es sich um ein Nebenfahrzeug handelt, sind IBG sowohl für neue wie auch für umzurüstende Eisenbahnfahrzeuge erforderlich. Für die Erteilung einer IBG sind neben den einschlägigen „Technischen Spezifikationen für die Interoperabilität“ auch die „Sonstigen nationalen Rechtsvorschriften“ einzuhalten; deshalb gelten für diese Fahrzeuge auch die grundlegenden Anforderungen beispielsweise aus der EBO. Für Eisenbahnfahrzeuge mit ausländischer IBG gibt es ein vereinfachtes Verfahren zur Erteilung einer deutschen IBG.

Die Anträge auf Zulassung sowie die Ausstellung der Zulassungsbescheide und Genehmigungen für Schienenfahrzeuge werden zentral von der Europäischen Eisenbahnagentur (ERA) vorgenommen. Lediglich bei einer rein nationalen Zulassung besteht die Möglichkeit, das Verfahren auch über die dann zuständige nationale Zulassungsbehörde abzuwickeln; in Deutschland also über das EBA.

Fahrzeugeinstellungsregister

Die im Eisenbahnsystem der Europäischen Gemeinschaft in Betrieb genommenen Fahrzeuge werden in ein nationales Fahrzeugeinstellungsregister aufgenommen. Gleichzeitig wird ihnen eine Fahrzeugnummer zugewiesen. Die nationalen Fahrzeugeinstellungsregister der einzelnen Länder sind Teil eines europäisch zentralisierten Fahrzeugeinstellungsregisters. Damit stehen europaweit Informationen über Eisenbahnfahrzeuge bereit, deren Inbetriebnahme genehmigt wurde. Die Register stehen allen Mitgliedstaaten der Gemeinschaft zur Abfrage zur Verfügung und weisen deshalb ein einheitliches Datenformat auf. Die Fahrzeugeinstellungsregister enthalten z. B. Angaben zu Voraussetzungen der Inbetriebnahme, des Betriebs, zum jeweiligen Halter und ggf. Fahrzeugeigentümer sowie die Nennung der für die Instandhaltung zuständigen Stelle.

Fahrzeugnummer

Die im Eisenbahnsystem der Europäischen Gemeinschaft eingesetzten Fahrzeuge sind mit einer zwölfstelligen Fahrzeugnummer versehen. Diese beschreibt die grundlegenden Merkmale des Fahrzeugs und macht Fahrzeuge gleicher Bauart identifizierbar. Damit besteht eine gemeinsame Sprache zwischen EVU, Infrastrukturbetreibern und den staatlichen Stellen, die für die Zulassung und Registrierung der Fahrzeuge zuständig sind. Die Vergabe der Fahrzeugnummer obliegt der nationalen Aufsichtsbehörde, für die Bundesrepublik Deutschland dem EBA. Die Fahrzeugnummer wird im nationalen Fahrzeugeinstellungsregister (National Vehicle Register – NVR) registriert. Sie weist folgende Struktur auf:

- **Ziffer 1 + 2:** Kennzeichnung des Fahrzeugtyps (z. B. elektrische Lokomotive, Dieseltriebzug, Güterwagen ...). Bei Güterwagen wird auch die Interoperabilitätsfähigkeit angegeben, also die Eignung für den Einsatz im grenzüberschreitenden Verkehr.

- **Ziffer 3 + 4:** Angabe des Mitgliedlandes, in dem das Fahrzeug registriert ist (Ländercode). Direkt vor, hinter oder unter der europäischen Fahrzeugnummer wird zusätzlich ein Großbuchstabe für die Länderkennung (Ländercode) angebracht.

- **Ziffern 5 bis 8:** Bei Triebfahrzeugen wird die Bedeutung dieser Ziffern von den Mitgliedstaaten festgelegt. In der Regel besteht dieser Teil der Fahrzeugnummer aus einer vierstelligen Baureihennummer. Bei Wagen geben die Ziffern Auskunft über die wichtigsten technischen Merkmale.

- **Ziffern 9 bis 11:** In der Regel die laufende Nummer des Fahrzeugs innerhalb der Baureihe (Ordnungsnummer oder Seriennummer).

- **Ziffer 12:** Anhand einer Kontrollziffer lässt sich die Richtigkeit der vorhergehenden Ziffern überprüfen.

Abb. 1-29:
Fahrzeugnummer am Beispiel einer elektrischen Lokomotive
Abbildung: Jürgen Janicki

Fahrzeughalter

Jedes in Europa eingesetzte Eisenbahnfahrzeug besitzt eine Fahrzeughalterkennung (Vehicle Keeper Marking; abgekürzt VKM) bestehend aus einem alphabetischen Code mit zwei bis fünf Buchstaben. Er ist an jedem Eisenbahnfahrzeug in der Nähe der Fahrzeugnummer angebracht. Halter eines Eisenbahnfahrzeugs ist eine natürliche oder juristische Person, die als Eigentümer oder Verfügungsberechtigter das Fahrzeug nutzt und als solcher im nationalen Fahrzeugeinstellungsregister eingetragen ist.

Fahrzeuginstandhaltungsstelle

Die Halter von Eisenbahnfahrzeugen sind für die Instandhaltung ihrer Eisenbahnfahrzeuge zuständig. Diese Aufgabe können sie selbst durchführen oder auf einen Dritten übertragen. Die für die Instandhaltung zuständige Stelle – abgekürzt ECM (Entity in Charge of Maintenance) – wird im Fahrzeugeinstellungsregister eingetragen. Unbeschadet der Verantwortung des Fahrzeughalters für den sicheren Betrieb stellt die ECM durch ein Instandhaltungssystem sicher, dass die ihr zugeordneten Eisenbahnfahrzeuge in einem betriebssicheren Zustand sind. Im Zusammenhang mit der Fahrzeuginstandhaltung werden folgende Funktionen unterschieden:

1.3.10 Fahrberechtigung des Triebfahrzeugführers

Zum eigenständigen Führen eines Triebfahrzeugs oder Zuges bedarf es einer Fahrberechtigung. Diese ist durch den Triebfahrzeugführerschein sowie eine Zusatzbescheinigung nachzuweisen. Beide Dokumente sind beim Führen von Triebfahrzeugen mitzuführen und berechtigten Personen auf Verlangen zur Prüfung auszuhändigen. Die Erteilung der Fahrberechtigung sowie die Anerkennung von Personen und Stellen für Ausbildung und Prüfung sind in der Triebfahrzeugführerscheinverordnung (TfV) geregelt (siehe 1.3.2). Die Abnahme der Prüfungen regelt die Triebfahrzeugführerschein-Prüfungsverordnung (TfPV).

Triebfahrzeugführerschein

Der Triebfahrzeugführerschein ist ein behördliches Dokument und wird auf Antrag ausgestellt. Seine Gültigkeitsdauer beträgt zehn Jahre und kann verlängert werden. Aussteller ist die Triebfahrzeugführerscheinstelle des EBA. Diese führt auch ein Register der Triebfahrzeugführerscheine und ist zuständig für die Anerkennung von Ausbildungs- und Prüfungsorganisationen sowie von Ärzten und Psychologen, die Tauglichkeitsuntersuchungen vornehmen.

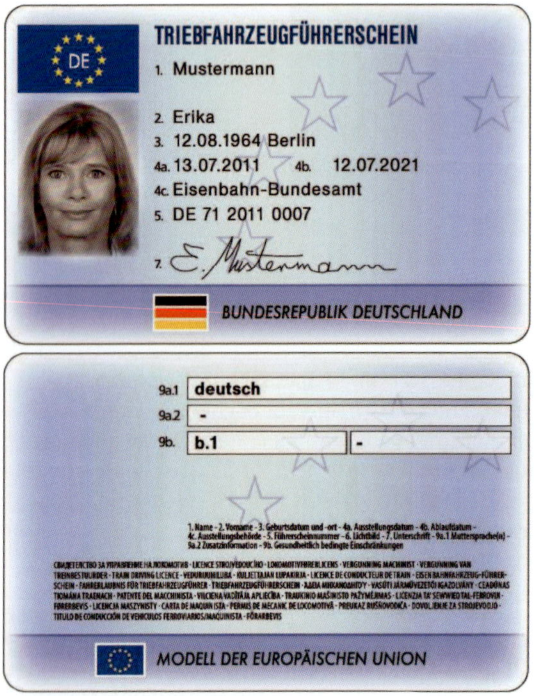

Abb. 1-30:
Europaweit gültiger Triebfahrzeugführerschein
Quelle: Bundesdruckerei GmbH

Zusatzbescheinigung

Zusätzlich bedarf es noch einer Zusatzbescheinigung, aus der hervorgeht, auf welchen Strecken (mit welchen Betriebsverfahren, Zugbeeinflussungssystemen und Signalsystemen) welche Fahrzeuge geführt werden dürfen. Die Zusatzbescheinigung wird vom Unternehmen für die Klasse A (Rangierfahrten) und B (Zugfahrten im Personen- und Güterverkehr) erteilt. Die Klasse B kann auf die Unterklasse B1 (nur Personenverkehr) oder B2 (nur Güterverkehr) beschränkt sein.

Anforderungen an Triebfahrzeugführer

Für den Erwerb des Triebfahrzeugführerscheins ist eine Ausbildung erforderlich. Diese dient dem Erwerb von theoretischen und praktischen Kenntnissen der Eisenbahntechnik und des Eisenbahnbetriebs, der mit dem Eisenbahnbetrieb verbundenen Risiken und deren Vermeidung sowie über die Tätigkeiten eines Triebfahrzeugführers.

Triebfahrzeugführerscheinbewerber müssen in der Regel mindestens 20 Jahre alt sein, einen Schulabschluss im Sekundarbereich I erbracht haben sowie körperlich und geistig tauglich sein. Die für das Führen von Triebfahrzeugen erforderlichen Kenntnisse und Fertigkeiten sind in einer Prüfung nachzuweisen. Die Tauglichkeit eines Triebfahrzeugführers wird regelmäßig überprüft. In welcher Form und Häufigkeit dies geschieht, ist vom Unternehmer nach den Vorschriften der TfV im Rahmen des Sicherheitsmanagementsystems festzulegen.

Streckenkenntnis

Für das eigenständige, sichere und fahrplanmäßige Führen von Eisenbahnfahrzeugen sind Kenntnisse über die Strecke, die zu befahren ist, von entscheidender Bedeutung. Dazu gibt es verschiedene Möglichkeiten. Neben dem eigenen Anschauen der Strecke während einer Mitfahrt oder der Einsichtnahme in betriebliche Unterlagen kann auch eine Simulatorfahrt mit originalgetreuer Streckennachbildung zum Erwerb der Streckenkenntnis führen. Die Verpflichtung zur Vermittlung der dazu notwendigen Informationen obliegt dem Unternehmen, das den Triebfahrzeugführer einsetzt. Im Rahmen des Sicherheitsmanagementsystems ist festzulegen, wie die Streckenkenntnis erworben, dokumentiert und überwacht wird. Die Streckenkenntnis wird nicht in der Zusatzbescheinigung dokumentiert.

1.3.11 Planung und Bau von Eisenbahninfrastruktur

Eisenbahninfrastruktur darf nur gebaut oder geändert werden, wenn der Plan vorher festgestellt ist. Das Allgemeine Eisenbahngesetz verpflichtet die Eisenbahnen, die Eisenbahninfrastruktur sicher zu bauen und in betriebssicherem Zustand zu halten. Gesetzlich vorgeschrieben ist, dass jeder Bau oder jede Änderung einer Betriebsanlage der vorherigen Entscheidung der Planfeststellungsbehörde bedarf.

Für Bauvorhaben, die nicht Betriebsanlagen betreffen, gelten das Baugesetzbuch und die Bauordnungen der Länder. Für Eisenbahnen des Bundes ist das EBA die für die Planfeststellung zuständige Behörde. Die Zulassung erfolgt im Wege der Planfeststellung, Plangenehmigung oder des Verzichts hierauf.

Abb. 1-31:
Neugestaltung der Bahnsteige im Bahnhof Dortmund Hbf
Foto: Jürgen Janicki

Planfeststellungsverfahren

Das Planfeststellungsverfahren ist ein förmliches Genehmigungsverfahren zur umfassenden Entscheidung über die Zulässigkeit einer Baumaßnahme. Im Rahmen der Planfeststellung werden alle für das Vorhaben relevanten rechtlichen Sachverhalte gewürdigt und Einwendungen von Betroffenen geprüft.

Vorhaben, die den Bau oder die wesentliche Änderung einer Betriebsanlage beinhalten, werden im Rahmen des Planfeststellungsverfahrens unter allen infrage kommenden rechtlichen Gesichtspunkten geprüft. Dabei werden die von dem Vorhaben berührten öffentlichen und privaten Belange gegeneinander und untereinander abgewogen und die Auswirkungen des Vorhabens auf die Umwelt betrachtet. Der Planfeststellung unterliegen nur der Neubau oder die wesentliche Änderung einer Betriebsanlage.

Unter bestimmten Voraussetzungen kann anstelle eines Planfeststellungsbeschlusses eine Plangenehmigung erteilt werden. In Fällen von unwesentlicher Bedeutung können sowohl Planfeststellung als auch Plangenehmigung entfallen. Diese Entscheidung hat die für die Planfeststellung zuständige Behörde zu treffen. Auch die bloße Durchführung von Instandhaltungsmaßnahmen unterliegt nicht der Planfeststellung (oder Plangenehmigung).

Umweltverträglichkeitsprüfung

Im Rahmen einer Planfeststellung wird in der Regel auch eine Umweltverträglichkeitsprüfung durchgeführt. Diese erfolgt nach dem Gesetz über die Umweltverträglichkeitsprüfung (UVPG) und umfasst die Ermittlung, Beschreibung und Bewertung der unmittelbaren und mittelbaren Auswirkungen eines Vorhabens auf die Umwelt.

1.3.12 Barrierefreier Zugang zum Eisenbahnsystem

In Deutschland leben etwa zehn Millionen Menschen mit einer amtlich anerkannten Behinderung; davon sind rund 7,8 Millionen schwerbehinderte Menschen (Stand 2018). Das Gesetz zur Gleichstellung behinderter Menschen schreibt vor, dass die Nutzung des Eisenbahnsystems durch Menschen mit Behinderung möglich sein muss.

Mobilitätsbehindert sind aber nicht nur behinderte Menschen, sondern alle Personen, die bei der Nutzung von Zügen oder der zugehörigen Infrastruktur Schwierigkeiten haben. Dazu zählen beispielsweise auch ältere Menschen, kleine Kinder, werdende Mütter sowie Personen mit Kinderwagen oder schwerem Gepäck. Bei einem Anteil von etwa 20 Prozent mobilitätseingeschränkter Personen an der Gesamtbevölkerung wird die wichtige Bedeutung dieses Integrationsziels im Verkehrsbereich deutlich.

Die EBO verpflichtet die Eisenbahnen, für eine möglichst weitreichende Barrierefreiheit Programme zur Gestaltung von Bahnanlagen und Fahrzeugen zu erstellen. Dies schließt die Aufstellung eines Betriebsprogramms mit den entsprechenden Fahrzeugen ein. Die Anforderungen für die barrierefreie Nutzbarkeit des Systems Eisenbahn wurden auch in den Technischen Spezifikationen für die Interoperabilität bezüglich „eingeschränkt mobiler Personen" (TSI PRM) definiert.

Anforderungen

Die funktionalen und technischen Anforderungen aus der TSI PRM führen bei einer kompletten Umsetzung zu einer weitgehend barrierefreien Nutzung des Systems Eisenbahn. Wichtig ist dabei die Betrachtung der kompletten Reisekette, zu der Bereiche der Infrastruktur (Bahnsteige, Bahnhöfe), der Fahrgastinformationen vor und während der Fahrt sowie entsprechend gestaltete Fahrzeuge gehören.

Glieder der barrierefreien Mobilitätskette	Glieder der zugehörigen barrierefreien Informationskette (einschließlich Orientierungshilfen)
Reisevorbereitung	▪ Informationsangebote für die Reisevorbereitung
Weg zum Bahnhof	▪ Wegweisung
Bahnhofszugang	▪ Bodenindikatoren (Bodenelement zur Information)
Bahnsteigzugang	▪ Leitsystem
Aufenthalt im Bahnhof	▪ Fahrplan ▪ ggf. dynamische Informationen
Schnittstelle Bahnsteig/Fahrzeug	▪ Markierung der Bahnsteigkante
Einstieg in das Fahrzeug (ggf. fahrzeuggebundene Einstiegshilfe)	▪ Fahrzielanzeige (ggf. Ansage) ▪ Kennzeichnung für Türkategorien ▪ Funktion Bedienungstasten
Aufenthalt im Fahrzeug (Mehrzweckplatz, Sitzplätze für mobilitätseingeschränkte Personen)	▪ Kennzeichnung der Funktionen des Mehrzweckplatzes ▪ Kennzeichnung der Sitzplätze für mobilitätseingeschränkte Personen ▪ Kennzeichnung Anforderungstasten für Halt ▪ Türöffnung und fahrzeuggebundene Einstiegshilfe ▪ dynamische Anzeige/Ansage (Haltestellenname, Umsteigemöglichkeit)
Ausstieg	▪ Haltestellennamensschild ▪ ggf. Leitsystem
Umsteigen	▪ Fahrplan ▪ Leitsystem
Weg zum Ziel	▪ Wegweisung

Abb. 1-32: Barrierefreier ÖPNV als Gesamtkonzept Quelle: VDV

Einstiegshilfen

Die TSI PRM lässt für das konventionelle Eisenbahnnetz Bahnsteighöhen von 550 oder 760 Millimeter über Schienenoberkante zu. Abweichend davon können auch andere Bahnsteighöhen ausgeführt sein wie beispielsweise 300 bis 380 Millimeter bei Regionalstadtbahnsystemen und 960 Millimeter bei S-Bahn-Systemen. Je größer die Bandbreite der Bahnsteighöhen ist, die von einem Fahrzeug bedient werden, desto höher wird der Aufwand bei den Fahrzeugen. Eine Vereinheitlichung der Bahnsteighöhen innerhalb eines Netzes führt nicht nur zu einer Verbesserung der Einstiegssituation für alle Fahrgäste, sondern auch zu einer Reduzierung der Fahrzeugkosten.

Leider ist es selbst innerhalb geschlossener Verkehrsnetze nicht immer möglich, Fahrzeuge einzusetzen, deren Bauart auf die vorhandenen Bahnsteighöhen abgestimmt ist. Deshalb muss im Bedarfsfall zwischen dem Bahnsteig und der Türöffnung eine fahrzeuggebundene Einstiegshilfe zur Spaltüberbrückung bereitgestellt werden, mit der Rollstuhlfahrern der Ein- und Ausstieg ermöglicht wird. Dazu kommen neben Hubliften auch manuelle und automatische Rampen (Überfahrrampen) sowie Überbrückungsplatten zum Einsatz.

Abb. 1-33: Barrierefreier Zugang zum Fahrzeug und freie Befahrbarkeit des Innenraums mit Rollstühlen Fotos: Siemens

2 Eisenbahnfahrzeuge

2.1 Überblick

2.1.1 Einteilung und Unterscheidung

Für die verschiedenen Verkehrsarten und Aufgaben der Schienenverkehrsunternehmen gibt es heute eine Vielzahl unterschiedlicher Fahrzeugtypen. Die dem Personen- oder dem Güterverkehr dienenden Fahrzeuge weisen teilweise stark voneinander abweichende Bauformen auf. Während in Fahrzeugen des Personenverkehrs verhältnismäßig geringe Lasten mit großer Geschwindigkeit, hoher Anfahrbeschleunigung und Bremsverzögerung bei einem Höchstmaß an Laufruhe und Komfort befördert werden, dienen Güterzüge dem Transport großer Lasten bei mittleren Geschwindigkeiten und entsprechend kleineren Beschleunigungen und Verzögerungen. Schienenfahrzeuge werden daneben nach der betrieblichen Verwendung und den dadurch bedingten baulichen Merkmalen unterteilt (Fahrzeugart).

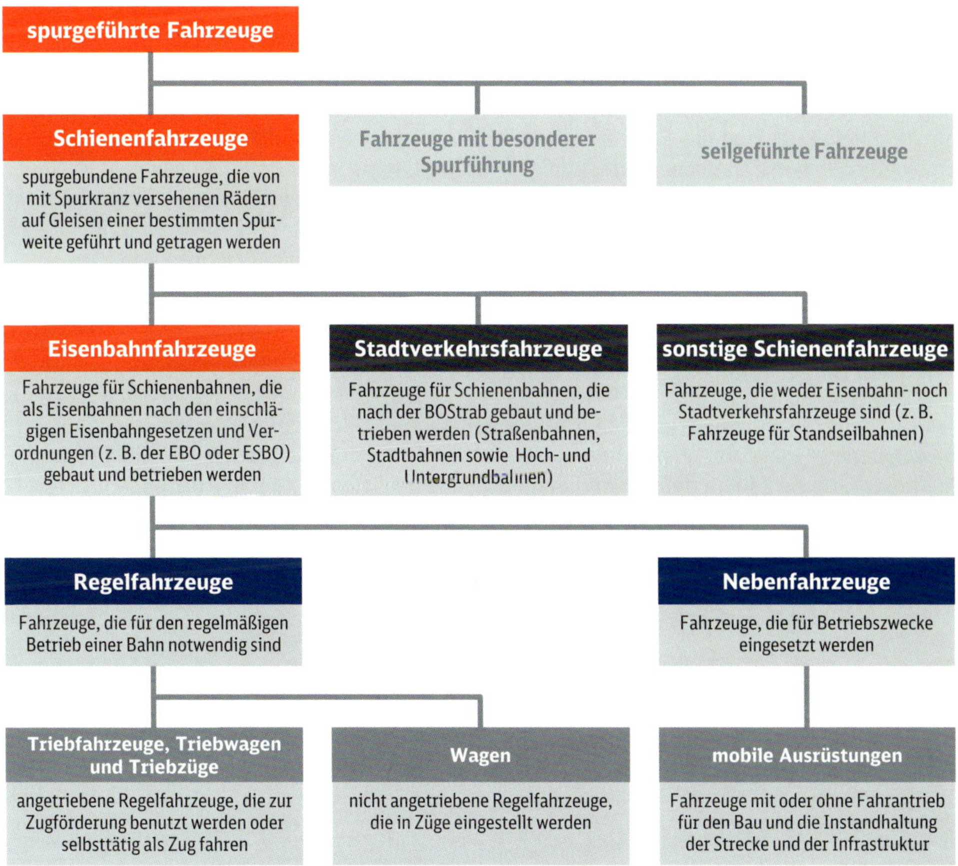

Abb. 2-1: Einteilung der Schienenfahrzeuge — Abbildung: Jürgen Janicki; Quelle: DIN 25003 und TSI

Regel- und Nebenfahrzeuge

Die Eisenbahn-Bau- und Betriebsordnungen unterscheiden Schienenfahrzeuge zusätzlich nach ihrer Zweckbestimmung in Regel- und Nebenfahrzeuge. Regelfahrzeuge sind die für den regelmäßigen Betrieb einer Bahn notwendigen Fahrzeuge. Sie können in der Regel unter Beachtung bestimmter Beschränkungen wie beispielsweise der Geschwindigkeit oder Zuladung ohne weitere Prüfung im Bahnbetrieb verwendet werden. Vielfach werden die Regelfahrzeuge in Personen- oder Güterfahrzeuge unterteilt.

Nebenfahrzeuge dienen speziellen Aufgaben der Bahnen. Meistens werden sie zur Instandhaltung und Wartung von Bahnanlagen eingesetzt. Da ihre baulichen Merkmale aus wirtschaftlichen und technischen Gründen für den jeweiligen Verwendungszweck angepasst sind, unterliegt ihre Verwendung Beschränkungen. Nebenfahrzeuge dürfen nur dann in Züge eingestellt oder wie Züge behandelt werden, wenn sie dafür extra zugelassen sind. In der Regel müssen sie den jeweiligen Bauvorschriften der jeweiligen Eisenbahn-Bau- und Betriebsordnung nur so weit entsprechen, wie es für ihren Sonderzweck erforderlich ist.

2.1.2 Regelfahrzeuge

Regelfahrzeuge müssen den europäischen und nationalen Bauvorschriften (z. B. der EBO) entsprechen. Dort sind die Anforderungen und Ausrüstungen der Fahrzeuge mit technischen Einrichtungen wie z. B. Sicherheits- oder Bremseinrichtungen beschrieben sowie Maße und Bestimmungen über Abnahmen und Untersuchungen. Regelfahrzeuge können aufgrund ihrer Bauart ohne weitere Prüfung im Eisenbahnbetrieb verwendet werden. Bestimmte Beschränkungen wie beispielsweise Beladung und Geschwindigkeit sind dabei zu beachten. Des Weiteren werden die Regelfahrzeuge in Triebfahrzeuge und Wagen unterteilt.

Triebfahrzeuge, Triebwagen und Triebzüge

Triebfahrzeuge sind angetriebene Einzelfahrzeuge ohne Nutzlastbeförderung, die zum Bewegen nicht angetriebener Fahrzeuge benutzt werden oder selbsttätig als Zug fahren. Zu dieser Gruppe zählen neben den Lokomotiven auch Triebköpfe und Antriebseinheiten. Angetriebene Einzelfahrzeuge mit Nutzlastbeförderung werden als Triebwagen bezeichnet. Bei Triebzügen handelt es sich von der Bauart her um aufeinander abgestimmte Fahrzeuggruppen mit Nutzlastbeförderung, deren Zusammensetzung nur in der Werkstatt geändert werden kann.

Was den Antrieb betrifft, lassen sich die Fahrzeuge in Dampf-, Brennkraft und Elektrofahrzeuge unterteilen. Daneben gibt es noch Mehrkraft- oder Hybridfahrzeuge, die verschiedene Antriebsarten kombinieren. Triebfahrzeuge werden entweder unmittelbar bedient oder ferngesteuert – beispielsweise durch einen Steuerwagen.

Wagen

Wagen besitzen keinen eigenen Antrieb und werden deshalb in Züge eingestellt. Nach ihrem jeweiligen Verwendungszweck unterteilen sie sich in Güter- und Reisezugwagen. Güterwagen dienen dem Transport von Gütern und werden überwiegend in Güterzügen eingesetzt. Im Betriebseinsatz werden sie in der Regel von Lokomotiven gezogen. Bei den Eisenbahnen stellen sie die weitaus größte Gruppe an Schienenfahrzeugen.

Reisezugwagen dienen der Beförderung von Personen bzw. dem Transport von Gütern in Reisezügen. Im Betriebseinsatz werden sie von Lokomotiven gezogen oder geschoben. Bei geschobenen Zügen befindet sich an der Zugspitze ein Steuerwagen mit Führerraum, von dem aus der Triebfahrzeugführer die Fahr- und Bremssteuerung des Triebfahrzeugs bedient.

Lokomotive

Triebfahrzeug ohne Nutzlastbeförderung, das auch von einem Zug abgekuppelt und unabhängig betrieben werden kann. Neben den Streckenlokomotiven zählen hierzu auch die Rangierlokomotiven.

Triebkopf

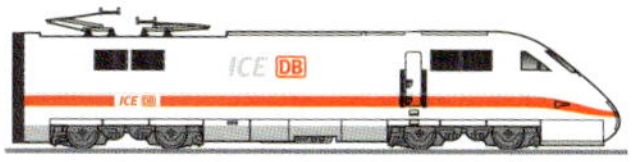

Triebfahrzeug ohne Nutzlastbeförderung an der Spitze oder am Ende einer Triebzugeinheit bestehend aus kurzgekuppelten Mittelwagen und einem baugleichen Steuerwagen*.

Antriebseinheit

Triebfahrzeug ohne Nutzlastbeförderung und Führerraum in der Mitte einer Triebzugeinheit. Eine Entkupplung ist im normalen Betrieb nicht vorgesehen.

Triebwagen

Triebfahrzeug mit Nutzlastbeförderung (Personen und/oder Güter); entweder einzelfahrend oder als Bestandteil einer Triebzugeinheit.

Triebzug

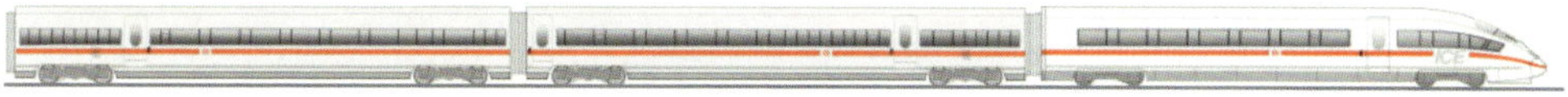

Von der Bauart her aufeinander abgestimmte Fahrzeuggruppe mit Nutzlastbeförderung. Die Zusammensetzung kann nur in der Werkstatt geändert werden. Zur Erhöhung der Transportkapazität können mehrere Triebzüge zu einer Zugeinheit gekuppelt werden.

Güterwagen

Nicht angetriebenes Einzelfahrzeug, das in Zugverbände (Züge) eingestellt wird und dem Transport von Gütern dient.

Reisezugwagen (und andere artverwandte Wagen)

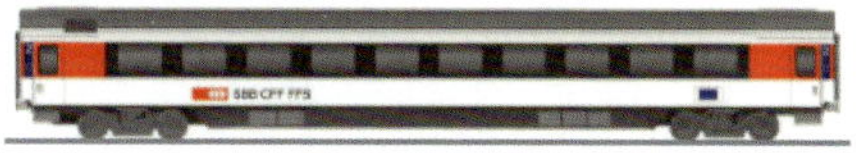

Nicht angetriebenes Einzelfahrzeug, das in Zugverbände (Züge) eingestellt wird und der Beförderung von Fahrgästen und/oder Ladung (Gepäck, Fracht oder Postgut) dient.

mobile Ausrüstung (Nebenfahrzeug)

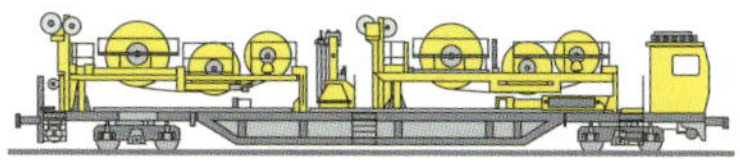

Fahrzeug mit oder ohne Fahrantrieb für den Bau und die Instandhaltung von Strecke und Infrastruktur. Das Fahrzeug kann ggf. in Züge eingestellt werden.

* Den Steuerwagen kann ein zweiter Triebkopf ersetzen.

Abb. 2-2: Unterscheidung und Einteilung der Fahrzeuge

Abbildung: Jürgen Janicki, Quelle: DIN 25003 und TSI

2.1.3 Nebenfahrzeuge (Sonderfahrzeuge)

Nebenfahrzeuge sind Sonderfahrzeuge, die einem besonderen Zweck dienen. Meistens werden sie – wie die Beispiele mobiler Ausrüstungen zeigen – zur Instandhaltung der Bahnanlagen eingesetzt. Ihre baulichen Merkmale sind aus wirtschaftlichen und technischen Gründen dem jeweiligen Verwendungszweck angepasst; ihre fahrdienstliche Behandlung richtet sich nach der Bauart. Nebenfahrzeuge dürfen nur dann in Züge eingestellt oder fahrdienstlich wie Züge behandelt werden, wenn dies besonders zugelassen ist. Deshalb müssen sie den Bauvorschriften der EBO nur insoweit entsprechen, wie es für den Sonderzweck, dem sie dienen sollen, erforderlich ist. Betrieblich werden Fahrten von Nebenfahrzeugen meist als Zugfahrten behandelt.

Fahrzeugtypen

Je nach Verwendungszweck bzw. Arbeitsbereich weichen die Bauformen der Nebenfahrzeuge mehr oder weniger stark voneinander ab. Die Entwicklung auf diesem Gebiet schreitet im Zuge des allgemeinen Technisierungsprozesses nach wie vor schnell voran und wird zu noch größerer Vielfalt führen.

Für weitergehende Reinigungs-, Wartungs-, Bau- und Instandhaltungsarbeiten, für den Gleisbau sowie für Rettungszwecke gibt es eine Vielzahl von Fahrzeugen in unterschiedlichsten Bauarten, allerdings meistens in geringen Stückzahlen. Universell für verschiedene Aufgaben einsetzbare Fahrzeuge wie Gleisarbeitsfahrzeuge und Turmtriebwagen kommen auch in größeren Stückzahlen vor.

Abb. 2-3: Nebenfahrzeug für Gleisbauarbeiten, in der TSI auch als „mobile Ausrüstung" bezeichnet Foto: DB AG/Kai Michael Neuhold

Zweiwegefahrzeuge

Zu den Sonderfahrzeugen zählen auch Zweiwegefahrzeuge, mit denen sich die vorgegebenen Systemgrenzen zwischen Schiene und Straße überwinden lassen. Zweiwegefahrzeuge sind Kraftfahrzeuge, die auch auf Schienen fahren können, oder Schienenfahrzeuge, die sich auf der Straße oder im Gelände auch wie ein ganz gewöhnliches Kraftfahrzeug nutzen lassen.

2.1.4 Fahrzeugkombinationen

Eisenbahnfahrzeuge werden meist zu einem Zug (Zugverband) kombiniert, der entsprechend den unterschiedlichen betrieblichen und kommerziellen Anforderungen zusammengestellt wird. Dabei kommen verschiedene Fahrzeugkombinationen zum Einsatz. Lokomotiven, Triebwagen und ein Großteil der Nebenfahrzeuge können aber auch unabhängig (alleinfahrend) eingesetzt werden.

Lokbespannte Züge bestehen aus einer Lokomotive an der Zugspitze und einer Reihe von gekuppelten und nicht angetriebenen Wagen. Angetriebene Fahrzeuge und Wagen sind in der Regel frei tauschbar. Die Vorteile dieses Zugkonzepts bestehen darin, dass der Zug entsprechend den unterschiedlichen betrieblichen und kommerziellen Anforderungen zusammengestellt werden kann. Güterzüge werden nach wie vor fast ausschließlich so betrieben. Nachteile des Konzepts ergeben sich dadurch, dass bei Fahrtrichtungsänderungen, z. B. in Kopfbahnhöfen, die Lokomotive getauscht werden muss. Bei Wendezügen wird dieses Problem durch den Einsatz spezieller Steuerwagen gelöst, die über einen voll ausgerüsteten Führerstand verfügen, über den die Lokomotive gesteuert werden kann. Zur Vervielfachung ihrer Leistung können auch zwei Lokomotiven vor einen Zug gesetzt werden. Bei dieser Mehrfachtraktion wird die zweite Lokomotive von der führenden ferngesteuert.

Triebzüge sind von der Bauart her aufeinander abgestimmte Fahrzeuge, die zu einem Zug kombiniert sind. Die Einzelfahrzeuge können angetrieben oder nicht angetrieben sein. Zu den Triebzügen zählen beispielsweise auch Fahrzeugeinheiten mit einem Triebkopf und einem (nicht angetriebenen) Steuerwagen an den Fahrzeugenden.

Triebwagenzüge bestehen aus betrieblich trennbaren Mehrfachtraktionen von Einzeltriebwagen bzw. Einzeltriebzügen. Die schnelle Trennung oder Verstärkung von Zugverbänden im Betrieb wird durch die Verwendung von automatischen Mittelpufferkupplungen möglich, was das Flügeln von Zügen und grundsätzlich eine flexible Anpassung an Lastspitzen im Tagesablauf zulässt.

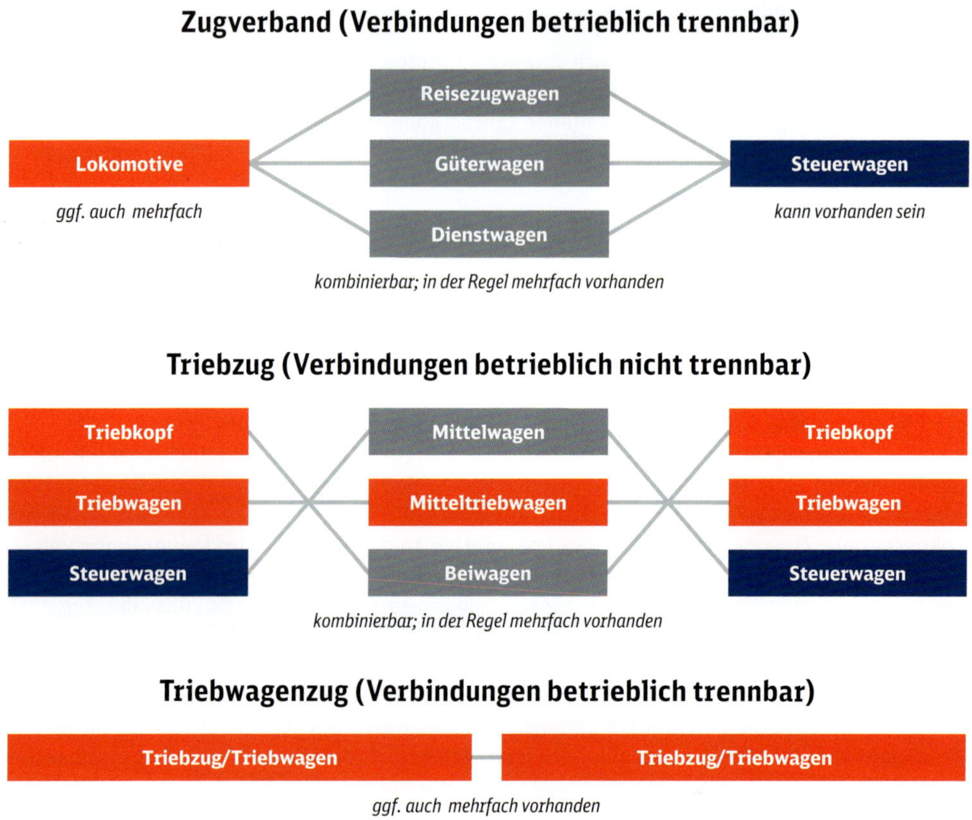

Abb. 2-4: Fahrzeugkombinationen

Quelle: DIN 25003, Systematik der Schienenfahrzeuge

Doppel-, Mehrfach- und Mischtraktion

Die Steuerung mehrerer gleichartiger Triebfahrzeuge (Lokomotiven, Triebwagen oder Triebzüge) in einem Zugverband vom Führerraum eines führenden Triebfahrzeugs aus wird mit dem Begriff Doppel- oder Mehrfachtraktion bezeichnet. Handelt es sich dabei um verschiedenartige Triebfahrzeuge, wird von Mischtraktion gesprochen. Die zum Führen eines anderen Triebfahrzeugs erforderliche technische Einrichtung ist die zeitmultiplexe Doppel- oder Mehrfachtraktionssteuerung (ZDS/ZMS).

2.2 Fahrzeugtechnik

2.2.1 Fahrzeugaufbau

Tragendes Element für die Fahrzeugaufbauten ist der Fahrzeugrahmen bestehend aus dem Untergestell sowie den Kopfstücken mit den Zug- und Stoßeinrichtungen. Die Fahrzeugaufbauten sind je nach Fahrzeugtyp und Transportaufgabe unterschiedlich, die an den Fahrzeugaufbau gestellten Anforderungen sind jedoch identisch.

- Aufnahme der Gewichts- und Fliehkräfte sowie deren Übertragung auf die Laufwerke und
- Übertragung der in Fahrzeuglängsrichtung wirkenden Zug- und Druckkräfte von und zu den angrenzenden Fahrzeugen.

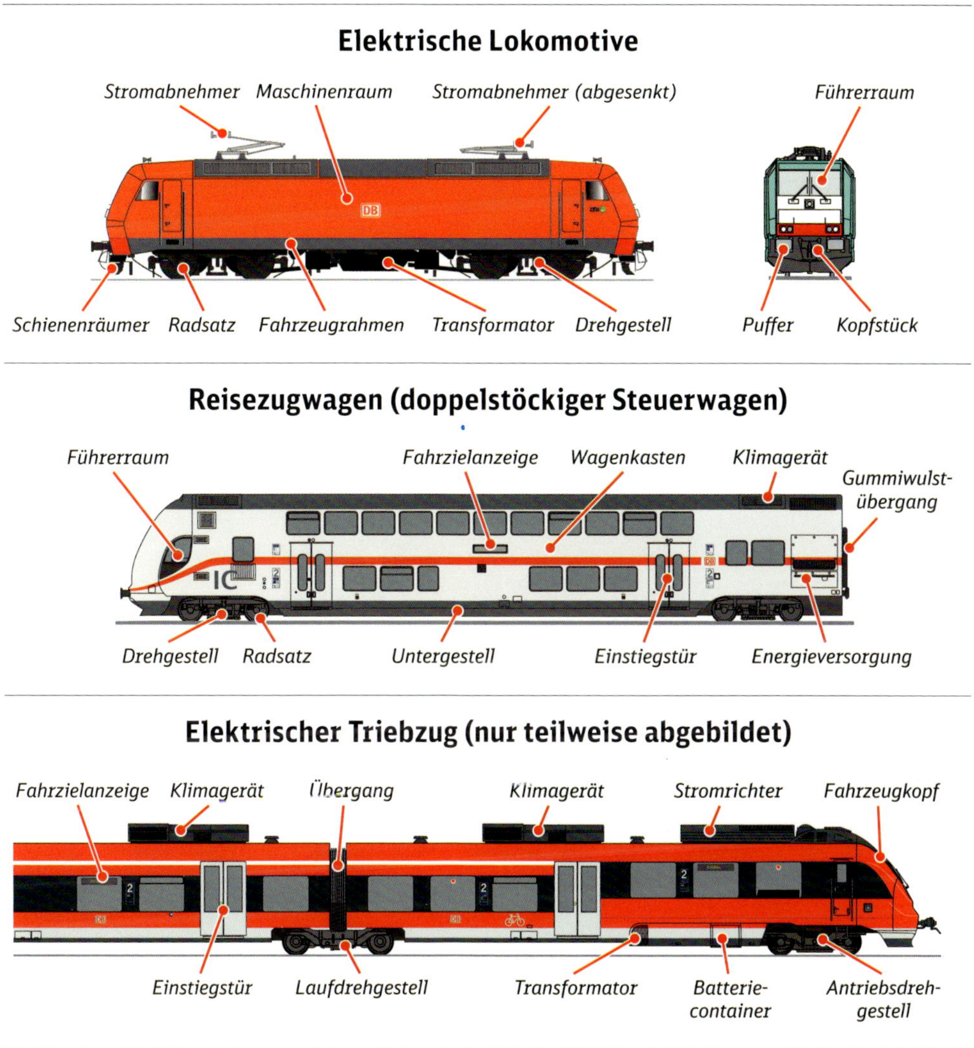

Abb. 2-5: Fahrzeugaufbau an verschiedenen Beispielen

Abbildung: Jürgen Janicki; Fahrzeugbeschreibungen Bombardier, Siemens und DB AG

Laufwerk

Das Laufwerk hat die Funktion, die Fahrzeugstruktur zu tragen, die Lasten an die Radsätze weiterzugeben und diese gegen das Gleis abzufedern.

Hinsichtlich der Bauform eines Laufwerks wird im Wesentlichen zwischen Einzelachs- und Drehgestelllaufwerken unterschieden.

- **Einzelachslaufwerke** bestehen aus einzelnen Radsätzen, die durch Federn direkt mit dem Wagenuntergestell verbunden sind und über spezielle Elemente geführt werden (Radsatzführung).

- **Drehgestelllaufwerke** bestehen aus zwei oder mehr in einem Rahmen angeordneten Radsätzen. Gegenüber dem Fahrzeugkasten können sie sich um einen Drehpunkt verdrehen.

Die Radsätze führen das Fahrzeug in der Spur des Gleises. Als Radsatz wird eine Achse mit beidseitigem Rad bezeichnet. Die zur sicheren Führung erforderlichen Kräfte entstehen im Kontaktbereich von Rad und Schiene. Federn schützen Drehgestellrahmen und Fahrzeugkasten vor Stößen, übertragen die statischen und dynamischen Kräfte und gewährleisten die Entgleisungssicherheit.

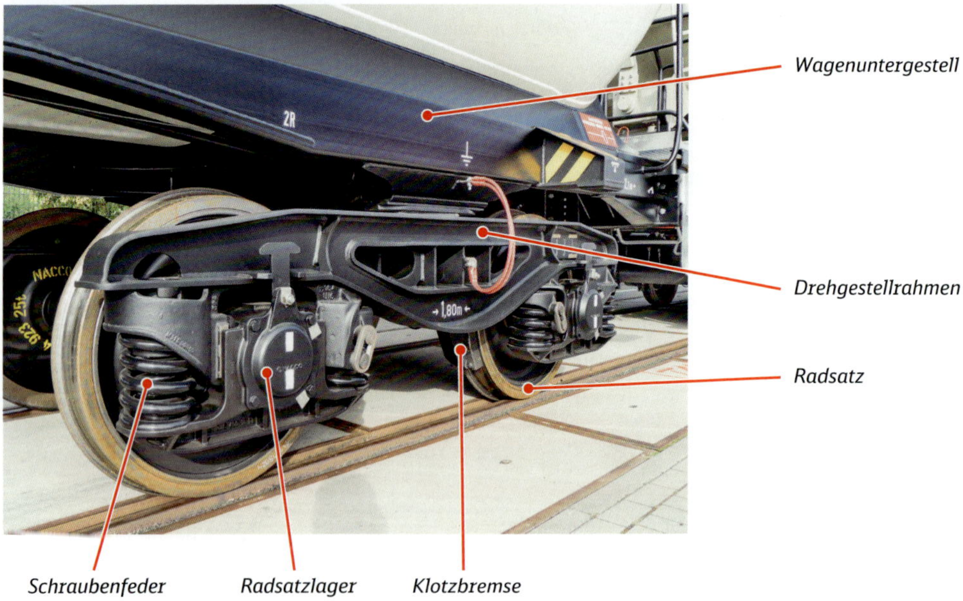

Abb. 2-6: Drehgestell eines Güterwagens

Abbildung: Jürgen Janicki

2.2.2 Antriebstechnik

Die Geschichte der Eisenbahnen ist untrennbar mit der Entwicklung der Dampfmaschinen verbunden. Das Dampflokzeitalter endete in Deutschland im regulären Betriebseinsatz auf Regelspurgleisen 1988. Von wenigen Ausnahmen abgesehen sind Dampflokomotiven heute nur noch als Museumsfahrzeuge im Einsatz.

In Bezug auf den Antrieb sowie die Energieversorgung und -erzeugung wird heute in erster Linie zwischen Dieseltriebfahrzeugen und elektrischen Triebfahrzeugen unterschieden. Triebfahrzeuge mit elektrischem Antrieb beziehen ihre Energie in der Regel während der Fahrt aus Fahrleitungsanlagen (Oberleitungs- oder Stromschienenanlagen). Zu den elektrischen Triebfahrzeugen zählen auch „Mehrkrafttriebfahrzeuge", die neben den Einrichtungen für den Fahrleitungsbetrieb meist einen Dieselgenerator als weiteres System zur Energieversorgung besitzen. Auf Strecken ohne Fahrleitungsanlage können auch elektrische Triebfahrzeuge eingesetzt werden, die durch einen Energiespeicher (z. B. Akkumulator) oder Brennstoffzellen mit Energie versorgt werden.

Elektrische Triebfahrzeuge erzeugen beim Bremsen elektrische Energie, die über die Oberleitung ins Netz eingespeist wird. Die exakte Messung und verbrauchsgenaue Abrechnung des Bahnstromverbrauchs erfolgt unter Nutzung eines mobilen Energiezählers auf dem Triebfahrzeug.

Da nur elektrische Triebfahrzeuge mit elektrischer Fremdenergieversorgung über eine Fahrleitungsanlage die Installation einer hohen Leistung mit vertretbarem Aufwand zulassen, ist heute ein leistungsfähiges Bahnsystem ohne elektrische Traktion nicht möglich. Im Vergleich mit der reinen Dieseltraktion ist der elektrische Zugbetrieb auch deutlich umweltfreundlicher. Bei nicht elektrifizierten Strecken werden deshalb bei künftigen Fahrzeugbeschaffungen alternative elektrische Antriebsformen eine wesentliche Rolle spielen.

Abb. 2-7:
Elektrische Triebzugeinheit (links) und Dieseltriebzug (rechts)
Foto: Jürgen Janicki

Systematik der Triebfahrzeuge

In Bezug auf den Fahrzeugeinsatz, den Antrieb sowie die Energieversorgung und -erzeugung kann wie folgt unterteilt werden:

- **Hochgeschwindigkeitszüge** (bei der Deutschen Bahn vom Typ ICE) werden im Fernverkehr entweder als Triebkopfzug mit Antrieb in einem oder beiden Triebköpfen oder als reiner Triebwagenzug mit Unterflurantrieben eingesetzt. Sie erreichen Geschwindigkeiten von bis zu 360 km/h. Hochgeschwindigkeitszüge sind z. T. mehrsystemfähig und können auch in anderen Ländern eingesetzt werden.

- **Elektrische Triebwagen und -züge** werden im S-Bahn- und Regionalverkehr eingesetzt und erreichen Geschwindigkeiten von bis zu 160 km/h. Ihre Antriebsleistung beträgt bis zu 4.000 kW. Auf den nicht elektrifizierten Nahverkehrsstrecken kommen Batterie- oder Hybridfahrzeuge zum Einsatz.

- **Dieseltriebwagen und -züge** werden auf nicht elektrifizierten Nahverkehrsstrecken im Regionalverkehr eingesetzt. Sie erreichen Geschwindigkeiten von bis zu 160 km/h.

- **Elektrische Lokomotiven** werden im Güter- und Reisezugverkehr eingesetzt. Sie haben Antriebsleistungen von bis zu 6.400 kW und erreichen je nach Baureihe Höchstgeschwindigkeiten von 140 bis 230 km/h. Lokomotiven sind z. T. mehrsystemfähig und können auch in anderen Ländern eingesetzt werden. Für den Einsatz auf nicht elektrifizierten Strecken können die Fahrzeuge mit einem Dieselgenerator ausgestattet sein.

- **Diesellokomotiven** werden vereinzelt noch im Güter- und Reisezugverkehr eingesetzt. Sie haben Antriebsleistungen von 2.000 bis 4.000 kW und erreichen Geschwindigkeiten von bis zu 160 km/h.

- **Rangierlokomotiven** (Diesel- oder Elektrolokomotiven) bewegen im Rangierdienst Einzelwagen oder auch ganze Züge und werden vielfach auch zur Bedienung von Gleisanschlüssen eingesetzt. Der Führerraum befindet sich meist in der Fahrzeugmitte. Fast alle Rangierlokomotiven könnten auch über Funk ferngesteuert werden.

- **Nebenfahrzeuge** mit Diesel- oder Hybridantrieb werden im Fahrwegbau wie auch für Instandhaltungs- und Pflegearbeiten an den Gleis- und Fahrleitungen eingesetzt.

Elektrische Oberleitungs-Triebfahrzeuge

Bei den Triebfahrzeugen mit Einrichtungen für den Oberleitungsbetrieb kann die Energiezuführung aus einem Einphasenwechselstromsystem oder einem Gleichstromsystem erfolgen. In Deutschland liegt die elektrische Energie hierbei in Form einer einphasigen Wechselspannung mit einer Nennfrequenz von 16,7 Hz und einer Nennspannung von 15 kV vor.

Damit die Fahrzeuge die elektrische Energie in Bewegungsenergie umwandeln können, müssen sie sich in einem geschlossenen Stromkreis bewegen. Deshalb muss vor jedem Einsatz der Stromabnehmer angehoben und an die Fahrleitung gelegt werden. Sobald der Stromabnehmer am Fahrdraht anliegt, muss der Hauptschalter im Triebfahrzeug betätigt werden, der den Stromabnehmer mit dem Transformator verbindet. Im Transformator wird die Fahrleitungsspannung auf die geringere Spannung der in den Drehgestellen angeordneten Fahrmotoren (meist 500 bis 600 Volt [V]) heruntertransformiert. Der Rückstrom fließt vom Transformator über die am Radsatzlager angebrachten Raderden zu den Schienen und von dort zurück zum Kraftwerk. Die elektrischen Motoren benötigen in der Regel 3-Phasen-Drehstrom, der von einem Stromrichter erzeugt wird.

Andere Länder bzw. andere Bahnen nutzen für den Oberleitungsbetrieb z. T. andere Frequenzen und Spannungen oder verwenden Gleichstromsysteme. Triebfahrzeuge, die mit mehreren Elektrifizierungssystemen fahren können, werden Mehrsystemtriebfahrzeuge genannt. Diese Bezeichnung tragen auch Stadtbahnfahrzeuge, die nach den Betriebsordnungen BOStrab und EBO zugelassen sind und gleichzeitig Straßenbahn- und Eisenbahnfahrzeuge sind.

Abb. 2-8: Elektrische Lokomotive der Baureihe 193 bei der Traktion eines Kesselwagenzugs im Maintal Foto: DB AG/Georg Wagner

Elektrische Stromschienen-Triebfahrzeuge

Triebzüge für U-Bahnen sowie die in den Netzen der S-Bahnen Berlin und Hamburg eingesetzten S-Bahn-Triebzüge beziehen die Energie über seitlich neben dem Gleis angebrachte Stromschienen – auch dritte Schiene genannt. Für die Stromabnahme besitzen die Fahrzeuge spezielle Seitenstromabnehmer. Diese Technik bietet den Vorteil, kleinere Tunnelquerschnitte realisieren zu können.

Elektrische Batterie-Triebfahrzeuge

Diese Fahrzeuge besitzen neben den Einrichtungen für den Oberleitungsbetrieb eine große Lithium-Ionen-Batterie. Dadurch können Strecken befahren werden, die nicht durchgängig elektrifiziert sind. Das Nachladen der Batterie erfolgt über den Stromabnehmer – entweder während der Fahrt auf Teilstrecken mit Oberleitung oder im Stand an elektrifizierten Bahnhöfen. Die beim Bremsen erzeugte Energie wird in der Batterie gespeichert oder in das Oberleitungsnetz zurückgespeist. Triebfahrzeuge, die ausschließlich mit Batterie betrieben werden, kommen nur noch für Sonderfälle (beispielsweise für den Einsatz in Bergwerken) infrage.

Elektrische Wasserstoff-Triebfahrzeuge

Die Fahrzeuge werden mit einer Wasserstoff-Brennstoffzelle betrieben, die elektrische Energie für den Antrieb erzeugt. Der emissionsfreie Zug ist geräuscharm und gibt lediglich Wasserdampf und Kondenswasser ab. Zur flexiblen Energiespeicherung sind Batterien vorhanden.

Dieseltriebfahrzeuge

Dieseltriebfahrzeuge besitzen zur Energieerzeugung einen Dieselmotor. Dieser wandelt die chemische Energie des Kraftstoffs in Wärmeenergie und diese in mechanische Arbeit um. Die Übertragung der Leistung erfolgt mechanisch, hydrodynamisch, hydrostatisch oder elektrisch. Kurzfristig werden Fahrzeuge mit Dieselmotor noch eine wichtige Rolle im Bahnverkehr spielen. Ihre Haupteinsatzfelder sind primär nicht elektrifizierte Strecken, der Rangierdienst und bestimmte Bahndienstzwecke.

Bei den in den Fahrzeugen eingesetzten Dieselmotoren handelt es sich meist um flüssigkeitsgekühlte Viertaktmotoren mit Direkteinspritzung, Abgasturboaufladung und Ladeluftkühlung. Die Übertragung der Motorleistung erfolgt meist durch hydrodynamische Getriebe (Turbogetriebe). Dieseltriebfahrzeuge können auch mit einer elektrischen Leistungsübertragung ausgerüstet sein. Hier wird die mechanische Antriebsenergie des Dieselmotors in einem Generator in elektrische Energie umgewandelt. Der Strom wird elektrischen Fahrmotoren zugeführt, welche die Radsätze antreiben. Es ist davon auszugehen, dass Dieseltriebfahrzeuge langfristig durch Mehrkraft-, Hybrid-, Wasserstoff- oder Batteriefahrzeuge ersetzt werden.

Mehrkrafttriebfahrzeuge

Mehrkrafttriebfahrzeuge besitzen neben den Einrichtungen für den Fahrleitungsbetrieb meist einen Dieselgenerator als weiteres System zur Energieversorgung. Die maximal vom Fahrzeug benötigte Leistung kann von jedem System zur Verfügung gestellt werden. Mehrkrafttriebfahrzeuge ermöglichen so den Betrieb sowohl auf elektrifizierten als auch nicht elektrifizierten Strecken. Für Reisende entfallen so die Zeitverluste durch Umsteigen zwischen Elektro- und Dieselzügen oder durch den Wechsel der Lokomotive. Im Güterverkehr bietet die Mehrkrafttechnik die Möglichkeit, auch Bereiche ohne Oberleitung (wie z. B. Anschlussgleise) zu befahren. Für den Betreiber bedeutet eine Flotte von Mehrkrafttriebfahrzeugen einen flexibleren und effizienteren Einsatz als eine größere Flotte konventioneller Fahrzeuge, aber auch höhere Kosten bei der Fahrzeugbeschaffung und beim Fahrzeugeinsatz.

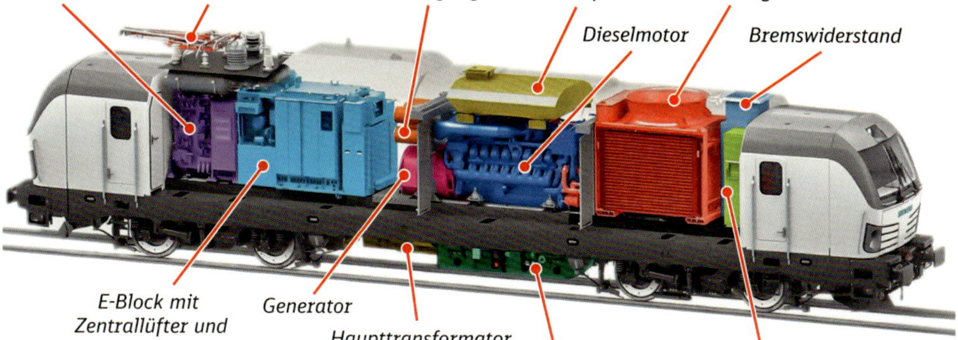

Abb. 2-9: Elektrische Mehrkraftlokomotive mit Einrichtungen für den Fahrleitungsbetrieb und einem Dieselgenerator als weiteres System zur Energieversorgung
Quelle: Siemens Mobility

Hybridtriebfahrzeuge

Hybridtriebfahrzeuge kombinieren unterschiedliche Antriebe bzw. Antriebssysteme oder nutzen verschiedene Systeme zur Energieversorgung. Meist werden relativ kleine Dieselmotoren mit elektrischen Antrieben verknüpft, die aus einem Energiespeicher (z. B. Akkumulator oder Doppelschichtkondensator) gespeist werden. Diese Kombination verbindet die Vorteile beider Antriebsarten wie hohe Reichweite und schnelles Nachtanken beim Verbrennungsmotor sowie Rückgewinnung der Bremsenergie, Nutzung regenerativer Energiequellen und emissionsfreier Betrieb beim elektrischen Antrieb. Die Energiespeicher werden vom Generator in Phasen mit geringem Leistungsbedarf wieder aufgeladen.

Elektrische Traktion und Dieseltraktion im Vergleich

Bei der elektrischen Traktion ist immer ein aufwendiger Energietransport vom Kraftwerk zum Fahrzeug erforderlich. Im Gegensatz dazu führen Dieseltriebfahrzeuge ihren Energievorrat im Fahrzeug mit und können deshalb flexibler im Streckennetz eingesetzt werden.

Der Wirkungsgrad beschreibt das Verhältnis der zugeführten Leistung (Primärleistung) zur abgegebenen Leistung (Nutzleistung) und ist damit ein Maß für die Effizienz eines Antriebssystems. Der Wirkungsgrad der Dieselfahrzeuge ist nicht wesentlich schlechter als der von elektrischen Fahrzeugen – unter Berücksichtigung der Verluste bei der Energieerzeugung und Energieübertragung. Ein entscheidender Nachteil der Dieseltraktion ist jedoch die installierte Leistung. Sie lässt sich nicht beliebig vergrößern, da das Motorgewicht und die mitzuführende Kraftstoffmenge hier Grenzen setzen.

Das Verhältnis von Masse zu Leistung kennzeichnet für ein Triebfahrzeug das Verhältnis der Fahrzeugmasse zu seiner Dauerleistung am Radumfang. Angestrebt wird ein kleines Masse-Leistungs-Verhältnis, um möglichst hohe Lasten mit einer Lokomotive befördern zu können.

Art des Antriebs	elektrischer Antrieb		Dieselantrieb
	Oberleitungsbetrieb	Batteriebetrieb	
Kosten	▪ geringe Betriebs- und Fahrzeugkosten	▪ geringe bis mittlere Betriebs- und Fahrzeugkosten	▪ mittlere bis hohe Betriebs- und Fahrzeugkosten ▪ niedrige Investitionskosten für ortsfeste Anlagen (Tankanlagen)
	▪ hohe Investitionskosten für ortsfeste Anlagen (Fahrleitungsanlagen, Stromversorgungsanlagen)		
Energiebereitstellung	▪ aufwendiger Energietransport ▪ notwendige Schutzmaßnahmen durch hohe Spannungen ▪ Energierückgewinnung beim Bremsen ▪ hohe Störanfälligkeit der Oberleitung beispielsweise durch Naturgewalten (lässt sich beim Batteriebetrieb in begrenztem Umfang kompensieren)		▪ Betriebsstoffe (Dieselkraftstoff, AdBlue, Kühlwasser) müssen mitgeführt und regelmäßig ergänzt werden ▪ keine aufwendigen elektrischen Anlagen für die Energieversorgung erforderlich
Wirkungsgrad	▪ gerechnet ab Stromabnahme: sehr gut	▪ im reinen Batteriebetrieb befriedigend	▪ bezogen auf den Energiegehalt des Dieselkraftstoffs: schlecht
	▪ unter Berücksichtigung der Verluste bei der Energieerzeugung und beim Energietransport: befriedigend		
Instandhaltung	▪ geringe Stand- und Ausfallzeiten durch Werkstattaufenthalte (geringer Wartungsaufwand)		▪ mittlere bis hohe Stand- und Ausfallzeiten durch Werkstattaufenthalte (relativ hoher Wartungsaufwand)
		▪ wartungsfreie Batterie (eine hohe Beanspruchung verkürzt aber deren Lebenszeit)	
Fahrzeugeinsatz	▪ weitgehend unbegrenzte Fahrzeugnutzung	▪ geringe Reichweite ▪ enge Kopplung von Fahrzeug und Infrastruktur erschwert Einsatz auf anderen Strecken	▪ geringere Störanfälligkeit durch Naturgewalten ▪ nach Abstellung ggf. längere Vorwärmzeit für den Dieselmotor erforderlich
Leistung	▪ starke Elektromotoren erlauben hohe Beschleunigungen und Geschwindigkeiten		▪ relativ leistungsschwache Dieselmotoren erlauben nur geringe Beschleunigungen und Geschwindigkeiten
Umweltverträglichkeit	▪ hoch (keine Abgasemission und relativ geringe Geräuschbelästigung)		▪ gering (Abgasemission und höhere Geräuschbelästigung)
Fahrgastkapazität (Triebwagen, Triebzug)	▪ kompakter Fahrzeugaufbau ermöglicht vielfältige Gefäßgrößen und hohe Flexibilität		▪ relativ geringes Angebot an Gefäßgrößen
typische Einsatzgebiete	▪ bei hohem Verkehrsaufkommen (z. B. bei S-Bahnen) ▪ Tunnelstrecken ▪ zum Transport großer Tonnagen ▪ für schnelle Verkehre (Hochgeschwindigkeitsverkehr)	▪ nicht elektrifizierte Strecken bzw. Einsatz auf Linien mit Elektrifizierungslücken ▪ Bedienung von Werkshallen ▪ Einsatz in Bergwerken und beim Tunnelbau	▪ nicht elektrifizierte Strecken ▪ im Rangierdienst und für die Anschlussbedienung ▪ als Rückfallebene und für Notfalldienste

Abb. 2-10: Vergleich der Antriebsarten

Leistungsangaben

Die Leistung eines Triebfahrzeugs wird in der Regel in Kilowatt (kW) angegeben. Dabei wird wie folgt unterschieden:

- **Nennleistung** (Dauerleistung) ist die Leistung, die ohne zeitliche Einschränkung sowie ohne Beeinträchtigung von Sicherheit und Lebensdauer erbracht werden kann.
- **Maximalleistung** (Anfahrleistung) ist die maximal mögliche Leistung, die kurzzeitig in besonderen Situationen wie beispielsweise beim Anfahren erbracht werden kann. Dabei können sich bestimmte Bauteile innerhalb des Fahrzeugs stark erwärmen.

Führerraum

Der Arbeitsplatz des Triebfahrzeugführers wird als Führerraum – bei Nebenfahrzeugen auch als Arbeitskabine – bezeichnet. Die ältere Bezeichnung „Führerstand" stammt aus der Zeit der Dampflokomotiven, als der „Lokführer" seine Arbeit stehend verrichten musste. Die Führerräume der Streckenlokomotiven befinden sich jeweils an beiden Fahrzeugenden (Endführerraum) und sind als Teil der Fahrzeugaufbauten ausgeführt.

Vorwiegend im Rangierdienst verwendete Lokomotiven werden in der Regel mit einem zentralen Führerraum ausgeführt, der sich entweder in der Fahrzeugmitte (Mittenführerraum) oder an einem Fahrzeugende befindet. Die mit einem Führerraum ausgerüsteten Reisezugwagen werden als Steuerwagen bezeichnet. Von hier aus werden Steuerbefehle über eine Wendezugsteuerung zum Triebfahrzeug gesendet. Durch den Einsatz von Steuerwagen wird das Umspannen der Züge bei Fahrtrichtungswechseln in Kopf- und Endbahnhöfen überflüssig.

Der Führerraum ist für den „Ein-Personen-Betrieb" konzipiert. Für die Mitfahrt einer Begleitperson ist ein Klappsitz vorhanden. Der Führertisch ist so gestaltet, dass ergonomische und sicherheitsbedingte Anforderungen berücksichtigt werden. Hier sind Einrichtungen angeordnet, die zur Bedienung des Triebfahrzeugs notwendig sind, sowie eine Reihe von Anzeige- und Überwachungsgeräten für wichtige Funktionen von Triebfahrzeug und Zug. Touch-Farbdisplays dienen zum Abruf von Informationen, zur Auswahl von Funktionen und zur Eingabe von Daten. Ein digitales Zugfunkgerät dient für die Sprachkommunikation und zur Übertragung von codierten Aufträgen/Meldungen.

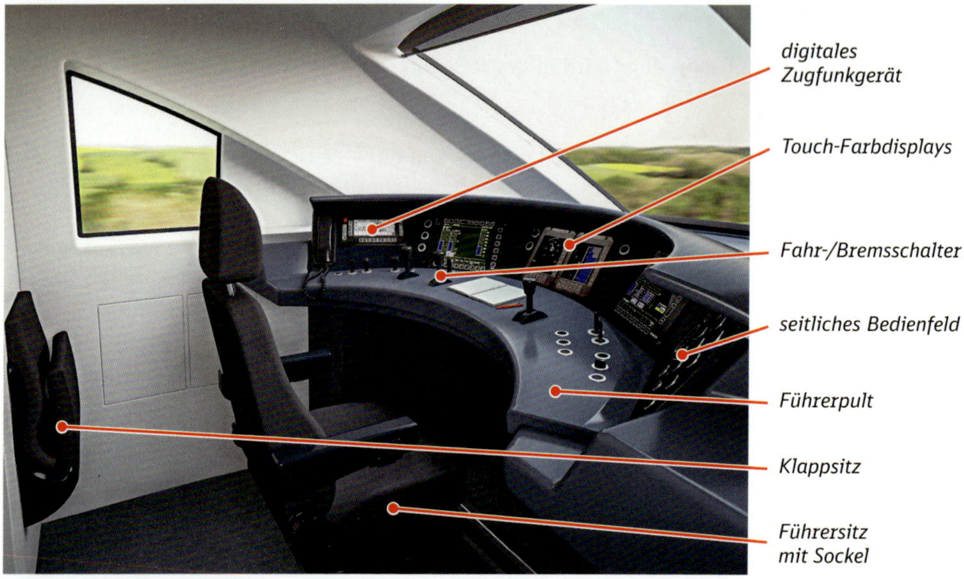

Abb. 2-11: Führerraum im ICE 3

Foto: Siemens Mobility/Beschriftung Autor

2.2.3 Kupplungssysteme

Kuppeln bezeichnet den Vorgang, bei dem eine Verbindung zwischen den Schienenfahrzeugen hergestellt wird. Dazu kommen verschiedene Kupplungssysteme in Form federnder Zug- und Stoßeinrichtungen zum Einsatz. Neben der von Hand zu kuppelnden europäischen Standard-Schraubenkupplung werden zunehmend automatische Kupplungssysteme eingesetzt.

Kupplungssysteme: Überblick und Einsatzgebiet

Bei der manuell zu bedienenden Standard-Schraubenkupplung (UIC-Kupplung) erfolgt die Übertragung der Zugkräfte über eine Schraubenkupplung, deren Kupplungsbügel in den Zughaken des anderen Fahrzeugs eingehängt wird. Die Spannung der Kupplung erfolgt mit dem Kupplungsschwengel. Die Stoßkräfte werden über die Puffer übertragen.

Die automatische Mittelpufferkupplung der Triebzüge (in der Regel der Bauart Scharfenberg) ermöglicht gegenüber der herkömmlichen Schraubenkupplung nicht nur das automatisierte Verbinden der Fahrzeuge, sondern auch die automatische Mitkupplung der Luft- und elektrischen Leitungen. Zug- und Stoßeinrichtungen werden über das gleiche Bauteil übertragen. Das Kuppeln geschieht selbsttätig durch Auffahren auf das zu kuppelnde Fahrzeug. Die Entkupplung erfolgt vom Führerraum aus.

Mit der automatischen Rangierkupplung, die bei Rangierlokomotiven eingesetzt wird, lassen sich Fahrzeuge mit Standard-Schraubenkupplung automatisch ankuppeln. Das Abkuppeln kann bei ferngesteuerten Rangierlokomotiven auch vom Fernsteuerbediengerät aus erfolgen.

Einige spezielle Güterwagenbauarten sind für den Einsatz im Ganzzugverkehr mit hohen Zuglasten mit besonderen automatischen Kupplungen (AK) ausgestattet. Zum Einsatz kommen verschiedene Kupplungsbauarten, die z. T. auch nur Zugkräfte aufnehmen können und mit der normalen Standard-Schraubenkupplung kompatibel sind.

Abb. 2-12: Kupplungssysteme der Regelfahrzeuge am Beispiel eines elektrischen Triebzugs und eines Reisezugwagens

Abbildung: Jürgen Janicki

Zughakengrenzlast

Die maximal zulässige Belastung wird mit Zughakengrenzlast bezeichnet. Wird sie überschritten, kann der Zughaken reißen (Zugtrennung). Diese Gefahr besteht insbesondere bei der Mehrfachtraktion sowie bei Anfahrten an Steigungen. Die Zughakengrenzlast ist abhängig von der Bauart und Festigkeit der Zugeinrichtung.

Versorgungs- und Steuerleitungen

Verbundene Fahrzeuge werden über Versorgungsleitungen mit Luft und elektrischer Energie versorgt. Steuerleitungen ermöglichen den Wendezugbetrieb, die Fernsteuerung von Fahrzeugeinrichtungen – wie beispielsweise der Beleuchtung oder Klimatisierung – sowie den Betrieb von Fahrgastinformationssystemen. In der Regel werden die Versorgungs- und Steuerleitungen gekuppelt.

- Die **Hauptluftleitung** (HL) dient der Luftversorgung und Steuerung der Druckluftbremsen. Ihr Regelbetriebsdruck beträgt 5 bar.

- Die **Hauptluftbehälterleitung** (HBL) dient einigen Luftverbrauchern – wie beispielsweise den Türen oder Luftfedern – als Versorgungsleitung. Ihr Regelbetriebsdruck beträgt 10 bar.

- Das **Kabel der zentralen Energieversorgung** (ZEV) dient der Energieversorgung der Reisezugwagen. In Deutschland, Österreich und der Schweiz beträgt die Spannung in der ZEV 1.000 Volt Wechselstrom 16,7 Hz. In den übrigen Ländern kommen verschiedene andere Spannungssysteme zum Einsatz.

- Die **Informations- und Steuerleitung** (IS) dient der zentralen Türschließeinrichtung, der Fernschaltung der Beleuchtung, der Wendezugsteuerung bei Wendezügen, der NBÜ, der elektropneumatischen Bremssteuerung (ep-Bremse) sowie dem Fahrgastinformationssystem. Einige Reisezugwagen sind mit einer zusätzlichen NBÜ/ep-Steuerleitung oder einem zusätzlichen Wendezugsteuerkabel ausgestattet.

- Der **Ethernet-Netzwerk-Wagenübergang** dient bei Fahrzeugen des Reiseverkehrs zur Datenübertragung, z. B. für die Videoüberwachung, das Reisenden- und Fahrgastinformationssystem, die automatische Fahrgastzählung sowie für Diagnosefunktionen.

Abb. 2-13: Kuppeln der Versorgungs- und Steuerleitungen zwischen zwei Triebfahrzeugen durch einen Rangierer

Foto: DB AG/C. Bedeschinski

2.2.4 Fahrzeuganschriften

Verschiedene Eigenschaften sowie die wichtigsten technischen Merkmale eines Fahrzeugs sind in Form von Anschriften am Fahrzeugkasten angegeben. Die Fahrzeuganschriften haben folgende Aufgaben:

- Angabe von Fahrzeugart (Gattungszeichen), Fahrzeugbauart (Bauartnummer) und Fahrzeugnummer (12-stellig)
- Unterrichtung der Fahrzeugnutzer über besondere Einrichtungen und Ausrüstungen
- Bereitstellung von Angaben, die für die Zugbildung erforderlich sind, wie beispielsweise Masse- und Längenangaben, der zulässigen Geschwindigkeit sowie der Art der Bremseinrichtung (Bremsanschrift) und deren Leistungsvermögen (Bremsgewichtsanschrift)
- Unterrichtung der Mitarbeiter über geografische bzw. betriebliche Einschränkungen und Rangierverbote
- Bereitstellung von Sicherheitsinformationen für Mitarbeiter, die das Fahrzeug betreiben oder in Notfällen Hilfe leisten
- bei Güterwagen Information der Kunden über die Be- und Entladung sowie die wichtigsten ladetechnischen Eigenschaften, wie beispielsweise den Laderaum und das höchstzulässige Ladungsgewicht (Lastgrenzenraster)
- bei Fahrzeugen des Personenverkehrs Bereitstellung von Informationen über Anzahl der Sitzplätze und Art der Serviceeinrichtungen für Reisende, wie beispielsweise Heizung, Klimatisierung, Brauchwasseranlage, Fahrgastinformationssystem und Toilette

Die Bedeutung der verwendeten Zeichen ist zum großen Teil international festgelegt. So ist sichergestellt, dass die für den reibungslosen und sicheren Betrieb wesentlichen Fahrzeugeigenschaften überall erkannt und in gleicher Weise verstanden werden.

Güterwagen

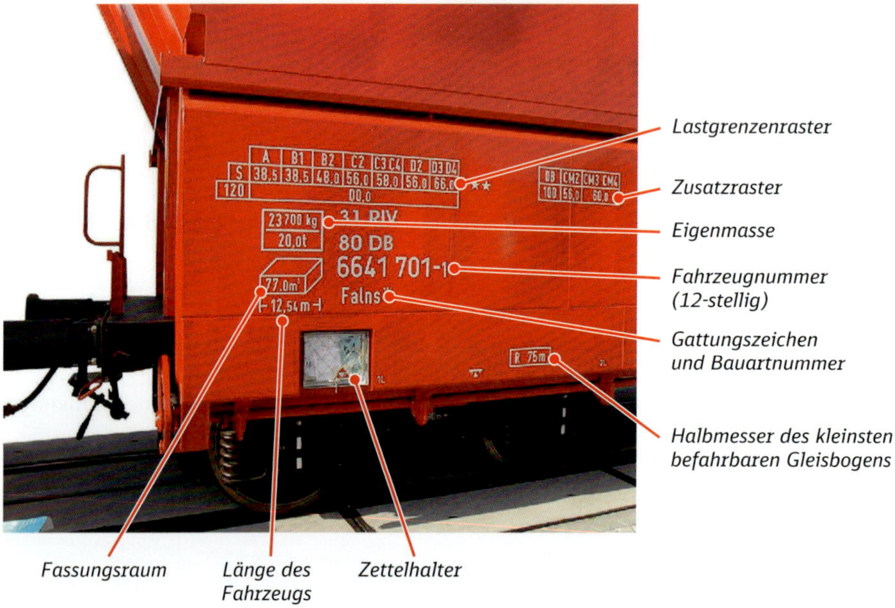

Reisezugwagen

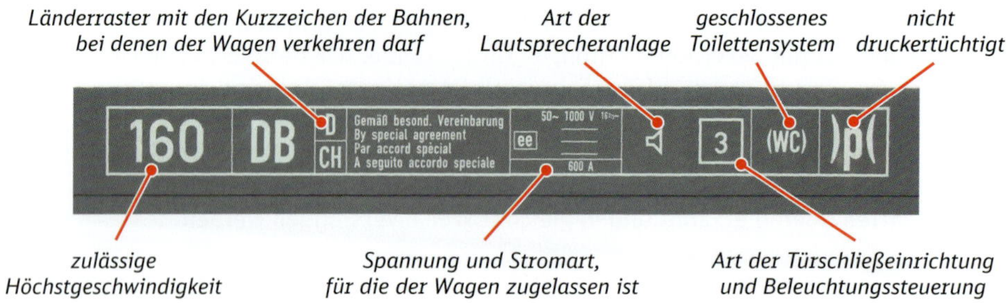

Triebzug

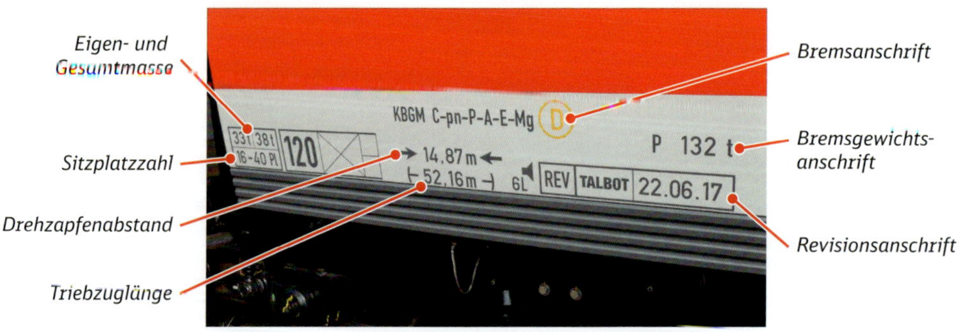

Abb. 2-14: Beispiele für Fahrzeuganschriften

Abbildung: Jürgen Janicki

3 Verkehrsarten

3.1 Güterverkehr

3.1.1 Einführung

Die Stärke des SGV liegt in gebündelten Verkehren für größere Mengen und über weite Entfernungen. Für den transeuropäischen Güterverkehr entlang der Hauptachsen ist die Schiene daher das Verkehrsmittel der Wahl, für Massengüter neben dem Binnenschiff das Transportmittel schlechthin. Die Zunahme des Containerverkehrs begünstigt Hauptläufe auf der Schiene, wobei sie vielfach mit der Straße in Sammlung oder Verteilung nach wie vor eine natürliche intermodale Partnerschaft eingeht. Logistik ist deshalb heute mehr als nur der einfache Transport von Gütern. Moderner Güterverkehr ist die optimale Vernetzung verschiedener Transportarten. Infolge der Globalisierung der Produktion geschieht dies heute international.

Abb. 3-1: Rangierbahnhof Hamburg „Alte Süderelbe" Foto: HHM/Annette Krüger

Teilsysteme

Im SGV umfasst das Produktionssystem folgende Teilsysteme:

- **Einzelwagenverkehr** ist der Transport einzelner Güterwagen oder Wagengruppen vom Gleisanschluss verschiedener Absender zum jeweiligen Empfänger. Der Produktionsprozess ist sehr komplex: Einzelwagen und Wagengruppen werden meist regional gesammelt und für längere Strecken in überregionale Züge eingestellt.

- **Ganzzugverkehr** ist der durchgehende Gütertransport vom Gleisanschluss des Absenders zum Empfänger. Diese Transportform wird angewendet, wenn große Mengen in immer wiederkehrenden Transporten schnell ans Ziel zu bringen sind.

- **Kombinierter Verkehr** ist der Transport von Gütern durch mehrere Verkehrsmittel ohne Wechsel des Transportgefäßes. Charakteristisch ist, dass beim Wechsel der Verkehrsträger nicht die Güter selbst, sondern die beladenen Ladeeinheiten umgeschlagen werden oder die beladenen Lastkraftwagen auf dem Eisenbahnwaggon mitgeführt werden.

- **Werkverkehr** ist der Transport von Rohstoffen, Fertigteilen und Materialien innerhalb eines Werkes beim Wechsel des Fertigungs- oder Lagerbereichs.

3.1.2 Einzelwagenverkehr

Im Einzelwagenverkehr werden einzelne Güterwagen oder Wagengruppen verschiedener Kunden und Branchen zusammengefasst und in gemeinsamen Güterzügen zwischen den Regionen transportiert. Viele Kunden im Güterverkehr haben einen eigenen Gleisanschluss oder sind Mitbenutzer eines Privatgleisanschlusses. Der Einzelwagenverkehr konkurriert stark mit dem Straßengüterverkehr.

Knotenpunktsystem

Im Einzelwagenverkehr hat sich als Produktionsmethode bei den meisten europäischen Bahnen das Knotenpunktsystem (KPS) durchgesetzt. Dabei sind die Güterbahnhöfe in ein hierarchisches System eingeordnet, das in der Regel aus drei verschiedenen Ebenen besteht.

- **Satelliten** sind Güterverkehrsstellen mit geringem Wagenaufkommen und Anfang- bzw. Endpunkt der Beförderungskette. Die Einzelwagen oder auch Wagengruppen werden mit Einzelwagenzügen im Satelliten abgeholt. Innerhalb einer Region werden verschiedene Satelliten einem Knotenpunktbahnhof zugeordnet und damit ein Knotenpunktbereich (Bedienungsbereich) gebildet.

- **Knotenpunktbahnhöfe** sammeln die Einzelwagen der Satelliten und stellen sie in die Zubringerzüge zum Rangierbahnhof (Rbf) ein. Bei größeren Verkehrsaufkommen werden vielfach auch direkte Verbindungen zwischen den Knotenpunktbereichen geschaffen.

- **Rangierbahnhöfe** sind die „Fixpunkte“ im KPS. Im Transportablauf sind sie mit bestimmten Rbf zu einem Sammler- und Verteilbereich verknüpft (Rangierbahnhofsbereich). Im Rbf werden die ankommenden Wagen der Knotenpunktbereiche gesammelt und die Züge für den Fernbereich zusammengestellt.

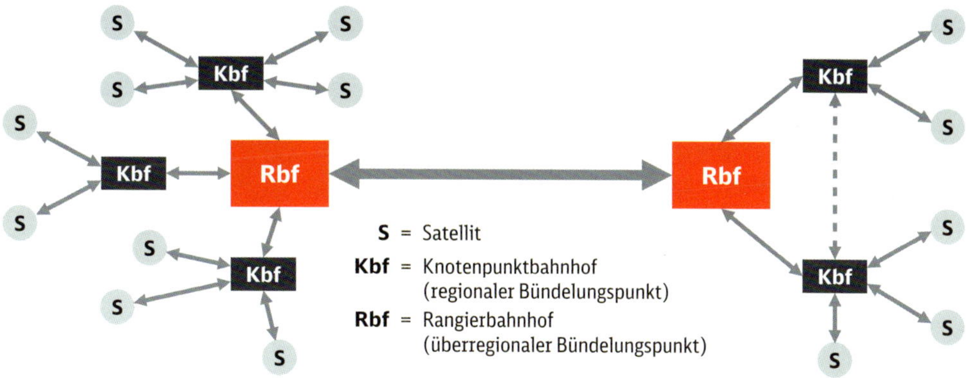

Abb. 3-2: Struktur des Knotenpunktsystems

Abbildung: Jürgen Janicki

Zukunft des Einzelwagenverkehrs

Nach wie vor spielt der Einzelwagenverkehr im europäischen SGV eine wichtige Rolle. Allerdings hat sich die kalkulatorische Unterdeckung dieser Produktionsform in den letzten Jahren erhöht. Das flächendeckende Netz ist ein Vorteil des Einzelwagensystems. Die Eintrittsbarrieren sind hier jedoch vergleichsweise hoch: Neben zusätzlicher Infrastruktur für die Zugbildung ist hier auch ein großer Steuerungs- und Ressourcenaufwand erforderlich. Diese Punkte haben einen maßgeblichen Einfluss auf die Wirtschaftlichkeit des Einzelwagenverkehrs. Von Nachteil sind auch die im Vergleich zum Lkw-Verkehr geringere Flexibilität sowie längere Transportzeiten.

3.1.3 Ganzzugverkehr

Je seltener Wagen rangiert werden müssen, desto besser kann die Eisenbahn ihre Systemvorteile einsetzen. Die besondere Leistungsfähigkeit der Schiene liegt im durchgehenden Transport großer Gütermengen. Hier bildet der aus mehreren Wagen bestehende Ganzzug eine überaus schnelle und wirtschaftliche Produktionsform. Ganzzüge verkehren direkt vom Versand- zum Empfangsbahnhof. Da unterwegs in der Regel keine weitere Behandlung stattfindet, erreichen sie ihr Ziel nach vergleichsweise geringer Transportzeit. Die Fahrzeiten lassen sich meist abstimmen und an die Bedürfnisse der Fertigung anpassen.

Ganzzüge werden besonders im Bereich der Massengüter und im Zwischenwerksverkehr eingesetzt. Die große Transportkapazität und Massenleistungsfähigkeit der Schiene erlaubt den Transport fast jeder Ladung. Klassische Massengüter sind z. B. Kohle, Erze, Stahl und Stahlprodukte, Baustoffe, Mineralöl, Pkw und Pkw-Teile, Halb- und Fertigteile oder Agrargüter.

Im Vergleich zum Lkw verursacht der Ganzzugverkehr geringere Kosten und geringeren organisatorischen Aufwand bei entsprechender Transportmenge. Voraussetzung für den Ganzzugverkehr ist eine leistungsfähige Gleisinfrastruktur beim Versender und Empfänger sowie eine speziell für den Umschlag großer Mengen geeignete Be- und Entladetechnik.

Abb. 3-3: Ellok im Altmühltal mit einem Ganzzug bestehend aus Autotransportwagen Foto: DB AG/ Jochen Schmidt

Netzwerkbahn

Die Netzwerkbahn verknüpft die Produktionssysteme Ganzzug- und Einzelwagenverkehr. Hier werden regelmäßig verkehrende Wagengruppen bestimmter Schlüsselkunden als Grundlage für die Bildung eines Zuges genutzt. Diese Wagengruppen werden als Ankerblock bezeichnet. Ergänzt werden diese Züge um „Füllblöcke", die für die gleiche Zielregion bestimmt sind. Im Idealfall können die Züge an den großen Rbf vorbeigeleitet werden, was Zeit spart und Produktionskosten senkt.

3.1.4 Kombinierter Verkehr

Beim Kombinierten Verkehr (KV) ist die Eisenbahn Teil einer Transportkette, bei der das Transportgefäß (z. B. der Container) das Verkehrsmittel wechselt. Bei dieser Kooperation verschiedener Verkehrsmittel wird meist auch der Lkw genutzt, sodass die für den Ganzzug- und Einzelwagenverkehr erforderlichen Gleisanschlüsse nicht unbedingt benötigt werden. Im Vergleich mit anderen Transportsystemen ist der Transportprozess beim KV wegen des Wechsels der Verkehrsträger deutlicher komplexer. Die Ladeeinheiten werden zunächst beim Kunden beladen und im Straßenvorlauf zum Umschlagbahnhof gebracht, wo sie auf spezielle Güterwagen umgeladen werden. Der KV verbindet in idealer Weise die Vorteile des Lastkraftwagens (örtliche und zeitliche Flexibilität bei der Bedienung der Fläche) mit den Vorteilen des Schienenverkehrs (kostengünstiger, effektiver und umweltfreundlicher Transport großer Gütermengen über längere Strecken). Im Ziel-Umschlagterminal werden die Ladeeinheiten wieder auf einen Lkw geladen und zum Empfänger weitertransportiert.

Abb. 3-4: Containerumschlag im Hamburger Hafen

Foto: HHLA

Überblick

Im KV werden intermodale und nicht intermodale Ladeeinheiten sowie begleiteter und unbegleiteter Verkehr unterschieden:

- **Intermodale Ladeeinheiten** sind Container, Wechselbehälter und Sattelauflieger. Diese Ladeeinheiten werden unbegleitet transportiert und wechseln unterwegs ggf. den Verkehrsträger.

- **Nicht intermodale Ladeeinheiten** sind Straßenfahrzeuge für den Gütertransport (Lastkraftwagen). Diese werden beim Schienentransport in der Regel vom Fahrer in einem mitgeführten Reisezugwagen begleitet.

Der unbegleitete Verkehr ist die wirtschaftlichste Variante dieser Verkehrsart. In der Regel verladen spezielle Kräne an den Umschlagterminals die Einheiten vom Lkw auf den Zug oder umgekehrt. So findet auf nur einem Zug die Ladung von 25 bis 35 Lastkraftwagen Platz. Für den Transport der Ladeeinheiten werden spezielle Eisenbahnwagen mit niedrigen Aufstellflächen eingesetzt, um auch größere Behälter ohne Profilüberschreitung transportieren zu können.

Im begleiteten Verkehr vereint die Rollende Landstraße (RoLa) den Straßen- und Schienenverkehr. Hier werden komplette Lastwagen bzw. Sattelzüge auf spezielle Niederflurwagen verladen und legen bestimmte Teilstrecken ihrer Route mit der Bahn zurück. Die Lkw befahren diese Spezialwagen über Kopframpen an dazu eingerichteten Verladebahnhöfen.

Eine Sonderform sind Roll-on/Roll-off-Verkehre. Hier werden Lastkraftwagen oder Schienenfahrzeuge über eine Laderampe auf besondere Fähren gefahren.

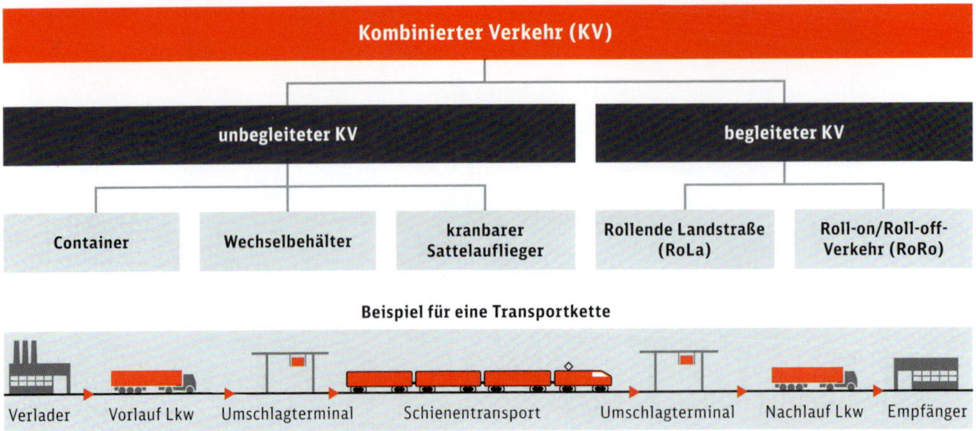

Abb. 3-5: Überblick über den Kombinierten Verkehr (KV) Abbildung: Jürgen Janicki

3.1.5 Werkverkehr

Große Werke sowie Bergbau-, Stahl- und Bauunternehmen nutzen zur Erfüllung ihrer internen Transportbedürfnisse eigene Bahnen. Beispielsweise werden in Bergwerken unter Tage Grubenbahnen für den Abtransport von Erz, Kohle und Abraum eingesetzt. Diese Bahnen werden auch dazu genutzt, die Bergleute zu ihren Arbeitsstellen zu bringen. Wegen der beengten Platzverhältnisse im Stollen sind Grubenbahnen vielfach schmalspurig ausgeführt. Ähnliche Bahnen kommen auch im Tunnelbau zum Einsatz.

Abb. 3-6: Beim Tunnelbau eingesetzte Stollenbahn Foto: AlpTransit Gottard AG

Schwerlastbahnen

Schwerlastbahnen werden beim Transport von Massengütern und hohen Transportleistungen eingesetzt. Sie übernehmen bei der Braunkohleförderung den Transport der Braunkohle vom Tagebau zu den Abnehmern – den Kraftwerken und Veredlungsbetrieben. Die Züge werden in den Tagebauen halbautomatisch beladen. Sie durchfahren eine Beladebrücke, auf der ein Förderband verläuft. Die Ladung wird durch Trichter von oben in die Güterwagen gefüllt. Bei elektrischem Zugbetrieb verlaufen die Fahrleitungen in diesem Bereich seitlich des Zuges. Da der Lokführer von der Spitze aus die Beladung nicht beobachten kann, wird sein Zug von einem Beladewärter funkferngesteuert. Die bei diesen Bahnen eingesetzten überbreiten Güterwagen zeichnen sich durch hohe Achslasten aus.

3.1.6 Gefahrguttransport

Gefahrguttransporte sind eine besondere Form des Güterverkehrs und verlangen ein Höchstmaß an Verantwortungsbewusstsein. Aus diesem Grund hat der Gesetzgeber für derartige Transporte ein vielschichtiges nationales und internationales Regelwerk geschaffen. Er verweist besonders gefährliche Güter – von bestimmten Mengen an – wegen des größeren Unfallrisikos beim Straßentransport grundsätzlich auf die Bahn oder das Binnenschiff.

Der Begriff Gefahrgut bezeichnet Stoffe, von denen wegen ihrer physikalischen oder chemischen Eigenschaften Gefahren für Mensch und Umwelt ausgehen. Beispiele dafür sind leicht entflammbare, giftige oder explosive Stoffe. Von den rund 300 Millionen Tonnen gefährlicher Güter, die in Deutschland jährlich transportiert werden, befördert die Eisenbahn etwa 20 Prozent. Hiervon wird der weitaus größte Teil in Eisenbahnkesselwagen transportiert. Neben den flüssigen und gasförmigen Stoffen fallen darunter auch pulverförmige und körnige Stoffe. Eisenbahnkesselwagen werden nach ihren baulichen Merkmalen sowie ihrer jeweiligen Verwendung für gefährliche Güter unterschieden.

RID

Für die Beförderung von Gefahrgut auf der Schiene ist die „Regelung zur internationalen Beförderung gefährlicher Güter im Schienenverkehr" – abgekürzt RID (Règlement concernant le transport international ferroviaire de marchandises dangereuses) – von grundlegender Bedeutung. Sie beschreibt beispielsweise die Pflichten der am Gefahrguttransport Beteiligten, enthält ein Gefahrgutverzeichnis und legt Klassifizierung und Kennzeichnung von Gefahrgut fest.

Sämtliche Gefahrgüter werden zwecks einer sicheren Handhabung in Gefahrgutklassen eingeteilt und einer UN-Nummer zugeordnet. Dadurch können jederzeit Aussagen über die notwendige Art der Umschließung, der Kennzeichnung und über die notwendigen Vorsichtsmaßnahmen gemacht werden. Am Wagen sind farbige Gefahrzettel und Gefahrentafeln angebracht, die sowohl die Rangierer als auch die Feuerwehr (z. B. bei einem Unfall) über die gefährlichen Inhalte informieren.

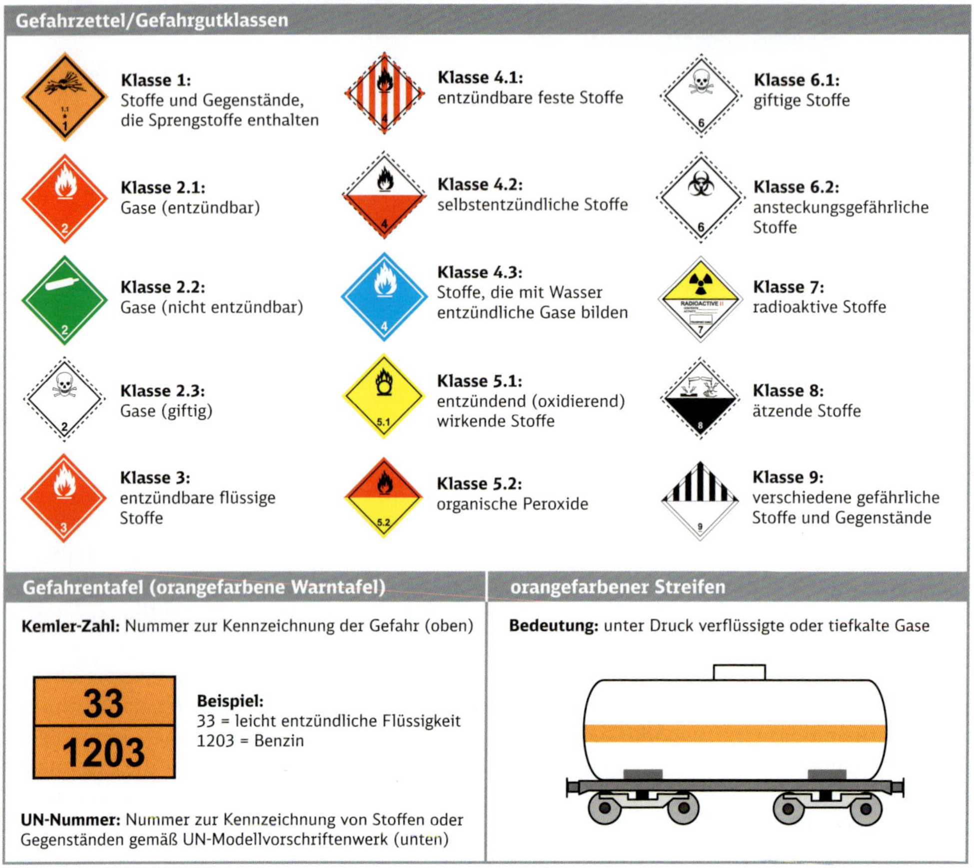

Abb. 3-7: Kennzeichnung von Gefahrgut

Abbildung: Jürgen Janicki

3.1.7 Güterwagen

Güterwagen bilden bei den Eisenbahnen die größte Gruppe an Schienenfahrzeugen. Allein in Europa sind weit über eine Million Güterwagen der verschiedensten Bauarten unterwegs. Dabei werden heute meist Universalwagen eingesetzt, die sich für mehrere Transportaufgaben eignen. Dagegen sind Spezialwagen für besondere Marktanforderungen optimiert und auf bestimmte Ladegüter und Verkehre zugeschnitten. Güterwagen orientieren sich an den Wünschen der Kunden. Verlangte die verladende Wirtschaft in früheren Zeiten Wagen mit möglichst hohem Ladegewicht, so geht es heute zusätzlich auch noch um den Schutz hochwertiger und empfindlicher Waren sowie um die Förderung rationeller Verlade- und Umladetechniken.

Güterwagen unterscheiden sich nach DIN 25003 „Systematik der Schienenfahrzeuge" wie folgt:

- **Güterwagen der Regelbauart** sind konstruktiv relativ einfach aufgebaut und besitzen keine besonderen Einrichtungen. Die Wagen sind vielseitig verwendbar und werden zur Beförderung verpackter, unverpackter oder palettierter Güter eingesetzt.

- **Güterwagen der Sonderbauart** sind Ein- oder Mehrzweckwagen, die in der Regel mit zusätzlichen Einrichtungen für die Beförderung bestimmter Ladegüter ausgerüstet sind. Die konstruktive Gestaltung dieser Wagen entspricht nur z. T. vereinheitlichten Baugrundsätzen.

- **Güterwagen der Spezialbauart** sind in der Regel Einzweckwagen zum Transport nur einer Art von Gütern. Ihre Bauform richtet sich nach der Art des Ladeguts, seiner Ver- und Entladung sowie seiner Beförderung. Ein Beispiel für Fahrzeuge dieser Gruppe sind Pfannenwagen für heißflüssige Güter.

Abb. 3-8: Beispiele für Güterwagen der Sonderbauart – links Autotransportwagen, rechts Containertransportwagen Fotos: Jürgen Janicki

Wagengattung

Die Güterwagen werden nach ihren konstruktiven Hauptmerkmalen und ihrem Verwendungszweck – angelehnt an die Klassifizierung der UIC – eingeteilt. Ihre wichtigsten technischen Merkmale sind durch Buchstaben am Wagenkasten angegeben. Dabei wird die jeweilige Wagengattung durch einen großen Buchstaben, den sogenannten Gattungsbuchstaben, gekennzeichnet. Kleingeschriebene Kennbuchstaben dienen der weiteren Beschreibung eines Wagens. Aus ihnen lassen sich die wesentlichen Merkmale eines Güterwagens vom Gesichtspunkt seiner Verwendung aus ableiten. Dabei können diese Kennbuchstaben von nationaler oder internationaler Geltung sein bzw. nur für bestimmte Wagengattungen gelten.

Ladeeinrichtungen

Art und Anzahl der Be- und Entladeeinrichtungen eines Güterwagens sind abhängig von seiner Bauart. Aktuelle Fahrzeuge zeigen Merkmale, die in erster Linie durch die vorgesehenen Einsatzbedingungen und die Art des Ladeguts geprägt sind. Einige Beispiele:

- Breite Türen oder öffnungsfähige Seitenwände und tragfähige Wagenböden aus Holz oder Metall gestatten das Befahren mit Gabelstaplern und anderen schweren Fahrzeugen.

- Sicherungseinrichtungen und Sicherungsmittel wie beispielsweise Wagenwände, Borde und Rungen sorgen dafür, dass Güter vorschriftsmäßig und sicher transportiert werden können.

- Selbstentladewagen für Massengut wie Kohle, Kalk, Erz und Schotter gestatten eine schnelle Entladung kompletter Güterzüge. Automatische oder mechanisierte Be- und Entladevorgänge sparen Arbeitskraft und Zeit.
- Wagen mit öffnungsfähigen Wagendächern und Seitenwänden ermöglichen eine wechselweise Be- und Entladung mit Kran oder Gabelstapler.
- Geschlossene Spezialwagen gestatten den Transport staubförmiger und körniger Güter.
- Wagen mit Stoßverzehreinrichtung gestatten den Transport empfindlicher Verbrauchsgüter.
- Einfach zu handhabende Bindeeinrichtungen gestatten eine schnelle Verzurrung des Ladeguts oder dessen Niederbindung.
- Die im Innenbereich einiger Wagen angebrachten verriegelbaren Trennwände stellen eine einfach anwendbare Ladungssicherung dar, die höchstmöglichen Schutz bietet.
- Außen an den Wagen angebrachte Ringe ermöglichen die sichere Befestigung von Wagendecken zum Schutz nässeempfindlicher Güter.
- Schrägstellbare Ladegerüste gestatten den Transport übergroßer Blechtafeln und Weichen.
- Spezielle Niederflur-Containertragwagen gestatten den Transport übergroßer Container.

	Gattung, Bezeichnung, Merkmale, Nutzung
E	**Offene Wagen der Regelbauart** ▪ Be- und Entladung durch Kräne oder durch die Seitenwandtür **Nutzung:** Stückgüter oder witterungsunempfindliche Schüttgüter (z. B. Schrott, Erden, Steine, Holz)
F	**Offene Wagen der Sonderbauart** ▪ von oben zu beladender Selbstentladewagen **Nutzung:** witterungsunempfindliche Massengüter (z. B. Koks, Kohle, Schotter, Eisenerz, Sand, Kies) ▪ **Fc:** Entladung seitlich mit dosierbaren Rundschiebern und Schüttrutschen ▪ **Fan:** Entlademöglichkeit über zwei seitlich kippbare Ladeflächen ▪ **Fal:** mit schlagartiger, zweiseitiger Selbstentladung durch Schwerkraft (nicht dosierbar)
H	**Gedeckte Wagen der Sonderbauart** ▪ vorwiegend großräumige Schiebewandwagen mit öffnungsfähigen Seitenwänden (Gattung Hbis); Be- und Entladung durch die geöffnete Schiebewand **Nutzung:** witterungsempfindliche Stückgüter (z. B. hochwertige Konsumgüter, Papierrollen, Kartons)
K	**Flachwagen der Regelbauart** ▪ überwiegend Rungenwagen **Nutzung:** witterungsunempfindliche Güter mit großem Raumbedarf (z. B. Hölzer, Rohre, Draht, Baustähle)
L	**Flachwagen der Sonderbauart** ▪ **Laae:** Doppelstockwagen für Kraftfahrzeuge; Be- und Entladung über Kopframpen ▪ **Lgj:** Containertragwagen; Be- und Entladung durch Kräne oder seitlich mit speziellen Hebefahrzeugen
R	**Drehgestellflachwagen der Regelbauart** ▪ Be- und Entladung durch Kräne, seitlich oder über Kopfklappen **Nutzung:** witterungsunempfindliche schwere bzw. lange Güter (z. B. Stabstahl, Schienen, Maschinen, Walzprofile, Fertigbauteile, Holz, Halbzeug, Drahtrollen)

S	**Drehgestellflachwagen der Sonderbauart** ▌ **Shimms:** mit speziellen Lademulden für nässeempfindliche Coils (Blechrollen), beweglicher Abdeckung (Teleskophauben oder Planenverdeck) und festen Stirnwänden; Be- und Entladung durch Kran ▌ **Snp:** mit Niederbindeeinrichtung für schwere und lange Stahlerzeugnisse (Rohre, Profilstahl, Flachstahl); Be- und Entladung durch Kran ▌ **Sgj:** Containertragwagen; Be- und Entladung durch Kräne oder seitlich mit speziellen Hebefahrzeugen
T	**Wagen mit öffnungsfähigem Dach** ▌ **Tbis:** für witterungsempfindliche schwere Stückgüter; Be- und Entladung durch Kran oder seitlich per Gabelstapler ▌ **Tal:** für nässeempfindliche Schüttgüter (z. B. Getreide, Kali, Kalk, Gips) mit Selbstentladung durch Schwerkraft (nicht dosierbar)
U	**Sonstige Wagen (Sonderbauarten)** ▌ **Ucs:** Staubgutwagen; Be- und Entladung über Druckluft ▌ **Uai:** Tiefladewagen für große und schwere Güter und Fahrzeuge
Z	**Kesselwagen** ▌ **Mineralölkesselwagen:** Beladung von oben über Domdeckel; Entladung über seitlich angebrachte Zapfventile ▌ **Chemiekesselwagen:** Be- und Entladung von oben über Domdeckel ▌ **Druckgaskesselwagen:** Be- und Entladung unter Druck über seitlich angebrachte Zapfventile

Abb. 3-9: Einteilung und Nutzung der Güterwagen (Auswahl)

3.2 Personenverkehr

3.2.1 Zuggattungen

Im Personenverkehr teilen EVU ihre Züge je nach Einsatzzweck in Zuggattungen ein. Grob differenziert wird zwischen Zügen des Fern- und Nahverkehrs. Der Unterschied der einzelnen Zuggattungen besteht in ihren unterschiedlichen Aufgaben und Nutzungsmöglichkeiten.

Fernverkehrszüge übernehmen in der Regel großräumige Verkehrsaufgaben – die durchschnittliche Reisedauer beträgt meist über eine Stunde, die durchschnittliche Reiselänge über 50 km. Entsprechend dieser Aufgabenteilung unterscheiden sich auch die eingesetzten Fahrzeugtypen. Die im Fernverkehr eingesetzten Fahrzeuge sind für hohe Geschwindigkeiten ausgelegt und weisen eine hochwertige Inneneinrichtung mit hohem Sitzkomfort auf.

Nahverkehrsfahrzeuge sind für die Beförderung einer großen Zahl von Fahrgästen ausgelegt und zur Unterstützung eines schnellen Fahrgastwechsels mit einer – im Vergleich zu Fernverkehrsfahrzeugen – höheren Zahl von Einstiegsbereichen ausgestattet.

Bei den EVU kommen hauptsächlich folgende Zuggattungen (Zugkategorien) vor:

- Die **Stadtschnellbahn (S-Bahn)** dient dem Regional- und Stadtschnellverkehr gleichermaßen. S-Bahnen verkehren im Takt auf eigenem Bahnkörper und einem festgelegten Liniennetz. Große S-Bahn-Netze werden in den Ballungsräumen Berlin, Hamburg, München, Stuttgart, Rhein-Main und Rhein-Ruhr betrieben, aber auch in einigen anderen Städten verkehren S-Bahnen.

- Die **Regionalbahn (RB)** stellt das Grundangebot im Schienenpersonennahverkehr dar. Die Züge verkehren meist im Takt auf einer festgelegten Linie und bedienen alle Bahnhöfe und Haltepunkte.

- Der **Regional-Express (RE)** unterscheidet sich von der Regionalbahn durch größere Haltestellenabstände und eine höhere Reisegeschwindigkeit. Auch bedienen die Züge in der Regel nicht alle Bahnhöfe und Haltepunkte. In den meisten Bundesländern verkehren RE-Züge in einem dicht getakteten Liniennetz; z. T. auch unter anderen Produktbezeichnungen.

- **Intercity (IC)** und **Eurocity (EC)** sind international verwendete Bezeichnungen für schnell fahrende Züge des Fernverkehrs. IC-Züge sind meist zuschlagspflichtig. Sie zeichnen sich durch relativ hochwertiges Wagenmaterial und hohe Zuggeschwindigkeiten aus. IC-Züge führen oft einen Speisewagen oder ein Bistro mit. Heute verkehren die IC- und EC-Züge auf Ergänzungslinien zum ICE-Netz.

- Der **Intercity-Express (ICE)** ist die schnellste und komfortabelste Zugkategorie und bedient ein dicht getaktetes Liniennetz. Die auf den Strecken eingesetzten Hochgeschwindigkeitsfahrzeuge werden ebenfalls als ICE bezeichnet und weisen ein sehr hohes Komfortniveau auf.

- Zahlreiche EVU benennen ihre Zuggattungen mit eigenen Kürzeln, die vom Unternehmensnamen abgeleitet sind. Beispiele dafür sind ABR (Abellio Rail), ME (Metronom), ODEG (Ostdeutsche Eisenbahn), FLX (Flixtrain) oder THA (Thalys).

- Daneben gibt es noch eine Vielzahl weiterer Zuggattungen für bestimmte Verkehre wie beispielsweise den Nacht- oder Autozug, für regionale Angebote im Nahverkehr sowie für Stadtbahnen auf Eisenbahnstrecken.

Abb. 3-10: In Nordrhein-Westfalen verkehren schnellfahrende Regionalzüge als Rhein-Ruhr-Express (RRX). Foto: Kompetenzcenter Marketing NRW (KCM)

3.2.2 Zugkonzepte

In Hinsicht auf das Zugkonzept wird zwischen lokbespannten Zügen und Triebzügen bzw. Triebwagenzügen unterschieden. Das erstgenannte Zugkonzept verwendet eine oder auch mehrere Lokomotiven meist an der Zugspitze und eine Reihe von gekuppelten und nicht angetriebenen Wagen. Seine Vorteile bestehen darin, dass der Zug entsprechend den unterschiedlichen betrieblichen und kommerziellen Anforderungen zusammengestellt werden kann. Angetriebene Fahrzeuge und Wagen sind frei tauschbar. Nachteile dieses Zugkonzepts ergeben sich dadurch, dass bei Fahrtrichtungsänderungen z. B. in Kopfbahnhöfen die Lokomotive getauscht werden muss. Bei Wendezügen wird dieses Problem durch den Einsatz spezieller Steuerwagen gelöst, die über einen voll ausgerüsteten Führerstand verfügen, über den die Lokomotive gesteuert werden kann.

Insbesondere in Europa geht die Bedeutung von Reisezugwagen zugunsten von Triebwagen und -zügen deutlich zurück. Der entsprechende Fahrzeugpark wurde in den letzten Jahren mit teilweise erheblichem Aufwand verjüngt. Dementsprechend ist heute auf den Schienen eine Vielzahl moderner Fahrzeuge unterwegs. Daneben werden in lokbespannten Zügen aber auch immer noch Reisezugwagen älterer Bauart sowie zahlreiche Doppelstockwagen eingesetzt.

Wenn bei gleichen Zug- und Bahnsteiglängen eine deutlich höhere Fahrgastkapazität gefordert ist, kommen Doppelstockfahrzeuge zum Einsatz. Breite Türen und komfortable Treppen zum Oberstock gewährleisten hier einen zügigen Fahrgastfluss.

- **Lokbespannte Züge** bestehen aus einer Lokomotive und einer Reihe von gekuppelten und nicht angetriebenen Reisezugwagen.
- **Wendezüge** besitzen einen Steuerwagen, von dem aus die Lokomotive gesteuert werden kann.
- Der Zug wird entsprechend den unterschiedlichen betrieblichen und kommerziellen Anforderungen zusammengestellt.

- **Triebzüge** bestehen aus mehreren Einzelfahrzeugen, die im Betrieb nicht trennbar sind.
- **Triebwagen** werden allein oder zusammen mit Wagen als Zug eingesetzt. In der Regel sind die Zugeinheiten im Betrieb trennbar.
- Um die Transportkapazität an die jeweiligen Erfordernisse anzupassen, können mehrere Triebzüge zu einer Zugeinheit gekuppelt werden.

Abb. 3-11: Zugkonzepte für den Personenverkehr

Fotos: DB AG/Kai Michael Neuhold (o.); Jürgen Janicki (u.)

Fahrzeuggattungen

Die Fahrzeuge des Personenverkehrs sind in Gattungen eingeteilt, damit ihre Ausstattungsmerkmale bei der Zugbildung und Disposition schnell erkennbar sind. Die Fahrzeuge werden dazu mit großen Buchstaben – den sogenannten Gattungsbuchstaben – bezeichnet. Eine Kombination von Gattungsbuchstaben dient zur Kennzeichnung von Fahrzeugen, die verschiedenen Zwecken dienen.

- Die **Gattungsbuchstaben A und B** kennzeichnen die Fahrzeugklasse. Fahrzeuge mit dem Gattungsbuchstaben A besitzen einen Fahrgastbereich der ersten Klasse. Der Gattungsbuchstabe B steht für den Fahrgastbereich der zweiten Klasse.

- Der **Gattungsbuchstabe D** hat unterschiedliche Bedeutungen. Steht er vor anderen Gattungsbuchstaben, bedeutet dies, dass es sich bei dem Fahrzeug um einen Doppelstockwagen handelt. Allein oder hinter anderen Gattungsbuchstaben stehend, steht er für den Gepäckraum.

- Der **Gattungsbuchstabe W** kommt immer in Kombination mit einem weiteren Gattungsbuchstaben vor und kennzeichnet bewirtschaftete Fahrzeuge. WR steht für Bordrestaurant, WL für Schlafwagen und WG für Gesellschaftswagen.

Anforderungen

Die Kunden verknüpfen bestimmte Erwartungen mit einer Verkehrsleistung und insbesondere mit den dort eingesetzten Fahrzeugen. Für Eisenbahnfahrzeuge sind ein modernes äußeres und inneres Design und damit die Verwendung zeitgemäßer Formen und Materialien Grundvoraussetzung für die positive Wahrnehmung beim Kunden. Ein bequemer Einstieg soll den Zugang zum Zug erleichtern.

Bei Fahrzeugen des Regionalverkehrs bieten Niederflureinstiege an niedrigen Bahnsteigen eine deutliche Verbesserung gegenüber den Einstiegsverhältnissen früherer Fahrzeuggenerationen. Davon profitieren nicht nur Reisende mit Kinderwagen und Fahrrädern, sondern auch mobilitätseingeschränkte Personen.

Eine Klimatisierung und angenehme Beleuchtung sowie vibrations- und ruckfreie Fahrt sorgen für einen angenehmen und bequemen Aufenthalt im Zug, elektronische Fahrgastinformationssysteme bieten den Fahrgästen zudem qualitativ hochwertige und umfassende Informationen.

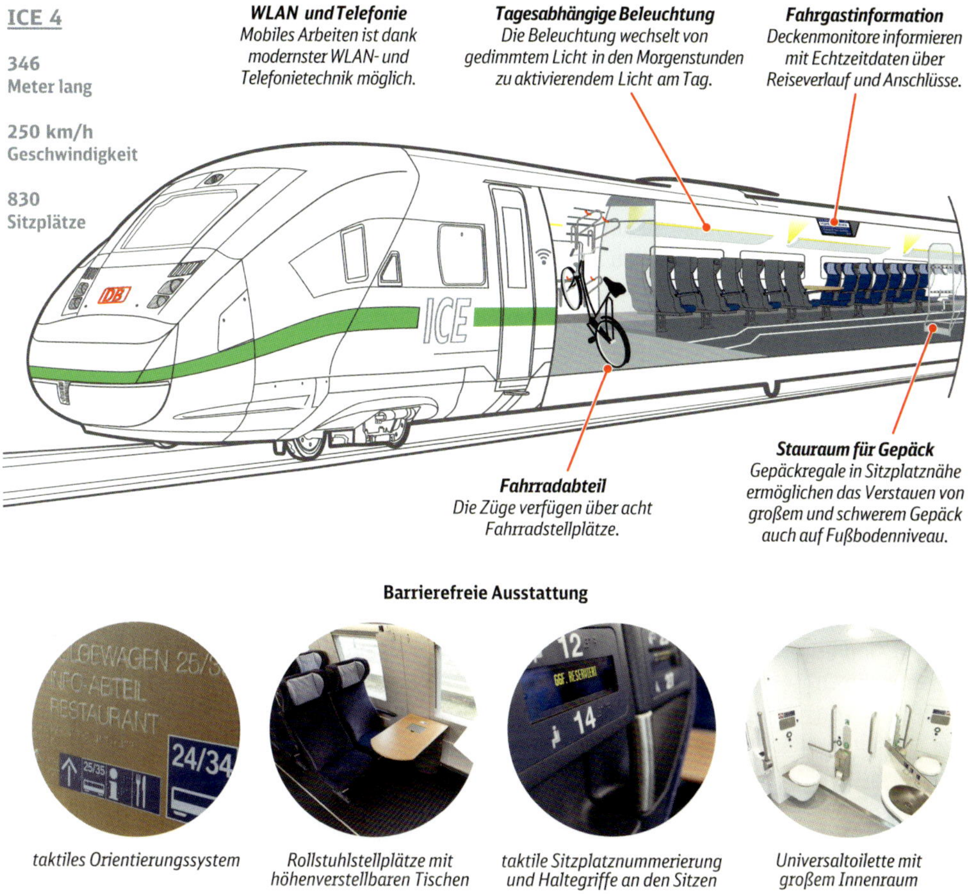

Abb. 3-12: Fahrgastraum des ICE 4-Triebzugs für den Fernverkehr — Quelle: DB AG

3.2.3 Hochgeschwindigkeitsverkehr

Mit dem Begriff „Hochgeschwindigkeitsverkehr“ (HGV) wird der fahrplanmäßige Zugverkehr jenseits der 200-km/h-Grenze bezeichnet. Technisch gesehen ist Hochgeschwindigkeit heute ein eigenständiges System, das sich aus den Komponenten Infrastruktur, Fahrzeuge und Betriebsbedingungen zusammensetzt. Hochgeschwindigkeit auf der Schiene bietet daneben aber auch eine ganze Palette neuer kundengerechter Qualitätsangebote wie beispielsweise moderne Informations- und Reservierungssysteme. Erst beides zusammen macht den schnellen Zug im Reisegeschäft zu einem äußerst wettbewerbsfähigen Verkehrsträger.

Vorteile der schnellen Züge

Hochgeschwindigkeitszüge (HG-Züge) sind heute für viele Reisen die beste Reiseform, da die schnellen Züge die Stadtzentren direkt und in kürzester Zeit miteinander verbinden. Dagegen sind bei Autofahrten Staus und lange Reisezeiten in Kauf zu nehmen. Bei Flugreisen müssen zur reinen Flugzeit immer noch die Zeiten für die An- und Abreise sowie Abfertigung hinzugerechnet werden. Mittlerweile haben Flugreisende auch noch weitere Nachteile in Kauf zu nehmen, denn verschärfte Sicherheitskontrollen, steigende Flugpreise und die immer deutlicher werdende Umweltbelastung führen dazu, dass diese Reiseform an Attraktivität verliert. Im Vergleich mit anderen Verkehrsträgern bieten HG-Züge auch eine deutlich bessere Servicequalität, denn nur hier können sich Fahrgäste frei bewegen und auf ihrer Reise einen hohen Komfort bei größtmöglicher Bequemlichkeit genießen.

3.2.4 Angebotsplanung im Personenverkehr

Die Angebote im öffentlichen Schienenpersonenverkehr sollten marktgerecht und möglichst wirtschaftlich gestaltet werden. Nicht zuletzt die begrenzten finanziellen Mittel, die für den öffentlichen Verkehr zur Verfügung stehen, haben dazu geführt, dass sich der Schwerpunkt bei geplanten Verbesserungsmaßnahmen tendenziell von Infrastrukturprojekten in Richtung einer Optimierung der Betriebsabläufe und der Fahrplangestaltung verlagert hat. Hierbei sind unterschiedliche Zielsetzungen im Hinblick auf die Kriterien Fahrgastnutzen, betriebliche Umsetzbarkeit und Finanzierbarkeit zu beobachten. Die nachfragegerechte Bedienung von Hauptabfuhrstrecken spielt eine ebenso wichtige Rolle wie die Herstellung der Erreichbarkeit nachfrageschwacher Regionen.

Die Bedienungsangebote auf den Hauptabfuhrstrecken können nur dann angemessen ausgelastet werden, wenn die Zuführung entsprechender Nachfrageströme aus der Fläche gesichert ist. Auf der anderen Seite kann eine angemessene Bedienung der Fläche nur aufrechterhalten werden, wenn entsprechende Weiterfahrmöglichkeiten in den Fernrelationen bestehen. Ein attraktives Angebot besteht aus einem abgestimmten Gesamtkonzept verschiedener Verkehrsträger mit einer höchstmöglichen Zahl von Direktverbindungen.

Vernetzung

Eine Hauptaufgabe der Angebotsplanung ist die optimale Vernetzung der verschiedenen Produkte des Schienenpersonenfernverkehrs mit den Angeboten im Nahverkehr und den verschiedenen innerstädtischen Verkehrssystemen. Maßgebend für die Qualität der Bedienungsangebote sind die Reisezeiten für die gesamte Transportkette vom ursprünglichen Ausgangsort bis zum endgültigen Zielort (Tür-zu-Tür-Reisezeiten). Hierbei ist zu beachten, dass die Zeitaufwendungen für die verschiedenen Teilreisezeiten vom potenziellen Nutzer unterschiedlich gewichtet werden. So können sich beim Umsteigen nicht nur der Zeitverlust, sondern auch die hiermit verbundenen Unannehmlichkeiten negativ auf die Verkehrsmittelwahl auswirken. Eine wichtige Zielsetzung der Angebotsplanung ist, in Umsteigeknoten möglichst umfassende Anschlüsse in alle Richtungen herzustellen.

Abb. 3-13: Verknüpfung verschiedener Verkehrsträger am Bahnhof Dresden Hauptbahnhof Foto: DB AG/Christian Bedeschinski

Taktfahrplan

Die Einrichtung eines Taktfahrplans bedeutet, dass sich die Züge der verschiedenen Fahrtrichtungen an wichtigen Knotenbahnhöfen immer zu festgelegten Zeitpunkten befinden und mit konstanten Zeitabständen z. B. im Stunden- oder im Halbstundentakt verkehren. Dadurch entstehen optimale und schnelle Umsteigemöglichkeiten.

Im Einzelfall kann dies zu einer Erhöhung der Aufenthaltszeiten in den Knotenbahnhöfen führen. Deshalb sind die Vorteile für die umsteigenden Reisenden mit den Nachteilen für die durchfahrenden Reisenden gegeneinander abzuwägen. Die Konzeption der Bedienungsangebote im öffentlichen Personennah- und -fernverkehr ist deshalb nur auf Grundlage einer umfassenden Kenntnis der Nachfrageströme bzw. der Kundenwünsche möglich.

3.2.5 Wettbewerb im Schienenpersonennahverkehr

Der Schienenpersonennahverkehr (SPNV) ist von starkem Wettbewerb geprägt. In Deutschland ist SPNV Ländersache und wird über sogenannte Aufgabenträger – das sind Organisationen wie beispielsweise der Verkehrsverbund Rhein-Ruhr – geregelt. Die Aufgabenträger legen nicht nur den Takt und die Halte fest, mit denen eine Strecke befahren werden soll, sondern geben auch die Anforderungen an die Fahrzeuge und für den Service im Zug vor. Mit der Durchführung der Verkehre werden EVU – in der Regel nach Durchführung eines Ausschreibungsverfahrens – beauftragt.

Bei der Vergabe einer Verkehrsleistung wird zwischen Brutto- und Nettovertrag unterschieden. Bei einem Bruttovertrag erhält das EVU vom Aufgabenträger einen festen Betrag pro Zugkilometer, während die Fahrgelderlöse direkt an diesen gehen. Bei einem Nettovertrag erhält das EVU die Fahrgeldeinnahmen und zusätzlich ein Bestellerentgelt; das Einnahmenrisiko liegt damit beim EVU.

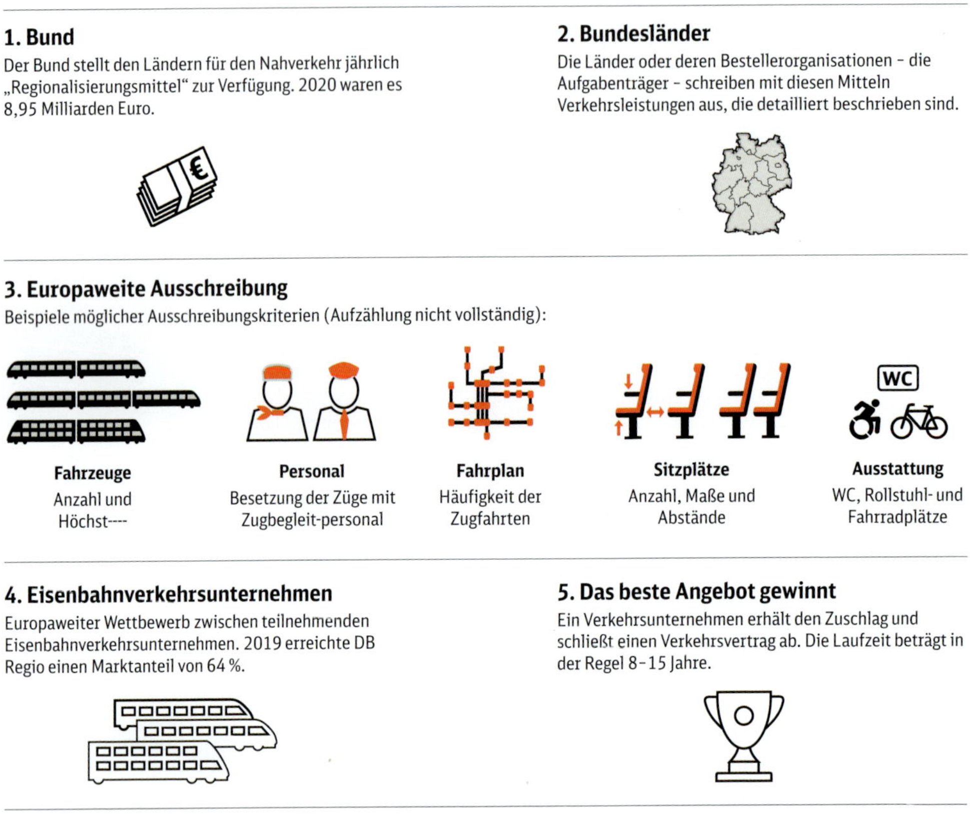

Abb. 3-14: Wettbewerb und Bestellung im Schienenpersonennahverkehr Quelle: DB AG

Fahrzeugfinanzierungsmodell, Fahrzeugpool

In der Regel bringen die Bieter eigene Fahrzeuge mit. Bei der Vergabe von Verkehrsleistungen setzen die Aufgabenträger jedoch zunehmend auf Fahrzeugfinanzierungsmodelle oder stellen die Fahrzeuge durch öffentliche Fahrzeugpools bereit. Darin wird ein wesentliches Instrument gesehen, um Wettbewerb zu ermöglichen und eine hohe Bieterzahl zu generieren. Beim Fahrzeugfinanzierungsmodell beschafft der Bieter die Fahrzeuge, veräußert diese jedoch anschließend an die Aufgabenträger, die die Fahrzeuge dann für die Dauer des Verkehrsvertrags an die Betreiber verpachten.

4 Eisenbahninfrastruktur

4.1 Anlagen für den Bahnbetrieb

4.1.1 Überblick

Laut EBO sind Bahnanlagen Grundstücke, Bauwerke und sonstige Einrichtungen einer Eisenbahn, die unter Berücksichtigung der örtlichen Verhältnisse zur Abwicklung oder Sicherung des Reise- oder Güterverkehrs auf der Schiene erforderlich sind. Neben den eigentlichen Fahrweganlagen gehören dazu auch Nebenbetriebsanlagen sowie die Anlagen, die das Be- und Entladen sowie den Zu- und Abgang von Reisenden ermöglichen oder fördern.

Im Allgemeinen wird zwischen Bahnanlagen der freien Strecke und der Bahnhöfe unterschieden. Wenn nichts anderes festgelegt ist, sind die betrieblichen Bereichsgrenzen durch Einfahrsignale, Trapeztafeln oder die Einfahrweichen gekennzeichnet.

Abb. 4-1: Bahnanlagen am Beispiel des Bahnhofs Berlin Ostkreuz — Foto: DB AG/Oliver Lang

Hauptbahn, Nebenbahn

Entsprechend ihrer Bedeutung unterscheidet die EBO die Strecken nach Haupt- und Nebenbahnen. Bei Nebenbahnen gilt für Bauweise bzw. Betriebsführung in der Regel ein vereinfachter Standard. Die Entscheidung darüber, welche Strecken Hauptbahnen und welche Nebenbahnen sind, treffen für die Eisenbahnen des Bundes das jeweilige Unternehmen, für nichtbundeseigene Eisenbahnen die zuständige Landesbehörde.

Anzahl der Streckengleise

Eisenbahnstrecken können ein- oder mehrgleisig ausgeführt sein. Bei eingleisigen Eisenbahnstrecken fahren die Züge beider Richtungen auf demselben Gleis (Zweirichtungsbetrieb). Das begrenzt die Leistungsfähigkeit der Strecke, da Zugbegegnungen nur in Bahnhöfen oder anderen Ausweichstellen möglich sind. Außerdem übertragen sich Zugverspätungen auch auf die Gegenrichtung.

Bei zweigleisigen Strecken wird im Regelfall für jede Richtung ein festgelegtes Gleis benutzt: Es findet also ein richtungsreiner Zugbetrieb statt. Die Leistungsfähigkeit zweigleisiger Strecken ist etwa dreimal so hoch wie die Leistungsfähigkeit eingleisiger Strecken. In den meisten europäischen Ländern wird das in Fahrtrichtung rechte Gleis befahren (Rechtsfahrbetrieb), Linksfahrbetrieb findet sich beispielsweise in Belgien, der Schweiz, Frankreich, Italien und im Vereinigten Königreich Großbritannien. Dementsprechend befinden sich die Signale bei Rechtsfahrbetrieb rechts und bei Linksfahrbetrieb links vom Gleis. Abweichungen sind mit einem Signal (Schachbretttafel) gekennzeichnet.

Abschnittsweise können zwei oder mehrere Strecken nebeneinanderliegen, wodurch sich drei-, vier- und mehrgleisige Abschnitte ergeben.

Fahren auf dem Gegengleis ohne und mit Hauptsignal

Auf zweigleisigen Streckenabschnitten sind prinzipiell beide Streckengleise jeweils für beide Richtungen befahrbar. Das Gegengleis wird beispielsweise befahren, wenn das Regelgleis wegen Unbefahrbarkeit oder für die Dauer von Bauarbeiten gesperrt ist. Auch ist so das Überholen langsam fahrender Züge durch schnell fahrende Züge auf dem Gegengleis möglich. Dies trägt wesentlich zur Beschleunigung der Betriebsabwicklung sowie zur Erhöhung der Streckenleistungsfähigkeit bei.

Wird der Triebfahrzeugführer beauftragt, im Gegengleis zu fahren, erfolgt dies – je nach technischer Ausstattung der zweigleisigen Strecke – entweder verfahrensbasiert durch schriftliche Befehle, mit Zusatzsignalen ohne Streckenblockabhängigkeit oder signaltechnisch vollüberwacht mit Hauptsignal. Während bei den ersten beiden Varianten das Fahren im Gegengleis nur bei Störungen oder vorübergehend zulässig ist (z. B. bei Baumaßnahmen im Regelgleis), besteht bei der dritten Variante beispielsweise im Gleiswechselbetrieb die Möglichkeit, Fahrten sowohl im Regel- als auch im Gegengleis durchzuführen. Mehrgleisige Strecken mit drei- oder vier Gleisen können im Linien- oder Richtungsbetrieb befahren werden.

Betriebsstellen

Betriebsstellen sind alle Bahnanlagen auf der freien Strecke oder in den Bahnhöfen, die der unmittelbaren Regelung und Sicherung der Zug- und Rangierfahrten dienen. Es gibt eine Vielzahl verschiedener Betriebsstellen mit unterschiedlichen Funktionen:

- **Bahnhöfe (Bf)** werden in der EBO als Bahnanlage mit mindestens einer Weiche definiert, wo Züge beginnen, enden, halten, kreuzen, überholen oder wenden dürfen. Als Grenze zwischen einem Bahnhof und der freien Strecke gelten im Allgemeinen die Einfahrsignale, bei Bahnhöfen ohne Einfahrsignale ggf. Trapeztafeln oder die Einfahrweichen. Bahnhöfe können in Bahnhofsteile unterteilt sein, die durch Zwischensignale gegeneinander abgegrenzt sind. In Bezug auf ihre Funktion unterteilen sich Bahnhöfe in Personen-, Güter- und Abstellbahnhöfe.

- **Blockstellen (Bk)** regeln die Folge der Züge und begrenzen die Blockstrecken. Blockstrecken sind Gleisabschnitte, die nur dann befahren werden dürfen, wenn sie frei von Fahrzeugen sind. Blockstrecken werden durch Blockstellen begrenzt.
- **Abzweigstellen (Abzw)** sind Blockstellen der freien Strecke, wo Züge auf eine andere Strecke übergehen können.
- **Überleitstellen (Üst)** sind Blockstellen der freien Strecke, wo Züge auf ein anderes Gleis derselben Strecke übergehen können.
- **Anschlussstellen (Anst)** sind Bahnanlagen der freien Strecke, wo Züge ein angeschlossenes Gleis als Rangierfahrt befahren können. Sind diese Stellen so gesichert, dass die Bedienfahrt das Streckengleis nicht gefährden kann, so sind Zugfahrten auf der Strecke möglich, während die Bedienfahrt im Anschluss verbleibt. Man spricht dann von Ausweichanschlussstelle (Awanst).
- **Deckungsstellen (Dkst)** sind Bahnanlagen der freien Strecke, die den Bahnbetrieb an besonderen Stellen wie beispielsweise Kreuzungen von Bahnen, beweglichen Brücken oder Baustellen sichern.

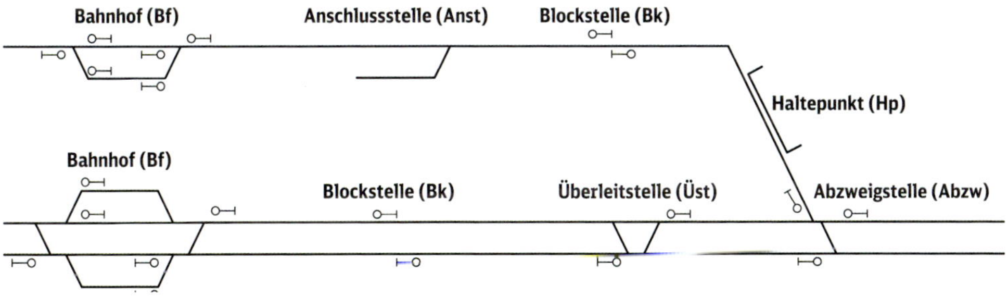

Abb. 4-2: Bahnanlagen im Streckennetz

Abbildung: Jürgen Janicki

4.1.2 Fahrwegaufbau

Bedingt durch den Einsatz immer größerer und schwererer Fahrzeuge, höhere Radsatzlasten und Geschwindigkeiten sowie steigende Streckenbelastungen hat in der fast 200-jährigen Geschichte der Eisenbahn in Deutschland eine permanente Weiterentwicklung des Fahrwegs stattgefunden.

Grundsätzlich besteht der Fahrweg aus verschiedenen Komponenten. Dabei erfolgt eine grobe Einteilung nach Ober- und Unterbau.

- Zum **Oberbau** gehört der aus den Schienen, der Schienenbefestigung und den Schwellen bestehende Gleisrost, der meist in einem Gleisbett (Schotterbett) verlegt wird. Die Schiene ist dabei das primäre Trag- und Verschleißelement, während die Schwelle in erster Linie die lastverteilende Funktion übernimmt. Zum Oberbau zählen auch Sperr- und Schutzschichten, die unter dem Schotter eingebaut sein können.

- Beim **Unterbau** handelt es sich um ein Erdbauwerk (Damm, Brücke, Planum), das zur Anpassung des Geländes an die Gradiente des Gleises dient. Zur Gewährleistung der Lagegenauigkeit des Oberbaus muss der Unterbau eine ausreichende Standfestigkeit aufweisen und zuverlässig vor Witterungseinflüssen geschützt sein. Anfallendes Oberflächenwasser muss über eine Neigung ablaufen und in seitlich angeordnete Entwässerungsanlagen fließen.

Die beim Fahrzeuglauf auftretenden senkrechten und waagerechten Kräfte werden auf den Oberbau übertragen. Durch die Bettung als lastverteilende Schicht werden Kräfte aus dem Gleisrost an den Unterbau weitergeleitet.

Abb. 4-3: Schematischer Gleisquerschnitt in Schotterbauweise Abbildung: Jürgen Janicki

Schienen

Die Herstellung von schmiedeeisernen und gewalzten Schienen wurde von John Birkinshaw entwickelt und 1820 in England patentiert. Im Jahre 1830 wurde in Amerika die Breitfußschiene entwickelt, die den heutigen Profilen schon recht nahekommt. Um 1890 wurde das heute bei Vollbahnen übliche Schienenprofil erstmals hergestellt. Die zunehmenden Anforderungen haben zu einer stetigen Weiterentwicklung der Schiene und zu stetigen Veränderungen sowohl beim Schienenmaterial wie auch beim Schienenprofil geführt. Bei den Schienenarten wird heute zwischen der Breitfuß- und der Rillenschiene unterschieden.

- Die nach ihrem Erfinder benannte **Vignolschiene** (Vignoles-Schiene) wird als Regelform bei allen Bahnen eingebaut. Sie besteht aus einem breit angelegten Schienenfuß. Senkrecht auf diesem Fuß steht ein schmaler Steg, auf dessen oberem Rand sich der Schienenkopf anschließt. Die obere Fläche des Schienenkopfs bildet die Lauffläche für das Schienenrad. Vielfach wird diese Schiene auch als Breitfußschiene bezeichnet

- Die **Rillenschiene** besitzt an der inneren Wange des Schienenkopfs eine eingewalzte Rille, in der der Spurkranz des Schienenrads läuft. Dieses Schienenprofil wird vielfach in Verkehrsflächen eingebaut und soll verhindern, dass durch Straßenbeläge oder Pflastersteine die Spurkanäle blockiert werden.

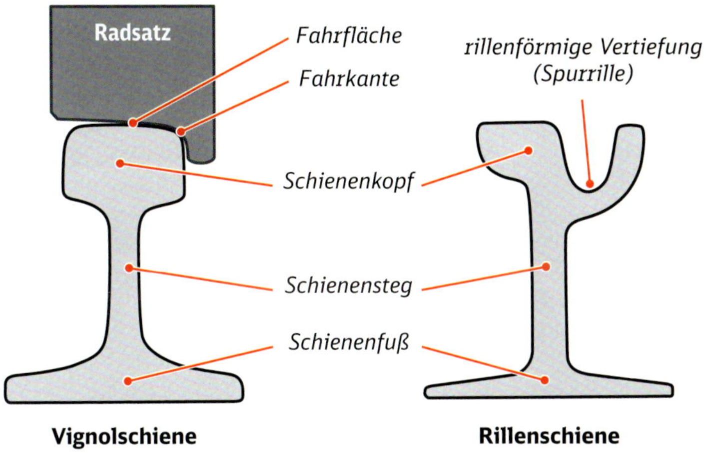

Abb. 4-4: Schienenprofile

Abbildung: Jürgen Janicki

Heute werden Schienen verwendet, die in ihren Gebrauchseigenschaften Mindestzugfestigkeit, Widerstand des Schienenstahls gegen Verschleiß und Verquetschung hohen Anforderungen gerecht werden. Schienen werden durch Walzen hergestellt und nach ihrem Metergewicht bezeichnet. Im Jahr 1963 wurde in Deutschland nach mehrjähriger Erprobung die Schiene S54 (Metergewicht 54 kg/m) eingeführt. Anfang der 1970er-Jahre folgte für stark belastete Strecken die Schiene UIC60 (Metergewicht 60 kg/m). Die Herstellerangaben zu den Schienen sind in regelmäßigen Abständen im Schienensteg durch Walzzeichen erkennbar.

Die Schienenstöße (Schienenenden) werden in Längsrichtung entweder lückenlos verschweißt oder mithilfe einer Lasche verschraubt. Sie stützen sich auf den Schwellen ab, die meist in einem Abstand von 60 cm verlegt sind.

Schwellen

Schwellen sind Träger der Schiene und Spurhalter für das Gleis. Sie leiten sämtliche Kräfte, die aus der Schiene abgeleitet werden, in die Bettung weiter. Als Schwellenbaustoff kommen Beton, Holz, Stahl oder Kunststoff zum Einsatz. Heute wird überwiegend Beton verwendet.

- Die **Holzschwelle** wird meist aus Hartholz (Eiche; Buche) hergestellt. Um sie wasserabweisend sowie gegen Pilz- und Insektenbefall widerstandsfähiger zu machen, ist sie mit Imprägniermittel getränkt. Holzschwellen erreichen eine durchschnittliche Nutzungszeit von bis zu 30 Jahren und müssen nach Ende der Nutzung als Sondermüll entsorgt werden. Damit Beschäftigte beim Aus- und Einbau der Schwellen nicht gefährdet werden, sind persönliche Schutzmaßnahmen erforderlich.

- Die 1970 eingeführte **Betonschwelle** besteht aus Spannbeton und bietet eine Unempfindlichkeit gegen Witterungseinflüsse und eine erwartete Nutzungszeit von etwa 50 Jahren. Weitere Vorteile sind der größere Querverschiebewiderstand sowie die bessere Druckverteilung bedingt durch die größere Querschnitts- und Auflagerfläche der Betonschwelle. Die bis zu 2,8 m langen Schwellen wiegen etwa 300 kg.

- Die **Stahlschwelle** kommt entweder als Trogschwelle (alte Bauform) oder Y-Schwelle (neue Bauform) zum Einsatz. Stahlschwellen zeichnen sich durch eine geringe Bauhöhe und Baulänge aus.

- Die **Kunststoffschwelle** bietet sich bei einfachen Verhältnissen als Alternative zur Holzschwelle an.

Der Schwellenabstand wird zwischen den Schwellenachsen gemessen und beträgt je nach Gleisbelastung und Tragfähigkeit des Untergrunds 60 bis 70 cm. Während Holzschwellen ausschließlich für Schotteroberbau eingesetzt werden, lassen sich Betonschwellen und Y-Schwellen auch für Feste Fahrbahnen verwenden.

Abb. 4-5:
Kunststoffschwelle aus Recyclingmaterial
Foto: Lankhorst Engineered Products

Schienenbefestigung

Befestigungsmittel (Kleineisen) verbinden die Schienen mit den Schwellen. Die Schiene darf sich in Längsrichtung nicht verschieben, weshalb das Befestigungsmittel den Schienenfuß mit großer Kraft auf die Schwelle pressen muss. Die Reibung zwischen Schienen- und Schwellenfläche sorgt bei genügend hohem Anpressdruck für eine nahezu biegesteife Verbindung und damit für eine gute Rahmensteifigkeit des Gleisrosts. Dies ist ein wichtiger Faktor zur Erzielung einer hohen Gleislagesicherheit.

Eine elastische Lagerung der Schiene im Befestigungspunkt vermindert den Verschleiß der Befestigungsteile. Die Elastizität wird durch den Einbau einer elastischen Kunststoff-Zwischenlage sowie elastische Befestigungsmittel erzielt. Da auf die Verspannungselemente außer statischen auch starke dynamische Einwirkungen erfolgen, sind sie so ausgebildet, dass sie sich nicht lockern. Dazu werden Federelemente mit möglichst großem Federweg zwischengeschaltet. Sie garantieren, dass der Anpressdruck ohne Nachspannen für längere Zeit erhalten bleibt. Für die Befestigung von Schienen existieren für die verschiedenen Schwellenarten jeweils zahlreiche Befestigungsarten.

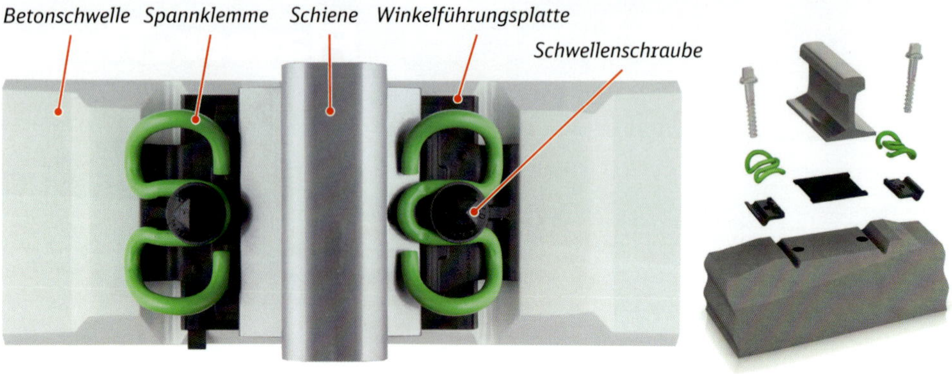

Abb. 4-6: Befestigung von Schienen auf Betonschwellen (beispielhaft Befestigungssysteme des Herstellers Vossloh). Die Schienenfüße werden auf einer Kunststoffplatte gelagert und durch Spannklemmen mit Schwellenschrauben auf die Schwellen gedrückt. Quelle: Vossloh

Bettung

Das verdichtete Schotterbett gewährleistet die sichere und elastische Lagerung des Gleisrosts. Das Schotterbett verteilt die statischen und dynamischen Lasten aus dem Gleisrost und leitet sie in den Untergrund ab. Das Bettungsmaterial wird aus hartem, schlagfestem, scharfkantigem, frostsicherem Gestein gebrochen und weist eine bestimmte Körnung auf. Aufgrund der Wasser- und Luftdurchlässigkeit der Schotterbettung kann Niederschlagswasser schnell abfließen und Restfeuchte im Schotter verdunsten. Eine verschmutzte, verhärtete und verunkrautete Bettung kann ihren Aufgaben nicht genügen. Sie wird gereinigt und im Rahmen der regelmäßigen Vegetationskontrolle entkrautet.

Bettungsquerschnitt und Bettungsdichte sind abhängig von der zu fahrenden Geschwindigkeit. Das Schotterbett erlaubt Korrekturen zur Wiederherstellung der optimalen Gleislage im Rahmen von Instandsetzungsarbeiten.

Feste Fahrbahn

Bei der Festen Fahrbahn ersetzt eine Tragplatte aus Beton oder Asphalt das Schotterbett. Die Feste Fahrbahn hat eine hohe Verfügbarkeit und eine stabile und dauerhafte Gleislage. Sie ist gegenüber der Schotterfahrbahn wartungsärmer, hat eine gleichmäßigere Bodenpressung und eine höhere Lebensdauer. Da keine losen Bestandteile aufgewirbelt werden können, eignet sich die Feste Fahrbahn für den Einbau in Hochgeschwindigkeitsstrecken. Von Nachteil sind die höheren Herstellungskosten, die eingeschränkten Korrekturmöglichkeiten bei eventuellen Setzungen des Untergrunds und die etwas geringere Reparatur- und Erneuerungsfreundlichkeit.

Die Feste Fahrbahn ist in den letzten 15 Jahren zur Standardtechnologie für den Oberbau bei Hochgeschwindigkeitsstrecken mit hohen Belastungen herangereift. Dazu wurden mehrere Systemvarianten entwickelt, erprobt und eingesetzt, um die ganz spezifischen Anforderungen an Streckenabschnitte und Oberbaukonstruktionen zu erfüllen.

- Die Feste Fahrbahn der **Bauart Rheda** besteht im Wesentlichen aus einer trogförmigen und durchgehenden Betontragschicht. In einem Trog wird der Betonschwellengleisrost verlegt, horizontal und vertikal ausgerichtet und anschließend mit Füllbeton vergossen. Eine höhen- und seitenverschiebbare Schienenbefestigung ermöglicht kleinere Korrekturen der Gleislage.

- Die Feste Fahrbahn der **Bauart Bögl** besteht aus untereinander gekoppelten Fertigteilplatten, auf denen die Schienen an vorgefertigten Stützpunkten befestigt werden.

- Bei der Festen Fahrbahn der **Bauart ATD** handelt es sich um eine Asphalttragschicht, auf der der Betonschwellengleisrost direkt aufgelagert wird.

Des Weiteren werden verschiedene Systeme mit kontinuierlich aufgelagerten Schienen eingebaut. Hier ersetzt eine Vergussmasse die traditionelle Schienenbefestigung mit Spannklemmen oder Schrauben. Dadurch wird unter anderem das Körperschallverhalten erheblich verbessert.

Abb. 4-7: Einbau der Festen Fahrbahn für eine Hochgeschwindigkeitsstrecke

Foto: DB AG/Frank Kniestedt

Schutzschicht

Bei nicht ausreichender Tragfähigkeit oder fehlender Frostsicherheit des Untergrunds wird unter der Bettung eine Schutzschicht aufgebracht. Diese verteilt die Lasten auf den Untergrund, verhindert das Eindringen von Niederschlagswasser und schützt den Untergrund vor Frost. Meist werden Planumsschutzschichten (PSS) aus Kiessand verwendet, die das Vermischen von Schotter und bindigem Erdbauwerk verhindern und das Eindringen von Wasser in die darunterliegenden Schichten weitgehend unterbinden. Je nach Bedarf kommen verschiedene Sonderformen von Schutzschichten zum Einsatz: Geokunststoffe, um die Eigenschaften der Planumsschutzschicht zu verbessern und deren Schichtdicke zu verringern, Kunststoffabdichtungsbahnen als Grundwasserschutz und Kunststoffhartschäume zur Wärmedämmung (Frostschutz).

Lückenloses Gleis

Die seit 1950 angewendete Bauform „Lückenloses Gleis“ verhindert temperaturbedingte Längenänderungen der Schiene. Heute werden die Schienenstöße in Gleisen und Weichen verschweißt. Zur Verbindung im Gleisbereich werden verschiedene Schweißverfahren angewendet, wobei meist gleichartige Metalle an der Verbindungsstelle geschmolzen und mit oder ohne Zusatzwerkstoff vereinigt werden. Ein viel genutztes Verfahren ist das Thermit-Schweißverfahren.

Das Auftreten von temperaturbedingten Längenänderungen der Schienen wird durch die kraftschlüssige Verbindung der Schienen mit den Schwellen und der verdichteten Bettung verhindert. Die temperaturbedingten Kräfte werden über die Schwellen in den Untergrund übertragen. In lückenlosen Gleisen herrschen aufgrund von Temperaturschwankungen sehr hohe Spannungen, die Gleisverformungen und Schienenbrüche zur Folge haben können. Schienen werden in einem Temperaturbereich von plus 20 Grad Celsius bis plus 26 Grad Celsius verspannt. Die Solltemperatur ist mit plus 23 Grad Celsius festgelegt. Zum Erreichen der Vorspanntemperatur bei niedrigen Außentemperaturen können die Schienen erwärmt werden. Auch Längsspannungen, die mit Schienenziehgeräten erzeugt werden, können fehlende Wärme ersetzen. So lassen sich die auftretenden Druck- und Zugkräfte sowohl im Sommer als auch im Winter in beherrschbaren Grenzen halten.

Abb. 4-8:
Schweißen von Schienen
Foto: DB AG/Thomas Niedermueller

Stoßlückengleis

Wenn die Bedingungen für lückenlos verschweißte Gleise nicht erfüllt sind – wie beispielsweise auf ungleichmäßigem oder nachgiebigem Untergrund wie dem Bodensenkungsgebiet –, werden Schienenstöße durch Stahllaschen miteinander verbunden. Diese sind derart geformt, dass sie mit Bolzen in der Laschenkammer verspannt werden können. Schienenstöße an Stoßlückengleisen werden in der Regel auf Kuppelschwellen (Doppelschwellen) angeordnet.

Schienenstöße erfordern einen hohen Unterhaltungsaufwand und sollten deshalb vermieden werden. Allerdings kommen sie als Isolierstoß auch in der Signaltechnik zur Isolierung von Gleisen und Weichen zum Einsatz. Dabei werden zwischen den Schienenköpfen, die sich gegenüberliegen, Kunststoffplatten als Isolierschicht eingebracht.

Oberbauart, Oberbauanordnung

Der Begriff Oberbauart kennzeichnet eine bestimmte Kombination von Schienenform, Schwellenart und Schienenbefestigung. Die Oberbauanordnung beinhaltet die Gesamtheit der konstruktiven Elemente für eine bestimmte Gleislänge und umfasst neben der Oberbauart auch die Schwellenzahl je Kilometer Gleis und die Schienenstoßart.

Oberbauart - Schwellenzahl je Kilometer Gleis

Schienenbefestigung - Schienenform - Schwellenart - Schwellenzahl je Kilometer Gleis

Beispiel: W 14K - 60 - B70 - 1667

Abb. 4-9: Schreibweise der Oberbauanordnung für lückenlos verschweißte Gleise

4.1.3 Weichen und Kreuzungen

Weichen und Kreuzungen sind spezielle Oberbaukonstruktionen, über die Schienenfahrzeuge in andere Gleise oder Strecken überwechseln können:

- **Weichen** besitzen ein Stamm- und ein Zweiggleis und ermöglichen so den Übergang aus dem Stammgleis in ein anderes Gleis.
- **Doppelweichen** besitzen zwei Zweiggleise und ermöglichen den Übergang in zwei Gleise.
- **Kreuzungen** ermöglichen das Befahren zweier einander durchschneidender Gleise.
- **Kreuzungsweichen** sind eine Kombination aus Kreuzung und Weiche. Sie ermöglichen sowohl das Befahren zweier einander durchschneidender Gleise wie auch den Übergang in ein anderes Gleis bzw. in zwei andere Gleise.

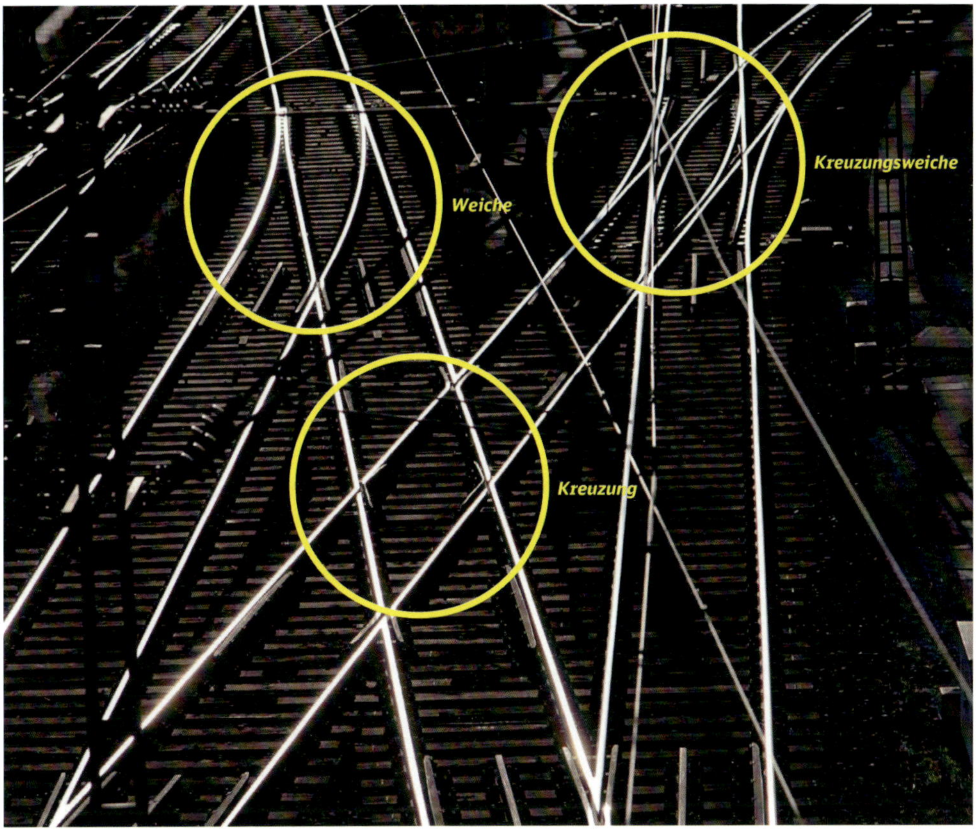

Abb. 4-10: Gleisanlagen im Vorfeld eines Bahnhofs

Foto: DB AG/Wolfgang Klee

Überblick

einfache Weiche rechts **EWR**	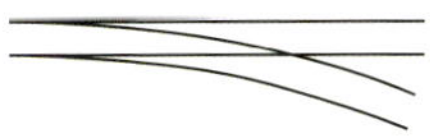	einfache Weiche links **EWL**	
Bogenweiche **BW**	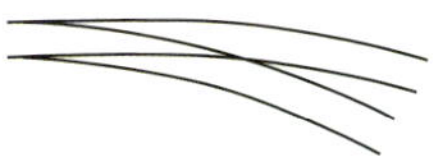	Doppelweiche **DW**	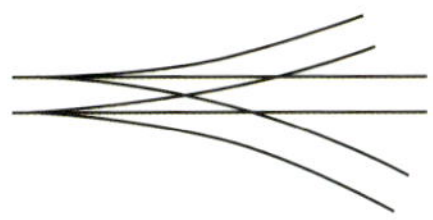
Kreuzung **Kr**	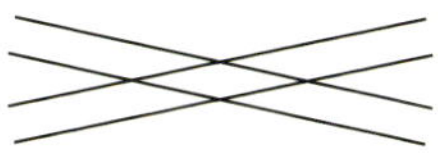	Bogenkreuzung **BKr**	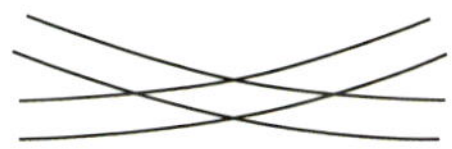
einfache Kreuzungsweiche **EKW**		doppelte Kreuzungsweiche **DKW**	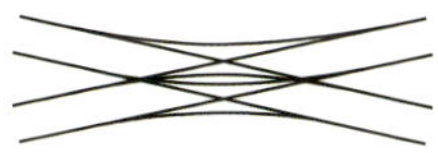

Abb. 4-11: Weichen und Kreuzungen; Auswahl möglicher Bauformen

Abbildung: Jürgen Janicki

Weichen und Kreuzungen kommen im Streckennetz an den unterschiedlichsten Stellen und in verschiedensten Bauformen vor. Weichen und Kreuzungen können dabei auch im Bogen verlegt werden. Welche Bauform jeweils gewählt wird, richtet sich nach dem Verwendungszweck der Weiche oder Kreuzung und nach den Platz- und Streckenverhältnissen am Einbauort.

Aufbau und Funktion einer Weiche

Eine gerade Weiche einfacher Bauart besitzt ein Stamm- und ein Zweiggleis. Dabei ist das Zweiggleis das Gleis einer Weiche, das von dem Stammgleis abzweigt. In Blickrichtung zum Weichenende wird zwischen Rechts- und Linksweichen unterschieden.

- Die **Weichenzungen** sind verstellbare Teile einer Weiche und bestimmen die Fahrtrichtung des Zuges. Der Zungenbereich besteht aus den beiden Zungen sowie den Schienen, an die sich die Zungen legen (Backenschiene). Beim Umstellen der Weiche werden die Zungen um einen Drehpunkt geschwenkt. Während es sich bei Gelenkzungen um ein wirkliches Gelenk handelt, wird bei den Federzungen die Elastizität des Werkstoffs ausgenützt. Damit die Räder möglichst ruckfrei abgelenkt werden, muss sich die anliegende Zungenspitze fest an die Backenschiene andrücken.

- Im **Herzstückbereich** befindet sich die Schnittstelle der beiden Mittelschienen einer Weiche. Das Herzstück soll den ungehinderten Lauf der Räder an der Durchschneidungsstelle zweier Schienenstränge sicherstellen. Der Verlauf der Fahrkante und der Fahrfläche ist an dieser Stelle unterbrochen (Herzstücklücke). Das Herzstück besteht aus der Herzstückspitze und den Flügelschienen als Fortsetzung der beiden zusammenlaufenden Mittelschienen. Die Radlenker verhindern das Anlaufen der Spurkränze gegen die Herzstückspitze. Für höhere Geschwindigkeiten werden bewegliche Herzstückspitzen eingesetzt, weil bei den erforderlichen großen Kurvenradien die Herzstücklücke zu lang wird.

- Die **Radlenker** dienen der Führung der Räder im unterbrochenen Fahrschienenbereich. Sie sind als Schienenstücke oder besonders geformte Profilstähle ausgebildet.

Aufgrund des fehlenden Übergangsbogens wirken schnell aufeinanderfolgende und gegengerichtete Kräfte auf die Weiche ein. Damit wird die Weiche wesentlich stärker beansprucht als das Gleis. Durch konstruktive Maßnahmen, wie den Einbau federnder Verspannungs- und Konstruktionsteile oder sogenannter Stützknaggen, werden eine dauerhafte, kraftschlüssige Verspannung und eine elastische Aufnahme der hohen Seitenkräfte erzielt.

Spitzenverschluss

Verschlüsse haben die Funktion, die einwandfreie Endlage der Weichenzungen nach dem Umstellvorgang zu sichern. Sie halten die Weichenzunge in den jeweiligen Endlagen fest und verhindern, dass sie sich durch Eigenspannungen oder Kräfte, die von außen einwirken, selbsttätig bewegt. Der Spitzenverschluss hält gleichzeitig die abliegende Weichenzunge in einem bestimmten Abstand zur Backenschiene.

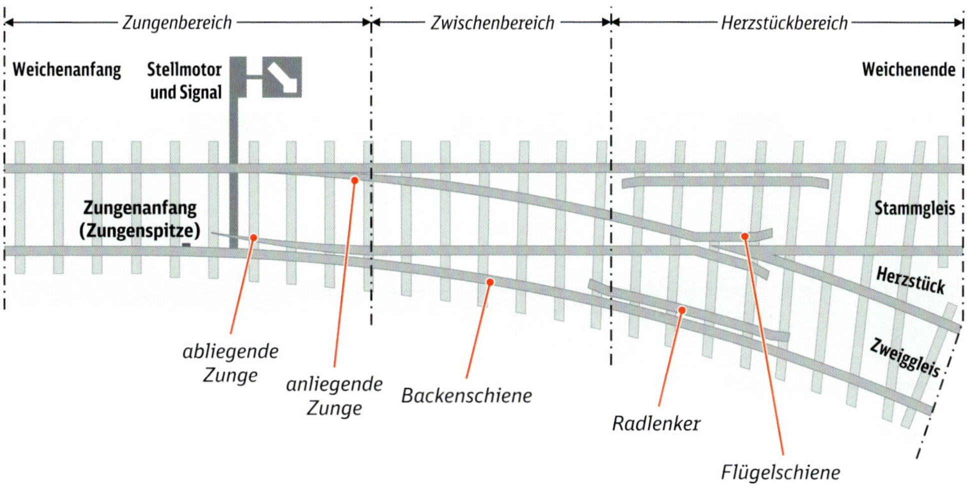

Abb. 4-12: Schematischer Aufbau am Beispiel einer Einfachweiche rechts (EWR) Quelle: DB AG

Weichenantrieb

Ein mechanischer Stellhebel oder ein ferngesteuerter elektromotorischer Antrieb bewegen mithilfe von Schieberstangen die Weichenzungen in ihre jeweiligen Endstellungen.

Die Stellvorrichtung der mechanisch ortsgestellten Weiche (umgangssprachlich Handweiche genannt) besteht aus dem Weichenhebel und dem Hebelgewicht, das die Weiche in der jeweiligen Endlage hält. Diese Einrichtung wirkt unmittelbar auf die Schieberstangen der Weichenzungen. Auch mechanisch ortsgestellte Weichen können z. B. mithilfe von Riegel- oder Weichenschlössern in eine Signalabhängigkeit zu Stellwerken gebracht werden. Dies geschieht beispielsweise durch eine Schlüsselüberwachung in elektrischen Schlüsselsperren: Der frei werdende Schlüssel einer verschlossenen Handweiche wird in eine örtliche – durch das Stellwerk überwachte – Schlüsselsperre eingeführt und dort gesperrt. Solange sich der Schlüssel in der Sperre befindet, gilt die zugehörige Handweiche für das Stellwerk als lagegesichert und verschlossen.

Elektrisch ferngestellte Weichen werden von einem Stellwerk bedient. Der Weichenantrieb ist hier in einem Graugussgehäuse mit verschließbarem, feuerverzinktem Stahlblechdeckel angeordnet. Die Antriebskraft des Motors wird über ein Zahnradgetriebe auf den Kugelgewindeantrieb übertragen, der die Drehbewegung des Motors in eine Längsbewegung umwandelt und so die Weiche stellt. Nach Erreichen der Endlage wird der Motor durch Steuerkontakte abgeschaltet. Der mit der Weiche verbundene Stellschieber wird in den Endlagen von der Auffahrkupplung mit einer definierten Kraft festgehalten. Die Zungenendlage wird signaltechnisch überwacht.

Elektrisch ortsgestellte Weichen (EOW) werden nicht von einem Stellwerk, sondern am Weichenort direkt oder über eine besondere Stelltafel bedient. Sie sind das moderne Gegenstück zur mechanisch ortsgestellten Weiche und werden hauptsächlich in Gleisanlagen eingesetzt, in denen nur Rangierfahrten stattfinden.

Abb. 4-13: Weichenantrieb Foto: www.siemens.com/presse

Schutzweiche

Schutzweichen sollen durch ihre ablenkende Stellung verhindern, dass eine Zugfahrt durch andere benachbarte Zug- oder Rangierfahrten gefährdet wird (Flankenfahrt). Dabei führt der ablenkende Strang der Weiche in der Regel in ein kurzes Stumpfgleis („Schutzstumpf"), das meist von einem Prellbock abgeschlossen wird. Für die Dauer der im Nachbargleis zu schützenden Zugfahrt sind die Schutzweichen im Rahmen der Fahrwegsicherung in der erzwungenen Schutzstellung verschlossen.

Rückfallweiche

Rückfallweichen besitzen Zungenvorrichtungen mit einer Rückfalleinrichtung (Rückholfeder und Hydraulikvorrichtung), welche die Zungen ständig in einer vorgesehenen Lage hält. Diese Weichen sind konstruktionsbedingt auffahrbar. Bei stumpfer Befahrung entgegen der Richtungslage der Weiche werden die Zungen vom Spurkranz der Räder umgestellt (quasi aufgefahren) und gelangen durch die Rückfalleinrichtung wieder selbsttätig in ihre Ursprungslage.

Rückfallweichen werden in der Regel auf Strecken mit einfachen betrieblichen Verhältnissen eingebaut, beispielsweise im Zugleitbetrieb. Sie ermöglichen innerhalb von Bahnhöfen auf eingleisigen Strecken einen Richtungsbetrieb und damit Zugkreuzungen, ohne dass die Weichen vor dem Befahren umgestellt werden müssen. Rückfallweichen können zusätzlich zu ihrer Grundfunktion ferngestellt oder ortsgestellt ausgeführt sein.

Doppelweiche

Bei engen Platzverhältnissen wurden Doppelweichen eingebaut. Diese Weichenform ist im Prinzip aus zwei vereinigten einfachen Weichen entstanden. Wegen des hohen Verschleißes der Bauteile werden Doppelweichen seit mehr als 25 Jahren nicht mehr eingebaut und bei Spurplanänderungen durch zwei Einzelweichen ersetzt.

Kreuzung

Eine Kreuzung besteht aus einem Hauptteil und zwei Endteilen. Am Durchschneidungspunkt der beiden Gleise, die sich kreuzen, entstehen in den Kreuzungsendteilen einfache und im Kreuzungshauptteil doppelte Herzstücke. Durch das Einlegen von Zweiggleisen in die Kreuzung entstehen einfache oder doppelte Kreuzungsweichen.

Kreuzungsweiche

Die doppelte Kreuzungsweiche ist eine sehr aufwendige Bauform der Weiche. Sie ermöglicht auf kleinstem Raum die Wahl von insgesamt zwei Fahrtmöglichkeiten je Fahrtrichtung, womit insgesamt also acht unterschiedliche richtungsbezogene Befahrungen möglich sind. Der hohe Aufwand bei Konstruktion und Instandhaltung macht die doppelte Kreuzungsweiche sehr kostenintensiv. Deshalb werden nach Möglichkeit hintereinander folgende Einfachweichen verwendet.

Abb. 4-14:
Doppelte Kreuzungsweiche
Foto: DB AG/Uwe Miethe

Hochgeschwindigkeitsweiche (Klothoiden- oder Korbbogenweichen)

Als Sonderbauform der Weiche zeichnet sich die Hochgeschwindigkeitsweiche durch ihre besondere Länge, einen großen Radius (6.000 bis 7.000 m) und die geometrische Form einer Klothoide aus. Hochgeschwindigkeitsweichen können auch in abzweigender Stellung mit hohen Geschwindigkeiten befahren werden, ohne dass es dabei zu einer Minderung des

Fahrkomforts kommt. Wegen der Länge ihrer rollengelagerten Weichenzungen besitzen sie mehrere Antriebe, die ein gleichmäßiges Umlaufen der Weiche ermöglichen. Hochgeschwindigkeitsweichen sind mit beweglichen Herzstücken ausgestattet, sodass hier eine durchgängige und nicht unterbrochene Fahrkante vorliegt und ein reibungsloser Übergang der Radsätze in diesem Bereich gewährleistet ist.

Weichensignale

Weichensignale zeigen die Stellung der Weichen an. Von Bedeutung sind sie insbesondere beim Rangieren, da hierbei unter Umständen auch die richtige Einstellung des Fahrwegs beobachtet werden muss. Die Weichensignale sind grundsätzlich über eine Schieberstange mit dem Weichenantrieb verbunden und werden über diese Stange gedreht bzw. verstellt.

Weichenheizung

Weichen können im Zungenbereich und im Bereich von beweglichen Herzstücken mit einer Weichenheizung ausgestattet sein, die verhindern soll, dass die beweglichen Weichenteile wie Zunge und Backenschiene zusammenfrieren. Weichenheizungen werden in der Regel elektrisch betrieben. Darüber hinaus gibt es Anlagen, bei denen ein Betrieb mit Gas oder Geothermie möglich ist.

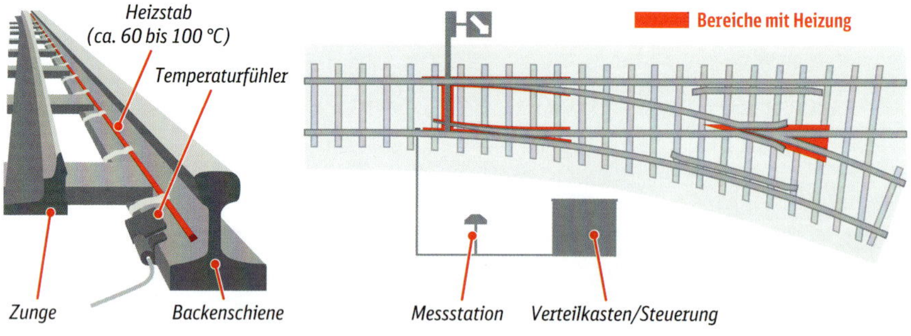

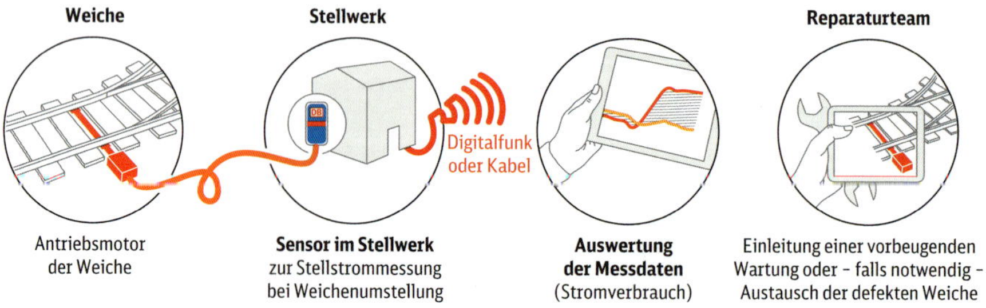

Abb. 4-15: Elektrische Weichenheizung (oben) und digitale Weichendiagnose (unten)

Quelle: DB AG

Sensorik

Ein Großteil der Weichen ist mit Sensoren ausgestattet. Diese sitzen auf dem Stromkabel des Antriebsmotors und messen induktiv den für einen Schaltvorgang benötigten Strom. Ein erhöhter Stromverbrauch weist auf Defekte hin; die Weiche wird vom Techniker geprüft und ggf. instand gesetzt. Weichenstörungen werden so rechtzeitig erkannt und verhindert.

Weichen- und Kreuzungsbezeichnung

Die Weichenbezeichnung setzt sich zusammen aus der Bauform der Weiche, der Schienenform, dem Zweiggleisradius, der Neigung am Weichenende sowie zusätzlichen Angaben wie beispielsweise der Abzweigrichtung (Beispiel: EW 60 - 600 - 1:12 l [links]). Die Bezeichnung einer Kreuzung setzt sich zusammen aus der Schienenform und der Neigung am Kreuzungsgleis (Beispiel: Kr 60 - 1:9). Die Oberbauanordnung der Weichen und Kreuzungen beinhaltet die Angabe der Weichenform, die Art der Weichenschwellen und ggf. Angaben zur Überhöhung.

Grenzzeichen

Zwischen zusammenlaufenden Gleisen befindet sich ein rot-weißes Zeichen (Zylinder). Dieses zeigt den Ort an, bis zu dem ein Gleis ohne Gefährdung von Fahrzeugen im Nachbargleis besetzt sein darf.

Führungen und Fangvorrichtungen im Gleis

Als Anfahrschutz werden innen liegende Schutzschienen an Hauptgleisen angeordnet, wenn eine besondere Versteifung des Gleisrahmens und gleichzeitig Schutz gegen Anfahren von Bauteilen durch entgleiste Fahrzeuge erforderlich ist. Das ist bei Übergängen des Bahnkörpers z. B. bei Brückengleisen oder ungünstiger Linienführung der Fall. Fangvorrichtungen sollen Fahrzeuge nach einer Entgleisung weiterführen, um dadurch Anfahrschäden an tragenden Bauteilen zu verhindern.

4.1.4 Gleisabschlüsse

Der Gleisabschluss ist eine Einrichtung zum Aufhalten von Fahrzeugen bei stumpf endenden Gleisen. Er soll verhindern, dass Eisenbahnfahrzeuge über das Schienenende hinausrollen. Gleisabschlüsse müssen auf die Stoßeinrichtungen der hier eingesetzten Fahrzeuge abgestimmt sein (Mittel- oder Seitenpuffer).

Einteilung

Nach ihrer Bauart unterscheidet man ortsfeste und bremsende Gleisabschlüsse. Beide unterscheiden sich hinsichtlich ihrer Funktionsweise, wodurch auch der Anwendungsbereich deutlich abgegrenzt wird:

- **Ortsfeste Gleisabschlüsse** wie Festprellböcke und Kopframpen sind fest mit dem Gleis verbunden. Hinsichtlich ihrer Wirkung sind sie mit einer starren Wand vergleichbar, welche die Stoßenergie unmittelbar an den auflaufenden Zug zurückgibt. Ortsfeste Gleisabschlüsse können keine Bremsarbeit leisten, weshalb beim Aufprall von Fahrzeugen die Gefahr von Beschädigungen besteht.

- **Bremsende Gleisabschlüsse** können Bremsprellböcke, Prellböcke mit Schleppschwellen, Bremsschuhe und Sonderkonstruktionen sein. Sie werden durch aufprallende Fahrzeuge verschoben und wandeln dabei die Stoßenergie durch Umsetzung in Reibungsarbeit um. Dadurch ist es möglich, Fahrzeuge mit nicht zu großer kinetischer Energie (Bewegungsenergie) ohne Schäden zum Stillstand zu bringen.

Heute werden weitgehend nur noch bremsende Gleisabschlüsse verwendet. Feste Gleisabschlüsse werden bei Neu- oder Umbauten nicht mehr eingebaut und bei einer Erneuerung durch bremsende Gleisabschlüsse ersetzt. Kopframpen sind davon ausgenommen.

Abb. 4-16: Gleisabschluss (Prellbock) für Mittel- und Seitenpuffer geeignet Foto: A. RAWIE GmbH & Co. KG

Bremsprellbock

Beim Bremsprellbock werden die Kräfte auffahrender Fahrzeuge über die Puffer, die Pufferklötze, die Stoßdreiecke, die Bremsschienen und die Bremsorgane in die Schienen geleitet. Bei zu großen Auffahrkräften wird der Bremsprellbock verschoben, wobei die kinetische Energie des auffahrenden Fahrzeugs abgebaut wird.

Bremsprellböcke können mit einer Zusatzbremse ausgeführt sein. Hier sind hinter dem Prellbock zusätzliche Bremsorgane angeordnet, die untereinander durch Gelenkbänder verbunden sind. Der Bremsprellbock erreicht auf seinem Verschiebeweg nacheinander die Zusatzbremsen und setzt sie ebenfalls in Bewegung.

4.1.5 Trassierungselemente des Fahrwegs

Gestaltungselemente des Fahrwegs sind Größen zur Lage der Trasse wie beispielsweise Radien, Längsneigung, Abstände und Ausrundungshalbmesser. Die jeweiligen Höchst- bzw. Mindestwerte sind in der EBO festgelegt. Die EBO unterscheidet hinsichtlich der Trassierung nach Haupt- und Nebenbahnen. Bei der Gestaltung des Fahrwegs spielen die Trassierungsparameter eine wichtige Rolle, da gewisse Mindestradien bzw. maximale Längsneigungen der Gleise einzuhalten sind, welche in Abhängigkeit zu der Trassierungsgeschwindigkeit stehen. Bei der Fahrwerksgestaltung sind auch der geringe Reibungsbeiwert zwischen Rad und Schiene und die damit verbundene relativ geringe Steigfähigkeit der Eisenbahn von großer Bedeutung.

Gleisgeometrie

Die horizontale Linienführung basiert auf den geometrischen Trassierungselementen Gerade, Übergangsbogen und Kreisbogen. Der Kreisbogen wird durch einen konstanten Radius definiert. Ein Übergangsbogen ist in der Regel zwischen einer Geraden und einem Kreisbogen sowie zwischen zwei Kreisbögen eingebaut.

Zur Sicherstellung der Bogengängigkeit von Eisenbahnfahrzeugen sind die Laufflächen der Räder kegelförmig ausgebildet und die Schienen mit einer Neigung zur Gleismitte verlegt. Die Laufstabilität der Schienenfahrzeuge wird im Wesentlichen durch die berührungsgeometrischen Verhältnisse von Rad und Schiene geprägt. Die Gleislage stellt die eingerechnete Grundrissgeometrie des Gleises dar. Die Gleisachse verläuft genau zwischen den beiden Schienen. Bei der vertikalen Linienführung müssen noch Überhöhung und die Ausführung der Übergänge (Rampen) beachtet werden.

Bogenradius

In Gleisen, die von allen Fahrzeugen befahren werden, muss der Radius mindestens 150 m betragen. Nach EBO soll der Bogenradius in durchgehenden Hauptgleisen bei Neubauten nicht weniger als 300 m und bei Nebengleisen nicht weniger als 180 m betragen. Die Parameter der Trassierungselemente werden von der Einstufung der Strecke bestimmt. Gleisbögen werden immer im Zusammenhang mit den Übergangsbögen gestaltet.

Überhöhung

Gleisbögen werden zur Erzielung höherer Fahrgeschwindigkeiten und zur Verbesserung des Fahrkomforts bei Reisezügen (geringere Querbeschleunigungen) meist überhöht, indem die äußere Schiene angehoben eingebaut wird. Dadurch werden die Fliehkräfte, die senkrecht zur Gleisachse in Richtung der bogenäußeren Seite wirken, teilweise ausgeglichen. Dabei hängt die Größe der Überhöhung von der Fahrgeschwindigkeit und vom Gleisradius ab. Sie darf nach EBO 180 mm nicht überschreiten.

Da auf den Gleisen sowohl langsam fahrende Güterzüge als auch schnell fahrende Reisezüge verkehren, wird für den Mischverkehr eine mittlere Überhöhung gewählt, die schnelleren Zügen einen Überhöhungsfehlbetrag zumutet, der bis zu einer gewissen Grenze noch zulässig ist. So wird die Geschwindigkeit des schnellen Zuges nicht allzu sehr beschnitten und gleichzeitig die Lagebeständigkeit des Gleises sichergestellt.

Gleisabstand

Während der Vorbeifahrt von Zügen entstehen Druck- und Sogeinwirkungen, die zur Vermeidung von Gefahren einen gewissen Mindestgleisabstand erfordern. Die EBO schreibt hier auf der freien Strecke bei Neubauten und umfassenden Umbauten vor, dass der Gleisabstand mindestens 4,00 m betragen soll. Verkehren auf den Gleisen ausschließlich Stadtschnellbahnen, ist eine Verringerung des Gleisabstands auf 3,80 m zulässig. Für Hochgeschwindigkeitsstrecken ist ein Mindestgleisabstand von 4,50 m zu berücksichtigen. In Betriebs- und Abstellgleisen ist bei Verwendung mobiler Entsorgungsfahrzeuge sogar ein Mindestgleisabstand von 6,00 m vorzusehen, während in Bahnhöfen – beispielsweise im Bereich der Bahnsteige – noch höhere Abstände einzuhalten sind.

Seitenräume

Da im Eisenbahnbetrieb mit technischen Problemen gerechnet werden muss, die ggf. eine Evakuierung eines Zuges erforderlich werden lassen, sind entsprechende Seitenräume außerhalb des Gefahrenbereichs der Gleisanlagen einzurichten.

4.1.6 Zugbildungsanlagen

Bevor ganze Güterzüge zu ihren Bestimmungsorten fahren können, werden die einzelnen Wagen oder Wagengruppen in Zugbildungsanlagen (ZBA) zu ganzen Zügen zusammengestellt. ZBA unterscheiden sich in ihrer Leistungsfähigkeit, der Ressourcenintensität für die Nutzer sowie ihrer Bedienung. Die Palette reicht von kleinen Anlagen mit einfacher Ausstattung über Anlagen mittlerer Größe bis zu umfangreich ausgestatteten hochproduktiven Großanlagen. ZBA verfügen oftmals über ein Gleisnetz von mehreren Tausend Kilometern Länge und belegen eine Fläche in der Größe einer Kleinstadt. Meist liegen sie in Stadtnähe am Rand größerer Wirtschaftszentren. Derartige Anlagen werden auch als Rangierbahnhöfe (Rbf) bezeichnet.

Abb. 4-17: Zugbildungsanlage (ZBA) in Halle (Saale) mit einer Kapazität von 2.400 Wagen pro Tag. Der gesamte Ablauf- und Rangierbetrieb in den 36 Gleisen wird vollelektronisch gesteuert und überwacht. Foto: DB AG/Volker Emersleben

Ablaufberg

Im Rbf gelangen die Wagen und Wagengruppen zunächst in die Einfahrgruppe. Dort werden sie voneinander getrennt und anschließend mit einer „Abdrücklokomotive“ über einen künstlichen Hügel – den Ablaufberg – geschoben. Die einzelnen Wagen laufen vom Ablaufberg selbsttätig in die Richtungsgleise, wo sie je nach Ausgangsrichtung gesammelt werden.

Die Geschwindigkeit der frei rollenden Wagen hängt von der Abdrückgeschwindigkeit, dem Gewicht bzw. der Laufeigenschaft des Wagens sowie der Länge und Neigung des Laufwegs ab. Um ein kontinuierliches Rollen der Wagen sicherzustellen und gleichzeitig einen Wagen bei der Zielstellung kuppelreif und zusammenstoßfrei vor dem vorherigen Wagen zum Stehen zu bringen, sind verschiedene rangiertechnische Einrichtungen wie Gleisbremsen oder Förderanlagen erforderlich. In den Richtungsgleisen (Richtungsgruppe) findet auch die anschließende Zugbildung statt. Nach Freigabe des Zuges kann dieser den Bahnhof Richtung Bestimmungsort verlassen.

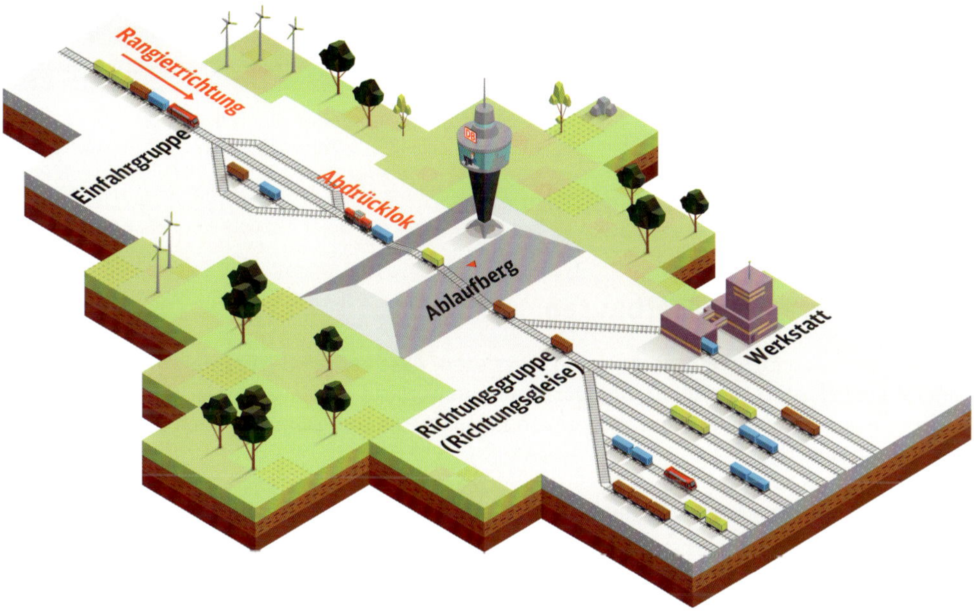

Abb. 4-18: Ablaufberg Quelle: DB AG

Gleisbremsen und Förderanlagen

Damit die Weichen zwischen den einzelnen Wagen umgestellt werden können, werden die Wagen nach dem Ablaufberg durch eine Gleisbremse auf Abstand gehalten. Durch eine richtig dosierte Laufzielbremsung rollt der Wagen in das ausgesuchte Zielgleis und stößt mit einer möglichst geringen Geschwindigkeit an den dort stehenden Wagen an. Zum Abbremsen werden in der Regel hydraulisch bewegte Balkengleisbremsen eingesetzt. Je nach Anlagengröße und Automatisierungsgrad werden ein bis drei Bremsstaffeln (Berg-, Tal- und Richtungsgleisbremsen) installiert.

Mithilfe einer Fördereinrichtung (Beidrückförderanlage) werden Wagen, die aufgrund ihrer Laufeigenschaften im Richtungsgleis zu früh zum Stehen gekommen sind, bis zum nächsten Fahrzeug weitergeschoben. Damit wird das kuppelreife Aufreihen der Wagen im Richtungsgleis sichergestellt. Rechnergesteuerte Systeme lenken und überwachen sämtliche Vorgänge am Ablaufberg.

Abb. 4-19: Gleisbremse im Rangierbahnhof Nürnberg Foto: ELPA; Quelle: Innotrans 2012

Abb. 4-20: Förderanlage zum „Beidrücken" von Güterwagen Foto: SBB

4.1.7 Hoch- und Tiefbauten

Selten lassen sich Eisenbahnstrecken so trassieren, dass keine Kunstbauten erforderlich sind. Meist erfordert die Anpassung der Eisenbahnstrecke an die geologischen und klimatischen Gegebenheiten neben dem Bau von Einschnitten und Dämmen auch die Errichtung spezieller Bauwerke:

- **Brücken** dienen in der Regel zur Überquerung von Bauwerken, Verkehrswegen und Tälern.
- **Tunnel** dienen zum Unterfahren von Verkehrswegen, Gewässern, Bergen und bebauten städtischen Gebieten.
- **Rampen** dienen zum Ausgleich von Höhenunterschieden zwischen zwei Gleisabschnitten.
- **Überwerfungsbauwerke** dienen der Kreuzung von Bahnstrecken auf unterschiedlichen Ebenen.
- **Stützmauern** dienen zur Sicherung von Böschungen.

Brücken

Bis Mitte des 19. Jahrhunderts wurden Gewölbebrücken ausschließlich aus Stein und später aus Beton erstellt. Der Baustoff Stahl erweiterte die konstruktiven Möglichkeiten des Brückenbaus. Waren die stählernen Brücken anfangs noch genietet und verschraubt, konnten sie mit verbesserter Stahlqualität, ausgefeilter Schweißtechnik, vereinfachten, unterhaltungsarmen, leicht kontrollierbaren Konstruktionen und einem verbesserten Korrosionsschutz optimiert werden. Seit einigen Jahrzehnten steht mit der Stahlbetonbrücke eine weitere, sehr wirtschaftliche konstruktive Variante zur Auswahl.

Gewölbebrücke aus Stein

Stahlbrücke, Stahlbogenbrücke

Spannbetonbrücke

Klappbrücke, Hubbrücke

Abb. 4-21: Verschiedene Bauformen von Eisenbahnbrücken

Tunnel

Tunnel sind einer Röhre ähnelnde Bauwerke, die unterhalb der Erd- oder Wasseroberfläche liegen. In der Regel dienen sie der Unterquerung natürlicher und künstlicher Hindernisse wie beispielsweise Berge, Gebäude oder Gewässer. Auch zur Erfüllung besonderer Anforderungen an den Lärm- und Landschaftsschutz oder bei Platzmangel in städtischen Gebieten kann eine unterirdische Streckenführung erforderlich werden.

Der Bau langer Tunnel ist eine sehr komplexe Angelegenheit. Wenn Tunnel in niedrigen Bautiefen hergestellt werden und die geologischen Verhältnisse dies erlauben, wird in offener Bauweise gearbeitet. Hierbei werden die Tunnel in einer offenen Baugrube errichtet und nach der Fertigstellung mit Erdreich abgedeckt. Das Tunnelprofil wird dabei als Wanne in Ortbeton ausgeführt. Tunnel in offener Bauweise haben fast immer ein Kastenprofil. Um die zeitliche Inanspruchnahme der Oberflächen zu verringern und die Beeinträchtigung von Anwohnern zu reduzieren, kann die Deckelbauweise angewendet werden. Hier wird nach dem Einbringen der Baugrubenwände direkt die Tunneldecke hergestellt.

Bei der bergmännischen Bauweise erfolgt der Ausbruch überwiegend mit modernen Tunnelbohrmaschinen. Zur Sicherung des Tunnelquerschnitts gegen Erd- und Wasserdruck werden unmittelbar nach dem Vortrieb Segmente aus Stahlbeton eingebaut, die zusammengesetzt einen Tunnelring ergeben. Diese Tunnelringe nehmen die im Bau- und Endzustand auftretenden Belastungen auf und dichten die Tunnelröhre ab.

Tunnel können ein- oder mehrgleisig ausgeführt sein. Der Neubau eines Tunnels erfolgt meist einröhrig, wobei solche einspurigen Tunnelröhren durch Querschläge (Querstollen) miteinander verbunden werden. Damit dient jede Röhre jeweils der anderen Röhre als Rettungsröhre. Die Schiebetüren an den Querschlägen müssen von Hand geöffnet werden und können einem Brand eine Zeit lang widerstehen. Bei sehr langen Tunnelanlagen sind an bestimmten Stellen Nothaltestellen bzw. Überleitstellen (Spurwechselstellen) angeordnet. Diese dienen im Gefahrenfall Reisenden als Flucht- und Evakuierungsort. Von hier gelangen sie in die andere Tunnelröhre oder einen brandsicheren Fluchtstollen, wo für Rettungskräfte die Möglichkeit der Evakuierung besteht. Die Nothaltestellen sowie ihre Seiten- und Verbindungsstollen werden bei einem Brand mit Frischluft versorgt, während in der betroffenen Röhre der Rauch abgesaugt wird. Ein geringer Überdruck in der Nothaltestelle genügt, um den Fluchtweg in die andere Tunnelröhre rauchfrei zu halten. Damit Gefahrensituationen möglichst schnell entdeckt und beseitigt werden können, gibt es Branddetektoren und Brandmeldezentralen.

Abb. 4-22: Berliner Nord-Süd-Tunnel Foto: DB AG/ Christian Bedeschinski

Weitere Sicherungseinrichtungen sind Notbeleuchtungen, separate Stromversorgungseinrichtungen und unabhängige Lüftungssysteme. Spezielle Rettungszüge sind ein wesentliches Element des Rettungskonzepts der Tunnel auf speziellen Schnellfahrstrecken. Sie bestehen aus mehreren Fahrzeugen – wie beispielsweise Löschmittelwagen oder Sanitätswagen – und werden an festen Standorten vorgehalten.

4.1.8 Bahnübergänge

Der Bahnübergang (BÜ) ist eine höhengleiche Kreuzung von Eisenbahnen mit Straßen, Wegen und Plätzen. Übergänge, die nur dem innerdienstlichen Verkehr dienen, und Übergänge für Reisende gelten nicht als BÜ. Nach den Vorschriften der EBO sind BÜ grundsätzlich nur auf Bahnstrecken zugelassen, auf denen eine Höchstgeschwindigkeit der Züge von 160 km/h nicht überschritten wird.

Grundsätzlich haben Schienenfahrzeuge aufgrund ihrer physikalischen Beschaffenheit und des verlängerten Bremswegs Vorrang vor dem Straßenverkehr. Diesen Vorrang des Eisenbahnverkehrs hat der Gesetzgeber durch das Aufstellen von Andreaskreuzen an BÜ gekennzeichnet. Wegen der Unfallgefahr sind BÜ immer ein neuralgischer Punkt im Fahrweg und werden deshalb gesichert bzw. durch den Bau von Über- oder Unterführungen beseitigt.

Abb. 4-23: Bahnübergang mit Halbschranke, Andreaskreuz und Blinklichtanlage Foto: Jürgen Janicki

Sicherungsarten von Bahnübergängen

Die Sicherung eines BÜ hängt grundsätzlich von der Art der Bahnstrecke (Haupt- oder Nebenbahn), der Geschwindigkeit des Zuges sowie der Verkehrsstärke auf der kreuzenden

Straße ab. Je niedriger Zuggeschwindigkeit und Verkehrsstärke auf der Straße sind, desto geringer sind die rechtlichen Mindestanforderungen an die technische Ausstattung des BÜ.

Mehr als die Hälfte der BÜ sind technisch gesichert. Bei den technisch gesicherten BÜ unterscheidet man zwischen signalgesteuerten und zuggesteuerten Bahnübergangssicherungsanlagen. Als Sicherungsmaßnahmen kommen neben Blinklicht oder Lichtzeichen auch Schranken oder Halbschranken zum Einsatz. Diese Sicherungsform war und ist in hohem Maße vom jeweiligen Stand der Technik geprägt. So gibt es vielfach noch mechanische Schrankenanlagen, die mit einer Kurbel und über Drahtzugleitungen von einem örtlichen Schrankenwärter oder einem Stellwerksmitarbeiter bedient werden.

Nichttechnisch gesicherte BÜ kommen fast ausschließlich an verkehrsarmen Strecken vor. Der Straßenverkehrsteilnehmer muss sich hier vor dem Überqueren des BÜ Übersicht auf die Bahnstrecke verschaffen und auch auf hörbare Signale der Eisenbahnfahrzeuge achten.

Ob die gewählte Sicherungsart noch den verkehrlichen Ansprüchen genügt, wird durch regelmäßige „Verkehrsschauen“ durch die Planungs- und Aufsichtsbehörden in Anwesenheit des Eisenbahninfrastrukturbetreibers vor Ort geprüft.

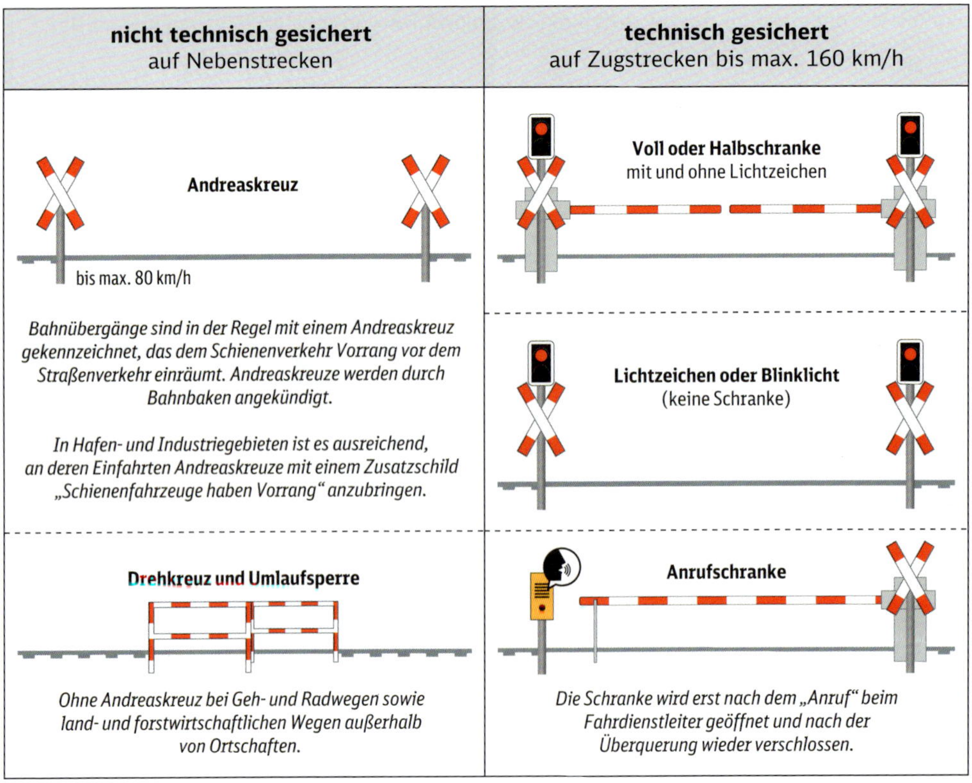

Abb. 4-24: Sicherungsarten am Bahnübergang

Abbildung: Jürgen Janicki/Quelle: DB AG

Zuggesteuerte Bahnübergangssicherung

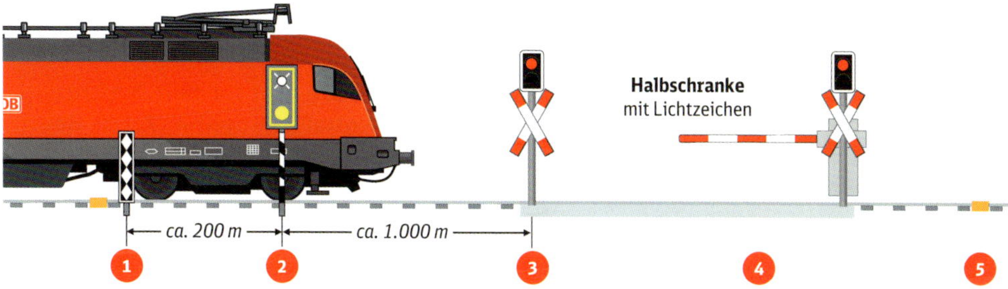

1 *Der Zug befährt die Einschaltstelle. Gleisschaltmittel lösen den Sicherungsvorgang aus. Die Rautentafel (Bü 2) zeigt an, dass ein Überwachungssignal zu erwarten ist.*

2 *Das Überwachungssignal (Bü 1) steht im Bremswegabstand vor dem Bahnübergang und zeigt ein weißes Licht/Blinklicht. Der Bahnübergang ist gesichert. Ist dies nicht der Fall, muss der Triebfahrzeugführer vor dem Übergang halten.*

3 *Die Lichtzeichen warnen den Straßenverkehr. Sie leuchten erst gelb, kurz darauf rot. Dies bedeutet den sofortigen Stopp für den Straßenverkehr.*

4 *Die Halbschranken schließen (Barriere für den Straßenverkehr).*

5 *Der Zug befährt den Ausschaltabschnitt. Die Schranken öffnen sich wieder und die roten Lichtzeichen erlöschen.*

Abb. 4-25: Funktionsweise der zuggesteuerten Bahnübergangssicherung

Abbildung: Jürgen Janicki/Quelle: DB AG

Die Spurrille

Im Bereich des BÜ ist eine Spurrille, um den sicheren Durchgang der Spurkränze der Schienenfahrzeuge zu gewährleisten. Durch die Spurrille besteht für Verkehrsteilnehmer, wie z. B. Fußgänger und Radfahrer, insbesondere bei schiefwinkligen Kreuzungen eine nicht zu unterschätzende Unfallgefahr. Eine stabile und dauerhafte Spurrille ist deshalb ein wesentlicher Baustein für die Sicherheit am BÜ. Die Befestigung im Übergangsbereich zur Straße erfolgt in der Regel mit speziellen Belägen oder Spurrillenausfütterungen.

4.1.9 Stellwerke

In den Anfangstagen der Eisenbahn wurden Signale und Weichen zunächst einzeln örtlich von Hand gestellt. Mit zunehmender Dichte des Streckennetzes und des Zugverkehrs wurden für die Abwicklung von Zugfahrten technische Abhängigkeiten geschaffen und die Bedieneinrichtungen für Weichen und Signale in Stellwerken zusammengefasst. Dabei wurden die Züge durch Fahrdienstleiter von Bahnhof zu Bahnhof geleitet.

Die wesentlichen Funktionen der Stellwerkstechnik sind das Einstellen, Prüfen und Festlegen von Fahrwegelementen (z. B. Weichen), das Stellen der Signale – insbesondere der Hauptsignale – und die zugbewirkte Fahrstraßenauflösung. Dabei sorgen technische Folgeabhängigkeiten dafür, dass nur Bedienhandlungen ausgeführt werden können, die zulässig sind und für den Bahnbetrieb keine Gefahr bedeuten würden.

Das Einstellen der Fahrstraßen bedeutet das Stellen und Sichern aller für eine Zugfahrt erforderlichen Weichen und Flankenschutzeinrichtungen zentral vom Stellwerk. Das Bestreben nach Sicherheit, Rationalisierung und Beschleunigung der Betriebsabläufe hat für eine permanente Weiterentwicklung der signal- und nachrichtentechnischen Einrichtungen gesorgt. So sind im Laufe der Zeit zahlreiche verschiedene Stellwerkstechniken entstanden.

Abb. 4-26: Zentralstellwerk (Zstw) des Rangierbahnhofs Seddin Foto: DB AG/Oliver Lang

Mechanische Stellwerke

Mechanische Stellwerke gibt es seit der zweiten Hälfte des 19. Jahrhunderts. Sie werden mit Muskelkraft bedient. Von den Hebeln, die im Stellwerk installiert sind, erfolgt die Kraftübertragung zu den Weichen und Signalen mithilfe von Draht- und Seilzügen, die durch zwischengeschaltete Spanngewichte temperaturneutral gleichbleibend auf Zug gehalten werden. Die Signalabhängigkeit wird im Stellwerk durch ein mechanisches Verschlussregister hergestellt.

Bei den mechanischen Stellwerken muss sich das Stellwerkspersonal in der Regel durch Hinsehen über den freien Zustand eines Gleises überzeugen. Wegen der maximal zu bewältigenden Länge der Drahtzüge sind die Stellbezirke bei den mechanischen Stellwerken entsprechend klein. Bei größeren Bahnhöfen sind deshalb meist mehrere untereinander abhängige Stellwerke erforderlich.

Abb. 4-27: Signalhebel in einem mechanischen Stellwerk

Foto: DB AG/Christin Gerstner

Abb. 4-28: Gleisbildstellwerk

Foto: DB AG/Dorothea Schmid

Elektromechanische Stellwerke

Elektromechanische Stellwerke gibt es seit Anfang des 20. Jahrhunderts. Hier werden Weichen und Signale durch elektromotorische Antriebe gestellt. Auch bei dieser Stellwerksbauart muss sich der Bediener durch Hinsehen vom freien Zustand der Gleise überzeugen, sofern keine automatisch arbeitenden Gleisfreimeldeanlagen vorhanden sind. Zwischen den Bedienungshebelknöpfen wird auch hier die Signalabhängigkeit über ein mechanisches Verschlussregister hergestellt. Die Übereinstimmung zwischen Hebel- und Weichenstellung wird wegen des Fehlens einer mechanischen Verbindung durch elektrische Überwachungsstromkreise überprüft.

Gleisbildstellwerke (Relaisstellwerke)

Das erste Stellwerk dieser Bauform wurde 1949 fertiggestellt. Die Stelleinrichtungen der Weichen und Signale werden durch Bedienen von Drucktasten nach dem Prinzip der „Zweitastenbedienung“ über Relais elektrisch gestellt. Auch die Abhängigkeit zwischen Weichen, Signalen, Fahrstraßen und Bedienungseinrichtungen wird elektrisch hergestellt. Als Stell- und Überwachungseinrichtung dient ein Stelltisch, auf dem die Gleislage einschließlich der Weichen schematisch abgebildet ist (Gleisbildstellwerk). Relaisstellwerke sind grundsätzlich mit Gleisfreimeldeanlagen ausgerüstet und fernsteuerbar, womit große Bahnhöfe oder ganze Strecken von einem „Zentralstellwerk“ aus gesteuert werden können.

Elektronische Stellwerke (ESTW)

Elektronische Stellwerke arbeiten rechnergesteuert und ermöglichen dadurch eine weitgehende Automatisierung und Rationalisierung in der Betriebsdurchführung. Die Stellwerkslogik wird durch Software realisiert; die Bedienung erfolgt in der Regel von einer zentralen Betriebszentrale per Mausklick. Die Steuerbefehle werden vom Rechner an Zentralen (ESTW-Z) und Unterzentralen (ESTW-UZ) weitergegeben, die jeweils für größere Streckenabschnitte zuständig sind. Die Zentralen verteilen die Informationen an Außenstellen (ESTW-A) weiter, die in kleinen Betonhäuschen an der Strecke untergebracht sind. Die ESTW-A steuern und überwachen die Weichen und Signale in einem kleinen Streckenabschnitt. In ESTW arbeiten zur Sicherheit mindestens zwei separate Rechnersysteme parallel. Ein Zug kann nur fahren, wenn deren Ergebnisse übereinstimmen.

Digitale Stellwerke (DSTW)

Digitale Stellwerke übermitteln Stellbefehle digital über Hochleistungsglasfaserkabel (Lichtwellenleiter) an Gleise, Weichen und Signale. Damit entfallen die bei älteren Techniken erforderlichen individuellen Verbindungen zu den einzelnen Stellelementen über z. T. kilometerlange Kabelbündel. Mithilfe der digitalen Technik können Fahrdienstleiter große Bereiche an einem Bildschirmarbeitsplatz überwachen und BÜ, Weichen und Signale per Mausklick stellen.

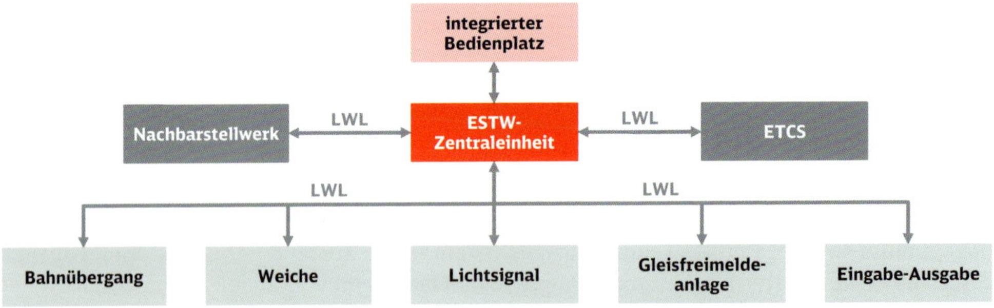

Abb. 4-29: Aufbau und Schnittstellen eines Digitalen Stellwerks. Die Anbindung der Einzelkomponenten erfolgt über Lichtwellenleiter (LWL).
Quelle: DB AG

Komponenten neuerer Stellwerke

Vom eigentlichen Aufbau her gleichen sich Relaisstellwerke und elektronische Stellwerke. Sie setzen sich zusammen aus dem Bedienraum, dem Technikraum, der Stromversorgung sowie dem Kabelabschlussgestell für Stromversorgung und Außenanlage. Während beim Drucktastenstellwerk die Bedienung über Drucktasten auf einen Stelltisch oder eine Stellwand geschieht, werden elektronische Stellwerke am Monitor über ein Grafiktablett oder eine Computermaus bedient. Als Rückfallebene besteht die Möglichkeit, alle Bedienhandlungen auch über Tastaturbefehle vorzunehmen.

Betriebszentralen

Bei der DB Netz AG ist die Betriebsführung, also die Disposition des Zugbetriebs, in der Netzleitzentrale Frankfurt am Main und in den sieben Betriebszentralen (BZ) der Regionen Berlin, Duisburg, Frankfurt am Main, Hannover, Karlsruhe, Leipzig und München sowie der BZ für den S-Bahn-Verkehr in Berlin konzentriert. Hingegen gehört die BZ der S-Bahn Hamburg organisatorisch zur DB Regio AG.

Die Netzleitzentrale disponiert den Betriebsablauf für das komplette Streckennetz, hält Kontakte zu den ausländischen Bahnen und koordiniert die sieben BZ. Letztere steuern, überwachen und disponieren den regionalen Eisenbahnbetrieb aus einer Hand, wodurch der Bahnbetrieb weitgehend automatisiert und rationalisiert wird. Hier befinden sich auch die zentralen Schaltstellen zur Steuerung und Überwachung des fast 20.000 km langen Oberleitungsnetzes sowie die integrierte Notfallleitstelle, welche alle relevanten Institutionen wie Feuerwehr, Polizei, Bundespolizei, Technisches Hilfswerk und den Notfallmanager verständigt und deren Einsatz unterstützt.

Abb. 4-30: Arbeitsplatz in der Netzleitzentrale der DB Netz AG in Frankfurt am Main. Der Lauf der Züge wird auf Basis der Informationen von der Strecke als Weg-Zeit-Diagramm dargestellt. Foto: DB AG/Thomas Herter

Betriebssteuerungsstrategie

Mit der Ablösung der Bestandstechnik durch die neue digitale Leit- und Sicherungstechnik (LST) wird das gesamte Netz mit einer einheitlichen Plattform ausgestattet und die Betriebssteuerung weitgehend automatisiert. Für einen zukunftsgerichteten Betrieb ist daher auch die Schaffung einer neuen organisatorischen Struktur und deren Umsetzung von entscheidender Bedeutung. Die weitgehende Konzentration der Steuerung auf sieben BZ ist nicht mehr zeitgemäß und soll aufgegeben werden. Seit dem Jahr 2017 wird mit der Betriebssteuerungsstrategie (BSS) ein Konzept erarbeitet, mit dem die fahrdienstlichen Tätigkeiten langfristig auf bundesweit rund 110 Bedienstandorte verteilt werden.

Für die Betriebssteuerung werden integrierte Bediensysteme (IBS) zur Verfügung stehen, mit denen alle Weichen und Signale von jedem Bedienplatz aus bedient werden können. Jeder Bedienstandort wird zwischen sechs und 20 Bedienplätze haben. Damit wird sich auch das Berufsbild der Fahrdienstleiter von einer aktiven Steuerungsfunktion hin zu einer Überwachungsfunktion mit Steuerungsaufgaben im Abweichungsfall wandeln. Die Umsetzung der BSS soll größtenteils bis 2035 abgeschlossen sein.

4.1.10 Signale

Ein sichtbares Signal kann z. B. ein Form-, Licht- oder Handsignal sein. Form- und Lichtsignale besitzen einen Signalkörper. Ein hörbares Signal besteht aus einem oder mehreren Tönen, für die Dauer und eventuell auch Tonhöhen festgelegt sind. Als ortsfeste sichtbare Signale werden in der Regel Form- oder Lichtsignale verwendet, die in der Regel in Fahrtrichtung rechts neben dem Gleis angeordnet sind.

Abb. 4-31: Beispiele für Eisenbahnsignale: links Lichtsignale, rechts ältere Formsignale (Haupt- und Vorsignal)

Fotos: Jürgen Janicki (l.); DB AG/Georg Wagner (r.)

Hauptsignale (Hp), Vorsignale (Vr)

Das Haupt-/Vorsignal-System ist das älteste derzeit noch in Betrieb befindliche Signalsystem. Hier zeigen Hauptsignale an, ob der anschließende Streckenabschnitt frei ist und befahren werden kann. Auch die Weiterfahrt mit verminderter Geschwindigkeit wird signalisiert. Hauptsignale werden in Bahnhöfen als Einfahr-, Ausfahr- oder Zwischensignal verwendet. Als Blocksignal sichern sie den Blockabschnitt einer Strecke, während sie vor Gefahrstellen als Deckungssignal verwendet werden.

Wegen der sehr langen Bremswege von Eisenbahnfahrzeugen wird die Halt zeigende Stellung eines Hauptsignals rechtzeitig durch ein Vorsignal angekündigt. Vorsignale stehen in der Regel im Bremswegabstand vor einem Hauptsignal. Je nach Stellwerkstechnik sind Haupt- und Vorsignale noch als Formsignale ausgeführt.

Hauptsignale

Signalbild Formsignal: Bewegliche Signalflügel zeigen die Tageszeichen; mit den Flügeln gekuppelte Farbscheiben werden nachts von einer Lampe durchleuchtet (Nachtzeichen).

Signalbild Lichtsignal: leuchtende Lampen, die an einem Signalschirm angebracht sind

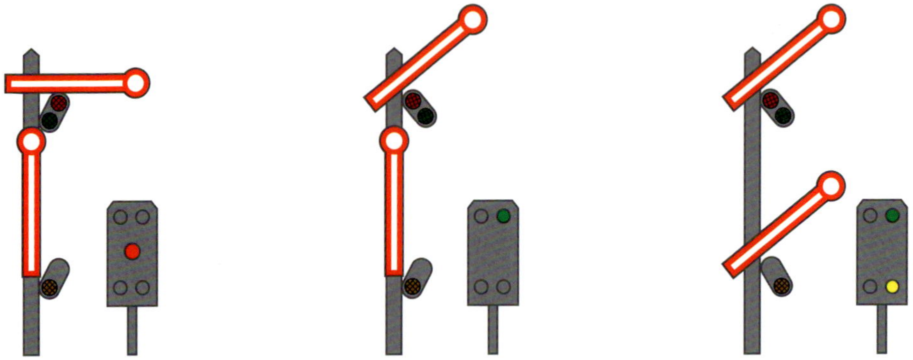

Halt (Hp 0)
Fahrzeuge müssen vor dem Signal anhalten.

Fahrt (Hp 1)
Fahrzeuge dürfen mit der fahrplanmäßigen Geschwindigkeit vorbeifahren.

Langsamfahrt (Hp 2)
Vorbeifahrt mit 40 km/h bzw. der am Signal angegebenen Geschwindigkeit

Vorsignale

Signalbild Formsignal: Bewegliche Signalflügel zeigen die Tageszeichen; mit den Flügeln gekuppelte Farbscheiben werden nachts von einer Lampe durchleuchtet (Nachtzeichen).

Signalbild Lichtsignal: zwei nach rechts steigende Lichter

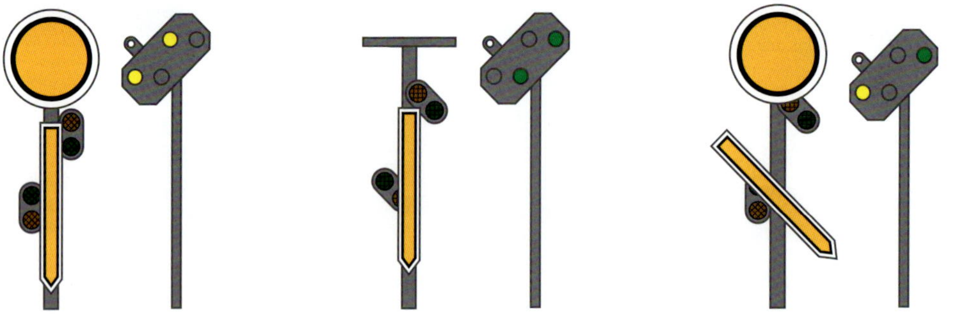

Halt erwarten (Vr 0)

Fahrt erwarten (Vr 1)

Langsamfahrt erwarten (Vr 2)

Kombinationssignale

Hauptsignal: zwei senkrecht übereinanderliegende Lampen (rot und grün)

Vorsignal: zwei waagerecht nebeneinanderliegende Lampen (grün und gelb)

Mehrabschnittsignal: im Dreieck angeordnete Lampen (siehe folgende Abbildungen); Vereinigung der Haupt- und Vorsignalfunktionen

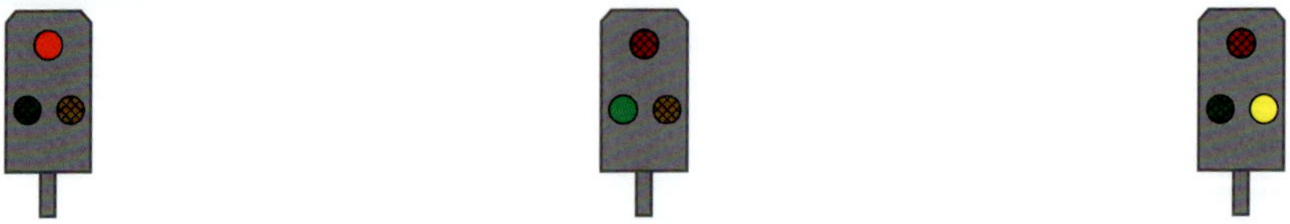

Halt (Hp 0)

Fahrt (Ks 1)

Halt erwarten (Ks 2)

Abb. 4-32: Haupt- und Vorsignale (Aufzählung nicht vollständig)

Quelle: RiL 301 der DB Netz AG

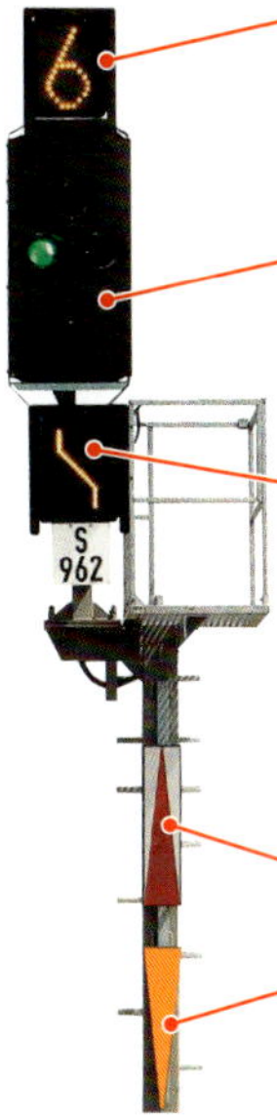

Abb. 4-33:
Kombinationssignal in Fahrtstellung
Abbildung: Siemens TS

Kombinationssignale (Ks)

In Verbindung mit der Inbetriebnahme von elektronischen Stellwerken ersetzen Kombinationssignale (Ks) zunehmend die klassischen Vor- und Hauptsignale. Ks-Signale zeigen die Fahrtaufträge mit einem einzigen Signallicht an und können die Funktion von Haupt- und Vorsignalen sowie von Hauptsignalen mit integrierter Vorsignalfunktion haben. Zur Unterscheidung sind die Signalmasten unterschiedlich gekennzeichnet. Geschwindigkeiten werden ausschließlich durch Zusatzsignal (Geschwindigkeitsanzeiger) signalisiert.

Haupt- und Vorsignalverbindungen (Sv)

Neben den „klassischen" Haupt- und Vorsignalen gibt es mit den Haupt- und Vorsignalverbindungen (Sv) noch Lichtsignale einer besonderen Bauart, die das Haupt- und Vorsignal auf einem Signalschirm nebeneinander vereinigen. Die Lichter der linken Hälfte des Signalschirms entsprechen den Hauptsignalbildern Hp 0, Hp 1 oder Hp 2 und geben an, ob der anschließende Gleisabschnitt von einem Zug befahren werden darf. Die Lichter der rechten Hälfte des Signalschirms entsprechen den Vorsignalbildern Vr 0, Vr 1 oder Vr 2 zu dem am nächsten Sv-Signal leuchtenden Hauptsignalbild. Sv-Signale sind nur bei einigen Stadtschnellbahnen auf eigenem Bahnkörper (S-Bahnen) vorhanden.

Zusatzsignale (Zs)

Zusatzsignale werden zumeist an Haupt- und Vorsignalen gezeigt und ergänzen die durch Signale erteilten Fahrtaufträge. Sie können jedoch als Licht- sowie als Formsignale auch einzeln stehen. Zusatzsignale können als Ersatzsignal in Form eines weißen Blinklichts die Vorbeifahrt am Signal Hp 0 oder am gestörten Lichthauptsignal ohne schriftlichen Befehl zulassen. Als Vorsichtsignal schreiben sie die Weiterfahrt auf Sicht vor.

Zusatzsignale zeigen als Gegengleisanzeiger an, dass der Fahrweg in das Streckengleis entgegen der gewöhnlichen Fahrtrichtung führt. Als Richtungsanzeiger geben sie in Form eines leuchtenden Buchstabens die Richtung an, in die die Fahrstraße führt. Als Geschwindigkeitsanzeiger zeigen sie in Form einer leuchtenden Kennziffer oder einer festen Tafel die Geschwindigkeit an, die ab dem Signal im anschließenden Weichenbereich nicht überschritten werden darf. Die gezeigte Kennziffer bedeutet, dass der 10-fache Wert in km/h als Fahrgeschwindigkeit zugelassen ist. Richtungs- und Geschwindigkeitsanzeiger werden durch Voranzeiger angekündigt.

Weitere Signale

Die Komplexität des Eisenbahnbetriebs erfordert für die Betriebsdurchführung weitere Signale. Neben den Haupt- und Vorsignalsystemen gibt es eine Vielzahl von Signalen, die den unterschiedlichsten Zwecken dienen.

- **Schutzsignale (Sh)** riegeln ein Gleis ab, erteilen Haltaufträge oder zeigen die Aufhebung eines Fahrverbots an. Sie gelten für Zug- wie auch Rangierfahrten und werden als Form- oder Lichtsignal sowie als Horn- oder Pfeifsignal verwendet.

- **Langsamfahrsignale (Lf)** kennzeichnen dauerhafte oder vorübergehende Langsamfahrstellen und geben durch eine Kennziffer die zulässige Fahrgeschwindigkeit an. Lf-Signale werden als Tages- oder Nachtzeichen verwendet.

- **Signale für Schiebelokomotiven und Sperrfahrten (Ts)** regeln das Nachschieben von Zügen sowie die Rückkehr von Schiebelokomotiven und Sperrfahrten.

- **Rangiersignale (Ra)** erteilen Rangierfahrten den Auftrag zur Ausführung einer definierten Fahrzeugbewegung. Als Ablaufsignal dienen sie der Verständigung am Ablaufberg. Rangiersignale sind gleichzeitig hör- und sichtbar (Handbewegung) zu geben; Abdrücksignale können als Form- oder Lichtsignale ausgeführt sein.

- **Signale für das Zugpersonal (Zp)** dienen unter anderem dazu, Aufmerksamkeit zu erhöhen oder zu bestätigen, dass ein Signalauftrag wahrgenommen wurde. Zp-Signale werden mit der Pfeife oder jener Einrichtung des Fahrzeugs gegeben, die sie ersetzt. Als Bremsprobesignal dienen sie der Verständigung zwischen den Mitarbeitern, die die Bremsprobe ausführen.

- **Weichensignale (Wn)** zeigen den Fahrweg an, für den eine Weiche oder Kreuzungsweiche gestellt ist.

- **Fahrleitungssignale (El)** kennzeichnen Fahrleitungsschutzstrecken, Fahrleitungsunterbrechungen, ausgeschaltete oder gestörte Fahrleitungsabschnitte und das Fahrleitungsende. Sie gelten für den Betrieb mit Oberleitung oder Stromschiene.

- **Signale an Zügen (Zg)** kennzeichnen Züge und auf die freie Strecke übergehende Nebenfahrzeuge mit Kraftantrieb.

- **Signale an einzelnen Fahrzeugen (Fz)** kennzeichnen Rangierlokomotiven und Fahrzeuge, deren Besetzung besondere Vorsichtsmaßnahmen erfordert.

- **Rottenwarnsignale (Ro)** geben den im Gleis oder in dessen Nähe tätigen Personen Weisungen über ihr Verhalten bei Annäherung von Fahrzeugen.

- **Nebensignale (Ne)** dienen verschiedensten Zwecken. Beispielsweise können sie als Trapeztafel die Grenze zwischen freier Strecke und Bahnhof an besonderen Stellen, den Standort eines Vorsignals (Vorsignaltafel) oder des Halteplatzes der Zugspitze bei planmäßig haltenden Zügen (Haltetafel) kennzeichnen.

- **Signale für Bahnübergänge (BÜ)** geben Auskunft über notwendige Handlungen vor dem Befahren von BÜ.

4.1.11 Drehscheiben, Schiebebühnen

Drehscheiben und Schiebebühnen kommen immer dann zum Einsatz, wenn Fahrzeuge bei minimalem Platzbedarf auf verschiedene Gleise umgesetzt werden sollen. Während Schiebebühnen eine lineare und parallele Verschiebung der Fahrzeuge erlauben, ist mit Drehscheiben eine Drehung des Fahrzeugs um beliebige Winkel möglich.

Bei Drehscheiben und Schiebebühnen handelt es sich um Stahlkonstruktionen, bei denen Brücken die Fahrschienen zur Aufnahme der Fahrzeuge tragen. In der Regel werden sie in Werkstätten eingesetzt. Hier ermöglichen sie den Zugang zu den einzelnen Arbeitsständen, der sonst nur mit einer aufwendigen Weichenstraße möglich gewesen wäre. Drehscheiben waren in früheren Zeiten auch zum Drehen der Dampflokomotiven mit Schlepptender erforderlich, da diese meist nur in Vorwärtsrichtung mit ihrer Höchstgeschwindigkeit fahren konnten.

Abb. 4-34: Drehscheibe der DB-Cargo-Werkstatt Nürnberg — Foto: DB AG/Martin Busbach

4.2 Energieversorgungsanlagen

4.2.1 Einführung

Das Teilsystem Energie umfasst alle Anlagen und Einrichtungen, die zur Energieversorgung der Eisenbahnfahrzeuge aus Hochspannungsnetzen dienen. Neben Umformeinrichtungen, die aus dem Landesnetz oder eigenen Kraftwerken Energie bereitstellen, gehören dazu auch die Fahrleitungsanlagen und Rückstromführungen. Auch die Stromabnehmer der Eisenbahnfahrzeuge werden als Bestandteil dieses Teilsystems angesehen.

Abb. 4-35: Elektrischer Zugbetrieb mit Stromabnahme aus einer Oberleitungsanlage Foto: Jürgen Janicki

Die Frequenz von 16,7 Hertz (Hz)

Betrachtet man die Entwicklung der Antriebstechnik von den Anfängen Ende des 19. Jahrhunderts bis in die 1950er-Jahre, so wird die ungewöhnlich große gegenseitige Abhängigkeit von Antriebstechnik und Art der Energieversorgung deutlich. Ergebnis ist das heutige Bahnenergieversorgungssystem in Europa mit seinen unterschiedlichen Energieversorgungsnetzen und die Notwendigkeit, Fahrzeuge im grenzüberschreitenden Verkehr, aber auch teilweise im Stadt- und Regionalverkehr, mit Mehrsystemtechnik auszustatten.

Im Rahmen der Einführung des elektrischen Zugbetriebs Anfang des 20. Jahrhunderts gab es bei Versuchen mit der üblichen 50 Hz-Wechselspannung massive Funkenüberschläge und Lichtbögen an den Kollektoren der damals verwendeten Reihenschlussmotoren, die zur Zerstörung der Motoren führten. Da solche Kommutierungsprobleme frequenzabhängig sind, einigten sich die Bahnverwaltungen verschiedener europäischer Länder im Jahr 1912 auf die Verwendung von Wechselstrom mit einer Frequenz von $16\,^2/_3$ Hz (heute 16,7 Hz) und einer Fahrleitungsspannung von 15.000 Volt (V) bzw. 15 Kilovolt (kV). Dieses System wurde seinerzeit auch in einigen anderen Ländern eingeführt. Zu dem Zeitpunkt hatten sich bei verschiedenen Bahnen bereits Gleichstromsysteme etabliert.

Erst Jahrzehnte später wurde in Europa auch Wechselstrom mit einer Frequenz von 50 Hz für die Bahnstromversorgung genutzt. Da eine Umrüstung der bestehenden Netze auf 25 kV 50 Hz extrem hohe Kosten verursachen würde und die Verfügbarkeit von Mehrsystemlokomotiven gewährleistet ist, werden auch weiterhin Neubaustrecken mit anderen Stromsystemen geplant.

Stromsysteme

Die übertragene Leistung ist das Produkt aus Stromstärke und Spannung. Verluste bei der Übertragung von Energie über lange Leitungen sind dann besonders hoch, wenn infolge zu hoher Stromstärken thermische Energie verloren geht.

Transportiert man Strom über größere Wegstrecken, dann muss die Spannung hoch genug sein, um die Übertragungsverluste in Grenzen zu halten. Zudem gestattet eine hohe Fahrdrahtspannung bei vergleichsweise moderaten Stromstärken auch den Betrieb leistungsstarker Fahrzeuge. Wechselspannung kann im Gegensatz zur Gleichspannung auf einfache Weise transformiert werden.

Historisch bedingt gibt es in Europa verschiedene Einphasen-Wechselstrom- (AC) und Gleichstromsysteme (DC).

- **Wechselstrom 15 kV/16,7 Hz** kommt in der Schweiz, in Deutschland, Österreich, Schweden und Norwegen weitgehend flächendeckend zum Einsatz.

- **Wechselstrom 25 kV/50 Hz** wird in Ländern verwendet, die ihre Strecken später elektrifiziert haben wie beispielsweise Dänemark und Portugal. Auch bei den Neubau-Hochgeschwindigkeitsstrecken in Spanien und Frankreich kommt dieses Stromsystem zum Einsatz. Da Wechselstrom mit 50 Hz direkt dem öffentlichen Netz entnommen werden kann, wurde dieses Stromsystem als Zielsystem für das europäische Eisenbahnnetz festgelegt.

- **Gleichstromsysteme** werden mit verschiedenen Spannungen betrieben. In Italien, Polen, auf den spanischen Breitspurstrecken sowie in vielen osteuropäischen Ländern wird Gleichstrom mit einer Spannung von 3 kV verwendet. Hingegen hat sich in den südlichen Landesteilen Frankreichs und den Niederlanden das Gleichstromsystem mit 1,5 kV durchgesetzt. Daneben existieren in einigen europäischen Ländern Eisenbahnnetze, die mit geringeren Spannungen betrieben werden.

4.2.2 Bahnenergie

Eigene Bahnenergienetze werden in der Regel in Ländern betrieben, die den Zugbetrieb mit Einphasenwechselspannung verminderter Frequenz durchführen. In Deutschland beliefert DB Energie die EVU mit 16,7-Hz-Bahnstrom auf den Trassen der Deutschen Bahn. Der jährliche Bahnstrombedarf für den elektrischen Zugbetrieb beträgt etwa 10 Terawattstunden (TWh). Das deutsche Bahnstromnetz hat eine Länge von mehr als 7.900 Kilometer. 51 über das Bundesgebiet verteilte Kraft-, Umformer- und Umrichterwerke liefern die Energie, 1.813 Trafostationen sorgen für die richtige Spannung.

Das deutsche Hochspannungsnetz ist mit den 16,7-Hz-Bahnnetzen der Österreichischen Bundesbahn (ÖBB) und der Schweizerischen Bundesbahn (SBB) verbunden. Über die Kuppelstellen erfolgt der Energieaustausch zwischen den Verbundpartnern zur Notfallhilfe und Frequenzhaltung.

Bahnenergieerzeugung

Bahnenergie wird entweder durch Umwandlung anderer Energieträger in einem Kraftwerk oder durch Frequenzumformung aus dem öffentlichen Hochspannungsnetz gewonnen. In der Regel geschieht die Energieerzeugung in Gemeinschaftskraftwerken, die sowohl 50-Hz-Spannung für das öffentliche Netz als auch Bahnspannung mit verminderter Frequenz erzeugen. Dabei sind die Bahnenergiegeneratoren erheblich größer als die Generatoren, die die 50-Hz-Spannung für das öffentliche Netz produzieren. Wärmekraftwerke erzeugen die Energie mit Dampfturbinen. Der Dampf kann mit Öl, Gas, Kohle oder Atomkraft erzeugt werden. Wasserkraftwerke nutzen die Energie der Wassermassen aus Stauseen (Speicherkraftwerke). Umformerwerke oder Umrichter produzieren selbst keine Energie. Sie haben nur die Aufgabe, die vom Energieversorgungsunternehmen gelieferte 50-Hz-Spannung in Bahnspannung verminderter Frequenz (16,7 Hz) umzuwandeln.

Wie im öffentlichen 50-Hz-Stromverbundnetz gibt es auch im 16,7-Hz-Bahnstromnetz verschiedene Spannungsebenen:

- Die übergeordnete **Hochspannungsebene** wird mit 110 kV betrieben. Sie dient zum Transport der Bahnenergie von den Kraft- und Umformerwerken über die Bahnenergieleitungen zu den Unterwerken. Hier wird die Bahnenergie auf die Systemspannung 15 kV heruntertransformiert. Die Bahnenergieleitungen der Hochspannungsebene verlaufen meistens völlig unabhängig vom Schienennetz.

- Die **Mittelspannungsebene** wird mit 15 kV betrieben. Sie dient zum Transport der Bahnenergie von den Unterwerken über die Speiseleitung zu den Fahrleitungsanlagen.

- Die **Stromrückführung** erfolgt über die Fahrschiene, verschiedene Rückleitungen sowie die Erde.

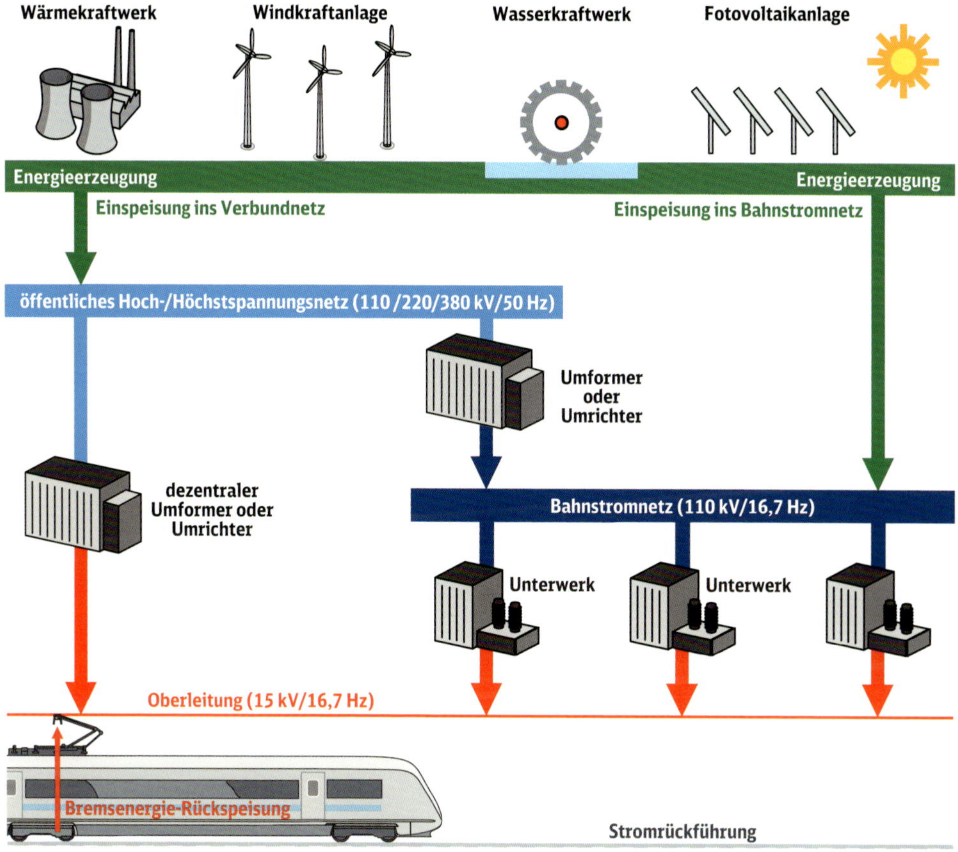

Abb. 4-36: Bahnstromnetz

Abbildung: Jürgen Janicki; Quelle: DB AG

Nennspannungen und Nennfrequenzen

Triebfahrzeuge sind für eine bestimmte Nennspannung und Nennfrequenz ausgelegt. Die Bandbreiten und Grenzwerte dieser Parameter sind in der TSI definiert. Dadurch ist gewährleistet, dass ein Triebfahrzeug seine vorgesehene Betriebsleistung erreicht. Bei Elektrifizierungssystemen mit einer Nennspannung von 15 kV und einer Nennfrequenz von 16,7 Hz sind Abweichungen von 12 bis 17,25 kV unter normalen Betriebsbedingungen möglich und zulässig. Kurzfristig sind sogar Spannungsschwankungen von 11 bis 18 kV unter außergewöhnlichen Betriebsbedingungen erlaubt. Die Frequenz wird durch das Drehstromnetz vorgegeben. Der zulässige Frequenzbereich liegt zwischen 15,69 und 17,36 Hz.

Unterwerke (Uw)

Die Unterwerke sind gleichmäßig in einem Abstand von circa 50 bis 60 km über das gesamte elektrifizierte Bahnnetz verteilt. Sie haben die Aufgabe, den Strom auf 15.000 V umzuspannen und die Energie über die Speiseleitungen an die Oberleitungen eines Unterwerksspeisebezirks abzugeben. Der Stromkreis einer Einphasenwechselstrombahn besteht aus dem Unterwerk (Stromerzeugung), der Oberleitungsanlage (Verteilung), den Fahrzeugen (Verbraucher) und der Schiene (Rückleiter).

Abb. 4-37: Unterwerk Lehrte

Foto: DB AG/Heinz-Hermann Wesche

Speisebezirke

Das Fahrleitungsnetz ist in sogenannte Speisebezirke aufgeteilt, die jeweils über einen Leistungsschalter mit elektrischer Energie versorgt werden. Dabei beinhalten die Leistungsschalter auch die Schutzeinrichtungen für die Oberleitung, die bei Kurzschluss oder Überlastung auslösen und den Strom abschalten.

Schaltgruppe

In Längsrichtung ist die Oberleitung in Schaltabschnitte unterteilt, die an den Schaltabschnittsgrenzen durch Streckentrennungen elektrisch getrennt und über Schalter elektrisch verbunden sind. Mit dem Schalter können Teilbereiche der Oberleitung eines Bahnhofsabschnitts, bestimmte Betriebsstellen oder Privatgleisanschlüsse elektrisch abgetrennt werden. Diese Teilbereiche werden mit dem Begriff Schaltgruppe bezeichnet.

4.2.3 Fahrleitungsanlagen

Die elektrischen Fahrzeuge werden über Fahrleitungsanlagen mit Energie versorgt. Es lassen sich folgende Fahrleitungsarten unterscheiden:

- Die **Oberleitung** ist eine oberhalb des Fahrwegs angebrachte Fahrleitung, die Fahrzeuge über Stromabnehmer mit elektrischer Energie versorgt. Diese Oberleitungsart kommt im elektrifizierten Streckennetz fast ausschließlich vor. Bei einigen Industriebahnen kann die Oberleitung auch seitlich des Fahrzeugs angebracht sein. Es gibt verschiedene Bauarten von Oberleitungen, die jeweils nur mit der Geschwindigkeit befahren werden dürfen, die für die jeweilige Bauart zugelassen ist.

- Die **Stromschienenoberleitung** ist ein starres Metallprofil, in welchem der Fahrdraht geführt wird und das mit Isolatoren an einem Bauwerk montiert ist. Diese Fahrleitungsart wird teilweise in Tunneln und innerhalb von Werkanlagen angewendet.

- Die **Stromschiene** ist eine Fahrleitung, die als Schleifleiter meist neben dem Schienenweg angeordnet ist.

Die ersten elektrifizierten Bahnstrecken Anfang des 20. Jahrhunderts waren noch mit Einfachoberleitungen ohne Tragseil ausgerüstet. Diese lassen nur eine vergleichsweise geringe Geschwindigkeit zu. Aufgrund ihrer platzsparenden und kostengünstigen Bauweise werden sie aber vereinzelt noch bei Straßenbahnstrecken im Innenstadtbereich verwendet. Als Regel-Oberleitungsbauform kommen heute im elektrifizierten Bahnnetz hauptsächlich Kettenwerksoberleitungen zum Einsatz, die zur Gleislängsachse beweglich abgespannt sind. Durch diese Bauform sind größere Feldspannweiten zwischen den Stützpunkten möglich und der Durchhang kann reguliert werden.

Schutzstrecke

Innerhalb des Oberleitungsnetzes sind bestimmte Abschnitte beidseitig mit einer Trennstelle versehen. Diese soll ein Überbrücken von zwei aufeinanderfolgenden elektrischen Abschnitten mit unterschiedlicher Spannung oder Phasenlage über die durchlaufenden Stromabnehmer verhindern. Diese Abschnitte werden mit dem Begriff Schutzstrecke bezeichnet.

Abb. 4-38:
Arbeiten an der Oberleitung
Foto: DB AG/Frank Kniestedt

4.2.4 Aufbau und Konstruktion der Oberleitungsanlage

Die Oberleitungsanlage umfasst die Oberleitung einschließlich der Tragkonstruktion sowie sämtliche Komponenten, die der Halterung, Seitenführung, Abspannung und Isolierung dienen. Zur Oberleitungsanlage gehören auch Rückleiterseile, Erdungsseile, Blitzschutzseile und Verstärkungsleitungen. Hingegen gehören Bahnenergieleitungen, Schaltgeräte, Überwachungs- und Schutzeinrichtungen nur dann dazu, wenn sie an den Tragkonstruktionen der Oberleitung befestigt sind.

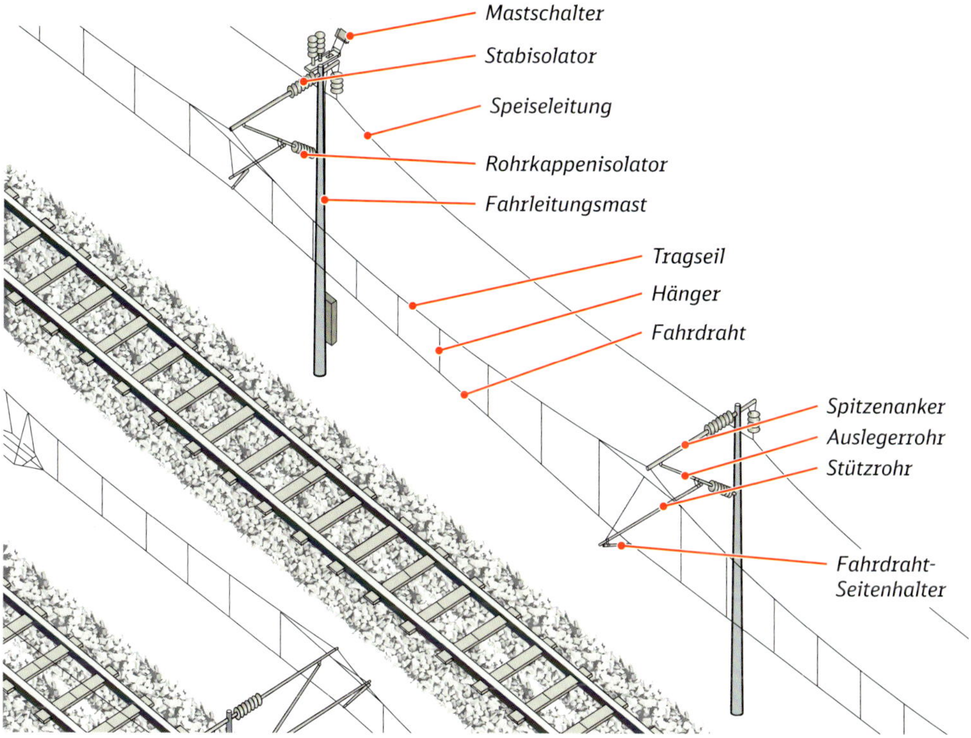

Abb. 4-39: Bauteile der Oberleitung

Abbildung: Jürgen Janicki/Quelle: Siemens-Prospekt AC-Bahnstromversorgung

Die Kettenwerksoberleitung besteht aus den Bauteilen Fahrdraht, Hänger und Tragseil. Der Fahrdraht dient der eigentlichen Stromabnahme durch das Triebfahrzeug. Das Tragseil trägt den Fahrdraht und hält ihn gerade über dem Gleis, wobei das Tragseil in einer Kettenlinie durchhängt. Die spannungsführenden Teile sind von anderen geerdeten Bauteilen der Oberleitungsanlage durch Isolatoren elektrisch getrennt.

Um den Fahrdraht vor allem auch bei Stromabnehmerberührung und thermisch bedingten Längenänderungen in gerader Lage zu halten, werden Fahrdraht und Tragseil durch Spannvorrichtungen an den Masten straff gespannt. Die maximale Länge eines nachgespannten Abschnitts kann je nach Bauart und örtlichen Gegebenheiten bis zu 1,5 km betragen. In der Mitte einer Nachspannlänge ist das Kettenwerk an einem Festpunkt fixiert.

An den Übergangsstellen findet eine Überlappung der einzelnen Fahrdrahtabschnitte statt. Damit erfolgt ein Übergang ohne Unterbrechung der Energiezufuhr und ohne Verlust der Kontaktgüte. Überlappungsbereiche mit elektrischer Trennung werden als Streckentrennung bezeichnet.

Die Oberleitungsmasten sind aus Stahlbeton oder Stahl gefertigt. Die Betonmasten werden heute in vorgespannter Schleuderbetonbauweise hergestellt, Stahlmasten kommen als Stahlflach- oder Stahlgittermast zum Einsatz. Jeder Fahrleitungsmast ist elektrisch leitend direkt oder mit einem Erdseil (Erdung) mit dem Gleis verbunden (geerdet).

Die in Fahrtrichtung verlaufenden Oberleitungselemente werden als Längsfelder bezeichnet. Die quer verlaufenden, mehrere Gleise überspannenden Elemente heißen Querfelder. Sie dienen zur Befestigung von Oberleitungen in Bereichen mit umfangreichen Bahnanlagen.

Fahrdraht

Der Fahrdraht dient der eigentlichen Stromabnahme durch das Triebfahrzeug. Da er hohen mechanischen Belastungen ausgesetzt ist, werden besondere Anforderungen an seine Zugfestigkeit gestellt. Der Fahrdraht besteht normalerweise aus reinem Kupfer oder Kupfer mit geringem Cadmium-, Silber- oder Magnesiumanteil.

Fahrdrähte haben eine kreisförmige Querschnittsfläche und besitzen zur Befestigung zwei v-förmige Rillen (Rillenfahrdraht), in denen die Halteklammern angesetzt werden können. Die untere Fläche ist glatt, um den Verschleiß an den Stromabnehmern der Triebfahrzeuge so gering wie möglich zu halten. Der Fahrdraht verläuft horizontal im Zickzack. Dazu wechselt er auf geraden Abschnitten beidseitig um 400 mm aus der Gleismitte. Bei Hochleistungsoberleitungen beträgt dieses Maß 300 mm. So wird sichergestellt, dass sich die Schleifstücke der Stromabnehmer gleichmäßig abnutzen und sich der Fahrdraht nicht in die Schleifleiste einsägt.

Fahrdrähte haben eine Querschnittsfläche von 80 bis 120 mm^2 und werden abhängig von den Einsatzbedingungen als Einzel- oder Doppelfahrdraht verwendet. Die Regelfahrdrahthöhe beträgt 5,5 m über Schienenoberkante, die Mindestfahrdrahthöhe nach EBO beträgt 4,95 m.

4.2.5 Gleichstromsysteme

Die Strecken des innerstädtischen Straßen- und Stadtbahnverkehrs sind im Regelfall mit 600, 750 oder 1.500 V Gleichstrom elektrifiziert. Im Gegensatz zu den Stadt- und Straßenbahnfahrzeugen, deren Stromversorgung – ebenso wie bei den Eisenbahnen – über die Oberleitung erfolgt, kommen bei den S- und U-Bahnen der Städte Hamburg und Berlin und bei den U-Bahnen der Städte Nürnberg und München Stromschienen zum Einsatz.

Die elektrische Energie wird den Fahrzeugen über eine seitlich neben den Schienen und außerhalb des Lichtraumprofils montierte Stromschiene zugeführt. Die Stromabnahme geschieht über entsprechende Stromabnehmer am Fahrzeug. Dabei sind auf jeder Triebzugseite jeweils zwei Stromabnehmer parallel geschaltet, womit Stromschienenlücken in Weichenverbindungen und bei schienengleichen Überwegen überbrückt werden können.

Abb. 4-40:
Gleichstrom-Triebzug der Berliner S-Bahn. Die Stromschiene zur Stromversorgung ist neben dem Schienenweg angeordnet.
Foto: DB AG/Volker Emersleben

Die Stromschiene benötigt im Gegensatz zum Fahrdraht keine Erweiterung des Lichtraumprofils nach oben und eignet sich deshalb besonders gut für S- und U-Bahn-Strecken, die in der Regel kreuzungsfrei ausgebaut sind und über viele Brücken, Überführungsbauwerke und Tunnel verfügen. Die Stromschiene besteht aus einem Stahlprofil und sitzt auf Stromschienenhaltern, die alle 5 m auf den Schwellen der Schienen fest montiert sind. In diesen Trägern sind Porzellanisolatoren eingegossen, auf denen die Stromschiene aufliegt. Zum Schutz gegen Berührung erhält die Stromschiene eine Abdeckung, durch deren Schlitze die Stromabnehmerschleifschuhe hindurchgreifen.

4.3 Behandlungsanlagen

4.3.1 Definition

Unter dem Begriff Behandlungsanlagen sind alle Bahnanlagen zur Pflege, Wartung, Reparatur und Abstellung von Eisenbahnfahrzeugen sowie zu deren betrieblicher Vorbereitung für den nächsten Einsatz zusammengefasst. Neben den verschiedenen Reinigungsanlagen für Innen- und Außenreinigungen gehören dazu auch die Werkstattanlagen sowie die Anlagen für die Ver- und Entsorgung der Reisezüge. Im Sinne des in der Eisenbahninfrastruktur-Benutzungsverordnung (EIBV) beschriebenen Netzzugangs gehören die Behandlungsanlagen zu den sogenannten Serviceeinrichtungen.

4.3.2 Tankanlagen

Zur Versorgung von Dieselfahrzeugen mit Dieselkraftstoff, AdBlue sowie Hilfs- und Zusatzstoffen werden an vielen Stellen im Netz Tankanlagen betrieben. Damit die Betankung schnell, sauber und sicher erfolgt, kommen heute geschlossene Befüllungssysteme zum Einsatz. Dazu wird das System am Einfüllstutzen rundum abschließend arretiert. Mehr als 150 Liter können pro Minute in den Tank des Schienenfahrzeugs gepumpt werden. Zurückspritzen oder Leckagen sind ausgeschlossen. Dämpfe werden vermieden. Neben dem verbesserten Arbeits- und Umweltschutz werden auch die Tankzeiten verringert.

Abb. 4-41:
Tankanlage zur Betankung von Dieselfahrzeugen und zur Versorgung mit AdBlue
Foto: Jürgen Janicki

4.3.3 Reinigungsanlagen

Die Fahrzeuge des Personenverkehrs werden in regelmäßigen Abständen gereinigt. Art und Häufigkeit der Reinigungen sind abhängig von der Nutzung der Eisenbahnfahrzeuge und den Qualitätsanforderungen des Fahrzeugbetreibers bzw. Auftraggebers. Bei der Innenreinigung, die je nach Reinigungsstufe trocken oder nass ausgeführt wird, werden auch die

Verbrauchsmaterialien wie beispielsweise Papierhandtücher, Seife oder Toilettenpapier ergänzt, die geschlossenen WC-Systeme entsorgt und die Brauchwasseranlagen mit Wasser befüllt. Aus hygienischen Gründen sind die Ver- und Entsorgungseinrichtungen so konzipiert, dass ein gleichzeitiges Wasserbefüllen und WC-Entsorgen ausgeschlossen ist.

Innenreinigungsanlagen

Um die Qualität und Wirtschaftlichkeit der Reinigung zu gewährleisten, sind auf die Reinigungsarten abgestimmte Reinigungsanlagen und Arbeitsmittel erforderlich. Bauartbedingt haben Eisenbahnfahrzeuge unterschiedliche Einstiegshöhen. Innenreinigungsanlagen erleichtern dem Reinigungspersonal den Zugang zu den Fahrzeugen. Sie sind deshalb so gestaltet, dass in die bereitgestellten Eisenbahnfahrzeuge sicher ein- und ausgestiegen werden kann. In der Regel werden dafür spezielle Innenreinigungsbühnen in Verbindung mit Treppen oder Auffahrrampen errichtet. Bei Reinigungsarbeiten geringen Umfangs können auch einfache Einstiegshilfen verwendet werden.

Ausstattungsmerkmale einer Innenreinigungsanlage sind die Bedienanschlüsse (Strom 230 V sowie Warm- und Kaltwasser), Waschbecken, Wechselsprechanlagen, Materialschränke und Beleuchtung. Während der Reinigungsarbeiten werden die Züge mit Trinkwasser befüllt und außerdem die geschlossenen WC-Systeme entsorgt. Dies geschieht zumeist nicht über die Innenreinigungsbühne, sondern auf der anderen Seite des Zuges. Dazu sind dort spezielle Hygienesysteme installiert, die mit je einem Trinkwasserschlauch und einer Absaugvorrichtung für die WC-Systeme ausgestattet sind.

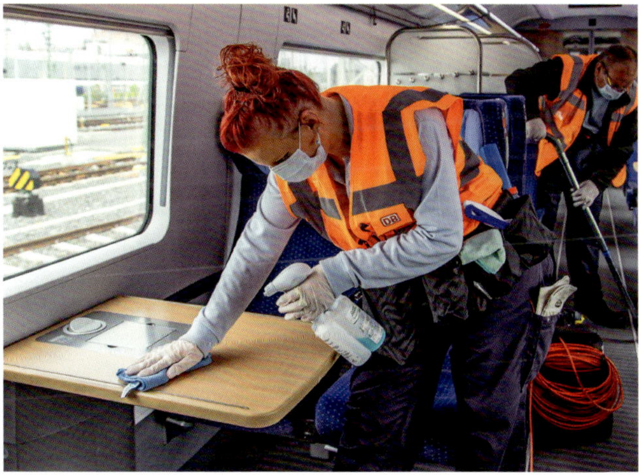

Abb. 4-42:
Mitarbeiter bei der Fahrzeuginnenreinigung
Foto: DB AG/Hartmut-Joachim Sigrist

Außenreinigungsanlagen

Die Außenreinigung der Fahrzeuge findet in speziellen Außenreinigungsanlagen (ARA) statt. Diese können sowohl als geschlossene (eingehauste) wie auch offene Anlage ausgeführt sein. Geschlossene Anlagen bieten den Vorteil, dass sie auch für Temperaturen nahe dem Gefrierpunkt geeignet sind und bei Bedarf sogar mit einer Heizung ausgestattet werden können. In Bezug auf den eigentlichen Reinigungsvorgang wird zwischen Stand- und Durchfahranlagen unterschieden.

- Bei der **Standanlage** steht das zu reinigende Fahrzeug während des Reinigungsvorgangs und die sich drehenden Waschbürsten werden an dem Fahrzeug vorbeigeführt. Diese Anlagen haben den Vorteil, dass der Reinigungsvorgang völlig automatisch abläuft.

- Bei der **Durchfahranlage** fährt das zu reinigende Fahrzeug an den sich drehenden Reinigungsbürsten aus eigener Kraft vorbei oder wird mit einer Rangierlok oder einer Schleppeinrichtung vorbeigezogen. Anlagen mit Schleppeinrichtung sind technisch relativ aufwendig. Durchfahranlagen benötigen zwar für den eigentlichen Reinigungsvorgang einen geringeren Zeitaufwand, dafür aber einen höheren personellen Aufwand.

Zur Steuerung des Waschvorgangs werden baureihen- und fahrzeugbezogene Daten herangezogen. Die Waschportale werden mit Parametern gesteuert, die im Steuerungsprogramm hinterlegt sind. Diese entsprechen der äußeren Fahrzeugkontur. Einige Anlagen besitzen alternativ eine Einrichtung zur Erkennung der Fahrzeugkontur.

Die eigentlichen Waschbürsten sind an einem Waschportal angeordnet. Das für den Reinigungsvorgang benötigte Reinigungsmittel wird in einer Dosieranlage aus Konzentraten unter Zugabe von Wasser hergestellt, anfallendes Schmutzwasser in einer Abwasseraufbereitungsanlage gereinigt und neutralisiert. Ein Teil des hier aufbereiteten Wassers wird dem Reinigungskreislauf wieder zugeführt.

Abb. 4-43:
Vollautomatische Zugwaschanlage
Foto: DB AG/Uwe Miethe

4.3.4 Ver- und Entsorgungsanlagen

An den Abstell- und Behandlungsorten werden die Fahrzeuge und Züge mithilfe spezieller Anlagen ver- und entsorgt.

- Abgestellte Güter- und Reisezüge werden zur Versorgung der Druckluftbremse an eine ortsfeste Drucklufterzeugungsanlage angeschlossen. Die Druckluft wird bei abgestellten Reisezügen auch zum Öffnen und Schließen der Türen benötigt.

- Abgestellte Reisezugwagen werden zur Gewährleistung der Vorheiz- und Vorklimatisierungsfunktion über Vorheizanlagen mit elektrischer Energie versorgt.
- Dieselfahrzeuge, die längere Zeit betriebsbereit abgestellt werden, benötigen einen Stromanschluss für den Warmhaltebetrieb.
- Bei Fahrzeugen des Personenverkehrs müssen die geschlossenen Toilettensysteme in einem festen Turnus entsorgt und die Brauchwasseranlagen mit Frischwasser befüllt werden.

Drucklufterzeugungsanlagen

Drucklufterzeugungsanlagen dienen zur Versorgung abgestellter Wagenzüge mit Druckluft. Mit dazwischengeschalteten Bremsprobegeräten und -anlagen können auch Bremsproben ohne Triebfahrzeug durchgeführt werden.

- **Tragbare Bremsprobegeräte** werden auf einen Ständer oder beweglichen Bock aufgesetzt. Anschließend werden sie an eine ortsfeste Druckluftanlage angeschlossen und mit der HL des Zuges verbunden.
- **Ferngesteuerte Bremsprobeanlagen** bieten alle Bedienungsmöglichkeiten herkömmlicher Bremsprüfgeräte (Anlegen, Lösen, Dichtheitsprobe). Dies geschieht entweder funkgesteuert oder über Signalgeber (Taster), die im Gleisbereich verteilt angeordnet sind. Derartige Anlagen bieten den Vorteil, dass bei Bremsproben durch nur einen Mitarbeiter unnötige Leergänge vermieden werden.

Vorheizanlagen

Zur Vorheizung bzw. Vorklimatisierung von Reisezugwagen werden in Bahnhöfen und auf Abstellanlagen elektrische Vorheizanlagen betrieben. Dabei wird die Zugsammelschiene eines oder mehrerer Wagen über einen Elektranten und ein Anschlusskabel mit Energie (1.000 V Wechselstrom, 16,7 Hz) versorgt. Die elektrische Energie für die Vorheizanlage wird in der Regel dem Fahrleitungsnetz der Bahn über einen Transformator entnommen.

Elektranten

Im Gleisbereich dienen Elektranten zur Energieversorgung elektrischer Verbraucher mit 230 oder 400 V. Bei den Verbrauchern kann es sich beispielsweise um Eisenbahnfahrzeuge mit Dieselantrieb handeln, die über technische Einrichtungen verfügen (Batterieladung, Motorvorheizung), welche auch nach dem Abstellen und der Ausschaltung des Motors mit Strom versorgt werden müssen. Derartige Verbraucher könnten auch Geräte oder Werkzeuge sein, mit denen im Gleisbereich gearbeitet wird. Elektranten befinden sich auch in den Werkstätten. Hier dienen sie zur Versorgung elektrischer Werkzeuge.

Entsorgungsanlagen

Die geschlossenen Toilettensysteme der Reisezug- und Triebwagen werden über spezielle Entsorgungsstationen entsorgt. Mobile Kleinfahrzeuge werden überall dort eingesetzt, wo eine flexible und preisgünstige Entsorgungsmöglichkeit benötigt wird. Im Prinzip handelt es sich dabei um eine Pumpe auf Rädern, die Abwässer direkt aus dem Abwassersammelbehälter der Fahrzeuge in einen Kunststofftank pumpt. Der Vorteil gegenüber dem stationären System: Da der Zug bei der WC-Entleerung nicht an der Entsorgungsstation vorbeifahren muss, kann im Einmannbetrieb gepumpt werden.

Ortsfeste Entsorgungsstationen werden überall dort eingesetzt, wo in kurzer Zeit Toilettensysteme einer großen Zahl von Fahrzeugen entsorgt werden müssen. Die Anlage befindet sich in der Regel einseitig zum Gleis oder zwischen den Gleisanlagen. Je nach Anforderung werden einzelne oder aber mehrere Entsorgungseinheiten realisiert.

Besandungsanlagen

Triebfahrzeuge sind mit Sandstreueinrichtungen ausgestattet, die im Bedarfsfall Sand mithilfe von Druckluft aus einem Sandkasten heraus und zwischen Rad und Schiene befördern. Dies dient zur Verbesserung des Kraftschlusses zwischen Rad und Schiene insbesondere bei schlechten Schienenzuständen, wie sie beispielsweise bei Feuchtigkeit oder Laubbefall im Herbst auftreten. Nachgefüllt werden die Sandkästen meist mit ortsfesten Druckluftbesandungsanlagen über einen Sandeinfüllstutzen an der Fahrzeugseite.

4.4 Personenverkehrsanlagen

4.4.1 Personenbahnhöfe

Personenbahnhöfe sind für die Eisenbahn ebenso wie für die Städte „Eingangstore“. Gleichzeitig sind sie Verkehrsdrehscheibe für die Verknüpfung der verschiedenen Verkehrsträger. Personenbahnhöfe befinden sich in der Regel in zentraler Lage im Ort und sind verkehrstechnisch gut erschlossen, insbesondere als zentraler Verknüpfungspunkt verschiedener Zuglinien oder unterschiedlicher Verkehrsträger.

Abb. 4-44:
Zugang zum unterirdischen DB-Bahnhof Potsdamer Platz
Foto: Jürgen Janicki

Renaissance der Bahnhöfe

Im Laufe der fast 200-jährigen Eisenbahngeschichte hat sich das Gesicht der Bahnhöfe mehrmals geändert. Nach den baulichen Meisterleistungen aus der Zeit der Industrialisierung entstanden in den 1930er-Jahren des letzten Jahrhunderts moderne Zweckbauten aus Stahlbeton. Die Zerstörungen des Zweiten Weltkriegs und die Ausbreitung des Autoverkehrs in den 1950er-Jahren führten zu einem Niedergang der Bahnhöfe. Immer mehr Menschen nutzten den eigenen Pkw, die Bahnhöfe waren oft die „Schmuddelecken" der Städte.

Zurzeit kehrt sich diese Entwicklung jedoch um. Die rasante Zunahme von Staus auf den Straßen, ein Umdenken bei Umweltfragen und letztlich auch die deutsche Wiedervereinigung führten zu einer Renaissance des Eisenbahnverkehrs. Mit der Einführung von Hochgeschwindigkeitsverbindungen, einem Taktfahrplan für regionale Linien, der Überführung der staatlichen Eisenbahnen aus Ost- und Westdeutschland in eine bundeseigene Aktiengesellschaft und durch die Marktliberalisierung, die mehr Wettbewerb auf der Schiene ermöglichte, gewannen auch die Bahnhöfe wieder an Bedeutung.

Die DB AG – einer der größten Bahnhofsbetreiber Europas

Die DB AG betreibt in Deutschland rund 5.700 Bahnhöfe, davon 690 mit Empfangsgebäude. Über 100 verschiedene EVU nutzen die Bahnhöfe als Zugang zu ihren Verkehrsangeboten. Über 400.000 Mal pro Tag halten Züge an deutschen Bahnhöfen. Etwa 18 Millionen Reisende pro Tag nutzen sie täglich zum Ein-, Aus- und Umsteigen.

Abb. 4-45: Bahnhof Frankfurt (Main) Hbf Foto: Jürgen Janicki

Das Geschäftsfeld „DB Netze Personenbahnhöfe“ beschäftigt rund 6.400 Mitarbeiter. Davon sorgen über 3.000 Mitarbeiter im direkten Kundenkontakt für den reibungslosen Ablauf der Reisekette. Die Hauptaufgaben dieses Geschäftsfelds können wie folgt zusammengefasst werden:

- Betreiben der Personenbahnhöfe für den Personennah- und den Personenfernverkehr sowie sonstige Nutzer – auch mit dem Ziel, den Zugang zum Schienenweg sicherzustellen
- Erbringen von Serviceleistungen entlang der Reisekette wie beispielsweise die Reiseninformation, die Erbringung von Gepäckdienstleistungen oder das Parken in Bahnhofsnähe
- Instandhaltung, Entwicklung, Optimierung und Errichtung von Personenbahnhöfen, einschließlich der Bauplanung und des Baumanagements
- Verwaltung, Vermietung, Verpachtung von Flächen und Räumlichkeiten im Bereich der Bahnhöfe sowie Erbringung von Dienstleistungen
- Führen von Betrieben verwandter Unternehmen für deren Rechnung sowie Erbringen von Beratungsleistungen für Dritte

Bahnhofsbezeichnung

Personenbahnhöfe werden in der Regel nach dem Ort oder Ortsteil benannt, in dem sie liegen. Befinden sich mehrere Bahnhöfe an einem Ort, wird der verkehrstechnisch oder betrieblich übergeordnete Personenbahnhof meist als Hauptbahnhof bezeichnet.

Üblich ist auch die Benennung nach Freizeiteinrichtungen (Berlin Zoologischer Garten), Sportstätten (Berlin Olympiastadion), bekannten Personen (Berlin Julius-Leber-Brücke), Himmelsrichtungen (Berlin Ostbahnhof), Plätzen (Berlin Alexanderplatz), Straßen (Berlin Friedrichstraße), anderen Verkehrsmitteln (BER Berlin Brandenburg Airport) oder sonstigen Orten (Berlin Wannsee).

Differenzierung aus betrieblicher Sicht

Umgangssprachlich werden alle Punkte, an denen Züge durch Reisende bestiegen oder verlassen werden, als Bahnhöfe bezeichnet. Die EBO unterscheidet hier zwischen Bahnhöfen und Haltepunkten.

Bahnhöfe werden im Allgemeinen von Einfahrsignalen oder Trapeztafeln begrenzt, wo solche fehlen durch Einfahrweichen. Darüber hinaus werden Bahnhöfe nach betrieblichen Aspekten unterschieden.

Bahnhof: Bahnanlage mit mindestens einer Weiche, an der Züge planmäßig halten, beginnen, enden, wenden oder ausweichen.

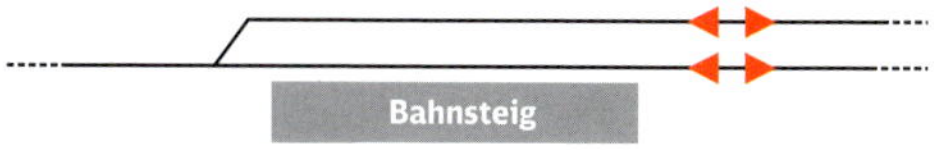

Haltepunkt: Bahnanlage ohne Weiche, an der Züge halten, beginnen oder enden.

Endbahnhof: Endpunkt einer Strecke mit der Möglichkeit der Bahnhofsdurchfahrt und des Gleiswechsels am Kopfende.

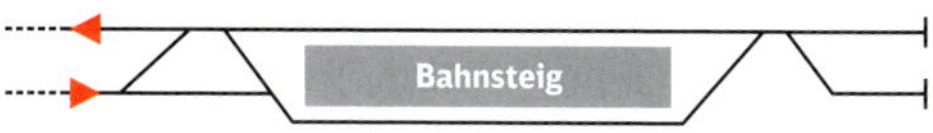

Durchgangsbahnhof: Häufigste Bahnhofsart. Hier verlaufen eine oder mehrere parallele durchgehende Strecken, die ggf. durch zusätzliche Bahnhofsgleise erweitert werden.

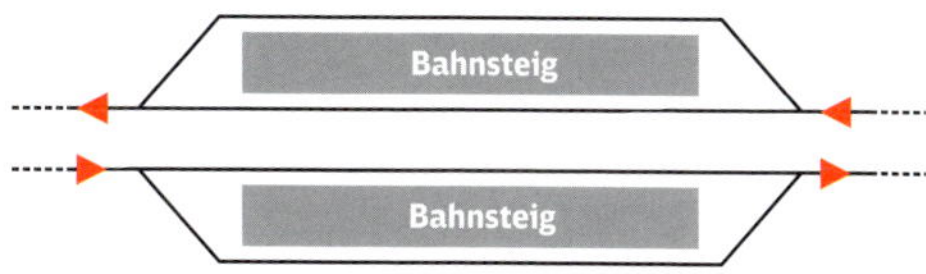

Kreuzungsbahnhof: Kreuzung mindestens zweier Bahnstrecken.

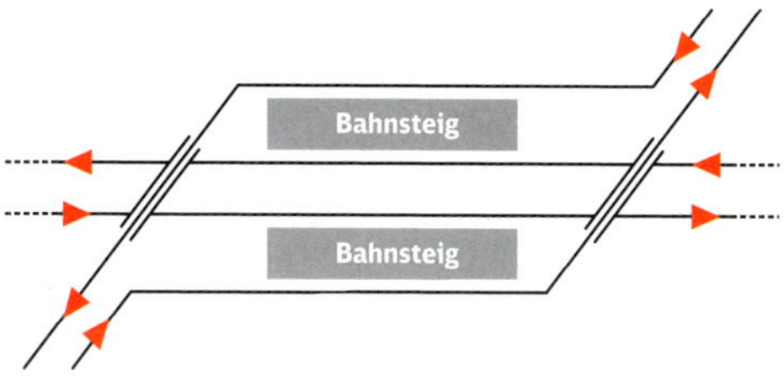

Trennungsbahnhof: Durchgangsbahnhof, in dem auf einer Bahnhofsseite mindestens eine Strecke abzweigt.

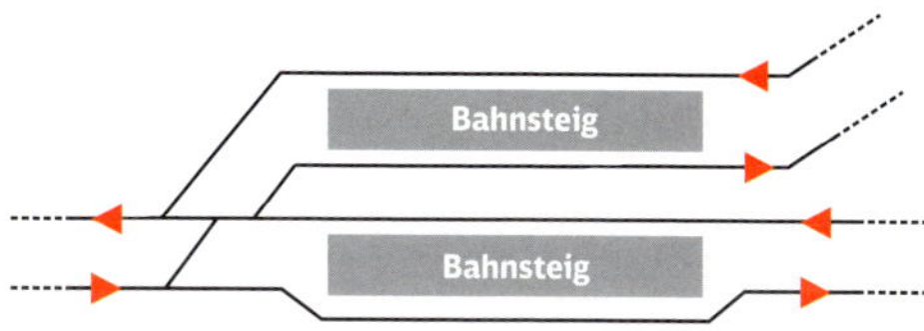

Kopfbahnhof: Geschichtlich die älteste Bahnhofsform. Die Gleise einer oder mehrerer Strecken enden stumpf an Prellböcken; eine Durchfahrt ist nicht möglich. Kopfbahnhöfe werden umgangssprachlich auch als „Sackbahnhöfe" bezeichnet.

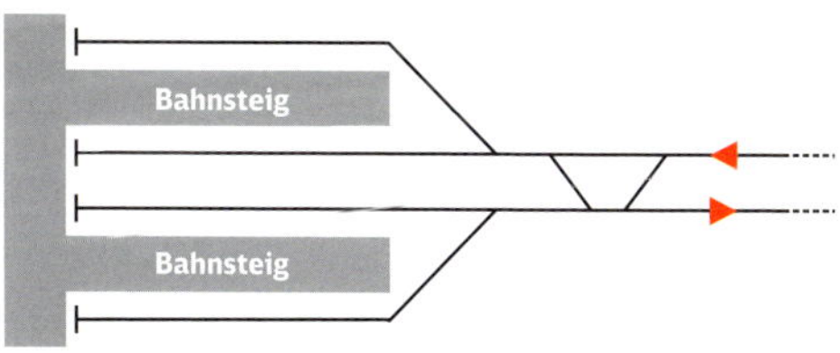

Anschlussbahnhof: Durchgangsbahnhof, an dem ein Kopf- oder Endbahnhof einer Anschlussbahn angeschlossen ist. Eine betriebliche Verknüpfung ist in der Regel nicht vorgesehen, insbesondere bei unterschiedlichen Spurweiten.

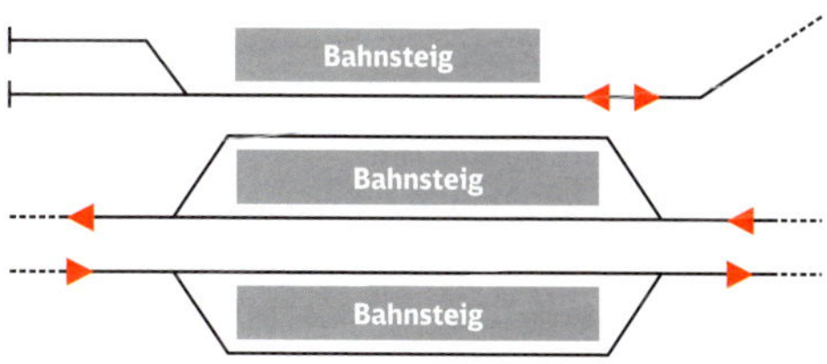

Berührungsbahnhof: Nebeneinanderliegende Bahnhöfe, die betrieblich nicht miteinander verbunden sind.

Spurwechselbahnhof: Bahnhof mit Übergang zwischen unterschiedlichen Spurweiten.

Gemeinschaftsbahnhof: Bahnhof, in dem mehrere Eisenbahninfrastrukturunternehmen Eigentümer sind (z. B. bei Grenzbahnhöfen).

Systemwechselbahnhof: Bahnhof mit Übergang zwischen unterschiedlichen Stromversorgungssystemen.

Abb. 4-46: Differenzierung der Bahnhöfe nach der Lage im Netz und betrieblichen Aspekten

Abbildung: Jürgen Janicki

Differenzierung aus baulicher Sicht

Neben der betrieblichen kann auch eine Unterscheidung nach baulicher Anordnung von Bahnhöfen erfolgen.

- Ein **Kopfbahnhof** besitzt in der Regel ein quer liegendes Empfangsgebäude, an dem die Gleise enden (z. B. Leipzig Hbf).
- In einem **Reiterbahnhof** ist das Empfangsgebäude quer über das Gleisfeld gebaut. (z. B. Bahnhof Hamburg Hbf).
- In einem **Turmbahnhof** kreuzen sich die Strecken niveaufrei (z. B. Berlin Hauptbahnhof). Der unterirdisch befindliche Tunnelbahnhof wird manchmal auch als Tiefbahnhof bezeichnet. Beide Ebenen können durch eine Verbindungsstrecke verbunden sein (z. B. Osnabrück Hauptbahnhof).
- Ein **Tunnelbahnhof** liegt in einem Eisenbahntunnel unter dem Normalniveau der Umgebung.
- Bei einem **Keilbahnhof** werden die Strecken nur auf einer Seite des Bahnhofs betrieblich verknüpft, das Empfangsgebäude liegt mittig zwischen den sich trennenden Strecken (z. B. Bahnhof Wuppertal-Vohwinkel).
- Ein **Inselbahnhof** ist komplett von Gleisanlagen umschlossen (z. B. Bahnhof Altenbeken).

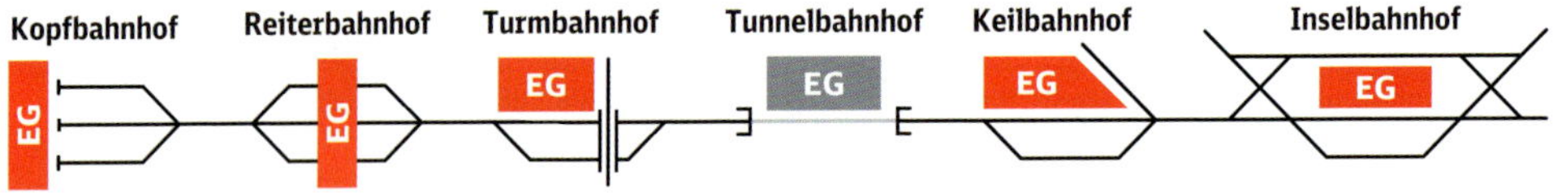

Abb. 4-47: Differenzierung der Bahnhöfe nach baulichen Aspekten und der Lage des Empfangsgebäudes (EG) Abbildung: Jürgen Janicki

Differenzierung aus wirtschaftlicher Sicht

Das Geschäft der Bahn hat sich in den letzten Jahrzehnten sehr gewandelt. So wurden beispielsweise der Transport von Expressgut eingestellt, die Einführung von neuer Stellwerkstechnik vorangetrieben und neue Systeme des Fahrkartenverkaufs eingeführt. Dazu kamen die im Rahmen der Bahnreform umgesetzten Reorganisationen. Dies alles führte dazu, dass in den Bahnhöfen deutlich weniger Fläche für betriebliche Zwecke benötigt wurde.

Mit der Privatisierung der Bahn wurden die wirtschaftlichen Aspekte bedeutsam. Um eine Zuordnung der Kosten und Erlöse zu erreichen, wurden die Bahnhöfe in Empfangsgebäude (EG) und Verkehrsstation (Vst) unterschieden. Zur Verkehrsstation gehören alle betrieblich notwendigen Einrichtungen, die zum Betrieb der Eisenbahn notwendig sind, beispielsweise Bahnsteige, Treppen oder Aufzüge.

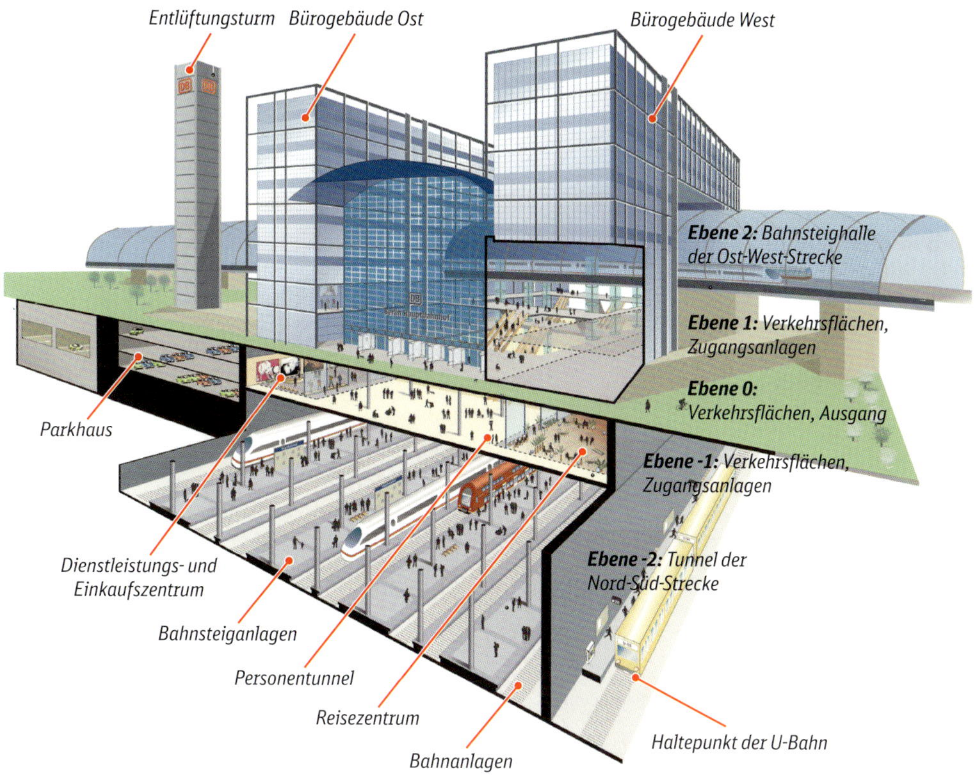

Abb. 4-48: Komponenten eines Personenbahnhofs am Beispiel Berlin Hbf Quelle: DB AG

In den Empfangsgebäuden sind das Reisezentrum und die Einrichtungen zur Versorgung der Reisenden untergebracht. Dazu gehören Gaststätten, Zeitungskioske, Serviceeinrichtungen und an großen Bahnhöfen auch Lounges. Bei Bahnhöfen in großen Städten befindet sich im Erdgeschoss oft auch ein Einkaufszentrum. Darüber hinaus kann das Empfangsgebäude aber auch Büro- und Sozialräume für Eisenbahner oder von anderen Institutionen beherbergen. Selbst Ärztezentren oder Behörden haben heute hier ihren Platz gefunden.

Bahnhofsvorplätze werden umgestaltet und in vielen Fällen den jeweiligen Kommunen zur Nutzung überlassen. Nicht mehr betriebsnotwendige oder für die Bahn nicht wirtschaftlich betreibbare Empfangsgebäude wurden an die Kommunen oder private Investoren verkauft und von diesen auf neue Weise genutzt.

Die Finanzierung des laufenden Betriebs der Verkehrsstationen wird durch die Nutzungsentgelte der dort haltenden EVU sichergestellt. Die Investitionen in die Modernisierung werden mit staatlicher Unterstützung umgesetzt, wozu der Bund oder die jeweiligen Bundesländer umfangreiche Programme zur Förderung aufgelegt haben. Die Empfangsgebäude hingegen müssen sich im Allgemeinen aus den Mieterlösen refinanzieren, nur in bestimmten Fällen können Fördergelder (z. B. für Denkmalschutz) genutzt werden. Die dort notwendigen Investitionen werden durch die jeweiligen Eigentümer getätigt.

Während sich die Mieterlöse im Empfangsgebäude nach der jeweiligen Marktsituation richten, sind die Stationspreise im Stationspreissystem festgelegt. Sie werden nach sieben Kategorien erhoben. Für die Kategorisierung maßgebend relevant sind die Anzahl der Bahnsteigkanten, die maximale Bahnsteiglänge, die Anzahl der Reisenden und Zughalte sowie das Vorhandensein von Servicepersonal und technischer Stufenfreiheit.

Einteilung	Beschreibung	Angebot und Ausstattung
Kategorie 1 (21 Bahnhöfe)	▪ große und leistungsstarke Infrastruktur	▪ sämtliche Dienstleistungen rund um die Bahn ▪ zahlreiche Einkaufsmöglichkeiten ▪ hochwertige Ausstattungsmaterialien ▪ moderne Fahrgastinformationssysteme ▪ Aufzüge und Fahrtreppen
Kategorie 2 (86 Bahnhöfe)	▪ wichtige Zustiegspunkte für den Fernverkehr ▪ Schnittstellen zu den großen Flughäfen ▪ Schnittstellen zu den Hauptbahnhöfen größerer Städte	▪ alle wichtigen Funktionen und Dienstleistungen rund um die Bahn ▪ Einkaufsmöglichkeiten ▪ hochwertige Materialien ▪ moderne Fahrgastinformationssysteme ▪ Aufzüge und Fahrtreppen
Kategorie 3 (255 Bahnhöfe)	▪ Hauptbahnhöfe kleiner bis mittelgroßer Städte	▪ teilweise mit Einkaufsmöglichkeiten ▪ moderne Fahrgastinformationssysteme ▪ Aufzüge, Fahrtreppen
Kategorie 4 (ca. 630 Bahnhöfe)	▪ Bahnhöfe in Ballungsräumen, die stark durch den Regional- und Stadtverkehr geprägt sind	▪ vergleichbar Busbahnhof (in der Regel Wetterschutz und Sitzgelegenheiten)
Kategorie 5 (ca. 1.000 Bahnhöfe)	▪ Bahnhöfe kleinerer Städte ▪ zahlreiche Stadtteilbahnhöfe	▪ wie Kategorie 4 nur ohne Wetterschutz
Kategorie 6 (ca. 2.500 Bahnhöfe)	▪ Bahnhöfe in dünn besiedelten Gegenden	▪ beschränkt auf das Notwendigste (Fahrplan, Abfallbehälter, Wegeleitsystem)
Kategorie 7 (ca. 900 Bahnhöfe)	▪ „Landhalt“	▪ sehr einfache bzw. geringe Infrastruktur (z. B. nur eine Bahnsteigkante)

Abb. 4-49: Kategorien von Bahnhöfen und Haltepunkten (Stand 2017) Quelle: DB Station & Service AG; Zahlen, Daten, Fakten Geschäftsjahr 2020

4.4.2 Gestaltungselemente an Personenverkehrsanlagen

Die Ausstattung von Bahnhöfen orientierte sich bis 2020 an der jeweiligen Kategorie des Bahnhofs oder Haltepunkts. Um den Kundenbedürfnissen noch besser zu entsprechen und bei der Gestaltung von Bahnhöfen die Kundenperspektive besser zu berücksichtigen, werden die Bahnhöfe nun bezüglich ihres verkehrlichen Nutzens neu betrachtet. Durch die Einteilung in Metropolbahnhöfe, Knotenbahnhöfe, S-Bahnhöfe und Zubringerbahnhöfe können die Kundenbedürfnisse besser erfasst werden. Die neu definierten Produktlinien differenzieren in Untersegmente aus, sodass sich genauer festlegen lässt, wie die Angebote an den Kundenbedürfnissen ausgerichtet werden können.

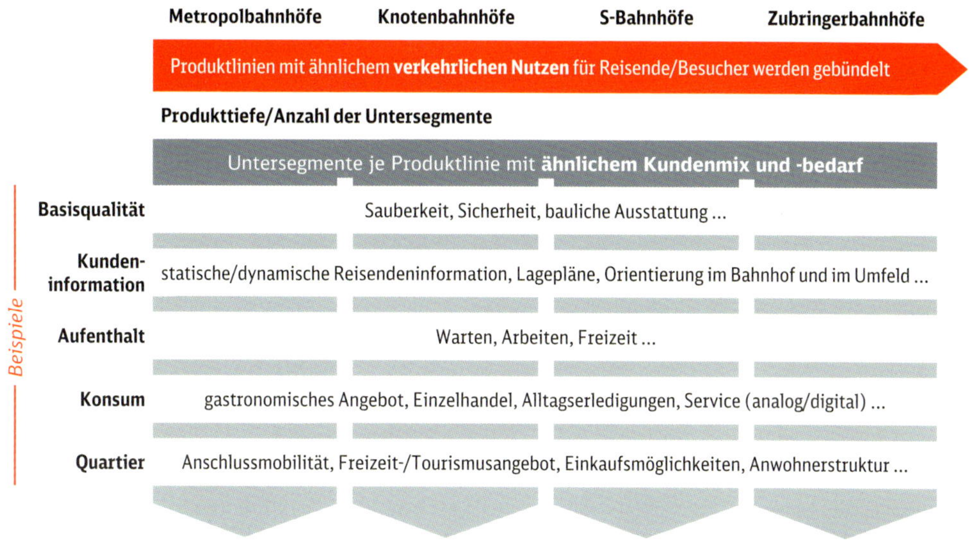

Abb. 4-50: Einteilung der Bahnhöfe

Quelle: DB Station & Service AG

Bahnsteigarten

Der Bahnsteig ist für Reisende die Schnittstelle und der Zugang zum System Eisenbahn und soll als Bestandteil einer Personenverkehrsanlage hauptsächlich den Fahrgastwechsel zu den dort haltenden Reisezügen ermöglichen. Daneben dient er auch als Verweil- und Aufenthaltsbereich für Fahrgäste. Der Bahnsteig besitzt Schnittstellen zu den Systemen Fahrweg und Eisenbahnbetrieb. Während der Vorbeifahrt von Zügen ist die Fläche zur Bahnsteigkante wegen der Sogwirkung Gefahrenbereich. Sie ist deshalb besonders gekennzeichnet und sollte nicht betreten werden. Erst bei Halt eines Zuges wird diese Fläche zur Ein- und Ausstiegszone und damit zur Verkehrsfläche. Für die Anordnung des Bahnsteigs zum Gleis gibt es verschiedene Möglichkeiten. Bahnsteige sollten sich möglichst am geraden Gleis befinden, da nur so die Feststellung der Abfahrbereitschaft des Zuges und die Signalsicht ohne Hilfsmittel gewährleistet sind.

Mittelbahnsteige befinden sich zwischen den Gleisen und besitzen ein oder zwei nutzbare Bahnsteigkanten. Für den Reisendenzugang ist nur eine Zugangsanlage erforderlich.

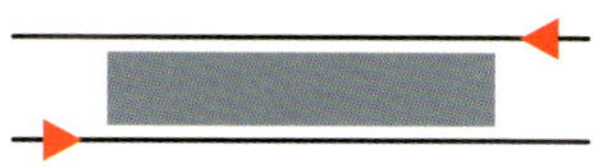

Außenbahnsteige befinden sich in äußerer Lage zum Gleis und besitzen eine nutzbare Bahnsteigkante. Diese Art Bahnsteig wird auch Hausbahnsteig genannt, da sich an vielen Außenbahnsteigen das Empfangsgebäude (EG) anschließt.

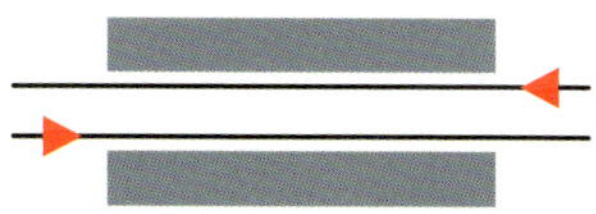

Zwillingsbahnsteige bestehen aus Mittel- und Außenbahnsteigen. Sie werden an vereinzelten Stationen – meist im S-Bahn- und Stadtverkehr – eingesetzt, um einen schnellen Fahrgastwechsel zu erzielen.

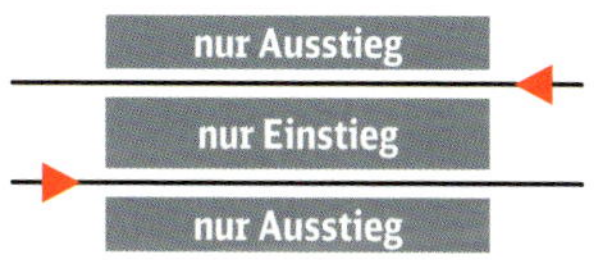

Abb. 4-51: Bahnsteigarten

Abbildung: Jürgen Janicki

Bau von Bahnsteigen

Bei Neubauten oder umfassenden Umbauten sollen die Bahnsteigkanten auf einer Höhe von 55 oder 76 cm über Schienenoberkante liegen. Werden die Bahnsteige auch von Straßenbahnfahrzeugen genutzt, sind Bahnsteighöhen von 38 cm zulässig. Im reinen S-Bahn-Betrieb sind mit entsprechenden Fahrzeugen auch Bahnsteighöhen von 96 cm erlaubt. Bahnsteighöhen von unter 38 cm und über 96 cm sind nicht zulässig. Bahnsteige müssen länger sein als der längste planmäßig dort haltende Zug. So können Längen von über 400 m ausgeführt sein. Die Bahnsteigbreite bemisst sich nach dem Fahrgastaufkommen sowie nach Lage, Art und Breite der erforderlichen Zu- und Abgänge. Anzahl, Art und Lage der Bahnsteige sowie die jeweils erforderliche Systemhöhe und Bahnsteiglänge ergeben sich aus dem Betriebsprogramm.

Sicherheit auf Bahnsteigen

Feste Gegenstände auf Bahnsteigen müssen bei Anlagen, die neu errichtet werden, mindestens drei Meter von der Gleismitte entfernt sein. Bei der Modernisierung von Verkehrsstationen sind die Anforderungen von mobilitätseingeschränkten Personen zu berücksichtigten. Dazu gehören taktile Blindenleitsysteme und Barrierefreiheit. Zur Sicherheit der Reisenden wird für jede Bahnsteigkante eine Gefahrenanalyse erstellt, in der u. a. die Geschwindigkeit der durchfahrenden Züge berücksichtigt wird. Aus der jeweiligen Gefahrenanalyse ergeben sich Sicherheitsmaßnahmen, die auf den Bahnsteigen umgesetzt werden müssen (Beispiele: weiße Linie auf dem Bahnsteig, zusätzliche Schraffuren, zuggenaue Warnansagen vor durchfahrenden Zügen).

Zu- und Abgänge zu den Bahnsteigen

Bahnsteige sollten innerhalb des verkehrlichen Umfelds auf möglichst kurzem, barrierefreiem Fußweg erreichbar sein und dem Kunden einen möglichst stufenlosen Übergang zum Zug bieten. Mindestens ein Zugang zum Bahnsteig sollte so gestaltet sein, dass mobilitätseingeschränkten Menschen der Zugang möglich ist. Zum Betreten und Verlassen von Bahnsteigen dienen Treppen, Rampen oder niveaugleiche Wege. Vielfach enden die Zu- und Abgänge in einer Unter- oder Überführung. Je nach Anlage können auch Aufzüge oder Fahrtreppen (Rolltreppen) zu den Bahnsteigen führen.

Abb. 4-52:
Station Leipzig Wilhelm-Leuschner-Platz
Foto: DB AG/Martin Jehnichen

Wetterschutz

Zum Schutz der Reisenden gegen Witterungseinflüsse sind Bahnsteigüberdachungen in Abhängigkeit der Kategorie des Bahnhofs oder Haltepunkts zu berücksichtigen. Bahnsteigüberdachungen können als Bahnsteighallen mehrere Bahnsteige und Bahnsteiggleise überspannen. Als Bahnsteigdach überspannen sie den Bahnsteig in voller Breite und können sich bis zum Lichtraumprofil des Gleises erstrecken. An kleineren Stationen werden in der Regel Wetterschutzhäuschen (WSH) für die Reisenden aufgestellt. In den WSH befinden sich Sitzgelegenheiten für die Reisenden, in einigen WSH sind auch Vitrinen integriert.

An vielen kleineren Stationen wurden in der Vergangenheit DB Pluspunkte aufgestellt, die den Reisenden Wetterschutz und Sitzgelegenheiten bieten. In den DB Pluspunkten sind, je nach Bauart, auch Fahrkartenautomaten, eine Notruf- und Informationssäule mit Verbindung zur 3-S-Zentrale und eine Videoanlage integriert. Selbstverständlich gehören Abfallbehälter und eine der jeweiligen Station angepasste Beleuchtung zur Grundausstattung für alle Bahnhöfe und Haltepunkte.

Fahrgastinformation

Der Begriff Fahrgastinformation beschreibt die Weitergabe betrieblicher Informationen an die Benutzer öffentlicher Verkehrsmittel. Dazu zählt grundsätzlich der Aushang von Fahrplänen und Übersichtsplänen an allen Stationen. An den großen Bahnhöfen mit Fernverkehrshalten informieren Wagenstandsanzeiger die Reisenden über die Wagenreihung der Fernverkehrszüge. Ergänzend sind seit einigen Jahren auch Wagenstandsinformationen von Regionalexpresszügen an Bahnhöfen verfügbar.

Darüber hinaus werden an allen Bahnhöfen die Bahnsteignummern ausgehängt. An langen Bahnsteigen in großen Bahnhöfen werden die jeweiligen Abschnitte mit entsprechenden Buchstaben gekennzeichnet. Selbstverständlich gehören das Bahnhofsnamensschild, an vielen Stationen auch ein Wegeleitsystem sowie eine Bahnhofsuhr zu den Ausstattungsmerkmalen von Bahnhöfen.

An größeren Bahnhöfen dienen heute Fahrgastinformationsanlagen (FIA) mit modernen elektronischen Anzeigen dazu, dem Fahrgast EDV-gestützt alle aktuellen Informationen zu bieten.

- An zentralen Orten angebrachte **Anzeigetafeln** informieren über die aktuell angebotenen Fahrten sowie Verzögerungen und Zugausfälle.

- An jedem Gleis angebrachte **Zugzielanzeiger** informieren die Fahrgäste über das Ziel ankommender oder abfahrender Züge. Dabei werden in der Regel auch die Zugnummer, Zugart sowie Ankunfts- oder Abfahrtszeit angezeigt.

- Zusätzlich werden die An- und Abfahrten auch über **Lautsprecher** angesagt.

Abb. 4-53: Anzeigetafel im Bahnhof   Foto: Jürgen Janicki

An kleineren Stationen sind Dynamische Schriftanzeiger (DSA) installiert. Mit dem DSA werden die Reisenden mit einem elektronischen Schriftband über Zugverspätungen und Zugausfälle informiert. Auch die akustische Information der Reisenden über ein Sprachmodul ist möglich und wird aktuell an nahezu allen Stationen angeboten.

Fahrkartenautomat

Fahrkartenautomaten werden im öffentlichen Personenverkehr zum Verkauf der Fahrkarten und als Abrufquelle für Informationen eingesetzt. Moderne Fahrkartenautomaten erlauben im Regelfall die Zahlung mit Münzen, Geldscheinen, Geldkarte sowie mit EC- und Kreditkarte. Die Integration einer Web-Kamera und einer Spracheinrichtung ermöglicht Audio- und Videoverbindung zwischen dem Fahrgast und z. B. einem Callcenter. Moderne Automaten zeichnen sich durch hohe Kunden- und Servicefreundlichkeit aus und sind darüber hinaus sicher gegen Vandalismus. Meist dient ein Touchscreen als Schnittstelle zum Kunden.

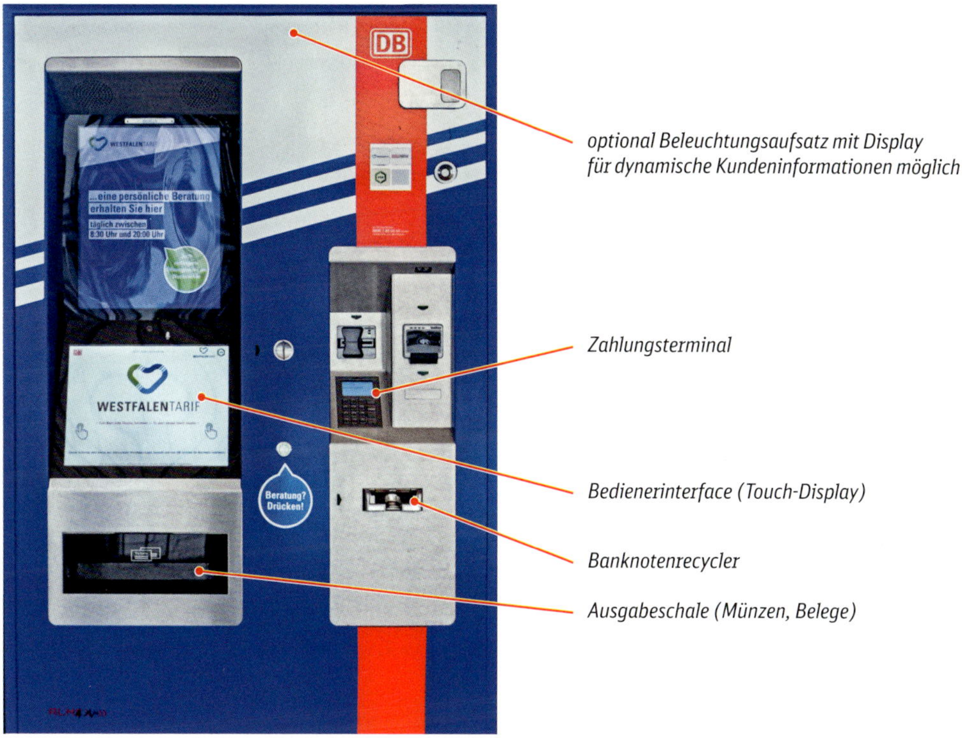

Abb. 4-54: Fahrkartenautomat der Deutschen Bahn

Abbildung: Jürgen Janicki

4.4.3 Schnittstellen zu anderen Verkehrsträgern

Eine optimale Verknüpfung der verschiedenen Verkehrssysteme als Ziel einer integrierten Gesamtverkehrsplanung dient der notwendigen Mobilitätssteigerung im Rahmen der angestrebten Verkehrswende. Neue Angebote zum Bewältigen der ersten bzw. letzten Meile bis zur Nutzung des Systems Bahn wie Car-Sharing oder Elektroroller sind in den letzten Jahren neu hinzugekommen. Am Bahnhof werden die verschiedenen Verkehrssysteme technisch, organisatorisch und informationstechnisch so verknüpft, dass jedes der Teilsysteme optimal genutzt werden kann und seine spezifischen Vorteile in einer Transport- oder Reisekette zum Tragen kommen. Der Wechsel des Verkehrssystems soll durch optimale Verknüpfung erleichtert werden. Damit die Wegstrecken, die zum Umsteigen nötig sind, möglichst kurz gehalten werden können, müssen die Umsteigebeziehungen bei der Planung der Anlage bekannt sein. Wenn möglich sollten Umsteiger am gleichen Bahnsteig den Zug wechseln. Die Belange jener Verkehrsteilnehmer, die zu Fuß gehen – zu denen auch die Umsteiger gehören –, sind bei der Anlagengestaltung besonders zu berücksichtigen.

Abb. 4-55: Unterirdische Zugangsebene zur Verknüpfung verschiedener Verkehrssysteme (S- und Regionalbahn) Foto: Jürgen Janicki

Park+Ride

Bahnhöfe und Haltepunkte sind nicht nur Verknüpfungspunkte zwischen der Eisenbahn und dem übrigen öffentlichen Verkehr, sondern auch das Bindeglied zum Individualverkehr. Bei der Planung solcher Verknüpfungspunkte ist neben einer guten verkehrlichen Anbindung auch eine ausreichende Zahl von Stellplätzen vorzusehen.

Park+Bike

Fahrradabstellanlagen gehören heute zu jedem Bahnhof und Haltepunkt, an größeren Bahnhöfen sind zusätzlich auch Radstationen eingerichtet. Diese Einrichtungen werden fast immer durch die jeweilige Kommune verantwortet und angeboten. An ICE-Halten gibt es zusätzlich auch das Angebot „Call a Bike“ der Deutsche Bahn Connect GmbH. Darüber hinaus wächst die Zahl der an den Bahnhöfen angebotenen Ausleihmöglichkeiten für E-Bikes.

Öffentlicher Personennahverkehr (ÖPNV)

Der Übergang zu den ÖPNV-Systemen wird grundsätzlich bei Bahnhöfen berücksichtigt. In den letzten Jahren hat sich beispielsweise die Zahl der Bahnsteige, an denen ein direkter Übergang aus dem Zug zum Bus möglich ist, erheblich erhöht.

4.5 Güterverkehrsanlagen

4.5.1 Einführung

Güterverkehrsanlagen dienen dem Umschlag von Gütern vom vorlaufenden Verkehrsmittel auf die Schiene, von der Schiene auf das nachlaufende Verkehrsmittel oder dem Umladen von Gütern innerhalb des Verkehrsmittels Schiene. Zu den Güterverkehrsanlagen zählen auch die regionalen und überregionalen Umschlaganlagen der Eisenbahn, die Knoten- und Rangierbahnhöfe.

Ladestellen

Gleisanschließer sind die häufigsten Kunden der EVU. Sie sind mit ihrer eigenen Infrastruktur an ein EIU angeschlossen. Zu den öffentlichen Ladestellen zählt das Freiladegleis, in dem jeder Kunde eines EVU Güterwagen be- und entladen kann. Seitenrampen bieten die Möglichkeit, bestimmte Güter mit Gabelstaplern oder Hubwagen in die Güterwagen einzuladen. Kraftfahrzeuge und Militärfahrzeuge werden über Kopframpen verladen. Vereinzelt ist auch eine Krananlage vorhanden, die für vielfältige Ladezwecke genutzt werden kann.

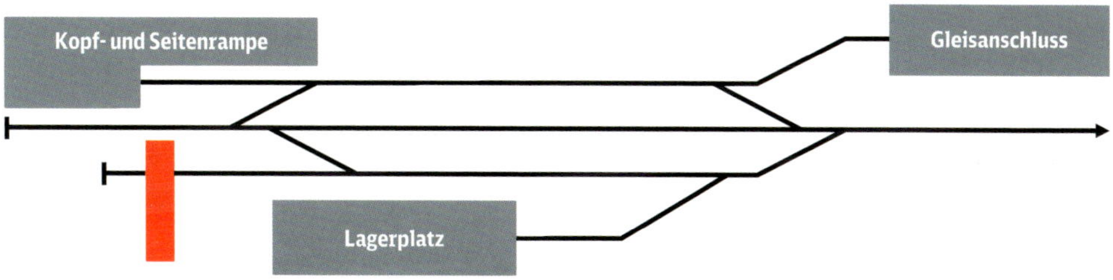

Abb. 4-56: Ladestellen eines Satelliten

Abbildung: Jürgen Janicki

4.5.2 Umschlagbahnhöfe

Die wachsenden Verkehrsströme in Europa verlangen zunehmend intelligente Logistikkonzepte. Ein geeigneter und zukunftsträchtiger Lösungsansatz, um die verschiedenen Verkehrsträger beim Transport von Gütern aufeinander abzustimmen, ist der KV. Umschlagbahnhöfe dienen dem Güterumschlag zwischen dem Straßen- und Schienengüterverkehr, ggf. auch dem Binnenschiffsverkehr.

Leistungsspektrum

Das Grundangebot in den Umschlagbahnhöfen umfasst im Wesentlichen das Umschlagen von Ladeeinheiten wie Containern, Wechselbehältern oder Sattelanhängern zwischen den verschiedenen Verkehrsträgern sowie die transportbedingte Abstellung von Ladeeinheiten. Darüber hinaus werden nachfrage- und standortspezielle Serviceleistungen rund um die

Ladeeinheit wie beispielsweise Wartung, Disposition und längerfristige Deponierung von Ladeeinheiten angeboten.

Das Umschlaggeschäft in den Umschlagbahnhöfen geht zeitlich nach einem zwischen den Betreibern, EVU und Verkaufsgesellschaften erarbeiteten Ablaufplan vonstatten. Hierin sind unter anderem die standortspeziellen Öffnungs-, Ladeschluss- und Bereitstellungszeiten, die Fahrpläne der Ein- und Ausgangszüge sowie die vorhandenen Umschlagkapazitäten festgelegt.

Abb. 4-57: Umschlagterminal mit Umschlagkran Foto: DB AG/Uwe Winkler

Umschlag der Ladeeinheiten

Die Züge des KV erreichen die Umschlagbahnhöfe in der Regel in den frühen Morgenstunden und fahren dort zunächst in die Einfahrgleise des Umschlagbahnhofs ein. Anschließend werden sie in den Ladegleisen nach einem festgelegten Gleisbelegungsplan des Betreibers bereitgestellt. Die Ladeeinheiten werden je nach Mengenaufkommen und vorhandenen Gleis- und Umschlagkapazitäten entweder im Stand- oder im Fließverfahren umgeschlagen.

- Im Standverfahren verbleiben die Züge bis zur Abfahrt in den Umschlaggleisen. Die Eingangssendungen werden überwiegend direkt auf abholende Lastkraftwagen, die Ausgangssendungen direkt vom anliefernden Lastkraftwagen auf die Züge umgeschlagen.

- Im Fließverfahren wird ein Teil der ankommenden Sendungen von den Zügen entladen und auf die Abstellspuren umgeschlagen. Die leeren Züge werden anschließend in Abstellgleise rangiert, um Platz für weitere Eingangszüge zu schaffen. Der Umschlag zwischen Schiene und Straße geht im Fließverfahren entweder direkt zwischen Güterwagen und Lastkraftwagen vonstatten oder z. T. über den Zwischenschritt der transportbedingten Abstellung in den Abstellspuren.

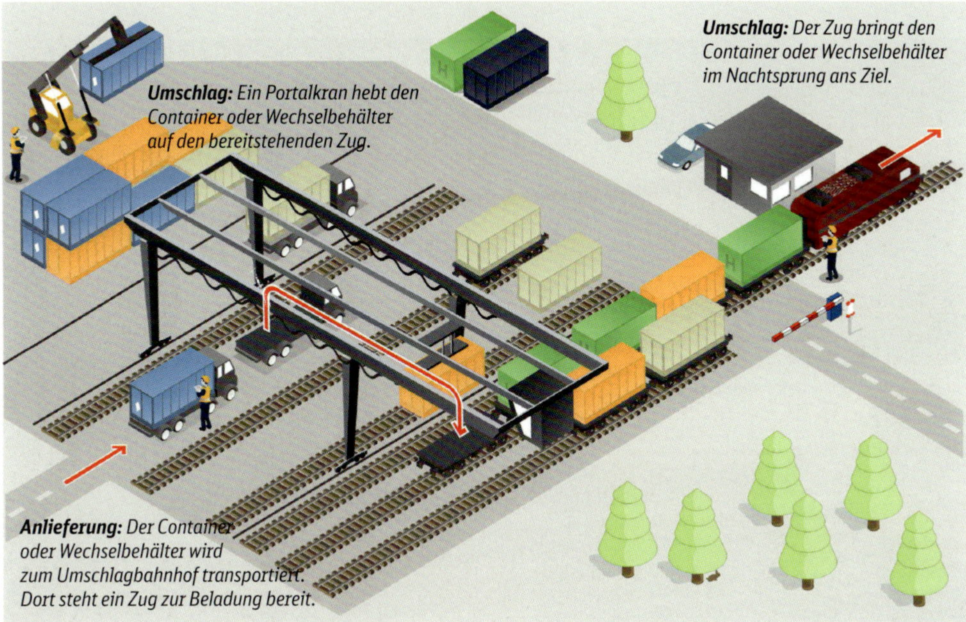

Abb. 4-58: Umschlag der Ladeeinheiten Abbildung: DB AG

Vor dem Umschlag auf den Zug wird eine angelieferte Ladeeinheit auf Verkehrstauglichkeit geprüft. Dadurch ist gewährleistet, dass die Ladeeinheit entsprechende Normen einhält und sicher umgeschlagen und transportiert werden kann. Der Umschlag selbst wird entweder mit Portalkränen oder mobilen Ladegeräten ausgeführt. Der Aktionsradius der Umschlaggeräte umfasst neben den Ladegleisen der Züge auch die Abstellspuren sowie die Fahr- und Ladespuren der Lastkraftwagen. In einigen Anlagen besteht für den Transport ganzer Lastkraftwagen die Möglichkeit, über eine Rampe auf die Güterwagen zu fahren („Rollende Landstraße“).

Zur Beschleunigung des Betriebsablaufs können die Züge in einigen Anlagen direkt aus den Ladegleisen auf die Strecke ausfahren. Die Spitzen der Ladegleise sind deshalb mit einer Oberleitung überspannt. Meist verlassen die Ausgangszüge die Umschlagbahnhöfe in den Abendstunden, sodass die wichtigsten nationalen und internationalen Wirtschaftszentren im „Nachtsprung“ miteinander verbunden werden. Ein Großteil der Sendungen lässt sich so bereits am nächsten Morgen für die Kunden zur Abholung bereitstellen.

4.6 Sonstige Verkehrsanlagen

4.6.1 Eisenbahnfährhäfen

Eine Eisenbahnfähre, auch Trajekt genannt, ist ein Spezialschiff zum Transport von Eisenbahnfahrzeugen im Fährverkehr. Eisenbahnfähren werden eingesetzt, wenn Brücken über Meerengen, Seen oder Flüsse aus technischen oder finanziellen Gründen nicht praktikabel sind.

Abb. 4-59: Eisenbahnfährverkehr der Reederei Stena Line von Rostock nach Trelleborg in Schweden Foto: Stena Line

Deutsche Häfen für Eisenbahnfähren

Ein relativ dichtes Netz an Eisenbahnfähren verkehrt über die Ostsee. Der größte Eisenbahnfährhafen Deutschlands befindet sich in Sassnitz-Mukran auf der Insel Rügen. Wegen der vorgelagerten Lage in der Ostsee sind die von hier ausgehenden Fährlinien nach Litauen und Russland die kürzesten von Deutschland aus bestehenden Seeverbindungen in diese Länder. Hier können Eisenbahnwaggons mit der in vielen osteuropäischen Ländern verwendeten Breitspur von 1.520 mm umgeschlagen werden. Das Breitspurareal bietet aber nicht nur die Möglichkeit, Güter umzuladen, sondern verfügt auch über eine Umachsanlage, auf der die Güterwagen angehoben und die Achsen und Drehgestelle der Wagen gegen solche der jeweils anderen Spurbreite ausgetauscht werden. Ein weiterer wichtiger Eisenbahnfährhafen befindet sich in Rostock.

5 Eisenbahnbetrieb

5.1 Fahrten mit Eisenbahnfahrzeugen

5.1.1 Regelung und Sicherung der Zugfolge

Die Spurführung der Eisenbahnfahrzeuge und ihre langen Bremswege erfordern besondere Techniken zur Regelung und Sicherung von Zugfahrten. Dabei werden die im Betrieb tätigen Mitarbeiter von technischen Einrichtungen unterstützt, die auf der Grundlage von betrieblichen Bestimmungen und Vorgaben betrieben werden. Fahr- oder Haltbefehle für Züge werden entweder über ortsfeste Signale optisch an den Triebfahrzeugführer übermittelt oder direkt in den Führerraum des führenden Fahrzeugs übertragen.

Abb. 5-1: Ortsfeste Signale übermitteln die Fahr- und Haltbefehle optisch an den Triebfahrzeugführer. Foto: DB AG/Uwe Miethe

Fahrdienstleiter

Der für die Regelung der Zugreihenfolge und Zugfolge zuständige Mitarbeiter wird Fahrdienstleiter genannt. Er regelt die Zugfahrten nach Maßgabe des für ihn gültigen Regelwerks sowie nach den Vorgaben der Fahrpläne. Insoweit trägt der Fahrdienstleiter die Verantwortung für die Sicherheit und Pünktlichkeit im Bahnbetrieb. Keine Zugfahrt darf ohne seine Zustimmung vorgenommen werden. Der Fahrdienstleiter hat seinen Arbeitsplatz im Stellwerk oder in einer Betriebszentrale/Steuerzentrale eines EIU.

Zugfolge

Grundlage der Sicherung der Zugfolge auf Strecken mit konventioneller Leit- und Sicherungstechnik ist das Fahren im Raumabstand, der durch Hauptsignale begrenzt ist. Hier wird immer nur ein Zug in einen freien Streckenabschnitt eingelassen. Diese Streckenabschnitte werden mit dem Begriff Zugfolgeabschnitt bezeichnet und durch Zugfolgestellen begrenzt. Zugfolgestellen haben die Aufgabe, die Zugfolge auf der freien Strecke zu regeln. Zugfolgeabschnitte werden in ihrer signaltechnischen Funktion auch als Blockstrecke oder Blockabschnitt bezeichnet. Ergänzend hierzu definiert das Regelwerk den Begriff der Zugmeldestelle. Neben der Regelung der Zugfolge besteht auf Zugmeldestellen die zusätzliche Möglichkeit, die Reihenfolge der Züge zu ändern, z. B. durch Überholungen oder Kreuzungen.

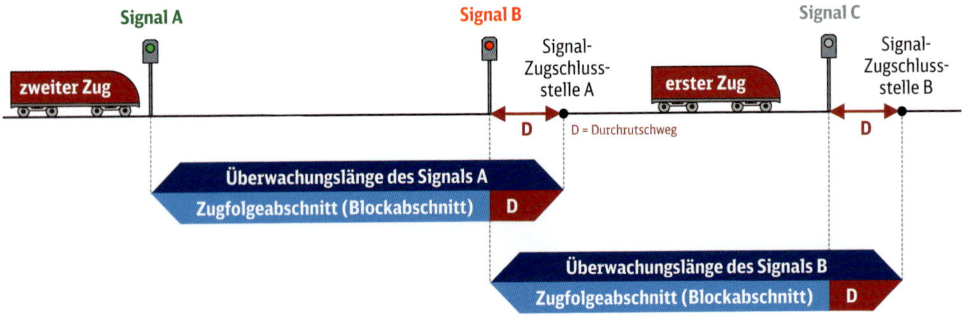

Abb. 5-2: Fahren im festen Raumabstand Abbildung: Jürgen Janicki

Signalabhängigkeit

Ein Signal ist ein an der Strecke aufgestelltes Zeichen, das Regeln für die Benutzung des Verkehrswegs definiert. Die Signalabhängigkeit ist die entscheidende Voraussetzung für sichere Zugfahrten im Regelbetrieb. Ein Hauptsignal kann erst dann in Fahrtstellung gebracht werden, wenn alle für die Zugfahrt erforderlichen fahrwegseitigen Voraussetzungen erfüllt und damit alle zu befahrenden Weichen und Flankenschutzeinrichtungen richtig gestellt sind. Solange das Hauptsignal den Fahrtbegriff zeigt, werden diese Einrichtungen verschlossen gehalten. Diese Abhängigkeiten werden in der Regel durch die Verschlusseinrichtungen in den Stellwerksanlagen gewährleistet.

Fahrstraße

Der aus Gleisen und Weichen gebildete und signaltechnisch gesicherte Fahrweg eines Schienenfahrzeugs wird als Fahrstraße bezeichnet. Die Fahrstraße für eine Zugfahrt wird durch die Fahrtstellung eines Hauptsignals (Startsignal) freigegeben und endet am Ende des Durchrutschwegs hinter einem Zielsignal. Wenn kein Zielsignal vorhanden ist (z. B. bei Ausfahrstraßen), endet die Fahrstraße am Ende des anschließenden Weichenbereichs.

Technische Sicherungen und wechselseitige Abhängigkeiten verhindern, dass eine Fahrstraße während einer Zugfahrt verändert oder von einer anderen Zugfahrt benutzt werden kann. In Stellwerken projektierte Fahrstraßen für Rangierfahrten werden in ähnlicher Form gebildet, jedoch im Vergleich zu den Zugfahrstraßen weniger aufwendig gesichert, um die notwendige Flexibilität beim Rangieren nicht einzuschränken. Die Zustimmung zur Rangierfahrt wird, wo vorhanden, durch Sperrsignale erteilt. Zugfahrten werden durch Fahrdienstleiter auf der Grundlage von Fahrplänen und unter Zuhilfenahme des sogenannten Zugmeldeverfahrens geregelt.

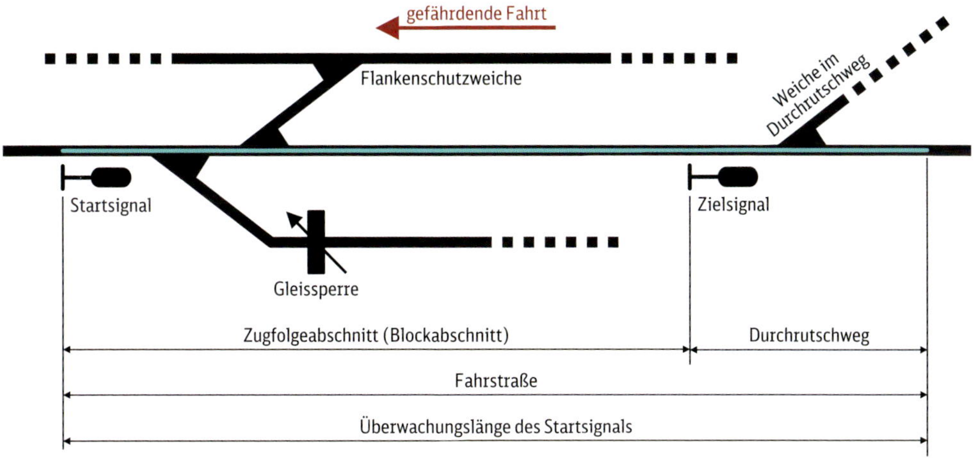

Abb. 5-3: Elemente einer Fahrstraße mit Zielsignal

Abbildung: Jürgen Janicki

Flankenschutz

Flankenschutzeinrichtungen verhindern, dass ein Zug durch Fahrten (sogenannte Flankenfahrten) gefährdet wird, die in seinen Fahrweg einmünden. Flankengefährdungen sind möglich durch kreuzende Zug- oder Rangierfahrten und unbeabsichtigt in Bewegung geratene Fahrzeuge. Als Flankenschutzeinrichtung kommen Schutzweichen, Gleissperren oder Signale zum Einsatz. In Gleisen ohne solche technischen Einrichtungen können auch Rangier- und/oder Abstellverbote den Flankenschutz während der Ausführung von Zugfahrten in benachbarten Gleisen sicherstellen.

Zugmeldungen

Zugmeldungen dienen der Regelung und Sicherung der Zugfolge durch den Fahrdienstleiter. Sie werden auf den zugelassenen und vom Betreiber der Infrastruktur eingerichteten betrieblichen Kommunikationseinrichtungen gegeben, die in der Regel die beiden Fahrdienstleiter der benachbarten Bahnhöfe und die dazwischenliegenden Betriebsstellen (z. B. Schrankenposten) miteinander verbinden. Die Zugmeldungen werden für jeden Zug mit Zugnummer, Ankunfts- und Abfahrtszeit aufgezeichnet bzw. schriftlich dokumentiert.

Streckenblock

Um bei hochbelasteten Strecken mehrere Züge nacheinander auf die Strecke zu bringen, ist eine Abstandsregelung und -sicherung der Züge erforderlich. Auf eingleisigen Strecken verhindert ein zusätzlicher Gegenfahrschutz, dass sich zwei Züge auf einem Gleis begegnen. Bei der konventionellen Zugsicherung wird zur Abstandssicherung das Prinzip des Fahrens im festen Raumabstand angewendet. Bei modernen Stellwerken wird ein vom Zug gesteuerter selbsttätiger Streckenblock verwendet. Hier schützen Selbstblocksignale in Stellung „Zughalt" den Zug, sobald er in einen Blockabschnitt eingefahren ist. Sie geben den Abschnitt frei, sobald der Zug den Blockabschnitt unter Deckung des nächsten Signals vollständig verlassen hat. Gleisfreimeldeanlagen stellen dabei das Freisein von Blockabschnitt und Durchrutschweg technisch fest. Im Gegensatz dazu ist beim nichtselbsttätigen Streckenblock u. a. noch eine verfahrensbasierte Räumungsprüfung des jeweiligen Streckenabschnitts durch den Fahrdienstleiter erforderlich, bei der folgende Punkte zu prüfen sind:

1. Hat der Zug den Durchrutschweg hinter dem Hauptsignal am Ende des Zugfolgeabschnitts freigefahren?

2. Hat der Zug mindestens ein Zeichen des Schlusssignals?

3. Befindet sich das Hauptsignal am Ende des Zugfolgeabschnitts in Haltstellung?

Diese drei Punkte sind die Kriterien einer „Räumungsprüfung" und somit ein unabdingbarer Faktor bei der verfahrensbasierten Sicherung der Zugfolge. Erst nach dieser Feststellung darf ein Zug durch den Fahrdienstleiter manuell zurückgeblockt und der Streckenabschnitt damit freigegeben werden.

Abb. 5-4: Achszählkontakt am Gleis

Foto: Siemens

Gleisfreimeldeanlage

Selbsttätige Gleisfreimeldeanlagen prüfen, ob Weichen, Kreuzungen und Gleisabschnitte frei von Fahrzeugen sind. Das Ergebnis dieser Prüfung wird dem Bediener eines Stellwerks im schematisch dargestellten Gleisbild auf dem Stelltisch oder einem Monitor angezeigt. Die Gleisfreimeldeanlage steuert in Relaisstellwerken und elektronischen Stellwerken alle wesentlichen Funktionen beim Einstellen, Sichern und Auflösen der Fahrstraßen und beim Stellen der Signale.

Ist die Gleisfreimeldeanlage in ein Gleis der freien Strecke eingebaut, wird sie als Streckengleisfreimeldeanlage bezeichnet und ist ein integraler Bestandteil des selbsttätigen Streckenblocks. Es gibt Gleisfreimeldeanlagen mit Gleisstromkreisen, Achszählkontakten oder Tonfrequenzgleisstromkreisen:

- **Achszählkontakte** sind am Anfang und am Ende des zu überwachenden Gleisabschnitts als Impulsgeber angebracht. Die Aufgabe der Kontakte besteht darin, die in einen Gleisabschnitt ein- und ausfahrenden Achsen zu registrieren und an eine Zähleinrichtung weiterzugeben. Der Gleisabschnitt ist frei, wenn keine Differenz zwischen ein- und ausgezählter Achsenzahl vorliegt. Das Ergebnis dieser Prüfung wird dem Bediener eines Stellwerks durch Meldeanzeige „frei“ (gelb) oder „besetzt“ (rot) angezeigt.

- Beim **Gleisstromkreis** werden die Schienen eines Gleisfreimeldeabschnitts durch Isolierstöße getrennt. Dazu sind die Schienen auf nicht leitenden Schwellen verlegt. Gleisstromkreise arbeiten nach dem Ruhestromprinzip: Solange der eingespeiste Ruhestrom nicht durch ein Fahrzeug unterbrochen wird, zeigt die Anlage dem Stellwerksbediener an, dass der entsprechende Gleisabschnitt frei ist. Wird der Ruhestrom durch ein Fahrzeug unterbrochen (Achskurzschluss), fällt das Überwachungsrelais ab und der Gleisabschnitt wird als besetzt angezeigt.

- **Tonfrequenzgleisstromkreise** arbeiten nach dem gleichen Prinzip wie Gleisstromkreise. Hier wird der isolierten Schiene jedoch anstelle des Ruhestromkreises über einen Sender von einer Seite her ein Tonsignal mit einer bestimmten Frequenz gegeben, das an der anderen Seite von einem Empfänger abgenommen wird. Eine Besetzung des Freimeldeabschnitts mit einem Schienenfahrzeug führt zu einer Störung des Tonsignals und erzeugt so eine Besetztanzeige.

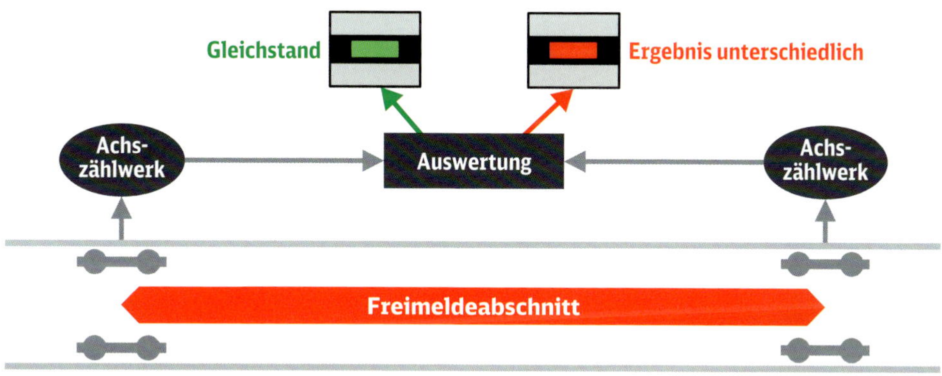

Abb. 5-5: Funktionsprinzip einer Gleisfreimeldeanlage mit Achszählkreis

Abbildung: Jürgen Janicki

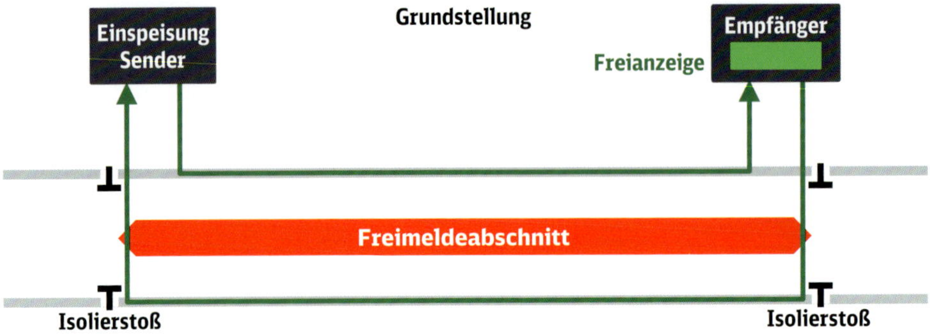

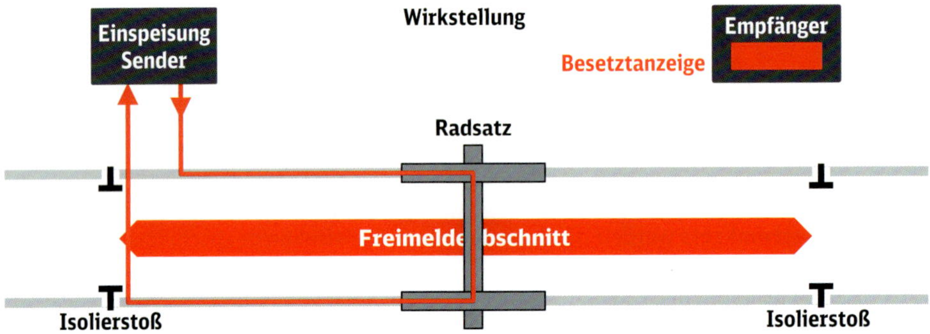

Abb. 5-6: Funktionsprinzip einer Gleisfreimeldeanlage mit Gleichstromkreis

Abbildung: Jürgen Janicki

Betriebsart

Aktuell werden bei Bahnsystemen verschiedene Betriebsarten angewendet. Langfristig soll der Fahrbetrieb automatisiert werden. Dies soll zu einer Verringerung der Zugfolgeabstände und damit zu einer Steigerung der Streckenkapazität führen, die Fahrweise und damit den Energieverbrauch optimieren und die Betriebskosten senken. Die unterschiedlichen Betriebsarten lassen sich anhand ihres Automatisierungsgrades wie folgt differenzieren.

Betriebsart	Start	Bremsung	Türschließung	Betrieb im Störungsfall
Fahrt auf Sicht	Tf	Tf	Tf	Tf
manuelle Fahrt mit Zugbeeinflussung	Tf	Tf	Tf	Tf
teilautomatischer Betrieb	automatisch	automatisch	Tf	Tf
begleiteter fahrerloser Betrieb	automatisch	automatisch	Zub	Zub
vollautomatischer personalloser Betrieb	automatisch	automatisch	automatisch	automatisch

Tf = Triebfahrzeugführer, Zub = Zugbegleiter

Abb. 5-7: Anforderungen in den verschiedenen Betriebsarten

5.1.2 Betriebsverfahren

Der Begriff Betriebsverfahren kennzeichnet ein System betrieblicher Regeln und technischer Mittel für die Durchführung von Zugfahrten. Zur Ermittlung des Betriebsverfahrens, das für eine Strecke geeignet ist, muss zuvor immer das Belastungsprofil analysiert werden. Dabei sind Infrastruktur, Fahrzeuge, Betriebsabwicklung und Personalbelastung zu berücksichtigen. Als Ergebnis werden die Strecken in solche mit schwacher, mäßiger oder starker Belastung klassifiziert.

Betriebsverfahren lassen sich u. a. nach der Struktur der Fahrdienstleitung und der Art der Führung der Züge wie folgt unterteilen:

- Der **Betrieb mit dezentraler Fahrdienstleitung** stellt die klassische Betriebsweise bei der Eisenbahn dar. Die Zugfolge wird hier durch Austausch von Zugmeldungen zwischen den Fahrdienstleitern der örtlichen Betriebsstellen geregelt. Der Zugfahrt wird in der Regel durch Hauptsignal oder Führerraumanzeige zugestimmt, beim Zugleitbetrieb fernmündlich und beim signalisierten Zugleitbetrieb durch Signal.

- Beim **Betrieb mit zentraler Fahrdienstleitung** wird die Zugfolge von einer zentralen Stelle aus geregelt, während die örtlichen Betriebsstellen unbesetzt sind. Der Zugfahrt wird in der Regel durch Hauptsignal oder Führerraumanzeige zugestimmt.

- Die **Führung der Züge ohne signaltechnische Sicherung** wird vereinzelt auf Nebenbahnen mit einfachen betrieblichen Verhältnissen angewendet. Eine Ausrüstung der Strecke mit Signalen ist nicht erforderlich. Im Einzelfall kann eine vereinfachte Signalisierung vorhanden sein.

- Die **Führung der Züge mit Signaleinrichtungen** setzt eine entsprechende Ausrüstung der Strecke voraus. In der Regel ist die durchgehende Signalisierung immer auch mit der technischen Zugfolgesicherung durch einen Streckenblock verbunden. Die Führung der Züge kann auch durch Führerraumanzeigen in Verbindung mit einer linienförmigen Zugbeeinflussung erfolgen. Als Rückfallebene oder bei Abweichungen vom Regelbetrieb erteilen Zusatzsignale bzw. schriftliche Befehle oder mündliche Aufträge die Zustimmung zur Zugfahrt.

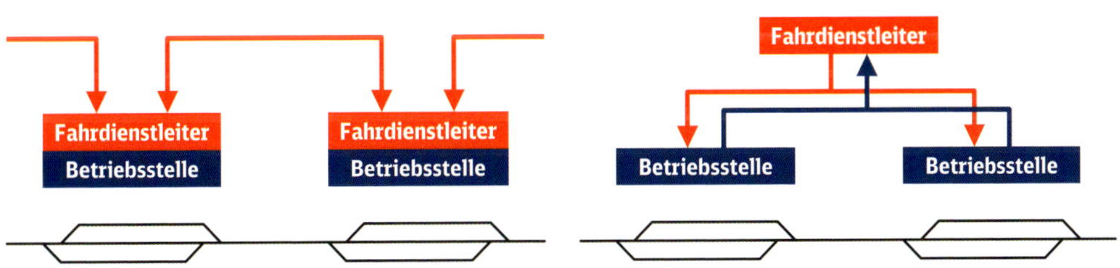

Abb. 5-8: Unterscheidung der Betriebsverfahren nach der Struktur der Fahrdienstleitung Abbildung: Jürgen Janicki

Zugleitbetrieb (ZLB)

Beim Zugleitbetrieb wird auf eine höher entwickelte Signaltechnik in der Regel verzichtet. Für Strecken mit geringeren Anforderungen an das Betriebsprogramm hat sich der Zugleitbetrieb als Betriebsverfahren durchgesetzt. Bei diesem hängt die Sicherheit in erster Linie von der Durchführung verfahrensgesicherter betrieblicher Abläufe, Meldungen sowie deren Dokumentation ab.

Jede Fahrerlaubnis, Zuglaufmeldung und alle sonstigen betriebsrelevanten Aufträge und Meldungen werden von den Beteiligten schriftlich nachgewiesen. Die Zugfahrten werden für die gesamte Zugleitstrecke zentral von einer Betriebsstelle aus zugelassen und gesichert. Von hier aus regelt ein Zugleiter im direkten Zusammenwirken mit dem Zugführer sämtliche Fahrten mit Zuglaufmeldungen. Er führt ein spezifisches Zugmeldebuch, das ihm jederzeit den Überblick über die Zugleitstrecke gibt.

Zur Fahrt auf einer Zugleitstrecke benötigt jeder Zug eine Fahrerlaubnis des Zugleiters. Diese wird mit einer Fahranfrage vom Zugführer eingeholt. Bis zu welcher Zuglaufstelle die Fahrerlaubnis erteilt wird, richtet sich nach dem Fahrplan. Bei Ankunft des Zuges unterrichtet der Zugführer den Zugleiter mit einer Ankunftsmeldung. Erst dann darf er einem nachfolgenden Zug die Fahrerlaubnis bis zur nächsten zurückliegenden Zuglaufstelle erteilen. Dadurch ist gewährleistet, dass zwischen zwei einander nachfolgenden Zügen mindestens ein Streckenabschnitt frei bleibt.

Weitere Formen des Zugleitbetriebs sind der signalisierte Zugleitbetrieb – hier ist die Strecke mit einem vereinfachten Signalsystem ausgerüstet – und der technisch unterstützte Zugleitbetrieb. Mit dem Elektronischen Stellwerk für Signalisierten Zugleitbetrieb (ESZB) wurde bei der DB Netz AG eine Signaltechnik speziell für Regionalstrecken eingeführt.

5.1.3 Zugfahrten

Die EBO definiert Züge als auf die freie Strecke übergehende, aus Regelfahrzeugen bestehende, durch Maschinenkraft bewegte Einheiten oder einzeln fahrende Triebfahrzeuge. Fahrten, die nicht auf die freie Strecke übergehen, können auch als Rangierfahrt durchgeführt werden.

Ein weiteres wichtiges Merkmal einer Zugfahrt ist, dass sie entsprechend der technischen Ausrüstung auf einem gesicherten Fahrweg stattfindet und in der Regel mit der Fahrtstellung eines Hauptsignals zugelassen wird (Signalabhängigkeit). Bei Störungen der Leit- und Sicherungstechnik wird der Fahrt durch Zusatzsignal bzw. schriftlichen Befehl zugestimmt. Des Weiteren kann die Zustimmung zur Fahrt auch als Führerraumanzeige übertragen werden. Bevor ein Zug sich in Bewegung setzen darf, sind jedoch auch noch zugseitige Bedingungen zu erfüllen.

So darf ein Zug erst abfahren, wenn die Abfahrbereitschaft festgestellt worden ist. Dazu gehört, dass beispielsweise bei Güterzügen die Ladetätigkeiten beendet wurden oder dass bei Fahrzeugen des Personenverkehrs die Einstiegstüren nach dem Ein- und Aussteigen der Reisenden wieder vollständig verschlossen sind.

Während der Zugfahrt beobachtet der Triebfahrzeugführer den Fahrweg, beachtet betriebliche Unterlagen und bedient das Fahrzeug. Darüber hinaus hat der Triebfahrzeugführer auf Unregelmäßigkeiten zu achten und festgestellte Unregelmäßigkeiten zu melden.

Zugbildung

Je nach Art der angetriebenen Fahrzeuge und ihrer Anordnung im Zug werden folgende Arten der Zugbildung unterschieden:

- **Züge,** bestehend aus Triebfahrzeugen und dem Wagenzug, werden von einem Triebfahrzeug befördert, das sich dabei an der Spitze oder an anderer Stelle im Zug befinden kann. Die Steuerung des Zuges erfolgt immer an der Zugspitze von einem Führerraum aus. In bestimmten Fällen – beispielsweise bei hohen Zuggewichten – können sich auch zwei arbeitende Triebfahrzeuge im Zug befinden (Doppeltraktion).

- **Wendezüge** besitzen an einem Ende einen Steuerwagen zur Steuerung des Zuges. Hier kann das Triebfahrzeug auch bei einem Fahrtrichtungswechsel seine Position im Zugverband beibehalten.

- **Geschobene Züge** werden nicht von der Spitze aus gesteuert, weil sich das Triebfahrzeug an einer anderen Stelle im Zug – z. B. am Zugende – befindet.

- **Nachgeschobene Züge** werden von einem zusätzlichen Triebfahrzeug – einer sogenannten Schiebelokomotive – vom Zugende her nachgeschoben. Dabei werden sie aber von einem Führerraum an der Zugspitze gesteuert. Die Schiebelokomotive muss dabei nicht mit dem Zug gekuppelt sein.

- **Triebzüge** sind mit eigenem Antrieb versehene, im Regelbetrieb nicht trennbare Einheiten aus mehreren Fahrzeugen.

- **Triebwagenzüge** sind Züge, die aus einem oder mehreren Triebwagen oder Triebzügen bestehen.

Abb. 5-9: Lokbespannter Güterzug und Triebzug auf dem Streckenabschnitt Durmersheim-Forchheim Foto: DB AG/Georg Wagner

Zugvorbereitung

Ein sicherer Betrieb erfordert den Einsatz von Fahrzeugen, deren technische Beschaffenheit frei von Mängeln ist. Darüber hinaus muss auch die Ladung – und deren Sicherung – so beschaffen sein, dass von ihr während der Zugfahrt keine Gefahr ausgeht. Zur Zugvorbereitung gehören deshalb neben dem Kuppeln des Zuges auch die Ausführung einer Bremsprobe, die Bremsberechnung und ggf. eine Zugprüfung oder wagentechnische Untersuchung.

Fahrzeuge, die betriebsgefährdende Schäden und Mängel aufweisen, sind unverzüglich aus dem Zugverband auszusetzen und so abzustellen, dass von ihnen keine weitere Gefahr ausgeht. Die Zugvorbereitung wird deshalb auf dem Zuganfangsbahnhof durchgeführt sowie auf Unterwegsbahnhöfen, auf denen sich die Zusammensetzung des Zuges ändert.

Regelzüge, Sonderzüge

Regelzüge verkehren nach einem im Voraus festgelegten Fahrplan täglich oder an bestimmten Verkehrstagen. Sonderzüge verkehren auf besondere Anordnung an bestimmten Tagen nach einem im Voraus festgelegten und bekannt gegebenen Fahrplan (Bedarfszüge) oder nach einem von Fall zu Fall besonders aufgestellten Fahrplan. Sonderzüge sind beispielsweise Hilfszüge oder Sperrfahrten.

Zuggattung

EVU verwenden Zuggattungen als Produktbezeichnung sowie für statistische und Abrechnungszwecke. Die DB Netz verwendet Zuggattungen zur Unterscheidung von Zügen nach ihren Eigenschaften oder nach ihrem Verwendungszweck. So wird beispielsweise im Reiseverkehr im Wesentlichen zwischen Intercity-Express (ICE), Intercity (IC), Regional-Express (RE), Regionalbahn (RB) oder Stadtschnellbahn (S) unterschieden. Auch im Güterverkehr, für einzeln fahrende Triebfahrzeuge und für Zwecke des Netzes (Bahndienstzwecke) gibt es Einteilungen.

Zugnummer

Jeder Zug hat seine eigene Zugnummer. Anhand dieser Kennzeichnung ist er in die Fahrpläne eingearbeitet. Die Zugnummer dient der Identifizierung einer Zugfahrt zwischen einem festgelegten Abfahrts- und Zielbahnhof über einen definierten Laufweg und an einem definierten Verkehrstag. Alle Zugfahrten auf Strecken der DB AG unterliegen dem Zugnummernplan der DB Netz AG. Die Zugnummern bestehen hier aus höchstens fünf Ziffern.

Die zentrale Struktur des digitalen Funknetzes GSM-R erfordert die netzweite Eindeutigkeit der Zugnummer zur Erreichbarkeit der Züge. Bei der Vergabe und Verwendung einer Zugnummer ist deshalb zu beachten, dass diese bundesweit für einen Tag gleichzeitig nur einmal im Netz vorhanden ist. Die geraden Nummern werden grundsätzlich für die Richtungen von Osten nach Westen und von Süden nach Norden benutzt. Die Zugnummer wird beim Wechsel der Himmelsrichtung nicht geändert.

Zuggeschwindigkeit

Die zulässige Geschwindigkeit, mit der ein Zug auf einem Streckenabschnitt verkehren darf, ist von zahlreichen Faktoren abhängig. Fahrzeugseitig spielen neben der Fahrzeugbauart die Art und Länge der Züge sowie die Bremsverhältnisse eine wesentliche Rolle. Streckenseitig sind es die Strecken- und Betriebsverhältnisse.

Die EBO unterscheidet bei den zulässigen Geschwindigkeiten nach Haupt- und Nebenbahnen.

- **Reisezüge auf Hauptbahnen mit LZB-Führung:** Aktuell gelten bei der Deutschen Bahn AG für Reisezüge auf Neubaustrecken 250 bzw. 300 km/h und auf Ausbaustrecken 200 km/h als zulässige Höchstgeschwindigkeiten (Geschwindigkeiten über 250 km/h erfordern dabei eine besondere Genehmigung). Bei diesen Geschwindigkeiten ist die Ausrüstung der Strecke und der führenden Fahrzeuge mit einer Linienzugbeeinflussung (LZB) zwingend.

- **Reisezüge auf Hauptbahnen ohne LZB-Führung:** Sind Zugbeeinflussungseinrichtungen vorhanden, die nicht der LZB zugerechnet werden können, gilt als Höchstgeschwindigkeit 160 km/h. S-Bahn-Strecken werden üblicherweise mit 120 km/h befahren.

- **Reisezüge auf Nebenbahnen:** Hier gilt eine zulässige Höchstgeschwindigkeit von 100 km/h, wenn die Sicherheit durch technische Einrichtungen gewährleistet ist, sonst 80 km/h.

- **Güterzüge auf Hauptbahnen:** Für Güterzüge mit durchgehender Bremse gilt in der Regel eine zulässige Höchstgeschwindigkeit von 120 km/h, wenn Strecken und führendes Fahrzeug mit Zugbeeinflussungseinrichtungen ausgerüstet sind. Ansonsten gilt eine Höchstgeschwindigkeit von 100 km/h. Werden Güterzüge ausnahmsweise ohne durchgehende Bremse gefahren, beträgt die zulässige Höchstgeschwindigkeit 50 km/h.

- **Güterzüge auf Nebenbahnen:** Hier gilt eine zulässige Höchstgeschwindigkeit von 80 km/h.

- **Rangierdienst:** Hier beträgt die zulässige Höchstgeschwindigkeit 25 km/h, bei Ansage des freien Fahrwegs 40 km/h, beim Rangieren im Baugleis 20 km/h.

Die zulässigen Geschwindigkeiten, die mit einem signalgeführten Zug gefahren werden dürfen, sind im Fahrplan des Zuges vorgeschrieben. Bei LZB-geführten Zügen werden die zulässigen Geschwindigkeiten in der Führerraumanzeige angezeigt.

5.1.4 Rangierfahrten

Der Begriff Rangieren beschreibt das Bewegen einzelner Schienenfahrzeuge oder Fahrzeuggruppen, soweit es sich nicht um eine Zugfahrt (Sperrfahrten und Züge) handelt. Rangiert wird beispielsweise zum Auflösen, Zusammenstellen und Umsetzen von Zügen, zur Bedienung von Gleisanschlüssen, zum Bespannen eines Zuges mit einer Lokomotive, zur Überführung von Fahrzeugen in Werkstatt- und Behandlungsanlagen oder zum Be- und Entladen von Güterwagen.

Neben dem Bewegen der Fahrzeuge gehört zum Rangieren auch das Kuppeln oder Entkuppeln der Fahrzeuge, das Sichern abgestellter Fahrzeuge gegen Wegrollen sowie das Stellen von Weichen. Je nach Art der Fahrzeugbewegung werden folgende Rangiervorgänge unterschieden:

- **Rangierfahrt** ist die Bewegung eines einzelnen selbstfahrenden Triebfahrzeugs oder einer Gruppe gekuppelter Fahrzeuge mit einem Triebfahrzeug.
- **Ablaufen** ist das Bewegen von Fahrzeugen durch Schwerkraft. Dies geschieht in der Regel von einem Ablaufberg herab, über den die Fahrzeuge mit einem Triebfahrzeug abgedrückt werden.
- **Abstoßen** ist das Beschleunigen gekuppelter Fahrzeuge durch Schieben mit einem Triebfahrzeug, das anschließend anhält, sodass die Fahrzeuge allein weiterfahren.
- **Beidrücken** ist das Zusammenschieben auseinanderstehender Fahrzeuge zum Kuppeln.
- **Aufdrücken** ist das Bewegen von Fahrzeugen zum Entkuppeln.
- **Verschieben** ist das Bewegen von Fahrzeugen durch Menschenkraft oder ortsfeste Förderanlagen.

Abb. 5-10: Mit Diesellok bespannter Güterzug bei der Ausfahrt aus dem Güterbahnhof Paderborn Foto: DB AG/Wolfgang Klee

5.1.5 Zugbildung

Die ordnungsgemäße Zugbildung ist ein wesentliches Element für eine betriebssichere Zugfahrt. Beim Bilden der Züge ist sicherzustellen, dass nur Fahrzeuge eingestellt werden, die zur Beförderung mit dem Zug zugelassen sind. Außerdem müssen sie sich in einem betriebssicheren Zustand befinden und vorschriftsmäßig gekuppelt sein.

Bei Güterwagen müssen lose Fahrzeugteile – wie beispielsweise Rungen – ordnungsgemäß festgelegt sein. Bewegliche Fahrzeugeinrichtungen wie beispielsweise Türen, Klappen, Dächer, Wände und verstellbare Pufferträger müssen richtig gestellt und verriegelt sein. Bei Zügen des Personenverkehrs müssen die Stirnwandtüren der Reisezugwagen an der Spitze und am Schluss des Wagenzugs verschlossen sein.

Abb. 5-11: Züge müssen richtig gekuppelt und bewegliche Fahrzeugeinrichtungen richtig gestellt und verriegelt sein

Fotos: DB AG/Manfred Schwellies; DB AG/Michael Neuhaus

Zuglast, Zuglänge

Unter Zuglast versteht man die Gesamtmasse eines Zuges. Zwischen der Zuglast und der Zuglänge besteht ein direkter funktionaler Zusammenhang, der außerdem noch stark von der Zugkraft und der Geschwindigkeit beeinflusst wird. Das zulässige Gesamtgewicht eines Zuges ist auch abhängig von der Belastungsfähigkeit der Zugeinrichtung.

Die Zuglänge ist bei Reisezügen abhängig von der Länge der Bahnsteige auf den planmäßigen Haltebahnhöfen, bei Güterzügen von der nutzbaren Länge der Abstellgleise. Für die Zuglänge bestehen weitere Einschränkungen in Bezug auf die höchstzulässige Achsenzahl, bei bestimmten Bremsstellungen und für geschobene Wendezüge. In Deutschland liegt die maximal zulässige Gesamtzuglänge derzeit bei 250 Achsen und 700 m, für Güterzüge auf bestimmten Relationen sogar 835 m. Längere Züge führen zu einer besseren Nutzung vorhandener Kapazitäten und sind eine Möglichkeit, die Kapazität auf hochbelasteten Strecken zu erhöhen. Die europäischen Bahnen bauen deshalb in den nächsten Jahren ihre Infrastruktur für den Einsatz von 740 m langen Güterzügen aus.

Geschwindigkeit

Grundsätzlich sind alle Fahrzeuge von der Beförderung auszuschließen, deren zulässige Geschwindigkeit niedriger ist als die zulässige Geschwindigkeit des Zuges. Die zulässige Geschwindigkeit eines Fahrzeugs ist meist in Form einer Kennzahl am Langträger angeschrieben. Bei Güterwagen gibt es einen Zusammenhang zwischen der Geschwindigkeit und dem Fahrzeuggewicht, weshalb hier die zulässige Geschwindigkeit im Lastgrenzenraster angegeben wird.

Bremsen im Zug

Von Ausnahmen und Störungen einmal abgesehen, sind Züge grundsätzlich mit durchgehender selbsttätiger Bremse zu fahren. Diese muss bei jeder unbeabsichtigten Unterbrechung der Bremsleitung wirksam werden. Züge werden in der Regel druckluftgebremst gefahren. Dabei müssen alle Fahrzeuge an die durchgehende HL angeschlossen werden, alle brauchbaren Druckluftbremsen eingeschaltet sein und das erste und letzte Fahrzeug in der Regel eine wirkende Bremse haben.

Die Bremsstellungswechsel der Fahrzeuge sind in der Regel in die Stellung zu stellen, die in den Fahrplanunterlagen für den Zug angegeben ist. Kann oder darf die angegebene Bremsstellung aus bestimmten Gründen nicht eingestellt werden, ist die wirksamere, wenn dies nicht möglich ist, die weniger wirksame Bremsstellung einzustellen.

Die richtige Einstellung der Bremsstellungswechsel ist auch eine wichtige Voraussetzung für die Bremsberechnung, da es hier wichtig ist zu wissen, welche Bremsgewichte als Maß für die Bremsleistung der Fahrzeuge anzurechnen sind.

Sichern abgestellter Züge und Zugteile

Abgestellte Züge und Zugteile sind gegen Wegrollen zu sichern. Neben den Fahrzeugbremsen können weitere Sicherungsmittel zum Einsatz kommen, die jedoch in der Regel nicht auf Zügen mitgeführt werden. Diese Geräte sind aber im Bereich der Bahnhöfe vorhanden:

- **Hemmschuhe** werden vor das Rad auf die Schiene gelegt und verhindern so ein unbeabsichtigtes Bewegen stehender Fahrzeuge. Hemmschuhe dienen im täglichen Bahnbetrieb auch zum Anhalten von Güterwagen, die im Rangierbetrieb (z. B. im Ablaufbetrieb) einzeln bewegt werden.

- **Radvorleger** werden zwischen den Radsätzen von Wagen fest auf die Schienen montiert. Im Gegensatz zu Hemmschuhen dienen Radvorleger ausschließlich der Sicherung stehender Fahrzeuge.

5.1.6 Notfallmanagement

Obwohl die Bahn zu den sichersten Verkehrsmitteln zählt, können auch im Schienenverkehr gefährliche Ereignisse nicht vollständig ausgeschlossen werden. Vielfach ist allerdings auch das Verhalten Dritter Auslöser für solche Ereignisse. Sowohl Unfälle an BÜ, verursacht durch Missachtung geschlossener Schranken und Lichtzeichen, wie auch Personenunfälle als Folge unbefugten Betretens von Gleisanlagen beweisen dies stets aufs Neue. Unter dem Begriff Notfallmanagement sind die Maßnahmen zur Sicherstellung des Schutzes der Einsatzkräfte, der Reduzierung der Ereignisfolgen, der bestmöglichen Vorbereitung und der schnellstmöglichen Wiederaufnahme des Betriebs zusammengefasst.

Abb. 5-12: Das Notfallmanagement - die Gefahrenabwehr bei der Bahn
Quelle: Kurzinfo Notfallmanagement der DB AG (Stand 2019)

Abb. 5-13: Einsatzfahrzeug eines Notfallmanagers der DB Netz AG
Foto: DB AG/ Klaus Kruse

Notfallmanager

Grundsätzlich liegt die Zuständigkeit für die Gefahrenabwehr bei den Feuerwehren, die dazu den gesetzlichen Auftrag haben. Unabhängig davon verpflichtet das Allgemeine Eisenbahngesetz alle Eisenbahnunternehmen in Deutschland, an Maßnahmen der technischen Hilfeleistung wie auch des Brandschutzes mitzuwirken. Die Eisenbahnunternehmen müssen durch organisatorische Maßnahmen sicherstellen, dass bei gefährlichen Unregelmäßigkeiten, Unfällen, Bränden und Katastrophen umgehend die notwendigen Hilfsmaßnahmen eingeleitet werden. Speziellen Hilfsorganisationen, wie beispielsweise den Feuerwehren, ist am Ereignisort ein Fachberater zur Verfügung zu stellen, der über Kenntnisse des Eisenbahnbetriebs verfügt.

Um dieser Forderung zu entsprechen, hat das Infrastrukturmanagement der Deutschen Bahn AG die Funktion des Notfallmanagers eingerichtet. Der Notfallmanager übernimmt in der Regel auch die Einsatzleitung für die Bahn am Ereignisort. Er wird dann durch den EVU-Notdienst der betroffenen Eisenbahnverkehrsunternehmen unterstützt. Eine Kernaufgabe des Notfallmanagers ist es auch, die sichere Wiederaufnahme des Eisenbahnbetriebs – ggf. auch unter Einschränkungen – schnellstmöglich zu gewährleisten.

Abb. 5-14: Hilfszüge sind ein wichtiger Bestandteil der Notfalltechnik, um nach Schadensereignissen möglichst rasch die Verfügbarkeit der Schieneninfrastruktur wiederherzustellen. Foto: DB AG/Martin Busbach

Notfalltechnik

Unter dem Begriff Notfalltechnik werden alle Ressourcen zusammengefasst, die zur Beseitigung von Betriebsbehinderungen an Fahrzeugen und Anlagen als Folge von gefährlichen Ereignissen erforderlich sind. Spezielle Notfalltechnik hilft bei der Bergung von Unfallfahrzeugen und übernimmt die Bergung und das Aufgleisen entgleister oder beschädigter Fahrzeuge.

- **Einheitshilfsgerätewagen** (EHG), Einheitshilfszüge (EHZ) und Zweiwege-Hilfsfahrzeuge (ZHG) sind an zahlreichen Standorten im Netz stationiert und für ihre Aufgabe mit spezieller Aufgleis- und Bergetechnik ausgestattet.

- **Rettungszüge** sind für bestimmte Schnellfahrstrecken Bestandteil des Sicherungskonzepts und damit auch Grundlage für die Betriebserlaubnis. Sie dienen zur Unterstützung der Rettungskräfte und Feuerwehren, insbesondere bei Ereignissen in Tunneln (z. B. liegen gebliebener Zug).

- **Notfallkrane** werden für den Einsatz bei umfangreichen Bergungs- und Aufgleisarbeiten an zentralen Standorten für den bundesweiten Einsatz vorgehalten.

Die Fahrzeuge der Notfalltechnik sind in der Regel rund um die Uhr einsatzbereit. Außerhalb der regulären Arbeitszeit der Mitarbeiter wird diese Einsatzbereitschaft durch Rufbereitschaft sichergestellt.

Schneeräumtechnik

Die Schneeräumtechnik ist ein wesentlicher Bestandteil des Winterkonzepts, um bei starken winterlichen Witterungsbedingungen (z. B. bei Schneefall) die Befahrbarkeit des Fahrwegs zu gewährleisten. Zum Räumen der Strecken werden Schneepflüge und -schleudern sowie Gleisarbeitsfahrzeuge mit entsprechender Anbautechnik eingesetzt. Die Schneeschleudern kommen vorrangig in verwehungsgefährdeten Bereichen, Einschnitten oder Gebieten mit extremen Schneeaufkommen zum Einsatz. Für die Bespannung der Schneepflüge und Schneeschleudern werden Diesellokomotiven verwendet.

Abb. 5-15: Schneepflug unterwegs im Schwarzwald Foto: DB AG/Christian Wolf

5.2 Eisenbahnbetrieb planen

5.2.1 Produktionsplanung

Eisenbahnbetrieb entsteht durch Verbundproduktion und erfordert deshalb ein optimales und in sich abgestimmtes Zusammenspiel sämtlicher Elemente. Dabei müssen die verschiedenen Transport- und Beförderungsvorgänge so angeordnet sein, dass sie bei planmäßigem Ablauf pünktlich durchgeführt werden können. Die wesentliche Aufgabe besteht darin, jeden Tag für die Züge des Güter-, Personen- und Sonderverkehrs einen freien Abschnitt auf dem Schienennetz zu finden.

Fahrzeuge, Infrastruktur und Personal sind zeit- und bedarfsgerecht bereitzustellen. Die Auslastung der Fahrzeuge bzw. der Netzkapazität ist zu optimieren und an die Forderungen des Transport- und Verkehrsmarkts anzupassen. Die Produktionsplanung erfordert eine Betrachtung der vollständigen Prozess- und Wertschöpfungskette von der Nachfragemodellierung über die Angebots- und Fahrplanerstellung bis hin zur Überwachung der betrieblichen Umsetzung.

Die Verkehrsnachfrage enthält das Aufkommen an Fahrgästen und Gütern. Die Betriebsplanung benötigt diese Angaben für die Erstellung nachfragegerechter Schienenverkehrsangebote. Bei der Planung der Angebote setzt hier die Leistungsfähigkeit der Strecken und Knoten Grenzen. Aus Kundensicht sind Kompromisse zwischen schnellen Verbindungen, Aufkommensschwerpunkten und einer Planung mit erhöhter Erschließungswirkung zu finden.

Das Schienennetz wird regional unterschiedlich stark genutzt. Neben besonders stark ausgelasteten Strecken mit hoher Zugfolge gibt es eine Vielzahl von Strecken mit einer sehr geringen Auslastung und langen Betriebsruhen. Stark ausgelastete Strecken haben den Nachteil, dass bei kleinsten Unregelmäßigkeiten viele der verkehrenden Züge von Verspätungen betroffen sind. Eine hohe Streckenauslastung ist deshalb zu vermeiden.

Die Produktion erfolgt durch die EVU anhand der Fahrpläne und im Zusammenspiel mit den EIU, die für die Abwicklung des Eisenbahnbetriebs auf ihrem Netz verantwortlich sind. Kernelement des Schienenverkehrsangebots sind die Trassen und der Fahrplan, der in Abstimmung mit dem jeweiligen EIU erstellt wird. Dabei müssen die Infrastrukturrestriktionen beachtet werden. Verkehren mehrere EVU auf einem Netz, wird der verfügbare Trassenraum aufgeteilt. Hieraus ergeben sich die realisierbaren Fahrpläne der EVU sowie der vollständige Netzfahrplan des EIU. Der Abgleich von Produktion und Planung schließt diesen Regelkreis.

5.2.2 Trassen

Der Begriff Trasse (Fahrplantrasse) bezeichnet denjenigen Anteil der Schienenwegkapazität der erforderlich ist, damit ein Zug zu einer bestimmten Zeit zwischen zwei Orten verkehren kann. Die Schieneninfrastruktur steht in der Regel jedem Zugangsberechtigten (ZB) bzw. EVU diskriminierungsfrei zur Nutzung offen.

Für die Nutzung der Infrastruktur zahlen die EVU als Nutzer Trassenentgelte. Die EIU sind für die Vorhaltung, Weiterentwicklung und den Betrieb ihrer Schienennetze verantwortlich. Mit einem Streckennetz, das auf die Bedürfnisse der ZB bzw. EVU zugeschnitten ist, schaffen sie die Grundlage für einen sicheren und zuverlässigen Bahnbetrieb.

Die EIU erstellen Fahrpläne und vermarkten Trassen sowie damit verbundene Dienstleistungen an Kunden aus dem In- und Ausland. Sie bestimmen die Kapazität der Schienenwege und entscheiden über die Trassenzuweisung. Dabei können Trassen als Einzeltrasse für den einmaligen Verkehr eines Zuges (Gelegenheitsverkehr) oder als Regeltrassen innerhalb einer Fahrplanperiode „gebucht“ werden.

Die EIU entscheiden über die Wegeentgelte, einschließlich ihrer Festlegung und Erhebung, die BNetzA wacht als Aufsichtsbehörde über die gesetzeskonforme Anwendung.

Mit der Entrichtung des Wegeentgelts ist für Kunden ein Mindestzugangspaket abgedeckt. Dieses beinhaltet neben der Antragsbearbeitung und dem Recht zur Nutzung des Schienenwegs auch die Bereitstellung der erforderlichen Fahrplandaten, die Zugsteuerung sowie die Nutzung von Anlagen zur streckenbezogenen Versorgung mit Fahrstrom.

Trassenpreissystem der DB Netz AG

Für die Nutzung der Trassen hat die DB Netz AG 1994 als erstes EIU in Europa ein Trassenpreissystem eingeführt. Dieses auch als TPS 94 bezeichnete Preissystem wurde im April 2001 durch das modular aufgebaute TPS 2001 ersetzt. Das aktuelle Trassenpreissystem wurde zum Fahrplanwechsel im Dezember 2017 eingeführt. Im Gegensatz zu früheren Preissystemen wird hier nicht mehr die Infrastrukturausstattung einer Strecke zugrunde gelegt, sondern die jeweilige Markttragfähigkeit des Verkehrs, der auf der Strecke stattfindet.

Die Trassenentgelte sind abhängig von verschiedenen Entgeltkomponenten. Sie beinhalten alle Pflichtleistungen der DB Netz AG, die durch den Gesetzgeber im ERegG definiert sind. Leistungen, die nicht zu den Pflichtleistungen des Infrastrukturbetreibers gehören, zählen zu den Zusatz- und Nebenleistungen und werden im Trassenpreissystem gesondert ausgewiesen und können gegen Entgelt bezogen werden.

Marktsegmente

Die Höhe des Trassenentgelts bemisst sich am Marktsegment, dem ein Zug zugeordnet werden kann. Ausgehend von den drei Verkehrsarten Schienengüterverkehr (SGV), Schienenpersonenfernverkehr (SPFV) und Schienenpersonennahverkehr (SPNV) wurden anhand von eindeutigen Segmentierungskriterien die Marktsegmente hergeleitet, die als Ausgangspunkt für die zugrunde liegenden Trassenentgelte dienen.

Schienenpersonenfernverkehr	Schienenpersonennahverkehr	Schienengüterverkehr
▪ Metro Tag* ▪ Basic* ▪ Nacht* ▪ Charter/Nostalgie ▪ Lok-/Leerfahrt* ▪ Punkt-zu-Punkt	▪ Lastfahrt ▪ Lok-/Leerfahrt ▪ die weitere Segmentierung erfolgt jeweils nach Bundesland	▪ Standard ▪ sehr schwerer Zug ▪ Gefahrgut ▪ Güternahverkehr ▪ Lokfahrt

Trassenentgelt = Entgelt für Mindestzugangspaket × Trassenkilometer

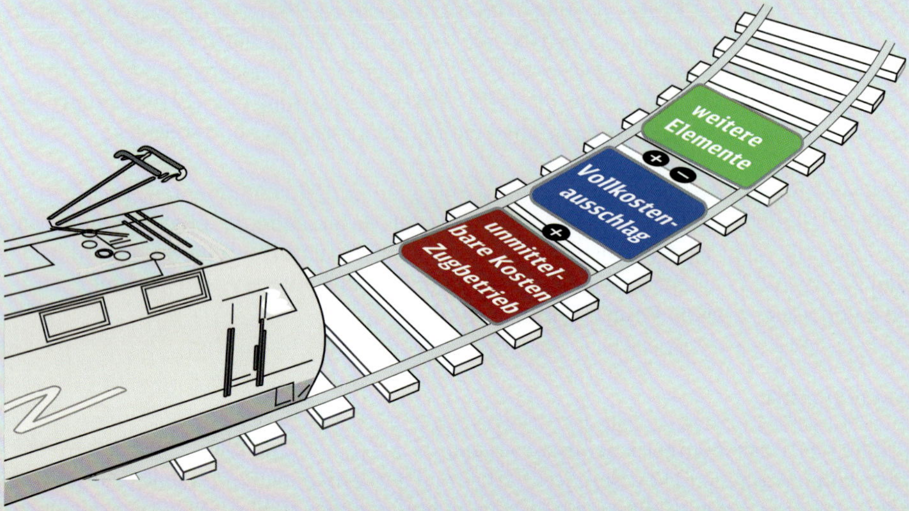

Kosten, die eine Zugfahrt verursacht. Diese bilden die Preisuntergrenze für das Trassenentgelt.	Aufschlag zur Schließung der Lücke zu den Vollkosten. Die Höhe orientiert sich ausschließlich an der Tragfähigkeit des jeweiligen Marktsegments.	Zu- oder Abschläge zur Setzung von Anreizen für Mehrverkehre, zur Berücksichtigung der durch die Verkehre hervorgerufenen Umweltbelastung und zur Berücksichtigung der Wirkung überlasteter Schienenwege.

* Bei besonderer betrieblicher Behandlung im Störungsfall kann der Zusatz „Express" gewählt werden.

Abb. 5-16: Marktsegmentierung bei der DB Netz AG und grundlegende Struktur der Entgeltbildung Quelle: TPS 2021 der DB Netz AG

Serviceeinrichtungen

Zur Unterstützung der Zugfahrten stellen die EIU den EVU Gleisanlagen und periphere Anlagen zur Verfügung. Hier werden Züge gebildet und bereitgestellt sowie Fahrzeuge abgestellt. Periphere Anlagen werden für spezielle Tätigkeiten im Rahmen der Vor- und Nachbereitung von Zugfahrten benötigt. Zu ihnen zählen unter anderem Vorheizanlagen, Elektranten, Gleisbremsen, Gefälleausgleichsbremsen, Wagenförderanlagen, Bremsprobeanlagen, Gleiswaagen, Innenreinigungsanlagen sowie Ladestraßen/-rampen.

5.2.3 Fahrplan und Fahrplanerstellung

Damit der Bahnverkehr bundesweit konfliktfrei, in hoher Qualität und möglichst nahtlos ineinandergreifend funktioniert, ist eine genau Planung erforderlich. Der im Voraus geplante zeitliche Verlauf eines Transport- oder Beförderungsvorgangs wird Fahrplan (Netzfahrplan) genannt. Bei seiner Erstellung geht es darum, auf dem 33.399 Kilometer langen Schienennetz der Deutschen Bahn für jeden der täglich rund 40.000 Personen- und Güterzüge einen passenden, freien Zeitabschnitt zu finden.

Im Rahmen der Fahrplanabstimmung erfolgt auch die Trassenkonstruktion, wobei versucht wird, die Trassenwünsche der EVU mit den vorhandenen Kapazitäten der Infrastruktur in Einklang zu bringen. Dafür werden Prioritäten gesetzt, deren Reihenfolge in den Allgemeinen Geschäftsbedingungen für die Nutzung der Eisenbahninfrastruktur festgehalten wird. Die DB Netz AG veröffentlicht die für ihr Streckennetz geltenden Zugangs- und Nutzungsbedingungen mit den Schienennetz-Benutzungsbedingungen (SNB), ab 2022 Nutzungsbedingungen Netz (NBN).

Für den Lauf eines Zuges werden dabei auch sämtliche Betriebs- und Verkehrsaufenthalte berücksichtigt. Auch muss der Fahrplan neue oder weiterentwickelte Infrastruktur, Forderungen des Gesetzgebers, Baumaßnahmen und Kapazitätsengpässe berücksichtigen. Dabei soll er so robust sein, dass bei Verspätungen einzelner Züge nicht die gesamte Pünktlichkeit leidet. Für die Fahrplandarstellung werden verschiedene Formen angewendet: das Weg-Zeit-Diagramm (Bildfahrplan), der Tabellenfahrplan und die Netzgrafik.

Grundsätze

Grundsätze für die Betriebsplanung sind Sicherheit, Leistungsfähigkeit, Pünktlichkeit und Wirtschaftlichkeit. Die Sicherheit der Eisenbahn beruht im Wesentlichen auf dem „Fahren im Raumabstand". Der Fahrplan berücksichtigt diese Kriterien, indem kein Zug in einen Abschnitt einfahren darf, der durch einen anderen Zug belegt ist. Die Leistungsfähigkeit der angetriebenen Fahrzeuge sowie die Brems- und Streckenverhältnisse schränken die zulässige Geschwindigkeit der Züge ein. Die Fahrzeugbewegungen werden über den Fahrplan so geordnet, dass sie planmäßig ausgeführt werden und die Flüssigkeit des Zugverkehrs gewährleistet ist. Die Betriebsplanung beeinflusst mit dem Fahrplanangebot wesentlich die Wirtschaftlichkeit von Verkehren, indem sie die Produktionsfaktoren Personal, Infrastruktur und Fahrzeuge in marktgerechte und wirtschaftliche Transport- und Beförderungsleistungen umsetzt.

Bei der Fahrplanerstellung spielt eine große Zahl von Faktoren eine Rolle. Beispielsweise ist es wichtig zu wissen, wo und in welchem Umfang an den Strecken gebaut wird, denn jeder Zugausfall und jede Umleitung verändert auch die Trassen.

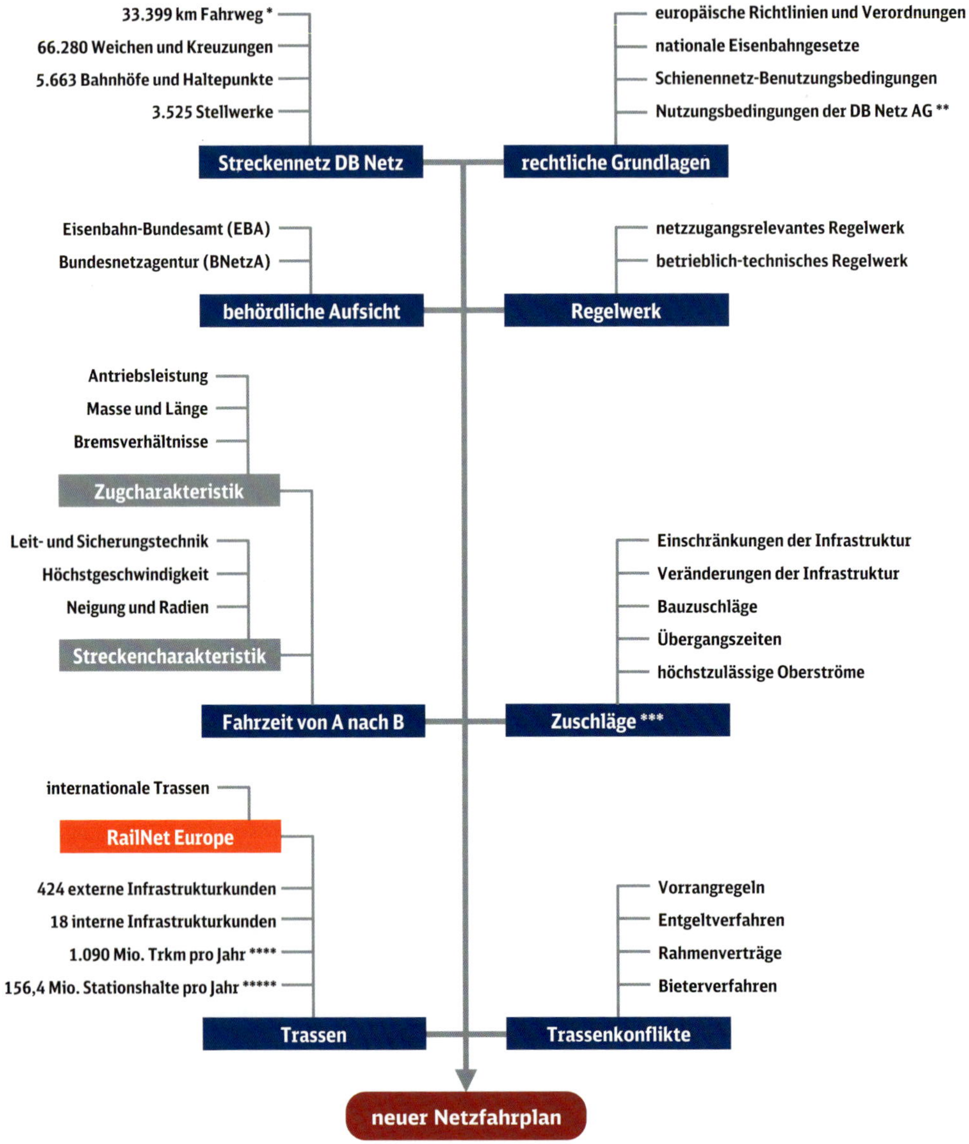

* davon 20.286 km elektrisch betrieben
** für Service- und Wartungseinrichtungen
*** infrastrukturelle Rahmenbedingungen
**** davon 368,2 Mio. Trkm pro Jahr konzernexterne Kunden
***** davon 40,2 Mio. Stationshalte pro Jahr konzernexterne Kunden

Abb. 5-17: Damit ein robuster Netzfahrplan entsteht, sind zahlreiche Sachverhalte und Faktoren zu berücksichtigen.

Quelle: DB AG (Integrierter Bericht 2019, SNB 2021, TPS 2021)

Fahrplanwechsel

Einmal im Jahr stellen die europäischen Bahnen ihren Fahrplan um, einheitlich am zweiten Wochenende im Dezember. Damit alles reibungslos läuft, führen die Eisenbahnunternehmen im Vorfeld umfangreiche Planungen durch. In Deutschland legt DB Netz in einem ersten Schritt die Terminketten für die Erstellung des Netzfahrplans fest. In der Regel dauern die Vorbereitungen für einen neuen Netzfahrplan 18 Monate und umfassen folgende Schritte:

- **18 Monate** vor dem Planwechsel wird die verfügbare Infrastruktur festgeschrieben.

- **17 Monate** vor dem Planwechsel werden die Planungsparameter für das neue Fahrplanjahr bekannt gegeben. Diese umfassen alle relevanten Aspekte für die Fahrlagenplanung und Trassenkonstruktion. Diese Planungsprämissen (PP) werden bei Bedarf zehn Monate vor Planwechsel noch einmal angepasst. Die EVU dürfen zu den Entwürfen der PP Stellung nehmen und dabei evtl. auch Anpassungen auslösen.

- **8 bis 9 Monate** vor dem Planwechsel geben die EVU an DB Netz ihre Trassenanmeldungen ab. Sie melden, wann und wo sie fahren wollen.

- **5 Monate** vor dem Planwechsel wird der vorläufige Netzfahrplanentwurf an die EVU übergeben. Die Trassenanmelder haben nun einen Monat lang die Möglichkeit einer Stellungnahme.

- **4 Monate** vor dem Planwechsel übergibt DB Netz den endgültigen Netzfahrplanentwurf als Trassenangebot an die EVU. Diese nehmen innerhalb eines Monats die Angebote an oder lehnen sie unwiderruflich ab.

- Der gemeinsame **Fahrplanwechsel** aller europäischen Bahnen ist stets am zweiten Samstag im Dezember um 24 Uhr. Der neue Netzfahrplan gilt für ein Jahr.

Überlagern sich die Trassenwünsche verschiedener Anmelder, entsteht ein Trassenkonflikt. Im Rahmen des sogenannten Koordinierungsverfahrens wird gemeinsam mit den Kunden nach einvernehmlichen Losungen gesucht. Wird dabei keine Einigung erzielt, sieht der Gesetzgeber ein „Streitbeilegungsverfahren“ vor, in dem die Zuweisung der Zugtrasse nach bestimmten Regeln erfolgt. Ggf. wird das „Höchstpreisverfahren“ eingeleitet bei dem die Konfliktbeteiligten ein Preisangebot unterbreiten, das sie für diese Trasse zahlen möchten. Dieses Angebot muss über dem Trassenpreis liegen. Das höchste Angebot erhält dann den Zuschlag.

Fahrzeit

Die Fahrzeit ist die Zeit, die ein Zug für das Zurücklegen einer bestimmten Entfernung benötigt. Planmäßige Fahrzeiten sind die Zeiten, nach denen der Fahrplan eines Zuges berechnet wird. Sie setzen sich zusammen aus der reinen Fahrzeit und den Fahrzeitenzuschlägen. Die reine Fahrzeit ist die kürzeste Zeit, in der ein Zug unter Beachtung der zulässigen Geschwindigkeit einen Streckenabschnitt unter optimalen Bedingungen wie beispielsweise eine straffe Fahrweise durchfahren kann. Fahrzeitenzuschläge berücksichtigen betriebliche und technische Unregelmäßigkeiten sowie Störungen des planmäßigen Betriebsablaufs und werden zu den reinen Fahrzeiten als Reserve in Form eines gleichmäßigen prozentualen Zuschlags hinzuaddiert. Bei der Trassenkonstruktion sind neben den verkehrlichen und betrieblichen Aufenthalten auch langfristig geplante Instandhaltungs- und Baumaßnahmen zu berücksichtigen.

Fahrplanelemente und Fahrzeitenberechnung

Fahrplanelemente wie Laufweg und örtlich zulässige Geschwindigkeiten stehen in einer Wechselbeziehung mit der Fahrzeitenberechnung. Bei der Fahrplankonstruktion müssen die Leistungsdaten der Strecke und die der Fahrzeuge berücksichtigt werden. Dabei kann die Strecke ein- oder mehrgleisig ausgeführt sein. Block- und Überleitstellen sind genauso zu berücksichtigen wie Kreuzungsmöglichkeiten und die Art der Sicherungstechnik.

Technische Grundlage für die Berechnung des Fahrplans ist die Ermittlung der Fahrzeit und Geschwindigkeit einer Zugfahrt. Dabei spielen die Zuglast, Zuglänge, Antriebsleistung (Zugkraft) und Bremsverhältnisse im Zug eine wichtige Rolle. Stabilität und Durchführbarkeit eines Fahrplans hängen wesentlich davon ab, ob das geplante Betriebsprogramm zur Strecke passt und Reserven zum Abbau von Verspätungen vorhanden sind.

Weg-Zeit-Diagramm

Das Weg-Zeit-Diagramm (auch als Bildfahrplan bezeichnet) ist eine grafische Darstellung, die den zeitlichen Verlauf einer Zugfahrt wiedergibt. Aus der Vielzahl der Einzelkonstruktionen entstehen der Fahrplan einer Strecke und damit das Bedienungskonzept. Aus den Fahrplänen aller Züge einer Strecke können z. B. die Streckenbelastung, vorgesehene Überholungen, Begegnungen, Kreuzungen und Anschlüsse ersehen werden.

Da Weg-Zeit-Diagramme das gesamte Betriebsgeschehen abbilden, können mit ihrer Hilfe auch Rückschlüsse auf Maßnahmen zur Steigerung der Leistungsfähigkeit einer Strecke sowie zur Optimierung der Zugparameter gezogen werden.

Netzgrafik

Die Netzgrafik gibt ein Eisenbahnnetz und dessen Fahrplan schematisch wieder. Jedes im Takt verkehrende Zugpaar erscheint darin als Strich, welcher die berührten Knotenbahnhöfe miteinander verbindet. Unterschiedliche Farben kennzeichnen unterschiedliche Zugkategorien. Mithilfe der Netzgrafik können die Fahrpläne sämtlicher Linien in ihren gegenseitigen Abhängigkeiten – wie beispielsweise die Anschlusssituation im Knotenbahnhof – anschaulich wiedergegeben werden.

Tabellenfahrplan

Mit einem Tabellenfahrplan informieren die EVU ihre Kunden über das Angebot. Tabellenfahrpläne erscheinen in der Regel in gedruckter Form, beispielsweise als Aushangfahrplan in Bahnhöfen oder als Buchfahrplan für die betriebliche Nutzung durch den Triebfahrzeugführer.

Zeit-Weg-Diagramm (Bildfahrplan)

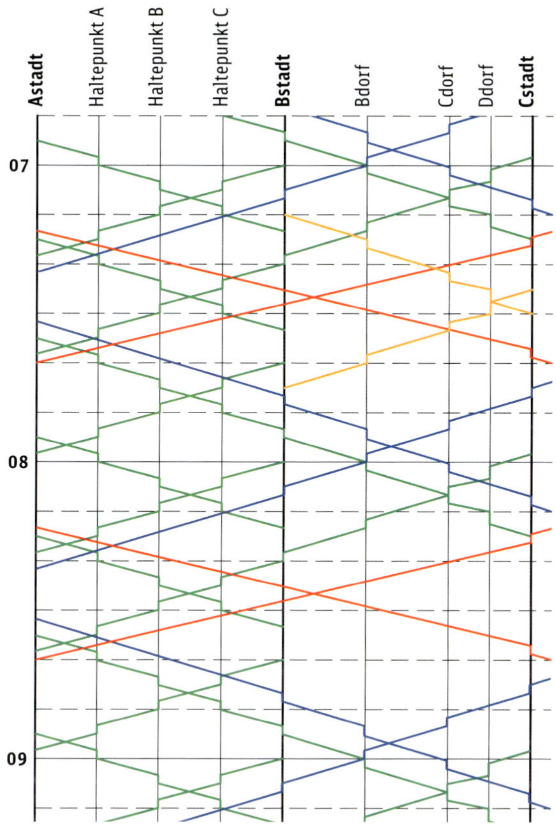

Lesebeispiel:

- (rot) Stündlich verkehrt je Richtung ein Zug zwischen den Bahnhöfen Astadt und Cstadt ohne Zwischenhalt.
- (dunkelblau) Stündlich verkehrt je Richtung ein Zug zwischen den Bahnhöfen Astadt und Bstadt ohne Zwischenhalt, zwischen Bstadt und Cstadt mit Halt in Bdorf und Cdorf.
- (grün) Stündlich verkehren je Richtung drei Züge zwischen den Bahnhöfen Astadt und Cstadt mit Halt an allen Haltepunkten; ein Zug wird nach Cstadt weitergeführt und hält dabei an allen Unterwegsbahnhöfen.
- (gelb) In der Hauptverkehrszeit verkehrt je Richtung ein Zug zwischen den Bahnhöfen Bstadt und Cstadt zur Taktverdichtung.

Hinweis: Die Strecke kann abweichend auch auf der senkrechten Achse dargestellt sein, die Zeitachse ist dann waagerecht (Weg-Zeit-Diagramm).

Netzgrafik

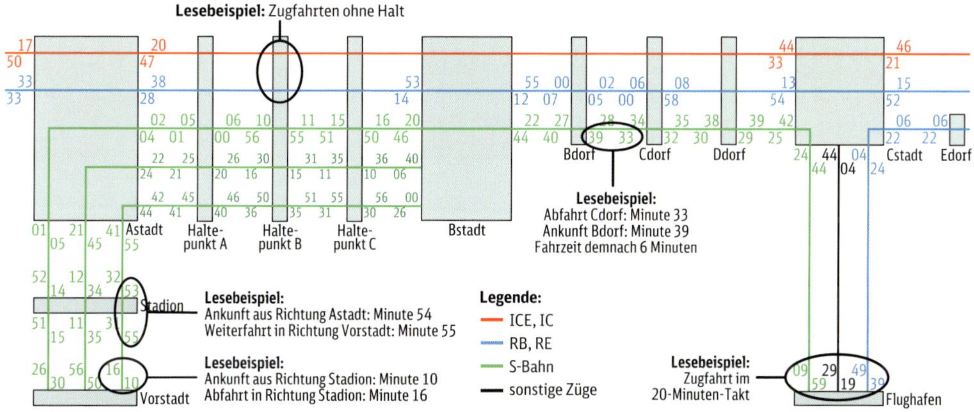

Tabellenfahrplan

Zugtyp	S	IC	S	RE	S	RB
Zugnummer	4011	523	4013	1003	4015	2017
Verkehrstag	tgl.	Mo-Fr	tgl.	tgl.	tgl.	Mo-Fr
Astadt	07:02	07:20	07:22	07:38	07:42	
Haltepunkt A	07:06	|	07:26	|	07:46	
Haltepunkt B	07:11	|	07:31	|	07:51	
Haltepunkt C	07:16	|	07:36	|	07:56	
Bstadt	07:20	|	07:40	07:53	08:00	
Bstadt	07:22	|		07:55		
Bdorf	07:28	|		08:02		
Cdorf	07:35	|		08:08		
Ddorf	07:39			|		
Cstadt	07:42	07:44		08:13		
Cstadt		07:46		08:15		08:06
Edorf		|		|		08:22
Fdorf		|		|		08:31
Gdorf		|		|		08:43
Dstadt		08:15		08:44		08:50

Abb. 5-18: Vergleich der verschiedenen Darstellungsformen für Fahrpläne

Abbildungen: Jürgen Janicki

Umlaufpläne

Im Fahrzeugumlaufplan wird in grafischer Form die Reihenfolge der Züge festgelegt, die ein Fahrzeug oder eine Fahrzeuggruppe (Zug) fahren soll. Dabei werden die einzelnen Zugleistungen so miteinander verknüpft, dass ein sinnvoller und wirtschaftlicher Fahrzeugeinsatz möglich ist. Umlaufpläne werden meist für eine Linie, ein Netz oder ein bestimmtes Einsatzgebiet aufgestellt. Fahrzeugumlaufpläne können nur für Züge mit identischer Zugbildung oder für Fahrzeuge identischer Bauart aufgestellt werden. Verkehren beispielsweise in einem Netz Züge mit unterschiedlicher Zugbildung, wird für jede Zugbildungsart ein eigener Umlaufplan aufgestellt.

Der Fahrzeugumlaufplan gliedert sich in Umlauftage. Für jeden Umlauftag wird eine Fahrzeuggruppe bzw. ein Fahrzeug benötigt. Somit entspricht die Zahl der Umlauftage den im Umlauf befindlichen Zuggarnituren oder Fahrzeugen. Am Ende eines Umlauftags geht ein Fahrzeug in der Regel in den nächsten Umlauftag über.

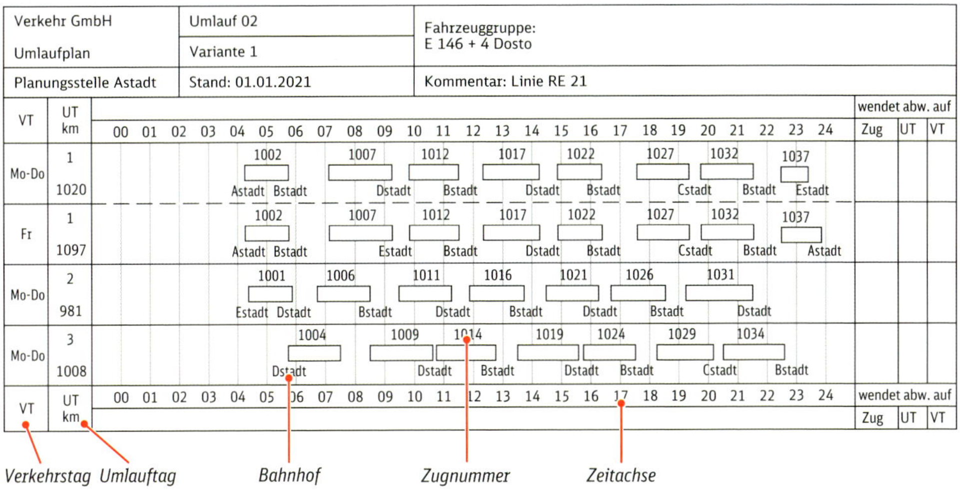

Abb. 5-19: Auszug aus einem Fahrzeugumlaufplan

Abbildung: Jürgen Janicki

6 Instandhaltung

6.1 Einführung

6.1.1 Aufgabenstellung und Begriffe

Hochwertige Mobilitäts- und Transportangebote erfordern eine hohe Verfügbarkeit und Zuverlässigkeit des Bahnsystems. Funktionseinschränkungen und Ausfälle verursachen neben den reinen Instandhaltungskosten durch den Produktionsausfall meist zusätzliche Folgekosten und Einnahmeausfälle. Um die Leistungsfähigkeit des Bahnsystems nachhaltig sicherzustellen, setzen die Eisenbahnunternehmen auf eine zustandsabhängige und vorausschauende Instandhaltung, bei der technisch notwendige Maßnahmen zum wirtschaftlich besten Zeitpunkt durchgeführt werden. Die Ableitung individueller Instandhaltungsstrategien auf Komponentenebene reduziert die Störraten und senkt den Instandsetzungsaufwand. Die Automatisierung von Instandhaltungsabläufen und die Digitalisierung sollen künftig bei Fahrzeugen und Infrastruktur zu reduzierten Ausfallzeiten, besserem Service und zu einer Verringerung der Instandhaltungskosten führen.

Abb. 6-1: Instandhaltungsarbeiten an der Oberleitung (links) und an einer ICE-Bremsanlage (rechts)

Fotos: DB AG/Frank Kniested (l.), DB AG/Oliver Lang (r.)

Gliederung der Instandhaltung

Allgemein gilt: Eine Instandhaltung ist die Gesamtheit aller Maßnahmen zur Aufrechterhaltung oder zur Wiederherstellung der Betriebssicherheit und Funktionsfähigkeit eines Objekts. Die DIN 31051 unterteilt die Instandhaltung in folgende Grundmaßnahmen:

- **Wartung** sind Maßnahmen zur Bewahrung des Sollzustands eines Objekts.

- **Inspektion** sind Maßnahmen zur Feststellung und Beurteilung des Istzustands eines Objekts einschließlich der Bestimmung der Ursachen der Abnutzung und des Ableitens von Konsequenzen für die weitere Nutzung.

- **Instandsetzung** sind unmittelbare Maßnahmen zur Wiederherstellung des definierten Sollzustands bzw. der Funktion eines fehlerhaften Objekts.

- **Verbesserung** sind Maßnahmen zur Steigerung der Zuverlässigkeit, Instandhaltbarkeit oder Sicherheit eines Objekts ohne Änderung (Modifikation) der ursprünglichen Funktion.

6.2 Fahrzeuginstandhaltung

6.2.1 Instandhaltungssystem

Einen hohen Stellenwert im System der vorbeugenden Fahrzeuginstandhaltung nehmen die Wartung und Instandhaltung in den Werken und Werkstätten ein. Sie sind Bestandteil der planmäßigen Instandhaltung und ordnen sich teilbar in einen „Fristenzyklus“ ein. Dabei werden die Instandhaltungsarbeiten entweder nach der Laufleistung des Fahrzeugs bzw. der Komponente (in km) oder zeitabhängig ausgeführt.

Sämtlichen Fahrzeugen und Komponenten, die instand gehalten werden müssen, wohnt eine sehr große Bandbreite verschiedener Baureihen und Bauteile mit unterschiedlichem technischen Niveau inne. Für die Umsetzung eines Instandhaltungssystems ergibt sich daraus ein breit gefächertes Anforderungsprofil mit darauf abgestimmten Instandhaltungsanlagen und entsprechend ausgebildeten Mitarbeitern.

Da die Entwicklung der Fahrzeugtechnik in immer kürzeren Abständen fortschreitet, muss sich auch das Know-how der Instandhaltung ebenso schnell entwickeln – und das bei marktfähigen Preisen. Dabei sind Sicherheit, Zuverlässigkeit und Komfort der Fahrzeuge ein wesentliches Maß für die Beurteilung der Qualität.

Wartung (präventive Instandhaltung)

Die Wartung erstreckt sich vor allem auf den Bereich der gleitend oder reibend beanspruchten Bauteile. Das Fahrzeug wird gereinigt und geschmiert, außerdem werden die Ausrüstungsgegenstände und Betriebsstoffe überprüft und ggf. ergänzt. Ebenfalls zur Wartung gehört die umweltgerechte Entsorgung der Rückstände bzw. verschlissener Betriebsstoffe. Bauartspezifisch wird die Wartung in Verbindung mit den Inspektionen und Revisionen oder auch unabhängig von diesen durchgeführt.

Inspektion oder Frist (präventive Instandhaltung)

Nach Vorgabe des Instandhaltungssystems beinhaltet die Inspektion planmäßige Arbeiten und wird entweder zeitabhängig oder nach Erreichen bestimmter Laufleistungen durchgeführt. Deshalb werden bestimmte Inspektionen auch als Frist bezeichnet. Dabei werden der Gesamtzustand des Fahrzeugs sowie die Funktionalität der Einzelsysteme geprüft, Verschleißteile begutachtet und bewegliche Teile nach einem Schmierplan abgeschmiert. Auch werden die elektronischen Störungsregistrierungsspeicher und die der Zugbeeinflussungssysteme ausgelesen und ausgewertet.

Bestimmte Komponenten haben nach einer gewissen Einsatzzeit oder bei Erreichen einer bestimmten Laufzeit ihre durchschnittliche Lebensdauer erreicht und werden, auch wenn sie zum Untersuchungszeitpunkt noch funktionstüchtig sind, ausgetauscht. Die Hersteller der technischen Bauteile stellen Wahrscheinlichkeitsberechnungen auf der Basis von Versuchsreihen an und können so sehr genau die Lebensdauer berechnen.

Darüber hinaus fordert die EBO für alle Fahrzeuge nach sechs bis acht Jahren die Durchführung einer umfangreichen Inspektion (Untersuchung). Gegenüber einer normalen Frist beinhaltet diese zusätzliche Arbeitsinhalte. Diese Untersuchung wird vielfach auch Revision genannt.

Die Details zur Durchführung von Inspektionen sind für das Werkstattpersonal in entsprechenden Arbeitsanweisungen geregelt, die auf Basis von Herstellervorgaben sowie unter Berücksichtigung eigener Erfahrungen und Auswertungen erstellt werden.

Instandsetzung (korrektive Instandhaltung)

Neben der planmäßigen Instandhaltung gibt es noch die außerplanmäßige Instandsetzung, die als Befundarbeit im Rahmen einer planmäßigen Instandhaltung oder nach Fahrzeugstörungen und Unfällen bedarfsorientiert vorgenommen wird. Zum einen kann es sein, dass bei der Inspektion bzw. Untersuchung Verschleißmerkmale an größeren Bauteilkomponenten festgestellt werden, die eine Instandsetzung im Rahmen der planmäßigen Arbeiten nicht gestatten. Gründe hierfür sind einerseits der zeitliche Rahmen, andererseits die Lagerhaltung oder auch die Tatsache, dass bestimmte Arbeiten nur in Spezialwerkstätten ausgeführt werden können. Zum anderen werden Fahrzeuge durch Unfälle oder Unregelmäßigkeiten derart beschädigt, dass sie außerplanmäßig instand gesetzt werden müssen.

6.2.2 Werke und Werkstätten

Die Mehrzahl der EVU betreibt für die Instandhaltung ihrer Fahrzeuge eigene Werke und Werkstätten. Ergänzend dazu bieten verschiedene Unternehmen unabhängig Instandhaltungsleistungen an. Zunehmend übernehmen auch die Fahrzeughersteller die Instandhaltung der von ihnen gelieferten Fahrzeuge. Für die Arbeitsausführung stehen verschiedene Arten von Instandhaltungswerken zur Verfügung.

Die betriebsnahe Instandhaltung findet in den Werkstätten vor Ort statt. Neben kleineren Instandhaltungsarbeiten wie der Laufwerkskontrolle und Nachschau gehören dazu auch Fristarbeiten und Bedarfsinstandsetzungen. Die betriebsnahe Instandhaltung ist Teil der Betriebsplanung und wird in der Regel bei der Umlaufplanung der Fahrzeuge berücksichtigt. Zur Abwicklung dieser Instandhaltungsleistungen werden die Fahrzeuge normalerweise nicht aus dem laufenden Bahnbetrieb gezogen. Im optimalen Falle findet die betriebsnahe Instandhaltung in den betrieblichen Stilllagen der Fahrzeuge statt.

Die „schwere" Instandhaltung findet in großen Werken statt. Sie umfasst neben lang dauernden Instandhaltungstätigkeiten mit hoher Fertigungstiefe auch Revisionen und die Beseitigung von Unfallschäden. Daneben werden auch Fahrzeugumbauten und -modernisierungen (Redesign) ausgeführt.

Abb. 6-2: Schwere Instandhaltung im Werk Cottbus Foto: DB AG/Max Lautenschläger

Werkstattanlagen

Die Instandhaltungsgleise sind so konzipiert, dass alle Arbeiten in verschiedenen Ebenen gleichzeitig ausgeführt werden können. Bezogen auf die Schienenoberkante haben diese Ebenen verschiedene Systemhöhen. Bei neuen Werkstattanlagen sind die Instandhaltungsgleise meist aufgeständert. Der abgesenkte Fußboden ist hier die normale Arbeitsebene für alle Wartungs- und Instandhaltungsarbeiten an den Eisenbahnfahrzeugen und dient gleichzeitig als Transport- und Förderweg. Arbeitsgruben ermöglichen eine freie Durchgangsmöglichkeit unter dem Fahrzeug. Für bestimmte Instandhaltungsarbeiten werden spezielle technische Anlagen benötigt:

- Mithilfe von stationären oder fahrbaren **Dacharbeitsbühnen (DAB)** werden alle Wartungs- und Reparaturarbeiten im Dachbereich ausgeführt. Bei stationären DAB sind Plattformen über die gesamte Arbeitslänge fest installiert. Mobile DAB bestehen aus zwei Bühnenkörben, die in parallel laufenden Fahrschienen an jede Stelle des Zuges gelenkt werden können. Höhenverstellbare Modelle ermöglichen zudem Arbeiten an der Zugseite.

- **Hebebockanlagen** ermöglichen – je nach Ausführung – das Anheben einzelner Fahrzeuge oder kompletter Zugeinheiten.

- **Radsatzwechselanlagen** ermöglichen den Tausch von Radsätzen, ohne dass dafür das Fahrzeug angehoben werden muss. Spezielle Anlagen gestatten auch den Tausch von Drehgestellen, Powerpacks und anderen Unterflurbauteilen.

- **Abgasabsauganlagen** blasen die Abgase von Dieselfahrzeugen über entsprechende Abgasleitungen und außen angeordnete Deflektorhauben ins Freie.

- **Unterflurdrehbänke (UFD)** gestatten die Reprofilierung von Laufflächen, deren Betriebsgrenzmaße nicht mehr eingehalten werden. Dabei können die Radsätze im Fahrzeug eingebaut bleiben.

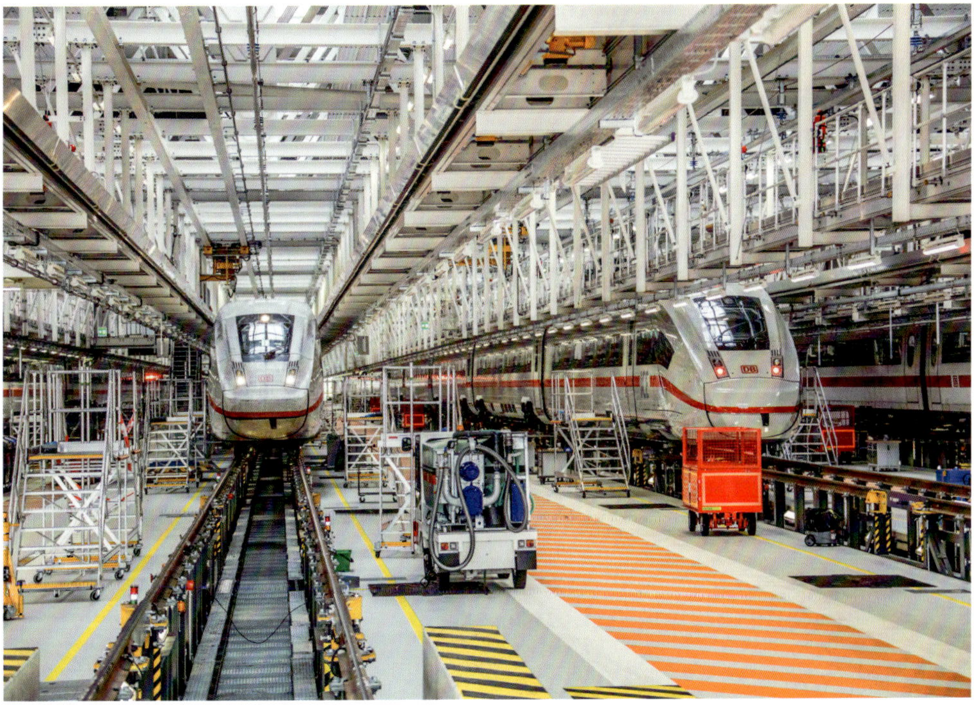

Abb. 6-3: Betriebsnahe Instandhaltung im Werk Köln-Nippes: ICE-Züge stehen im aufgeständerten Instandhaltungsgleis. Stationäre Dacharbeitsbühnen erlauben Wartungs- und Reparaturarbeiten im Dachbereich. Foto: DB AG/Daniel Saarbourg

6.3 Instandhaltung der Fahrweganlagen

6.3.1 Aufgabenstellung

Die Beanspruchung des Fahrwegs durch den Zugbetrieb hat unterschiedliche Schädigungen zur Folge. Die verschiedenen Oberbaukomponenten verfügen – je nach Beanspruchung und Einsatzdauer – über eine begrenzte Lebensdauer. Ihre rechtzeitige Instandhaltung bzw. Erneuerung ist eine grundlegende Voraussetzung für die Zuverlässigkeit des Bahnsystems.

Inspektion des Oberbaus

Der Oberbau wird durch regelmäßig stattfindende Inspektionen überwacht. Dabei wird beurteilt, ob der aktuelle Zustand definierten Sollkriterien entspricht. Aus den Ergebnissen werden die eventuell notwendigen Instandhaltungsmaßnahmen abgeleitet. Folgende Inspektionsmethoden werden angewendet:

- **Gleisbegehungen:** Sichtprüfung der Schienen und ihrer Befestigung, der Schwellen und Bettung, der übrigen gleisnahen Bahnanlagen sowie des Bewuchses.
- **Gleisbefahrungen:** Sichtprüfung im Rahmen einer Befahrung, die zusätzlich zu den Begehungen und zeitlich zu diesen versetzt stattfindet.
- **Messfahrten:** Überprüfung der Gleisgeometrie sowie des Zusammenwirkens zwischen Fahrzeug und Fahrbahn. Zur rechtzeitigen Erkennung von Schienenfehlern werden Gleise auch mit Ultraschallprüfzügen befahren.
- **Untergrunduntersuchungen:** Feststellung der Beschaffenheit und des Zustands des Erdplanums durch eine geotechnische Untersuchung.

Die Häufigkeit einer Inspektion hängt bei durchgehenden Hauptgleisen von der Geschwindigkeit ab, mit der sie befahren werden.

6.3.2 Instandsetzungsarbeiten

Bei Instandsetzungsarbeiten ersetzt der Einsatz von leistungsfähigen Oberbaumaschinen heute die in früheren Zeiten übliche Handarbeit. Dies verkürzt die Bauzeiten und führt zu qualitativ hochwertigen Arbeitsergebnissen. Schnell umsetzbare, gleisfahrbare Oberbaumaschinen, deren Arbeitsabläufe vollautomatisch gesteuert werden, erbringen heute hohe Leistungen in sehr kurzer Zeit. Um Behinderungen des Eisenbahnverkehrs weitgehend zu vermeiden, werden die Oberbauarbeiten in der Regel nachts oder am Wochenende ausgeführt. Bündelungsmaßnahmen erhöhen die Effizienz und vermindern weitere Beeinträchtigungen des Fahrplans.

Gleisstopfung

Schotterbett und Unterbau sind die Basis für die Fahrqualität des gleisgebundenen Verkehrs. Etwa alle vier bis fünf Jahre wird das Gleis gestopft und dadurch wieder in die geometrisch korrekte Lage gebracht. Dabei heben spezielle Gleisstopf- und Richtmaschinen das Gleis an, während parallel dazu Stopfwerkzeuge (Stopfpickel) vertikal in die Bettung eindringen und den Schotter verdichten.

Abb. 6-4: Gleisstopfmaschine   Foto: DB AG/Volker Emersleben

Bettungsreinigung

Die im Porenraum des Schotters vorhandenen feinkörnigen Verunreinigungen wie Schotterabrieb, Bremsstaub und organische Reste führen zu ungleichmäßigen Setzungen des Gleisrosts und beeinträchtigen den Abfluss des Oberflächenwassers. Überschreitet der Verschmutzungsgrad des Schotters eine vorgegebene Größenordnung – gemessen in Gewichtsprozent –, muss eine Bettungsreinigung ausgeführt werden. Dazu werden spezielle Reinigungsmaschinen eingesetzt, die den Schotter aufnehmen, reinigen und wieder in das neue Gleisbett einbringen.

Abb. 6-5: Bettungsreinigungsmaschine Foto: DB AG/Christian Bedeschinski

Schienenschleifen

Der Zugbetrieb verursacht an der Schienenoberfläche verschiedene Schädigungen, welche die Nutzungsdauer aller im Gleis eingebauten Stoffe verkürzen, den Fahrkomfort beeinträchtigen und den Verschleiß am Fahrzeug begünstigen. Zur Verlängerung der Liegedauer der Schienen und der Durcharbeitungszyklen der Gleise werden diese „Fahrflächenfehler“ durch Schleifen abgetragen. Diese Maßnahme verbessert auch die Laufruhe der Fahrzeuge und vermindert die Lärmentwicklung durch den Zugbetrieb.

6.3.3 Gleisumbau

Für den Gleisumbau oder die Gleiserneuerung werden weitestgehend kontinuierlich arbeitende Schnellumbauzüge eingesetzt, die mehrere Umbauschritte zu einem kontinuierlichen Arbeitsgang (Fließbandverfahren) verknüpfen. Ein Beispiel dafür ist der Schienen- oder Schwellenwechsel, der z. T. auch mit vor- oder nachlaufender Bettungsreinigung ausgeführt werden kann.

Abb. 6-6: Gleisbauzug für den kontinuierlichen Gleisumbau und die Schotterbettreinigung. Die Kombinationsmaschine erneuert bis zu zwei Kilometer Strecke an einem Tag. Foto: DB AG/Claus Weber

6.4 Unfallverhütung

6.4.1 Arbeiten im Gleisbereich

Bei Arbeiten im Gleisbereich sind die dort Beschäftigten erheblichen Gefährdungen ausgesetzt. Arbeiten im Gleisbereich sind:

- Arbeiten, die zur Errichtung, Instandhaltung, Änderung und Beseitigung von Anlagen im Gleisbereich ausgeübt werden,
- Lerngänge, Streckenbegehungen, Besichtigungs- und Kontrolltätigkeiten,
- Arbeiten im Zusammenhang mit der Beseitigung von Unfallfolgen und
- Arbeiten an oder neben Bahnanlagen, die zwar nicht unmittelbar im Gleisbereich ausgeführt werden, die aber in direktem Zusammenhang mit diesen Arbeiten stehen und bei denen ein unbeabsichtigtes Hineingeraten in den Gleisbereich nicht ausgeschlossen werden kann. Beispiele dafür sind Landschaftspflegearbeiten oder Arbeiten im Zusammenhang mit der Errichtung von Bauwerken.

Gefahrenbereich

Fahren im Raumabstand, technische Sicherungseinrichtungen sowie taugliche, aus- und fortgebildete Mitarbeiter sorgen dafür, dass die Eisenbahn das sicherste Verkehrsmittel ist. Dennoch besitzt auch dieses System besondere Merkmale, von denen erhebliche Gefahren ausgehen können:

- Die Spurgebundenheit führt dazu, dass ein fahrendes Schienenfahrzeug einem Hindernis nicht ausweichen kann.
- Hohe Geschwindigkeiten, die je nach Strecke bis zu 300 km/h (das entspricht etwa 83 m/s) betragen, bedeuten, dass in kurzer Zeit ein langer Weg zurückgelegt wird und die Zeiten für die Annäherung der Schienenfahrzeuge sehr kurz sind. Zudem benötigen Schienenfahrzeuge in Abhängigkeit von der jeweiligen Geschwindigkeit sehr lange Bremswege von bis zu 3 km.
- Die Oberleitung zum Antrieb der elektrischen Fahrzeuge führt eine Spannung von 15.000 V Wechselstrom bei 16,7 Hz.

Der Gleisbereich ist der von bewegten Schienenfahrzeugen in Anspruch genommene Raum sowie der Raum unter, neben oder über den Gleisen, in dem Personen durch bewegte Schienenfahrzeuge gefährdet werden können. Bei elektrisch betriebenen Bahnen gehören zum Gleisbereich auch die Fahrleitungsanlagen, von denen zusätzliche Gefahren durch den elektrischen Strom ausgehen.

Die Ausdehnung des Gefahrenbereichs der Gleise ist darüber hinaus abhängig von den gefahrenen Geschwindigkeiten. Die für den Bahnbetrieb zuständige Stelle legt abhängig von den örtlichen und betrieblichen Bedingungen sowie den angewandten Arbeitsverfahren fest, wie weit der Gefahrenbereich der Gleise reicht. Hier dürfen Arbeiten nur mit einem gültigen Sicherungsplan erfolgen.

Sicherungsmaßnahmen

Die Stelle, die für den Bahnbetrieb zuständig ist, muss vor Aufnahme von Tätigkeiten im Gleisbereich entsprechende Sicherungsmaßnahmen festlegen und anwenden. Dazu stehen verschiedene Möglichkeiten zur Verfügung: Außer durch Sperrung lassen sich Gleise durch Aufstellung einer festen Absperrung, durch die Installation automatischer Warnsysteme (ATWS) oder durch Absperr- bzw. Sicherungsposten sichern. Zur besseren Sichtbarkeit muss bei Arbeiten im Gleisbereich immer Warnkleidung getragen werden.

Für das Betreten des Gleisbereichs und für das Verhalten gegenüber Fahrzeugen sind die Bestimmungen und Vorgaben der Berufsgenossenschaftlichen Vorschriften (auch Unfallverhütungsvorschriften) der Deutschen Gesetzlichen Unfallversicherung (DGUV) zu beachten. Das Überqueren von Gleisen sollte nur an den Stellen erfolgen, die dafür vorgesehen sind. Dabei dürfen Gleise nicht kurz vor oder dicht hinter stehenden Schienenfahrzeugen überquert werden, sondern mit einem Abstand von mindestens zwei Metern. Beim Überqueren der Gleise darf die Schienenoberkante nicht betreten werden. Auch ist auf Schienenfahrzeuge zu achten, die sich nähern, und mit genügendem zeitlichen Abstand abzuwarten, bis die Züge vorbeigefahren sind.

Abb. 6-7: Sicherungsaufsicht zur Sicherung im Gleisbereich arbeitender Personen Foto: DB AG/Patrick Kuschfeld

6.4.2 Schutzkleidung

Kann durch organisatorische oder technische Maßnahmen nicht ausgeschlossen werden, dass die Mitarbeiterinnen und Mitarbeiter Unfall- oder Gesundheitsgefahren ausgesetzt sind, hat der Unternehmer geeignete persönliche Schutzausrüstungen zur Verfügung zu stellen. Im Rahmen der Gefährdungsbeurteilung legt der Unternehmer fest, welche persönliche Schutzausrüstung zur Ausführung von Arbeiten erforderlich ist. Beispiele:

- **Schutzhelm** – wenn Gefährdung z. B. durch herabfallende Gegenstände besteht oder mit dem Anstoßen an Hindernisse zu rechnen ist.
- **Schutzhandschuhe** – bei Arbeiten mit Stoffen und Gegenständen, die zu Handverletzungen führen können.
- **Sicherheitsschuhe** – wenn mit Fußverletzungen durch herabfallende Gegenstände sowie mit mangelnder Trittsicherheit zu rechnen ist.
- **Warnkleidung** – bei allen Arbeiten im Gleisbereich. Sie dient dazu, ihre Träger – auch bei Dunkelheit – frühzeitig erkennbar zu machen. Warnkleidung muss den Anforderungen der DIN-EN genügen. Arbeitende müssen Warnkleidung in fluoreszierend Orange-Rot tragen, Sichernde in fluoreszierend Gelb.

6.4.3 Oberleitungsanlagen

Die Oberleitungsanlagen stehen unter einer Spannung von 15.000 V. Es ist davon auszugehen, dass alle Bauteile der Oberleitung bis zu den Isolatoren am Oberleitungsmast sowie eventuelle vorhandene Speise- und Verstärkerleitungen unter Spannung stehen. Der Fahrdraht befindet sich in der Regel in einer Höhe von 5,50 bis 6,00 m über der Schienenoberkante. Er kann im Bereich von Brücken und Tunneln sowie in Bergsenkungsgebieten auf eine Höhe von 4,95 m, in Ausnahmefällen auch auf 4,80 m abgesenkt sein. Die hohe Spannung und die damit verbundene Gefahr eines Spannungsüberschlags macht einen Sicherheitsabstand zu Teilen, die unter Spannung stehen, erforderlich.

Auch hier gilt: Arbeiten in der Nähe der Oberleitungen sind Arbeiten im Gefahrenbereich der Gleise. Sie sind der betriebsführenden Stelle anzuzeigen. Diese legt die erforderlichen Maßnahmen fest.

Abb. 6-8: Arbeiten an der Oberleitung

Foto: DB AG/Claus Weber

7 Systemverbund

7.1 Teilsysteme und gegenseitige Abhängigkeiten

7.1.1 Rad-Schiene-System

Die Antriebs, Brems- und Führungskräfte werden über die nur etwa 4 cm^2 große Kontaktfläche zwischen Rad und Schiene übertragen. Infolge der hohen Kräfte ist die Wahl der verwendeten Materialien von großer Bedeutung. Um den Verschleiß möglichst gering zu halten, müssen die Härte des Stahls der Schiene und des Radsatzes aufeinander abgestimmt sein. Aufeinander abgestimmt sein müssen auch die geometrischen Maße und Toleranzen beider Komponenten, damit eine sichere Spurführung und eine hohe Laufruhe gewährleistet werden kann.

Das Radprofil besteht aus dem innen liegenden Spurkranz und einer konischen Lauffläche. Diese gewährleistet im Zusammenhang mit der Neigung der Schiene die sichere Spurführung in der Geraden und im Bogen. Der Spurkranz ist erforderlich, um die sichere Spurführung zu gewährleisten und um bei sehr engen Bögen (z. B. Anschlussgleisen) eine Zwangsführung zu ermöglichen. Zum ungezwungenen Lauf der Radsätze ist ein Spurspiel erforderlich.

Abb. 7-1: Ausgebauter Radsatz auf einem aufgeständerten Gleis im ICE-Werk Frankfurt-Griesheim Foto: DB AG/Hartmut-Joachim Sigrist

Spurführung (Sinuslauf)

Um die Spurführung auf dem Gleis zu ermöglichen, sind die Räder mit Spurkränzen ausgestattet. Die konische Form der Lauffläche des Rades führt auf gerader Strecke zu einem wellenförmigen Lauf des Radsatzes (Sinuslauf), ohne dass es zum unmittelbaren Kontakt zwischen Spurkranz und Schiene kommen muss. Der Radsatz zentriert sich selber und die Radsatzachse beschreibt in Abhängigkeit des Weges eine Sinuskurve.

Sobald der Radsatz nicht mehr ganz mittig auf den Schienen läuft, drehen die Räder auf unterschiedlichen Laufkreisdurchmessern. Das von der Gleismitte nach außen versetzte Rad läuft dabei auf einem größeren Umfang als das gegenüberliegende Rad und zieht in Fahrtrichtung vor. Der Radsatz zentriert sich dadurch wieder in Richtung Gleismitte und darüber hinaus. Nun läuft das andere Rad auf dem größeren Umfang, zieht vor und der Radsatz schwenkt wieder zurück. Dieser wellenförmige Lauf des Radsatzes setzt sich so lange fort, bis ein neuer äußerer Einfluss wie beispielsweise der Kontakt des Spurkranzes mit der Fahrkante einen anderen Wellenlauf anregt.

Radsatz im Gleisbogen:

Die Laufflächen der beiden Räder sind als „Doppelkegel" ausgeführt. Bei der Fahrt im Gleisbogen werden die unterschiedlichen Laufwege an innerer und äußerer Schiene mit einer Querschiebung des gesamten Radsatzes ausgeglichen.

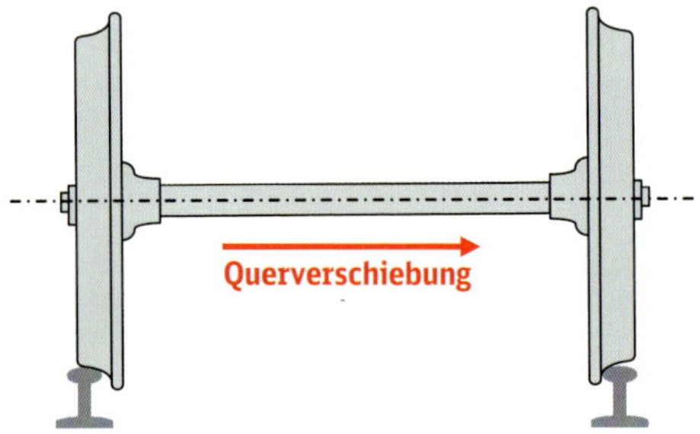

Radsatz auf gerader Strecke:

Die konische Form der Lauffläche des Rades führt zu einem wellenförmigen Lauf des Radsatzes (Sinuslauf), ohne dass es zum unmittelbaren Kontakt zwischen Spurkranz und Schiene kommen muss.

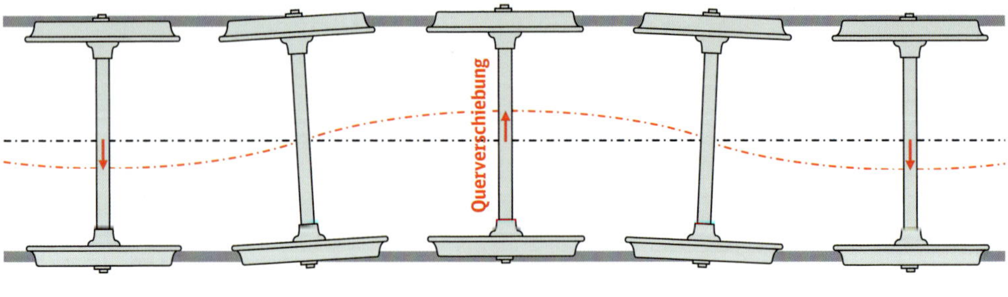

Abb. 7-2: Verhalten des Radsatzes im Gleisbogen und bei gerader Strecke

Abbildung: Jürgen Janicki

Bogenlauf

Um die unterschiedlichen Laufwege auf der Radsatzwelle befestigter Räder in Gleisbögen auszugleichen, sollen sich die Radsätze möglichst radial einstellen. Die Laufflächen der Räder sind nach außen verjüngt. Dadurch läuft das im Gleisbogen außen laufende Rad auf einem größeren Umfang als das gegenüberliegende Rad. Durch diese Querverschiebung und die daraus resultierenden unterschiedlichen Radien an den beiden Berührungspunkten wird im Gleisbogen der unterschiedliche Laufweg der beiden Räder eines Radsatzes nahezu ausgeglichen.

Spurweite

Der kleinste Abstand der beiden Schienen zwischen den Innenflächen der Schienenköpfe an der sogenannten „Fahrkante" wird als Spurweite bezeichnet. Historisch bedingt gibt es weltweit eine Vielzahl verschiedener Spurweiten. Allgemein gilt: Der Bau einer Bahn ist umso kostengünstiger, je schmaler die Spur ist. Darüber hinaus können schmale Spurweiten besser auf entsprechend schwierigen Trassen realisiert werden. Viele „Bergstrecken" entstanden deshalb als schmalspurige Bahn.

Die in Europa am häufigsten vorkommende Spurweite beträgt 1.435 mm und wird als Normalspur, Regelspur oder Vollspur bezeichnet. Abweichend davon unterscheidet man größere Spurweiten in Breitspur, kleine Spurweiten in Schmal- oder Meterspur. Für den europäischen Eisenbahngüterverkehr ist neben der Normalspur noch die Breitspur von großer Bedeutung, die in Spanien, Portugal, Finnland, den baltischen Staaten und der Gemeinschaft Unabhängiger Staaten anzutreffen ist. Größere Schmalspurnetze existieren in der Schweiz, Griechenland, Frankreich und auf einigen Mittelmeerinseln. In Deutschland existieren schmalspurige Netze bei verschiedenen Insel-, Museums- und Werkbahnen sowie bei zahlreichen Straßenbahnbetrieben. Eine besondere Stellung nimmt in Deutschland die Harzer Schmalspurbahn ein, die über ein rund 140 km zusammenhängendes Streckennetz verfügt.

Beim Einbau eines Gleises beträgt die Toleranz der Spurweite bei Normalspurgleisen ± 2 mm. Im Betrieb darf sie bei einer Spurverengung 1.430 mm und bei einer Spurerweiterung maximal 1.470 mm betragen. In Gleisbögen wird die Spurweite geringfügig erweitert, um ein „Klemmen" der Räder zu verhindern. Das Einhalten der Betriebsgrenzmaße wird zusammen mit der Qualität der Gleislage durch Messfahrten regelmäßig überprüft. Abweichungen und Veränderungen können so sofort festgestellt und korrigiert werden.

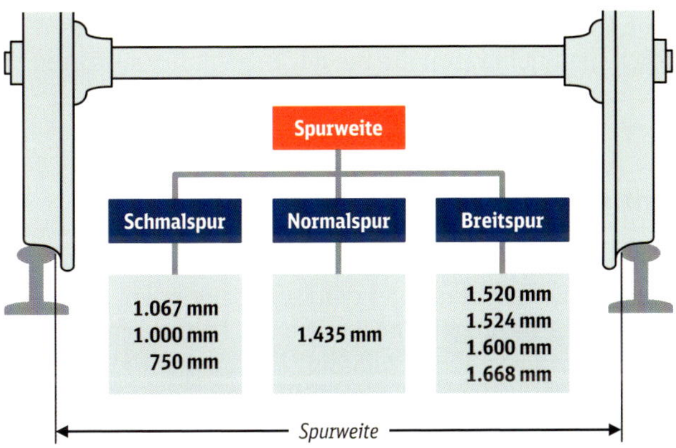

Abb. 7-3:
Die Spurweite ist der kleinste Abstand der Innenflächen der Schienenköpfe.
Abbildung: Jürgen Janicki

Die unterschiedlichen Spurweiten verhindern, dass Normalspurwagen im durchgehenden Verkehr zu Bahnen mit abweichender Spurweite eingesetzt werden können. Es gibt jedoch umspurbare bzw. umachsbare Spezialwagen, die einen durchgehenden Eisenbahnverkehr mit diesen Ländern ermöglichen. Als Alternative bietet sich auch ein aufwendiges Umladen auf Güterwagen der entsprechenden Spurweite bzw. der Transport in Containern an.

Entgleisung

Wenn ein Eisenbahnfahrzeug während der Fahrt unkontrolliert den Fahrweg verlässt, indem es abgleitet oder abhebt, so bezeichnet man dies als Entgleisung. Ein Fahrzeug gilt auch dann als entgleist, wenn es sich anschließend selbst wieder aufgleist. In der Regel führt die Spurführung zu einem sicheren Lauf der Eisenbahnfahrzeuge. Die Überschreitung physikalischer Grenzen, falsch gekuppelte Fahrzeuge, äußere Einwirkungen (z. B. Gegenstände im Gleis) und unstete Stellen im Fahrweg (z. B. Schienenbrüche) können jedoch zu einem instabilen Lauf führen, bei dem die Spurführung verloren geht und damit die Gefahr einer Entgleisung besteht.

Neigetechnik

Die maximal zulässige Geschwindigkeit eines Schienenfahrzeugs in einem Gleisbogen ist von den Faktoren Sicherheit und Fahrkomfort abhängig. Um die Geschwindigkeit erhöhen zu können, müssen also einerseits die Entgleisungssicherheit und die Oberbaustabilität gewährleistet sein. Zum anderen müssen die Querbeschleunigungen, die auf den Fahrgast wirken, so gering gehalten werden, dass ein komfortables Reisen möglich ist.

Eine Alternative zum Bau von Hochgeschwindigkeitsstrecken schafft der Einsatz von Fahrzeugen mit Neigetechnik. Derartige Fahrzeuge können Gleisbögen schneller befahren als herkömmliche Fahrzeuge. Die im Drehgestell untergebrachte Technik neigt den Wagenkasten bei Kurvenfahrt nach innen in den Gleisbogen und gleicht so die Querbeschleunigung aus, die bei höheren Geschwindigkeiten stark anwächst. Die Neigetechnik dient ausschließlich dem Fahrkomfort. Durch diese im Prinzip simple, aber technisch anspruchsvolle Lösung ist es möglich, das Tempo in Bögen um bis zu 20 Prozent zu erhöhen. Leider sorgt die Neigetechnik in Bögen für eine höhere Beanspruchung des Fahrwegs.

Es gibt zwei verschiedene Systeme der Neigetechnik: Bei der aktiven Neigetechnik wird der Wagenkasten durch hydraulische oder elektromechanische Stellantriebe geneigt und am Ende des Gleisbogens wieder in die Horizontale gelenkt. Bei der passiven Neigetechnik neigt sich der Wagenkasten allein durch die Fliehkräfte, die bei der Bogenfahrt auftreten.

7.1.2 Technische Rahmenbedingungen des Fahrwegs

Beschränkungen der Gesamtgewichte und Gesamtabmessungen von Eisenbahnfahrzeugen ergeben sich aus der Beschaffenheit des Schienennetzes und der Kunstbauten wie Brücken und Tunnel, auf denen sie verkehren. Die Begrenzungen hinsichtlich des Fahrzeuggewichts sind durch die sogenannten Radsatzlasten und das höchstzulässige Fahrzeuggewicht je Längeneinheit (Meterlast) beschrieben. Die Begrenzungen hinsichtlich der Gesamtabmessungen ergeben sich aus dem zur Verfügung stehenden Lichtraum und sind durch eine Begrenzungslinie festgelegt. Bei der Planung des Fahrwegs ist die Einhaltung dieses Freiraums aus Gründen der Sicherheit des Eisenbahnbetriebs unumgänglich. Den Bahnen steht die Möglichkeit offen, für bestimmte Einsatzbereiche von Fahrzeugen und Ladeeinheiten auch Lichträume mit größeren Abmessungen einzuführen. Radsatzlasten, Meterlasten und die Begrenzungslinie sind Bestandteile der Trassenanmeldung des Eisenbahnunternehmens und der Verladerichtlinien, die vom Absender einzuhalten sind.

Querschnittsgestaltung von Bahnanlagen

Eine wesentliche Voraussetzung für eine sichere Querschnittsgestaltung von Bahnanlagen ist die Berechnung des von festen Gegenständen frei zu haltenden Raumes. Dieser „Lichtraum" muss so bemessen sein, dass das größtzulässige Fahrzeug inklusive einer eventuell vorhandenen Ladung sicher verkehren kann.

Der Wunsch nach einem freizügigen Fahrzeugeinsatz führte schon sehr früh zu Vereinbarungen, um die zulässigen Fahrzeugabmessungen festzulegen. Basis dieser Festlegungen sind definierte Bezugslinien, aus denen nach bestimmten Berechnungsformeln sowohl die Abmessungen der Fahrzeuge (Fahrzeugbegrenzungslinie) wie auch der von der Infrastruktur freizuhaltende Raum (Grenzlinie für feste Anlagen) berechnet werden. Dabei wird zwischen statischen und kinematischen Begrenzungslinien unterschieden. Im Gegensatz zu statischen Begrenzungslinien sind bei kinematischen Begrenzungslinien auch alle aus der Bewegung der Fahrzeuge resultierenden Bedingungen berücksichtigt.

- Die **Bezugslinie** trennt den Infrastrukturbereich vom Fahrzeugbereich. Sie bildet die Basis für die Berechnung der von der Infrastruktur frei zu haltenden Räume sowie der äußeren Abmessungen der Fahrzeuge. Bezugslinien sind in ihren Abmessungen im Regelwerk verbindlich vorgeschrieben.

- Die **Fahrzeugbegrenzungslinie** umschließt den Raum des im geraden Gleis mittig stehenden Eisenbahnfahrzeugs als Begrenzungslinie der Fahrzeugkonstruktion. Für ihre Berechnung werden die Maße der Bezugslinie um fahrzeug- und gleisseitige Einflüsse eingeschränkt (verkleinert).

- Die **Grenzlinie** für feste Anlagen umschließt den Raum, den fahrende Fahrzeuge benötigen. Sie berücksichtigt das Bewegungsverhalten des Eisenbahnfahrzeugs während der Fahrt sowie Gleislagetoleranzen.

- Die **Lichtraumbegrenzungslinie** umschließt den aus der Grenzlinie für feste Anlagen umschlossenen Raum und zusätzliche Räume für bauliche und betriebliche Zwecke. Dieser Raum wird auch Lichtraum genannt.

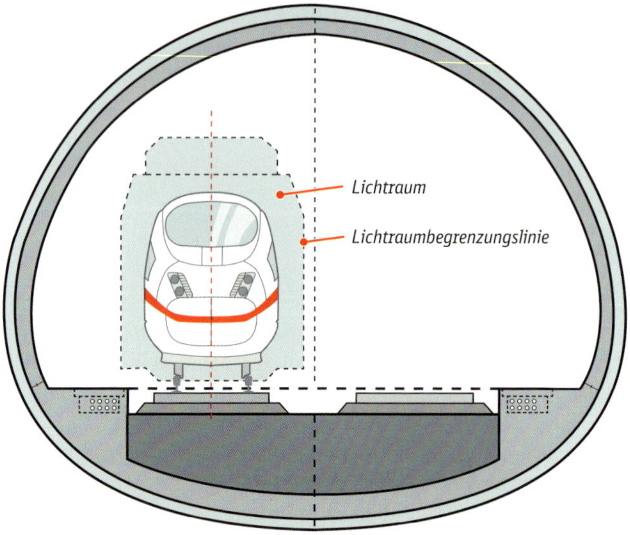

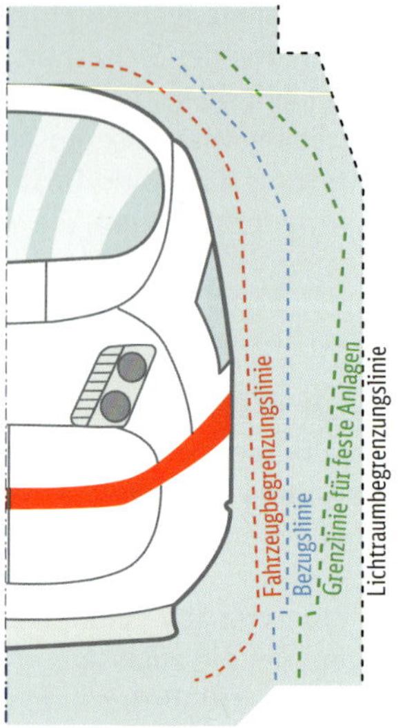

Abb. 7-4: Zusammenhang zwischen den verschiedenen Umgrenzungslinien

Abbildung: Jürgen Janicki/Quelle: DB AG

In Europa weisen die Eisenbahnen unterschiedliche Lichträume auf. Die europäische Kommission hat im Rahmen der TSI eine Vereinheitlichung festgelegt und drei Standard-Lichtraumprofile definiert, die als GA, GB und GC bezeichnet werden. Unterschiede zwischen den verschiedenen Bezugslinien bestehen im oberen Bereich ab einer Höhe von 3,25 m über Schienenoberkante.

Das in Deutschland übliche Lichtraumprofil G2 nach EBO ist im oberen Bereich kleiner als das auf transeuropäischen Netzen geforderte Lichtraumprofil GC. Bei Neubauten und umfassenden Umbauten ist künftig auch in Deutschland das erweiterte Profil GC anzuwenden. In Deutschland werden noch die Begrenzungslinien DE 1 (ICE), DE 2 (Dosto) sowie spezielle Profile für Gleichstrom-S-Bahnen angewendet.

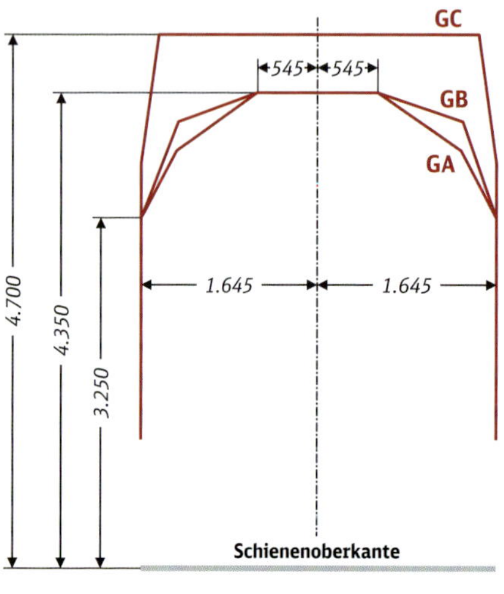

Abb. 7-5:
Bezugslinien der kinematischen Begrenzungslinien GA, GB und GC im oberen Bereich (Maße in Millimeter)
Abbildung: Jürgen Janicki/Quelle: DIN 15273

Lademaß

Das Lademaß ist die Begrenzungslinie, die den äußeren Umfang einer Ladung beschreibt, die mit offenen oder flachen Güterwagen transportiert wird. Die Einhaltung dieser Grenze wird im geraden Gleis geprüft. Einschränkungen bestehen bei der Fahrt im Gleisbogen, weil hier Teile der Ladung an ortsfeste Objekte oder Fahrzeuge im Nachbargleis anstoßen könnten. Diese Einschränkung ist bei der Ladungsbreite durch entsprechende Abschläge zu berücksichtigen. Das Verhalten eines Eisenbahnfahrzeugs im Gleisbogen ist auch der Grund, warum bei langen Fahrzeugen die Fahrzeugenden oftmals schmaler ausgeführt sind.

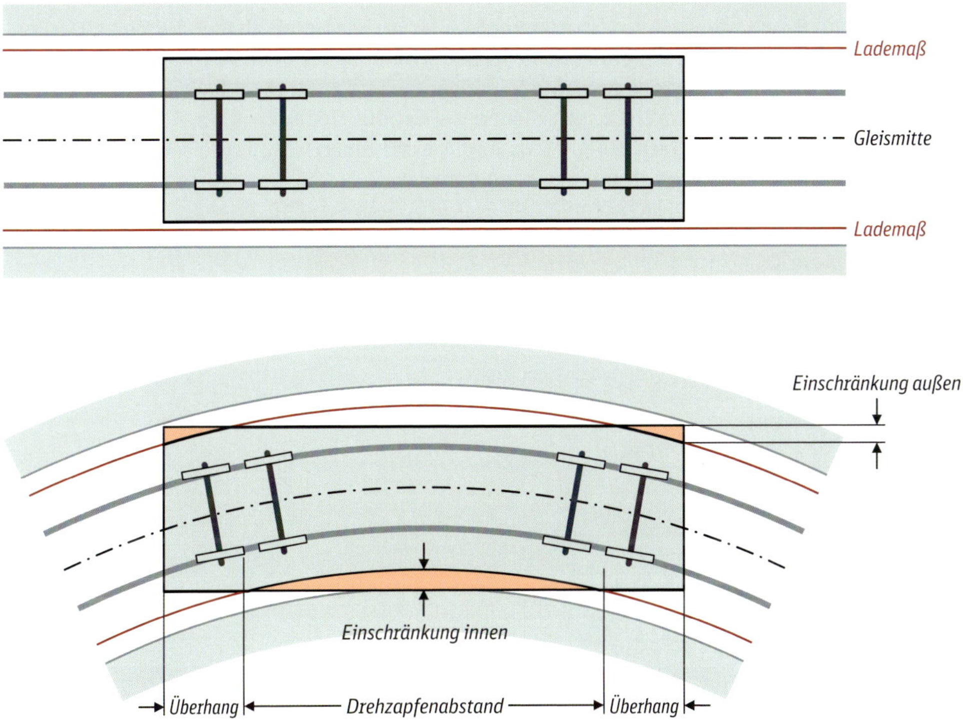

Abb. 7-6: Raumbedarf von Fahrzeugen im geraden Gleis und im Gleisbogen

Abbildung: Jürgen Janicki

Lademaßüberschreitung

Sendungen mit Lademaßüberschreitung sind entweder übergroße Fahrzeuge oder Fahrzeuge mit übergroßen Ladungen, welche die Fahrzeugbegrenzungslinien überschreiten. Derartige Sendungen werden als außergewöhnliche Transporte befördert und unterliegen besonderen betrieblichen Bestimmungen.

Sendungen des KV werden aufbauend auf einer Kodifizierung kategorisiert und nur auf einem besonders geprüften Streckennetz befördert.

Radsatzlast, Meterlast

Die technischen Eigenschaften eines Fahrwegs bestimmen, mit welcher Last ein Fahrzeug die Strecke belasten darf. Dabei sind zwei Parameter von Bedeutung:

- Die **Radsatzlast** (Achslast) als Maßstab für die Belastung des Oberbaus (Gleise, Schwellen, Schotter).
- Das **Fahrzeuggewicht je Längeneinheit** (Meterlast) als Maßstab für die Belastbarkeit von Kunstbauten (Brücken).

Die technische Beschaffenheit des Streckennetzes ist nicht überall gleich; die Belastbarkeit der Strecken ist damit unterschiedlich. Die Strecken sind deshalb hinsichtlich der Radsatzlast und des zulässigen Fahrzeuggewichts je Längeneinheit in Streckenklassen eingeteilt. Zur Kennzeichnung der Streckenklassen dienen die Großbuchstaben A bis G (zur Angabe der Radsatzlast) und die Ziffern 1 bis 6 (zur Angabe der Meterlast). Dabei werden nicht alle möglichen Buchstaben-Zahlen-Kombinationen genutzt.

Streckenklasse	höchstzulässige Radsatzlast	höchstzulässige Meterlast
A	16,0 t	4,8 t/m
B1	18,0 t	5,0 t/m
B2		6,4 t/m
C2	20,0 t	6,4 t/m
C3		7,2 t/m
C4		8,0 t/m
D2	22,5 t	6,4 t/m
D3		7,2 t/m
D4 *		8,0 t/m
E4	25,0 t	8,0 t/m
E5		8,8 t/m
F	27,5 t	**
G	30,0 t	

* Standard für Neu- und Ausbaustrecken

** Für Strecken, auf denen diese Radsatzlasten zugelassen sind, gelten nationale Regelungen.

Abb. 7-7: Übersicht der Streckenklassen

Das Gewicht, mit dem ein Güterwagen beim Befahren einer Strecke einer bestimmten Streckenklasse höchstens beladen werden darf, wird als Lastgrenze bezeichnet und in einem Lastgrenzenraster am Wagen angeschrieben. Voraussetzung für die Ausnutzung der zulässigen Lastgrenzen ist die gleichmäßige Verteilung des Ladeguts auf der Ladefläche.

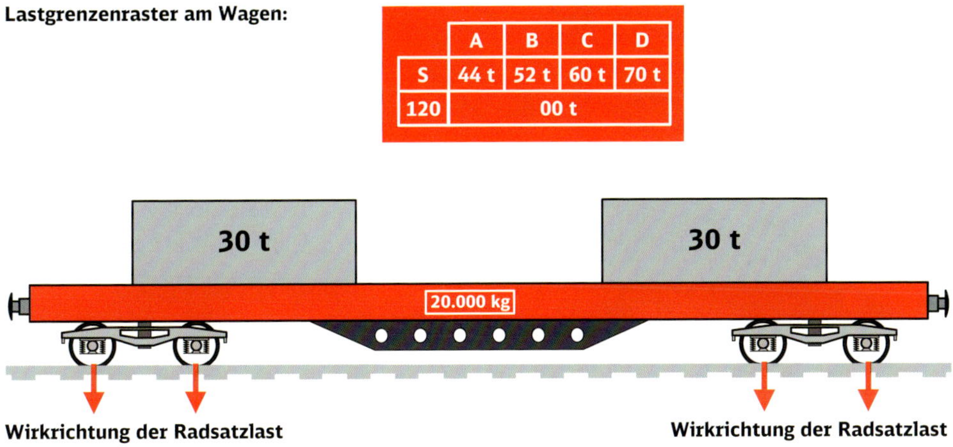

Abb. 7-8: Zusammenhang zwischen Radsatzlast und Fahrzeuggewicht je Längeneinheit (Meterlast) am Beispiel eines beladenen Flachwagens Abbildung: Jürgen Janicki

7.1.3 Stromabnahme

Das Stromabnahmesystem, das aus der Fahrleitung und dem Stromabnehmer besteht, muss hinsichtlich des statischen und dynamischen Verhaltens aufeinander abgestimmt sein. Nur so ist eine betriebs- und kontaktsichere Stromübertragung gewährleistet.

Der Strom muss unterbrechungsfrei und mit möglichst geringer Lichtbogenbildung zwischen Fahrleitung und Stromabnehmer fließen. Dabei sollte der Verschleiß an den beteiligten Komponenten gering gehalten werden, wofür die Kontaktkräfte in einem möglichst kleinen Bereich konstant zu halten sind. Der Stromabnehmer belastet die Fahrleitung mit einer statischen Anpresskraft. Er muss Fahrdrahthöhenunterschiede ausgleichen können. Wechselnde Massenbeschleunigungskräfte dürfen die Anpresskraft des Stromabnehmers nicht unzulässig verändern.

Die Grenzen der elektrischen Traktion sind nicht in der Leistungsfähigkeit der Fahrmotoren begründet, sondern in der Leistungsübertragung über die Fahrleitung. Hier ist – neben der mechanischen Belastbarkeit des Fahrdrahts – der maximale Strom, der über den Stromabnehmer von der Fahrleitung übertragen werden kann, eine wichtige Einflussgröße. Mit der heute üblichen Fahrleitungstechnik sind Geschwindigkeiten von bis zu 350 km/h im Regelbetrieb hinsichtlich der mechanischen Belastung beherrschbar. Für die nahe Zukunft ist eine weitere Anhebung dieser Grenze wahrscheinlich; im Testbetrieb wurden bereits deutlich höhere Geschwindigkeiten erreicht.

Abb. 7-9: Stromabnahme aus der Oberleitung

Foto: DB AG/Uwe Miethe

7.1.4 Hochgeschwindigkeitssysteme

Der Ausbau der Hochgeschwindigkeitsnetze (HG-Netze) hat in der Vergangenheit zu einer erheblichen Steigerung des Bahnverkehrs und einem starken Anteil am allgemeinen Verkehrswachstum geführt. Hochgeschwindigkeit im Eisenbahnverkehr setzt sich aus den folgenden Elementen zusammen:

- der **Infrastruktur** (Strecken), deren technische Gestaltung Zugfahrten mit hohen Geschwindigkeiten ermöglicht,
- den **Fahrzeugen** (HG-Züge), die hohe Leistungsfähigkeit mit zeitgemäßem Komfort verbinden und
- den **Betriebsbedingungen** (Betriebskonzept).

Diese Elemente bilden ein System und bestimmen damit im Wesentlichen die Qualität des Hochgeschwindigkeitsverkehrs.

Eine Strecke wird dann als Hochgeschwindigkeitsstrecke (HG-Strecke) bezeichnet, wenn es sich um eine Neubaustrecke handelt, deren Parameter die Fahrt auf allen bzw. fast allen Streckenabschnitten mit einer Geschwindigkeit von mehr als 250 km/h erlauben. Ausbaustrecken müssen mit mindestens 200 km/h befahren werden können.

Betriebsmodelle

Leider gibt es derzeit kein einheitliches europäisches HG-Netz, sondern verschiedene Betriebsmodelle in verschiedenen Mitgliedstaaten. Viele HG-Züge sind mit dem klassischen Netz kompatibel und umgekehrt können viele Hochgeschwindigkeitsstrecken auch von klassischen Zügen befahren werden. Insgesamt lassen sich vier verschiedene Hochgeschwindigkeitssysteme (HG-Systeme) unterscheiden.

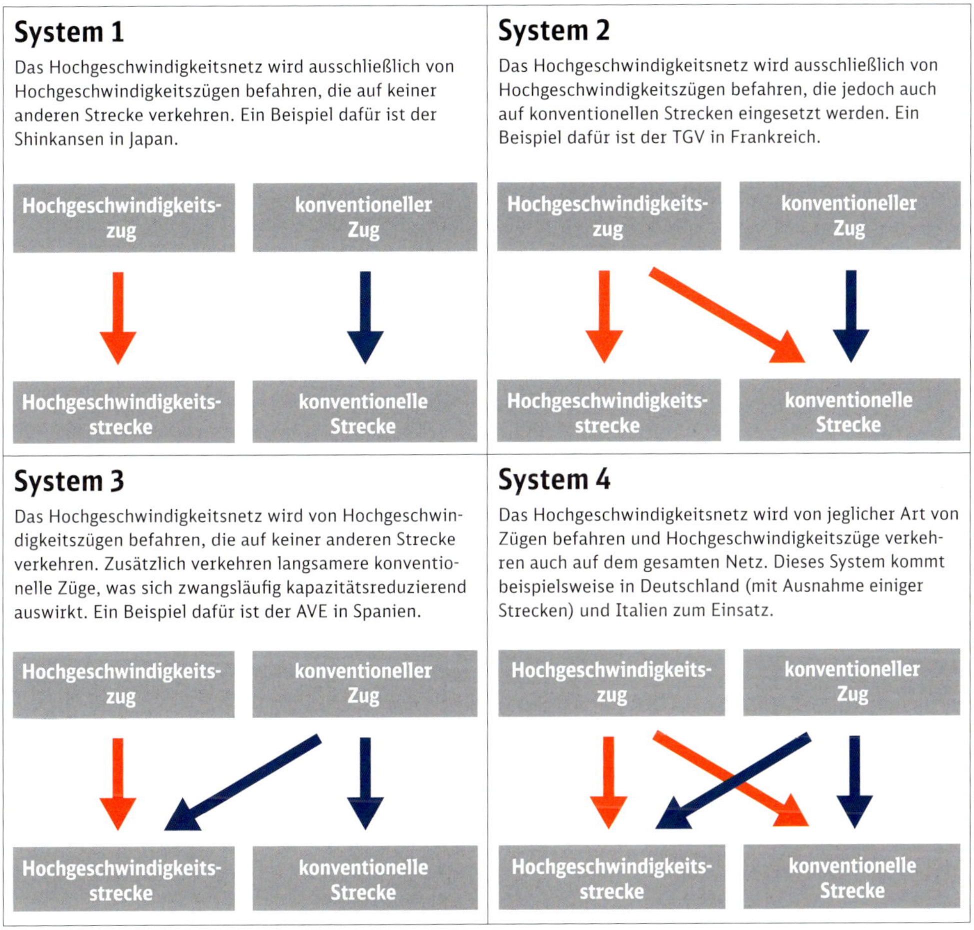

Abb. 7-10: Unterscheidung der Hochgeschwindigkeitssysteme — Abbildung: Jürgen Janicki

Hochgeschwindigkeitsverkehr in Europa

In Europa ist der direkte Vergleich der HG-Systeme und ihrer technischen Daten immer auch Ausdruck der unterschiedlichen gesetzlichen und geografischen Rahmenbedingungen der einzelnen Länder. Dass jedes HG-System in gewisser Weise auch ein technologischer Ausdruck der gewachsenen gesellschaftlichen Strukturen ist, zeigt das Beispiel Frankreich.

Das zentralistische Staatsgebilde mit der Keimzelle Paris strahlt nicht nur politisch und kulturell, sondern auch im Systemverbund technologisch sternförmig ab. Das Eisenbahnnetz zeigt exakt die gleiche Struktur, zudem auf recht baufreundlicher, sprich flacher Topografie. Aufgrund dünner Besiedlung entlang der Strecken konnten die Planer generös auf Haltepunkte verzichten und damit eine hohe Durchschnittsgeschwindigkeit erreichen.

In Deutschland führte die historisch-politische Geografie mit ihrer in der Vergangenheit dezentralen Anhäufung selbstständiger Kleinstaaten zwangsläufig zu einer Netzstruktur der Schienenstrecken. Hinzu kommt, dass aufgrund zahlreicher Gebirgszüge der Bau einer Eisenbahnstrecke in Deutschland erheblich teurer ist als in anderen Ländern.

Aber auch bedingt durch wirtschaftspolitische Tatsachen müssen Techniker mitunter enorme Hürden überwinden. Das zeigte sich am Beispiel des Kanaltunnels zwischen Frankreich und England. Hier mussten neben verschiedenen Strom- und Signalsystemen auch völlig unterschiedlich beschaffene Lichtraum- und Begrenzungsprofile koordiniert werden. Auch ließen die veralteten Bahnstrecken vom Kanaltunnel nach London in den ersten Betriebsjahren nur eine geringe Fahrgeschwindigkeit zu.

Aktuell verbinden in Europa etwa 1.750 HG-Zugeinheiten auf einem fast zehntausend Kilometer umfassenden HG-Netz alle wichtigen europäischen Städte und Regionen. Die letzten Jahre waren gekennzeichnet insbesondere durch den Ausbau der HG-Netze in Mittel- und Osteuropa sowie die Überquerungen der Alpen nach Italien. Darüber hinaus wurden die drei größten schwedischen Städte Stockholm, Göteborg und Malmö durch neue HG-Strecken miteinander verbunden und Spanien nahm zahlreiche HG-Strecken in Betrieb.

Die aktuell laufenden Neu- und Ausbauvorhaben sollen dazu führen, dass das europäische HG-Netz in den nächsten Jahren auf fast 15.000 Kilometer anwachsen wird; im Langfristzeitraum soll sich das Streckennetz sogar verdreifachen. Der Ausbau des europäischen HG-Netzes wird von der Europäischen Union (EU) und zahlreichen Institutionen unterstützt. Die EU führt dazu für alle Mitgliedstaaten gemeinsame technische Normen und Qualitätsstandards ein und betreut auch die Entwicklung und Umsetzung standardisierter Instrumente, z. B. des Europäischen Schienenverkehrsleitsystems (European Rail Traffic Management System; abgekürzt ERTMS).

Hochgeschwindigkeitsverkehr weltweit

Weltweit haben Bau und Umbau von Hochgeschwindigkeitsstrecken eine ungeheure Dynamik entwickelt. Besonders China legt hier ein extremes Tempo vor: Erst 2008 mit der ersten HG-Strecke gestartet, wurden allein im Zeitraum von 2010 bis 2015 mehr als eine halbe Billiarde Euro in den Bau weiterer HG-Strecken und HG-Züge investiert. Mit einer Länge von 31.043 km ist das chinesische HG-Netz inzwischen doppelt so groß wie sämtliche übrigen Netze der Welt zusammen. Weitere Länder mit HGV gibt es in Asien (Japan, Türkei, Taiwan, Südkorea, Saudi-Arabien); Nordafrika (Marokko) und in Amerika (USA).

Hochgeschwindigkeitszüge

Die Technik der eingesetzten HG-Züge ist meist auf die Bedingungen der jeweiligen Einsatzstrecke(n) passgenau zugeschnitten. HG-Züge bestehen in der Regel aus untrennbaren Triebzugeinheiten, die teilweise auch zusammengekuppelt werden und im kommerziellen Bahnbetrieb mit mindestens 250 km/h verkehren. Darüber hinaus werden zusätzlich auch langsamer fahrende Züge (200 km/h oder 220 km/h) als HG-Züge bezeichnet, wenn sie einem hohen Qualitätsanspruch genügen, wie dies beispielsweise bei den Neigezügen der Fall ist. Schließlich fallen auch bestimmte klassische lokbespannte Züge in diese Rubrik, wenn sie mit einer Geschwindigkeit von 200 km/h fahren und bestimmte Kriterien erfüllen.

HG-Züge sind entweder als Triebkopfzug mit Antrieb in den Endwagen oder als Triebzug mit verteilten Antrieben konzipiert. Gegenüber dem Triebkopfzug hat ein Triebzug mit Unterflurantrieb den Vorteil, dass in den Endwagen Reisende untergebracht sind und die Radsatzlast ohne großen technischen Aufwand begrenzt werden kann – bei gleichzeitig enormem Beschleunigungsvermögen. Durch die hohe Anzahl angetriebener Achsen kann auch die elektrodynamische Bremse besser genutzt werden. Auch wirkt sich der eventuelle Ausfall einer Traktionseinheit nicht so gravierend aus wie bei Triebkopfzügen.

Abb. 7-11: Europäische Hochgeschwindigkeitszüge Foto: DB AG/Oliver Lang

In der Regel besitzen Fahrzeuge für den HGV elektrische Antriebe. Um hohe Geschwindigkeiten zu erzielen, wird eine relativ hohe Antriebsleistung benötigt und der Zug gleichzeitig so leicht wie möglich gebaut. Aufgrund der Leichtbauweise und des geringen Luftwiderstands konnte der Energiebedarf der Fahrzeuge in der Vergangenheit deutlich gesenkt werden. Die für ihre Masse äußerst stark motorisierten Züge sind heute in der Lage, wesentlich größere Steigungen zu überwinden als herkömmliche Züge. Dadurch ist der Bau reiner Hochgeschwindigkeitsstrecken möglich, was deutlich zur Einsparung von Baukosten beiträgt.

7.1.5 Umweltaspekte

Der Bau von Schienenstrecken ist fast immer mit einem erheblichen Eingriff in die Natur verbunden (Flächenverbrauch, Trennwirkungen). Deshalb spielen ökologische Gesichtspunkte bei der Planung neuer Bahnstrecken von Anfang an eine entscheidende Rolle. Die Auswirkungen auf Mensch und Umwelt sind Gegenstand zahlreicher Gutachten und Untersuchungen. Dabei werden die geologischen und kleinklimatischen Verhältnisse ebenso erfasst wie Vegetation, Flächennutzung und kulturgeschichtliche Besonderheiten. Betrachtet wird immer der gesamte Raum, auf dessen Naturhaushalt, Landschaftsbild und Flächennutzung sich die Baumaßnahme auswirkt. Ziel ist es, Belastungen nach Möglichkeit ganz zu vermeiden oder zumindest auf ein vertretbares Maß zu reduzieren. Um Eingriffe in die Natur und den Flächenverbrauch möglichst gering zu halten, wird eine Bündelung mit bereits vorhandenen Verkehrswegen angestrebt. Im direkten Vergleich liegt der spezifische Flächenverbrauch der Schiene bei nur einem Drittel der Straße (westdeutsche Autobahnen). Da bei elektrifizierten Strecken die Luft entlang der Trasse nicht verschmutzt wird, bleiben etwa zwei Drittel der für eine Neubaustrecke benötigten Flächen als biologisch wertvolle Lebensräume erhalten.

Lärmschutz

Die Lärmbelastung durch den Schienenverkehr soll in den nächsten Jahren trotz weiteren Verkehrswachstums auf der Schiene deutlich reduziert werden. Dazu hat die Europäische Union in den Technischen Spezifikationen der Interoperabilität für die verschiedenen Fahrzeugarten und Betriebssituationen Grenzwerte für die Lärmerzeugung erlassen.

Die Lärmemission hat unterschiedliche Gründe. Hauptursache ist das Rollgeräusch, das durch den Rad-Schiene-Kontakt entsteht. Besonders bei klotzgebremsten Fahrzeugen rauen die herkömmlichen Bremsklötze aus Grauguss die Laufflächen der Räder auf und führen in der Folge zu Schwingungen von Rad und Schiene. Als Folge entsteht beim Rollen Lärm.

Der Emissionspegel wird maßgebend von der Geschwindigkeit beeinflusst; mit steigender Geschwindigkeit werden auch die Lärmprobleme größer. Bis zu 120 km/h dominiert das Motorengeräusch, bei 160 km/h das Geräusch des Laufwerks und danach bei über 250 bis 300 km/h dominieren die Geräusche des Stromabnehmers und die aerodynamischen Geräusche.

Damit Schall gar nicht erst entsteht, wird er vor allem an der Quelle bekämpft. Aktuell rüsten die Eisenbahnunternehmen ihre Güterwagen mit Verbundstoffbremsklötzen (Flüsterbremse) aus. Dies soll die Verriffelungen der Radlaufflächen verhindern und damit die Geräusche deutlich reduzieren. Ergänzend dazu sollen technische Maßnahmen am Fahrweg wie beispielsweise die Installation von passiven Schallschutzelementen (Lärmschutzwände) und die Anwendung verbesserter Technologien für den Oberbau mit schallverminderndem und schluckendem Aufbau zur Lärmminderung beitragen. Verringern lässt sich der Schienenverkehrslärm auch durch eine Veränderung der Linienführung, die Schaffung künstlicher Tunnel sowie bestimmte Instandhaltungsmaßnahmen (z. B. Schleifen von Schienen).

Abb. 7-12: Lärmschutzwände als aktiver Lärmschutz Foto: DB AG/DB Netz AG

7.2 Eisenbahnbremstechnik

7.2.1 Bremstechnische Grundlagen

Wie das Beschleunigen auf hohe Geschwindigkeit ist das Bremsen eine große technische Herausforderung für die Eisenbahntechnik. Die geringe Haftreibung der Räder auf den Stahlschienen und die damit verbundenen langen Bremswege erfordern leistungsfähige und zuverlässig arbeitende Bremseinrichtungen. Ein Zug kann aus vielen Fahrzeugen zusammengesetzt sein, die alle bremstechnisch miteinander verbunden sind; unterschiedliche und z. T. hohe Zugmassen werden mit unterschiedlichen Geschwindigkeiten gefahren und müssen sicher beherrscht werden.

Die Bremsen der Eisenbahnfahrzeuge dienen dazu, die Fahrgeschwindigkeit aus betrieblichen Gründen in gewollten Grenzen zu verringern bzw. bei Gefällefahrten konstant zu halten oder den Zug rechtzeitig zum Halten zu bringen. Stehende Fahrzeuge soll das Bremssystem gegen Abrollen sichern.

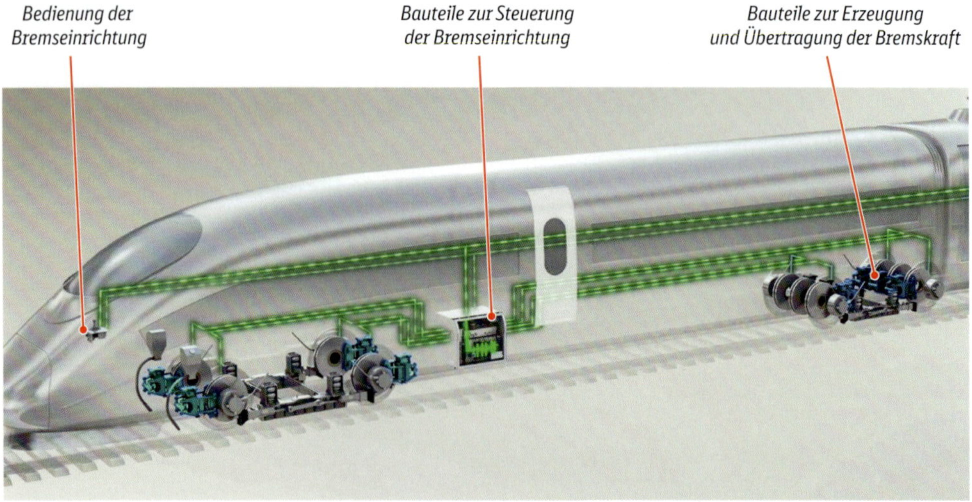

Abb. 7-13: Hauptkomponenten der Bremsanlage eines Eisenbahnfahrzeugs Abbildung: Knorr-Bremse

Grundsätzlich sind alle Fahrzeuge im Zugverband an ein durchgehendes automatisches Bremssystem anzuschließen. Darüber hinaus muss bei einer unbeabsichtigten Trennung des Zugverbands sichergestellt sein, dass beide Zugteile automatisch durch eine Zwangsbremsung zum Stillstand gebracht werden.

Die Sicherheit einer Zugfahrt hängt wesentlich von der Wirksamkeit der Bremseinrichtungen der Fahrzeuge und deren Wartung ab. Das sichere Bedienen und Prüfen dieser Bremsen ist ein wichtiges Kernelement bei der Durchführung eines sicheren Eisenbahnbetriebs.

VDV-Schrift 757 – Bremsvorschrift (Brevo)

Mit welcher Bremsausrüstung Eisenbahnfahrzeuge ausgerüstet sein können und wie Bremsen im Bahnbetrieb sicher bedient und geprüft werden, ist in der „Bremsvorschrift" beschrieben. Die Richtlinie 915 der DB AG sowie die vom Verband Deutscher Verkehrsunternehmen herausgegebene VDV-Schrift 757 sind abgestimmte Zusammenfassungen der bisher unterschiedlichen Regeln zum Bedienen und Prüfen von Bremsen im Betrieb auf öffentlicher Eisenbahninfrastruktur des Bundes und nichtbundeseigener Eisenbahnen. Ergänzend dazu können EVU weitere Regeln herausgeben und in ihren betrieblichen Anweisungen bekannt geben.

7.2.2 Bauformen und Wirkungsweisen der Bremsen

Nach dem Angriffspunkt der Bremskräfte am Fahrzeug werden bei Eisenbahnfahrzeugen verschiedene Grundformen der Bremsen unterschieden. Radbremsen bringen die Bremsmomente auf die Radsätze auf. Die Bremskräfte werden hier über die Kontaktpunkte zwischen den Rädern und Schienen übertragen. Schienenbremsen umgehen den Kontaktpunkt zwischen Rad und Schiene und üben ihre Bremskraft entgegen der Fahrtrichtung direkt auf die Schiene aus.

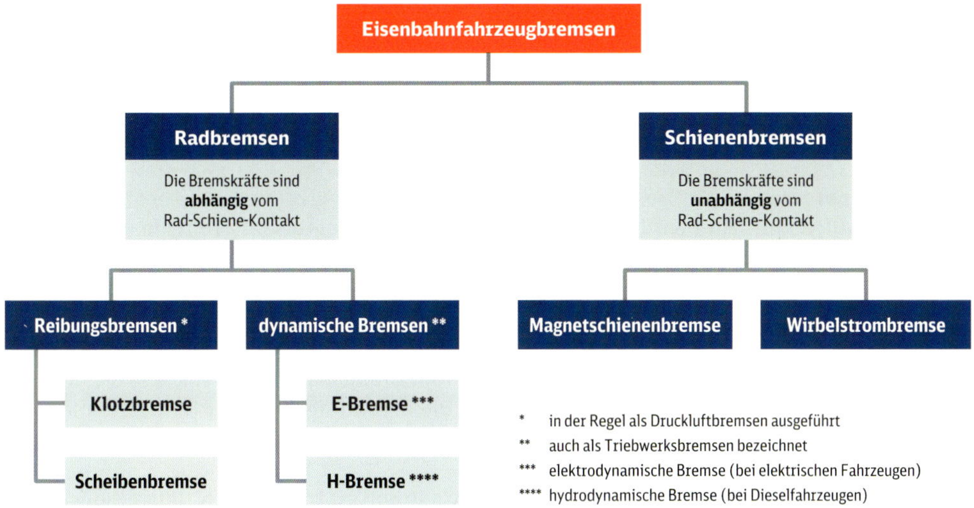

Abb. 7-14: Bremssysteme geordnet nach dem Wirkprinzip Abbildung: Jürgen Janicki

Reibungsbremsen

Eisenbahnfahrzeuge besitzen als Grundausrüstung druckluftbetätigte Reibungsbremsen, die als Klotz- oder Scheibenbremsen ausgeführt sein können. Beim Bremsvorgang findet eine Umwandlung der Bewegungsenergie in eine andere Energieform (Wärme) statt.

- Die **Klotzbremse** ist als Bremseinrichtung am weitesten verbreitet und konstruktiv sehr einfach aufgebaut. Hier wird die vom Bremszylinder erzeugte Kraft von einem Bremsgestänge übersetzt und auf Bremsklötze übertragen, die direkt auf die Lauffläche der Räder wirken.

- Die **Scheibenbremse** wird überall dort eingesetzt, wo an die Bremseinrichtung höhere Anforderungen gestellt werden. Hier wird die vom Bremszylinder erzeugte Kraft über Reibelemente auf Bremsscheiben übertragen, die in der Regel auf der Radsatzwelle (Wellenbremsscheibe) oder dem Radkörper (Radbremsscheibe) sitzen.

Da Reibungsbremsen auf das Rad wirken, wird ihre Bremskraft durch die Haftreibung zwischen Rad und Schiene begrenzt (Haftwertabhängigkeit). Feuchtigkeit und Laub auf den Schienen verringern die Haftkraft und damit auch die Bremswirkung.

Abb. 7-15: Scheibenbremse einer Lokomotive mit Radbremsscheibe (links) und Klotzbremse eines Güterwagens (rechts)

Fotos: Jürgen Janicki

Steuerung der Reibungsbremsen

Die Reibungsbremsen werden über Druckänderungen in einer „Hauptluftleitung" gesteuert (selbsttätige Druckluftbremse), ggf. unterstützt durch eine elektropneumatische Bremssteuerung. Dies kann auch durch direkte Ansteuerung des Bremszylinderdrucks (nicht selbsttätige Druckluftbremse) oder durch direkte elektropneumatische Ansteuerung des Bremszylinderdrucks geschehen. Bei der selbsttätigen Druckluftbremse wirkt die Bremse im Falle einer unbeabsichtigten Trennung der Bremsleitung automatisch.

Dynamische Bremsen

Neben den rein mechanisch arbeitenden Reibungsbremsen sind angetriebene Fahrzeuge in der Regel noch mit einer dynamischen Bremse (Triebwerksbremse) ausgerüstet. Diese Bremsen nutzen Teile des Fahrzeugantriebs zum Bremsen, und zwar an Triebfahrzeugen mit elektrischem Antrieb eine elektrische Bremse (E-Bremse) sowie an Triebfahrzeugen mit Brennkraftantrieb eine hydrodynamische Bremse (H-Bremse).

- Bei der **E-Bremse** werden die Fahrmotoren als Generatoren geschaltet. Die dabei erzeugte elektrische Energie wird entweder im Fahrzeug gespeichert, in Widerständen in Wärme umgewandelt (Widerstandsbremse) oder über die Fahrleitung in das Netz zurückgespeist (Netzbremse).

- Die **H-Bremse** bei Dieselfahrzeugen mit hydraulischen Antriebssystemen nutzt einen „Retarder" zum Bremsen. Dabei handelt es sich um ein Bauteil, das die Rotationsenergie des Antriebsstrangs über ein Schaufelrad in Wärme umwandelt, die meist über den Kühlkreislauf des Dieselmotors abgeführt wird.

Da dynamische Bremsen verschleißfrei sind, werden sie vorrangig verwendet. Weil mit abnehmender Fahrgeschwindigkeit auch die Bremswirkung der Triebwerksbremse abnimmt, muss in einem bestimmten Geschwindigkeitsbereich die mechanische Radbremse zugeschaltet werden. Da auch die dynamischen Bremsen zu den kraftschlussabhängigen Bremsen gehören, darf insbesondere auch beim Zusammenwirken mit der Druckluftbremse die zulässige Bremskraft am Rad nicht überschritten werden.

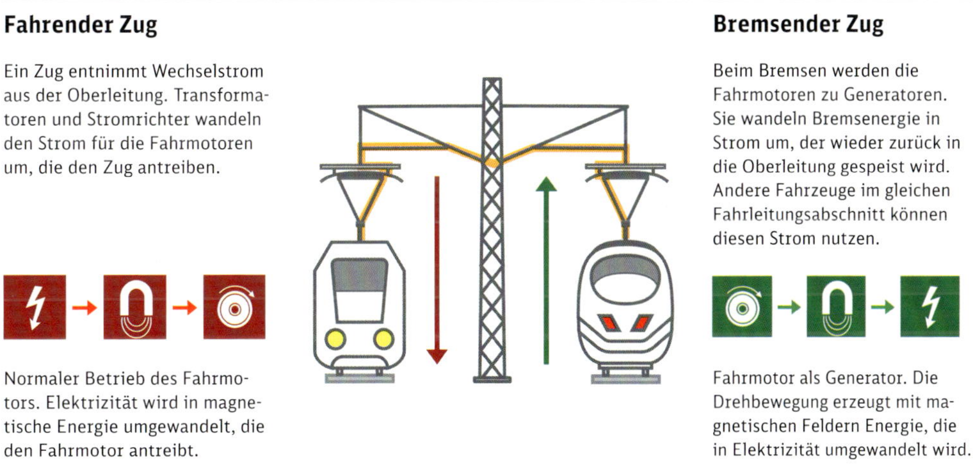

Abb. 7-16: Energierückspeisung beim Bremsen

Quelle: DB AG

Schienenbremsen

Neben den Reibungsbremsen kommen bei einigen Fahrzeugen mit der Magnetschienenbremse oder Wirbelstrombremse auch Schienenbremsen zum Einsatz. Diese wirken unmittelbar auf die Schiene und sind deshalb nicht von der Haftung der Räder auf den Schienen abhängig.

- Die **Magnetschienenbremse** wird beim Bremsen auf die Schiene abgesenkt und magnetisch angezogen. Die so erzeugte Reibungskraft wird über Mitnehmer auf das Fahrzeug übertragen und bewirkt dessen Verzögerung.

- Die **Wirbelstrombremse** verfügt über eine berührungslose, verschleißfreie Kraftübertragung. Die abzuführende Bremsenergie wird in den Schienen in Wärme umgewandelt. Die Wirbelstrombremse unterliegt keinem Verschleiß und arbeitet auch dann zuverlässig, wenn Schnee oder nasses Laub auf den Schienen liegt.

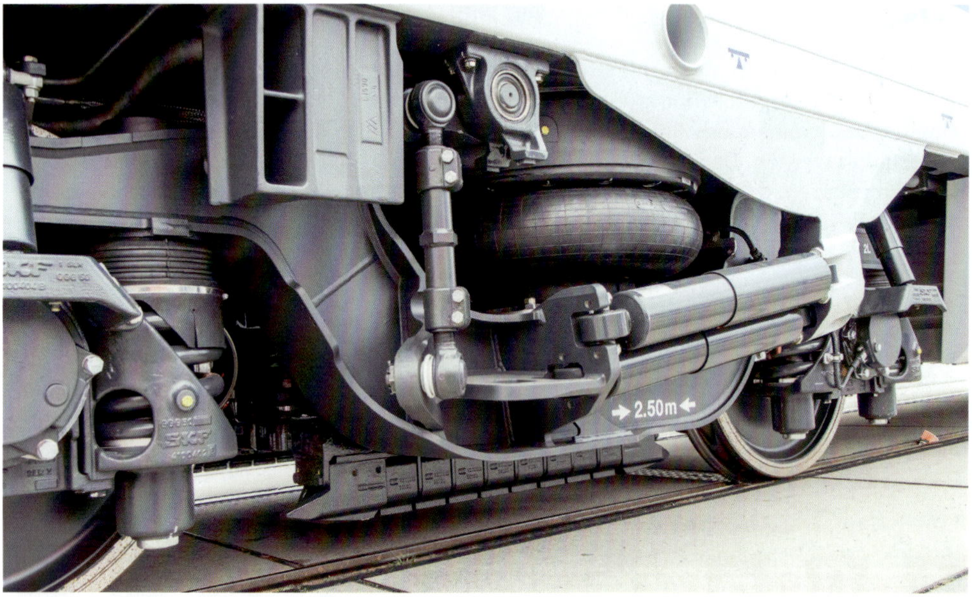

Abb. 7-17: Reisezugwagendrehgestell mit Magnetschienenbremse

Foto: Jürgen Janicki

Vergleich der Bremssysteme

Die Klotzbremse hat im Vergleich zur Scheibenbremse den Nachteil einer geringeren Bremsleistung bei gleichzeitiger thermischer Beanspruchung des Rades, die zu Rissen in der Lauffläche führen kann. Der Reibwert an der Kontaktstelle zwischen Rad und Bremsklotz nimmt bei abnehmender Geschwindigkeit stark zu und es besteht die Gefahr, dass die Räder blockieren.

Die Scheibenbremse bietet den Vorteil einer höheren und gleichmäßigeren Ausnutzung der Kraftschlussgrenze. Es ergeben sich kürzere Bremswege, eine gleichmäßigere Bremsverzögerung und im unteren Geschwindigkeitsbereich eine geringere Neigung zum Blockieren der Räder. Scheibenbremsen verursachen auch weniger Lärmemission.

Gegenüber den Radbremsen bieten Triebwerksbremsen den Vorteil, verschleißfrei zu sein. Bei der generatorischen Bremse besteht zudem die Möglichkeit der Energierückspeisung ins Netz. Wegen ihrer abfallenden Bremscharakteristik bei abnehmender Fahrgeschwindigkeit lassen sich Triebwerksbremsen nicht bis zum Stillstand nutzen.

Schienenbremsen bieten den Vorteil, dass die Bremskraft unabhängig vom Haftwert zwischen Rad und Schiene ist. Bei der Magnetschienenbremse steigt die Bremskraft bei abnehmender Geschwindigkeit stark an. Da sie meist auch nicht regelbar ist, wirkt sie nur bei Schnell-, Not- oder Zwangsbremsungen im hohen Geschwindigkeitsbereich. Im Gegensatz zur Magnetschienenbremse arbeitet die Wirbelstrombremse verschleißfrei und ist regelbar. Von Nachteil sind hier die Erwärmung der Schiene und die Notwendigkeit, Signalanlagen ggf. für den Einsatz der Wirbelstrombremse anzupassen.

7.2.3 Indirekt wirkende, selbsttätige Druckluftbremse

Schienenfahrzeuge werden fast immer durch indirekt wirkende, selbsttätige Druckluftbremsen gebremst. Diese sind dadurch gekennzeichnet, dass die Druckluft nicht nur die Bremskraft erzeugt, sondern auch die Bremsen innerhalb des Zuges steuert und damit der Signalübertragung dient. Druckluftbremsen gehören zu den durchgehenden Bremsen, die von einer Stelle aus bedient werden können. Aufgrund des indirekten Wirkprinzips ist die für derartige Bremsen geforderte Selbsttätigkeit gewährleistet, sodass bei Zugtrennungen beide Zugteile automatisch gebremst werden.

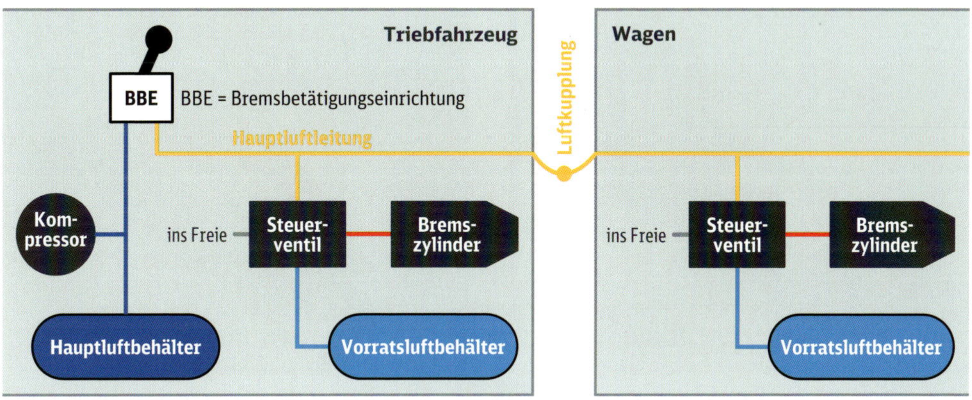

Abb. 7-18: Bauteile der indirekt wirkenden, selbsttätigen Druckluftbremse Abbildung: Jürgen Janicki

Bauteile der Druckluftbremse

Druckluftbremsen bestehen aus einem Kompressor (Luftpresser) zur Druckluftbereitstellung, einem Hauptluftbehälter zum Speichern der erzeugten Druckluft, der Bremsbetätigungseinrichtung auf dem Führertisch im Führerstand zum Erzeugen des Brems- und Lösesignals sowie der HL zum Transport der Druckluft in die angeschlossenen Fahrzeuge. Dort ist das Steuerventil das zentrale Bauteil der Bremsanlage. Es füllt den lokalen Vorratsluftbehälter mit Druckluft aus der HL und setzt die durch die Bremsbetätigungseinrichtung herbeigeführten Druckänderungen in der HL in entsprechende Brems- und Lösevorgänge um. Die Erzeugung der Bremskraft geschieht im Bremszylinder.

Bremsbetätigungseinrichtung

Eine Bremsbetätigungseinrichtung zur Steuerung der indirekten selbsttätigen Druckluftbremse ist auf allen Fahrzeugen mit Führerstand vorhanden. Dazu zählen nicht nur angetriebene Fahrzeuge, sondern auch Steuerwagen. Es gibt im Wesentlichen zwei Arten von Betätigungseinrichtungen:

- Das **Führerbremsventil,** mit dem sich in der Regel verschiedene Bremsstufen einstellen lassen; jede Stufe ruft eine definierte Bremswirkung hervor.
- Kombinierte **Fahr-/Bremsschalter,** die zur Ansteuerung von Traktion und Bremse dienen. Hier können die Sollwerte für die Zugkraft wie auch für die durchgehende Druckluftbremse vorgegeben werden.

Abb. 7-19: Führerbremsventil (links) und Fahr-/Bremsschalter (rechts)

Fotos: Jürgen Janicki

Bremsungen

Bremsungen mit der selbsttätigen Druckluftbremse werden durch Drucksenkungen in der HL hervorgerufen. Dabei werden folgende Arten von Bremsungen unterschieden:

Bremsung	Erläuterung
Betriebsbremsung	Senkung des HL-Drucks über die Bremsbetätigungseinrichtung oder durch automatische Steuerung; die Bremswirkung wird nach Bedarf (stufenweise) geregelt
Vollbremsung	größte Bremsstufe bei einer Betriebsbremsung
Schnellbremsung	vollständiges Entlüften der HL über die Bremsbetätigungseinrichtung; die volle Bremswirkung wird in kürzester Zeit erreicht
Notbremsung	schnelles Entlüften der HL über ein Notbremsventil, einen Notbremshahn oder einen Luftabsperrhahn
Zwangsbremsung	durch Sicherheitseinrichtungen oder Zugtrennung eingeleitete Schnellbremsung

Abb. 7-20: Arten von Bremsungen mit der selbsttätigen Druckluftbremse

7.2.4 Mechanische Bremsbauteile

Die mechanischen Bauteile der Bremse setzen sich zusammen aus den krafterzeugenden, kraftübertragenden und bremskraftausübenden Komponenten. Die Bremskraft wird bei der Druckluftbremse durch den Bremszylinder, bei der Schienenbremse durch einen Elektromagneten und bei der Hand- oder Feststellbremse durch eine Handkurbel oder Feder (Federspeicherbremse) erzeugt.

Bei der generatorischen Bremse wird die Bremskraft im Fahrmotor erzeugt, bei der hydrodynamischen Bremse im hydraulischen Kreislauf des Getriebes. Kraftübertragende Bauteile sind das Bremsgestänge bzw. Antriebsteile oder Schaufelräder. Bremskraftausübende Teile sind Bremsklötze, Bremsbeläge, Bremsmagnete und Antriebsteile.

7.2.5 Zusätzliche Ausrüstungen und Einrichtungen

Je nach Fahrzeugbauart können Eisenbahnfahrzeuge weitere Bremsausrüstungen besitzen oder mit zusätzlichen Einrichtungen zur Steuerung der Bremseinrichtung ausgerüstet sein.

Nicht selbsttätige (direkte) Druckluftbremse

Bei einer direkten Druckluftbremse bewirkt das Ansteigen des Drucks in der Steuerleitung auch eine Zunahme des Bremszylinderdrucks. Direkte Druckluftbremsen werden als Zusatzbremse bei Fahrzeugen mit Führerraum eingebaut. Bei allein fahrenden Triebfahrzeugen, im Rangierdienst und bei Zügen zum Festhalten in Neigungen werden Zusatzbremsen benutzt.

Elektropneumatische Bremse (ep-Bremse)

Die elektrische Steuerung von Druckluftbremsen wird angewendet, um im ganzen Zug eine gleichzeitig einsetzende Bremswirkung zu erreichen. Damit soll das bei den reinen pneumatischen Systemen übliche verzögerte Ansprechen der Bremsen im hinteren Zugteil verhindert werden. Bei der ep-Bremse wird zwischen folgenden Systemen unterschieden:

- Bei der **direkten** ep-Bremse werden die Bremszylinder über elektrische Brems- und Löseventile direkt be- und entlüftet. Die Druckluft wird dem Vorratsluftbehälter der selbsttätigen Bremse oder Sonderbehältern entnommen. Die Abtrennung von der selbsttätigen Bremse geschieht über ein Doppelrückschlagventil.

- Bei der **indirekten** ep-Bremse wird durch Magnetventile nur der Druck in der HL verändert, während die eigentlichen Brems- und Lösevorgänge über das Steuerventil ablaufen.

Automatische Lastabbremsung

Wenn das Fahrzeuggewicht durch Beladung zunimmt, verringert sich bei gleichbleibender Bremskraft die Bremswirkung. Die Bremseinrichtungen der Eisenbahnfahrzeuge müssen deshalb so aufgebaut sein, dass einerseits im Leerzustand kein Überbremsen hervorgerufen wird, andererseits im beladenen Zustand noch die erforderliche Bremskraft vorhanden ist. Deshalb sind Güterwagen und Nahverkehrsfahrzeuge – hier ist der Unterschied zwischen dem Leergewicht und dem Gewicht mit Zuladung besonders groß – mit Einrichtungen zur Anpassung der Bremskraft (Lastabbremsung) ausgerüstet. Hier wird der Lastzustand des Fahrzeugs entweder über einen handbetätigten Lastwechsel stufenweise oder durch die automatische Lastabbremsung kontinuierlich angepasst.

Hand-, Feststell- oder Federspeicherbremse

Alle Triebfahrzeuge und Reisezugwagen sowie ein Teil der Güterwagen sind mit einer Hand- oder Feststellbremse ausgerüstet. Diese wirkt auf das Bremsgestänge der Druckluftbremse, muss im angezogenen Zustand selbsthemmend sein und das Fahrzeug mit ausreichender Sicherheit gegen Abrollen im Gefälle sichern. Ist die Handbremse nur von außen (vom Boden) aus bedienbar, spricht man von einer Feststellbremse.

Bei Triebfahrzeugen und Triebzügen werden vielfach auch Federspeicherbremsen angewendet, bei denen die Bremse mit Federkraft zum Anlegen gebracht wird. Das Lösen dieser Bremsen geschieht mithilfe von Druckluft.

Abb. 7-21: Bodenbedienbare Feststellbremse eines Güterwagens (links) und Fahrgastnotbremseinrichtung eines Triebzugs (rechts)

Fotos: Jürgen Janicki

Notbremseinrichtungen

Notbremseinrichtungen dienen dazu, Eisenbahnfahrzeuge unabhängig vom Triebfahrzeugführer zum Halten zu bringen. Bei druckluftgebremsten Fahrzeugen wird dabei die HL nach Bedienung einer Betätigungseinrichtung über ein Notbremsventil entlüftet. Bei bestimmten Fahrzeugen kann diese Funktion durch den Triebfahrzeugführer unwirksam geschaltet werden. Diese „Notbremsüberbrückung“ (NBÜ) hat den Zweck, bei Notbremsbetätigungen in Tunneln und auf Brücken die Notbremsung nicht wirksam werden zu lassen.

Einige Triebzugbaureihen mit elektrisch gesteuerter Druckluftbremse weisen eine elektrische Notbremsschleife auf, die im Notbremsfall unterbrochen wird. Das Notbremsventil leitet daraufhin eine Schnellbremsung mit höchster Bremskraft ein.

7.2.6 Einstelleinrichtungen

Für die Einstellung der Bremse und deren Anpassung an unterschiedliche Betriebssituationen können an Fahrzeugen mit indirekt wirkender Druckluftbremse folgende Bedien- bzw. Einstelleinrichtungen vorhanden sein:

- Ein **Bremsabsperrhahn** zum Ein- und Ausschalten der Reibungsbremse und der eventuell zusätzlich vorhandenen Bremseinrichtungen.

- Ein **Bremsstellungswechsel** zur Einstellung verschiedener Bremsstellungen mit unterschiedlicher Bremswirkung. Der Bremsstellungswechsel kann als mechanischer Umstellhahn oder Schalter ausgebildet sein.
- Ein handbedienter **Lastwechsel** zur Anpassung der Bremswirkung an wechselnde Lasten.
- Eine **Löseeinrichtung** (Lösezug oder Lösetaster), mit der die Bremse von Hand gelöst oder nach dem Ausschalten entlüftet werden kann.

Löseeinrichtung

Indirekt wirkende Druckluftbremsen sind in der Regel mit einer Löseeinrichtung (Lösezug oder Lösetaster) ausgerüstet, mit der die Bremse von Hand gelöst oder nach dem Ausschalten entlüftet werden kann.

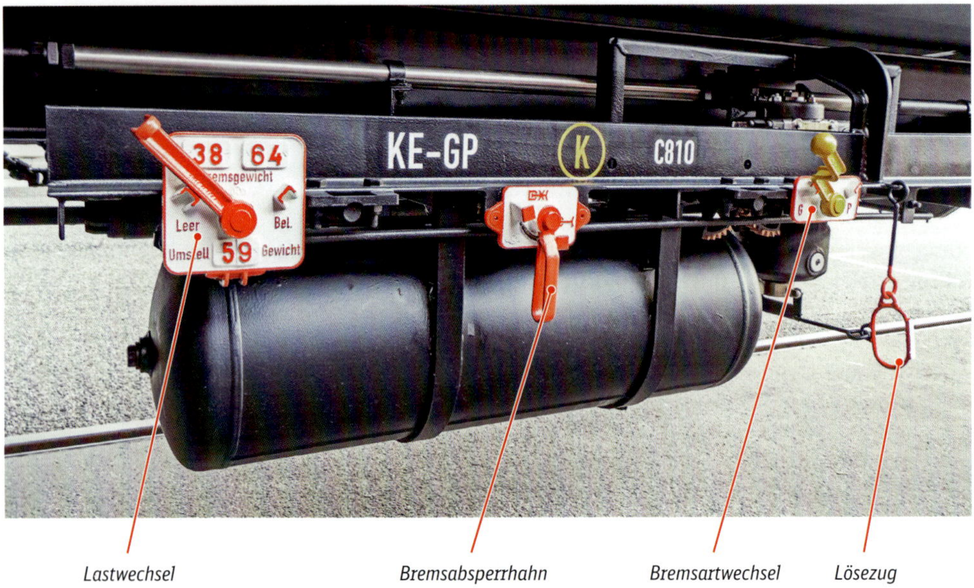

Abb. 7-22: Umstelleinrichtungen der Bremseinrichtung (Beispiel Güterwagen) Abbildung: Jürgen Janicki

7.2.7 Bremsanzeigeeinrichtungen

Eisenbahnfahrzeuge können mit Einrichtungen für die Funktionsprüfung und Überwachung der Bremsanlagen ausgerüstet sein. Diese sind besonders dann erforderlich, wenn bei Fahrzeugen mit Reibungs- und Feststellbremsen die Brems- und Lösezustände von außen nicht erkennbar sind.

- Fahrzeuge mit Scheibenbremsen besitzen Bremsanzeigeeinrichtungen zur Anzeige des angelegten und gelösten Zustands der Bremse.

- Fahrzeuge mit ep-Bremse besitzen meist einen Prüfknopf und Leuchtmelder zur Funktionsprüfung dieser Bremseinrichtung.
- Fahrzeuge mit Magnetschienenbremse besitzen eine Bremskontrollanzeige mit Prüfknopf und Leuchtmelder zur Funktionsprüfung dieser Bremseinrichtung.
- Fahrzeuge mit Wirbelstrombremse besitzen Kontrollanzeigen zur Anzeige des Wirk- bzw. Ausschaltzustands.

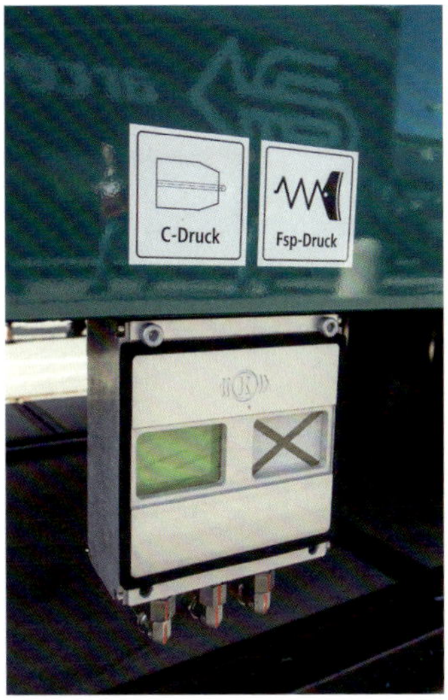

Abb. 7-23: Bremskontrollanzeige eines Reisezugwagens mit verschiedenen Prüfknöpfen und Leuchtmeldern (links) und Bremsanzeigeeinrichtung eines Triebzugs mit Scheibenbremse (rechts) Fotos: Jürgen Janicki

7.2.8 Bremsanschrift

An jedem Fahrzeug sind für das Betriebspersonal die Bezeichnung der Bremse und deren Leistungsvermögen (Bremsgewicht) auf den beiden Fahrzeuglängsseiten angeschrieben. Die Bremsanschrift wird durch die Aneinanderreihung verschiedener Einzelbezeichnungen und Piktogramme gebildet und enthält alle Angaben über die Bauart der Bremse, die am Bremsstellungswechsel einstellbaren Bremsstellungen und zusätzliche Bremsausrüstungen.

Besitzt ein Fahrzeug besondere, äußerlich nicht ohne Weiteres erkennbare Ausführungsformen von bestimmten Bremsbauteilen (z. B. Scheibenbremse) oder verfügt es über zusätzliche Einrichtungen (z. B. NBÜ), so sind auch diese Bremsausrüstungen aus der Bremsanschrift erkennbar.

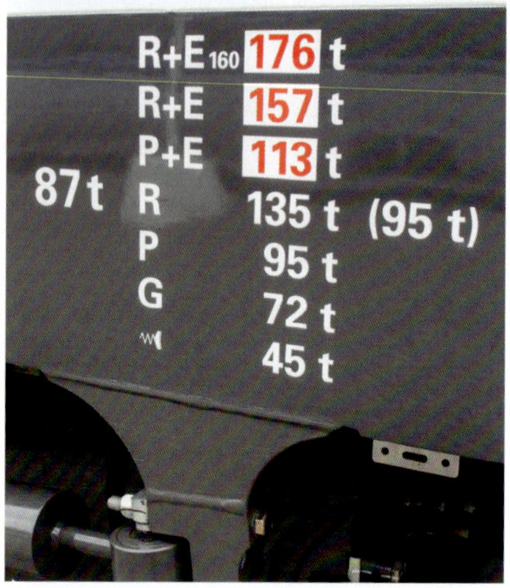

Abb. 7-24: Bremsanschrift (links) und Bremsgewichtsanschrift (rechts)

Fotos: Jürgen Janicki

7.2.9 Bremsgewicht, Bremshundertstel

Wesentliche technische Parameter des Systems Eisenbahn werden durch den Bremsbetrieb miteinander verbunden. Dabei sind die Handlungsspielräume durch die vorhandenen Abhängigkeiten stark eingeschränkt. Grundvoraussetzung ist immer die Einhaltung des vom Signalsystem vorgegebenen Bremswegs.

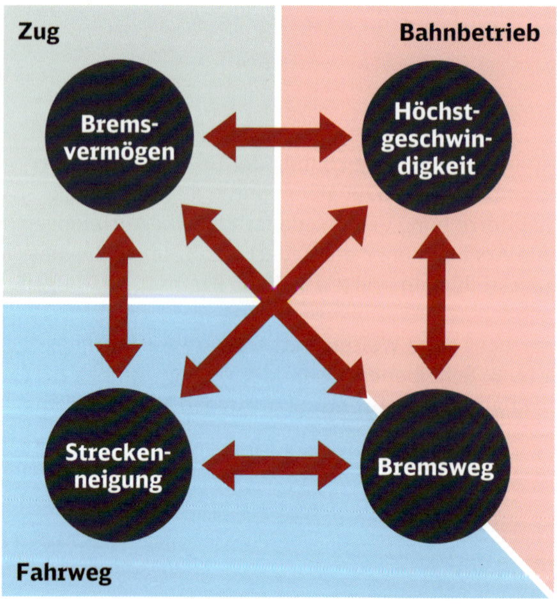

Abb. 7-25:
Der Bremsbetrieb verknüpft wesentliche Parameter des Bahnsystems.
Abbildung: Jürgen Janicki

Die für den Bremsvorgang notwendige Bremskraft ist abhängig von der Masse des Zuges, seinem Bremsvermögen, seiner Geschwindigkeit, von der Streckencharakteristik und vom Bremswegabstand (Vorsignalabstand) der Strecke. Während die Streckencharakteristik im Wesentlichen durch die maßgebliche Neigung geprägt ist, wird der Bremsweg durch den jeweiligen Vorsignalabstand unter Berücksichtigung einer Bremswegsicherheit von zehn Prozent vorgegeben. Züge werden meist aus einer Vielzahl von Einzelfahrzeugen gebildet, deren Bremsvermögen und Gewicht unterschiedlich sein können. Für den Betrieb ist es wichtig zu wissen, bis zu welcher Geschwindigkeit der Zug den vorgegebenen Bremsweg in Abhängigkeit von der Streckenneigung einhält.

Bremsgewicht

Das „Bremsgewicht" mit der Einheit Tonnen ist ein im Eisenbahnbetrieb eingeführter Begriff. Er beschreibt das Leistungsvermögen der Fahrzeugbremse, das zu einer Bremsstellung gehört. Üblicherweise wird das Bremsgewicht durch Versuche ermittelt und für eine Fahrzeugbauart einheitlich festgelegt.

Bremshundertstel

Für die Bremsberechnung sind die Bremsgewichte aller wirkenden Bremsen zu ermitteln und zu addieren. Um die Bremsleistung der unterschiedlichen Züge mit ihren unterschiedlichen Lasten in einem vergleichbaren Wert auszudrücken, wird das Bremsgewicht des Gesamtzugs auf die Zugmasse bezogen und das Ergebnis in Prozent als Bremshundertstel (Brh) bezeichnet. Diese Berechnung wird manuell durchgeführt – sofern dies nicht über ein Datenverarbeitungssystem geschieht oder die Brh im Führerraumdisplay angezeigt werden.

Mindestbremsvermögen

Das für einen bestimmten Streckenabschnitt erforderliche Mindestbremsvermögen eines Zuges wird als Mindestbremshundertstel bezeichnet. In Verbindung mit den vorhandenen Brh kann die Höchstgeschwindigkeit bestimmt werden, bei der innerhalb des vorgegebenen Bremswegs ein sicheres Anhalten möglich ist. Dabei lassen sich die erforderlichen Brh der jeweiligen Bremstafel entnehmen, die vom Bundesminister für Verkehr genehmigt wurde.

Bei gleichen Brh und gleicher Bremsart haben verschiedene Züge bei einer Schnellbremsung aus gleicher Geschwindigkeit gleiche Bremswege.

7.2.10 Bremsen im Bahnbetrieb bedienen und prüfen

Die EBO schreibt vor, dass an einem mit durchgehender Bremse fahrenden Zug vor dem Verlassen des Anfangsbahnhofs eine Bremsprobe auszuführen ist. Diese ist zu wiederholen, wenn der Führerstand gewechselt oder der Zug ergänzt oder getrennt wird.

Die Ausführung einer Bremsprobe verschafft einen eindeutigen und sicheren Überblick über Zustand und Wirkungsweise der Bremsen eines Zuges. Umfassend geschieht dies bei der vollen Bremsprobe, bei der alle Fahrzeuge überprüft werden.

In bestimmten Fällen ist es ausreichend, nur einzelne Fahrzeuge im Rahmen einer vereinfachten Bremsprobe zu prüfen. Wann welche Bremsprobe durchzuführen ist (Fälligkeit) und wie dabei zu verfahren ist, regelt die Bremsvorschrift (VDV-Schrift 757 bzw. die DB-Richtlinie 915). Bremsproben können manuell, benutzergeführt oder automatisch ausgeführt werden. Bei den beiden letztgenannten Varianten müssen die entsprechenden Einrichtungen an den Fahrzeugen des Zuges vorhanden sein.

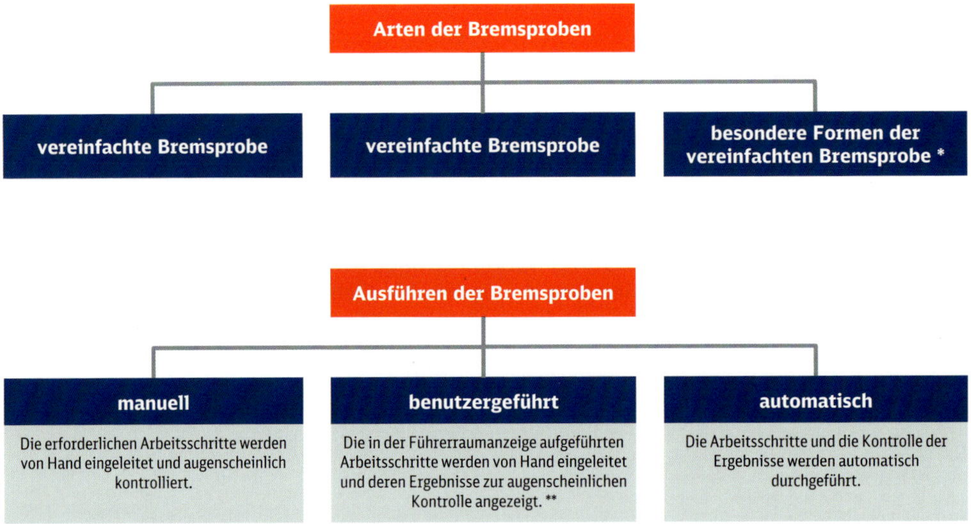

* Führerraumbremsprobe (ggf. mit Führerraumanzeige) oder vereinfachte Bremsprobe mit zentraler Bremsanzeigeeinrichtung
** Bestimmte Fahrzeuge führen die Kontrolle automatisch durch.

Abb. 7-26: Arten und Ausführung der Bremsproben — Abbildung: Jürgen Janicki

Fälligkeit der Bremsproben

Im Regelfall ist die Bremsprobe bei der Neubildung eines Zuges auszuführen. Sie ist zu wiederholen, wenn der Zug längere Zeit abgestellt war, ein Führerstandswechsel beispielsweise beim betrieblichen Wenden stattgefunden hat oder die Zusammenstellung des Zuges geändert wurde. Bremsproben dürfen zur Erweiterung des betrieblichen Spielraums bis zu 24 Stunden vor Abfahrt eines Zuges ausgeführt werden. Außer in den Regelfällen sind Bremsproben auszuführen, wenn an den Bremseinrichtungen Fehler festgestellt oder vermutet werden.

Bremsprobeberechtigte

Für die Bedienung und Prüfung der Bremsen ist die Befähigung zum „Bremsprobeberechtigten“ erforderlich. Diese Befähigung wird durch eine Ausbildung erworben und muss durch eine Prüfung nachgewiesen werden. Einzelheiten dazu regeln die Eisenbahnunternehmen.

In Bezug auf die Befähigung wird wie folgt unterschieden: Der prüfende Bremsprobeberechtigte prüft die Brems- und Kontrolleinrichtungen am Fahrzeug und stellt das ordnungsgemäße Arbeiten der Bremsen fest. Der bedienende Bremsprobeberechtigte ist zusätzlich zum Bedienen der Bremsen berechtigt.

Durchführung der vollen Bremsprobe

Die volle Bremsprobe umfasst alle bei der Zugfahrt eingesetzten Bremsen. Je nach Art des Zuges (Güter- oder Reisezug), Bremsbauart und gefahrener Bremsstellung unterscheiden sich der Ablauf der Bremsprobe sowie die einzelnen Bedienhandlungen und Prüftätigkeiten. Details sind der Bremsvorschrift zu entnehmen. Bei lokbespannten Zügen besteht die volle Bremsprobe aus folgenden Hauptarbeitsgängen.

- Zustand der Bremsen feststellen (je nach Art des Zuges wird dies in Verbindung mit der Feststellung des Löse- oder Bremszustands durchgeführt)
- Bremsen mit Druckluft füllen
- Lösezustand nach dem Füllen feststellen
- Dichtheit der Bremsen prüfen
- Bremsen anlegen und Bremszustand der Bremsen feststellen
- Bremsen lösen und Lösezustand der Bremsen feststellen
- Bremse in Ordnung melden

Wird ein Zug mit Magnetschienenbremse (Mg-Bremse), Wirbelstrombremse (WB), elektropneumatischer Bremse (ep-Bremse) oder/und NBÜ gefahren, sind diese Einrichtungen ebenfalls zu prüfen. Je nach Art des Zuges wird bei der Bremsprobe auch die Durchgängigkeit der Steuer- und Versorgungsleitungen (HL, HBL) festgestellt.

Durchführung der vereinfachten Bremsprobe

Vereinfachte Bremsproben werden durchgeführt, wenn in der Befehlskette der Bremsen Veränderungen stattgefunden haben. Dies ist beispielsweise bei der Übernahme eines Zuges nach der Abstellung oder beim Führerstandswechsel oder bei Veränderung der Zugzusammensetzung der Fall. Bei der vereinfachten Bremsprobe wird neben der Durchgängigkeit der Steuer- und Versorgungsleitungen geprüft, ob die Bremsen vom führenden Fahrzeug aus gelöst werden können. Bei Veränderungen an der Zugzusammensetzung können darüber hinaus weitere Tätigkeiten erforderlich sein.

7.3 Beladung der Güterwagen und Ladungssicherung

7.3.1 Beladung der Güterwagen

Bei beladenen Güterwagen darf die Ladung den Eisenbahnbetrieb nicht gefährden. Da in bestimmten Wagen die Einrichtungen zur Sicherung und zum Schutz der Ladung bereits eingebaut sind, ist die Wahl des richtigen Güterwagens für den Transport von großer Bedeutung. Ausgangspunkt für die Wahl der Verladeart und die Maßnahmen zur Ladungssicherung sind neben Gewicht, Abmessungen und Form des Ladeguts auch Art und Größe der Beanspruchungen, die beim Transport zu erwarten sind. Beim Eisenbahntransport entstehen Beanspruchungen in erster Linie bei der Zugbildung durch Stöße im Rangierbetrieb, wobei den Kräften, die hierbei in Wagenlängsrichtung auftreten, bei der Ladungssicherung besondere Aufmerksamkeit geschenkt werden muss. Daneben sind aber auch jene Kräfte zu berücksichtigen, die während der Fahrt in seitlicher und senkrechter Richtung auftreten.

Bei der Beladung darf der Güterwagen nicht überladen werden. Die Lasten müssen symmetrisch verteilt sein, um eine gleichmäßige Belastung des Güterwagens zu gewährleisten. Die Lastgrenzen sowie das Lademaß (geometrisch) müssen eingehalten werden. Damit die Mitarbeiter im Rangierdienst nicht gefährdet werden, sind an den Kopfstücken jedes Wagens besondere Freiräume frei zu halten – z. B. als Raum für den Kupplungsvorgang. Bei der Beladung der Wagen ist insbesondere Folgendes zu beachten:

- Die Ladung muss gleichmäßig auf den ganzen Wagen verteilt und gegen unkontrollierte Bewegungen gesichert sein. Dazu sind geeignete Ladungssicherungsmittel zu wählen und vorschriftsmäßig anzuwenden.

- Das Ladegut muss so verladen werden, dass es nicht kippen kann – und es muss mindestens bis zur Höhe seines Schwerpunkts gesichert sein.

- Güter, die wegen ihrer kleinen Auflagefläche, ihrer Form oder ihres Gewichts den Wagenboden beschädigen können, sind auf Unterlagen zu stellen.

- Güter, die an Wänden und Borden anliegen, dürfen diese nicht so beanspruchen, dass sie beschädigt werden oder während der Beförderung eine Betriebsgefahr entstehen kann.

- Die Ladung darf Schiebetüren, Schiebewände, Hauben und öffnungsfähige Dächer nicht blockieren. Sie müssen gefahrlos geöffnet werden können. Schiebetüren und -wände dürfen zur Ladungssicherung nur im Rahmen ihrer eigenen Belastbarkeit herangezogen werden.

- Das Gewicht der Ladung darf die Lastgrenze nicht überschreiten, die am Fahrzeug angeschrieben ist bzw. für die zu befahrende Strecke gilt.

Abb. 7-27: Verladung von Karossen im Audi-Werk Ingolstadt Foto: DB AG/Michael Neuhaus

7.3.2 Ladungssicherung

In der Regel sind Güter im Güterwagen unbeweglich festzulegen (starre Verladeweise). Dabei sollen die Ladungssicherungsmittel unter Berücksichtigung der Längskräfte so ausgewählt und angebracht werden, dass sie keinen schädlichen Druck auf die Ladung ausüben können. Eine optimale Lösung für Stückgüter aller Art ist die Verwendung gedeckter Wagen mit beweglichen Trennwänden.

Anstelle der starren Verladeweise kann auch die Längsverschiebung der Ladung auf der Ladefläche des Güterwagens mit Gleitwegen von ausreichender Länge vorgesehen werden (gleitende Verladeweise). Die gleitende Verladeweise wird immer dann in Betracht gezogen, wenn es die Beschaffenheit des Gutes und die Länge der Ladefläche zulassen. Bei kippgefährdeten Gütern sind zusätzliche Maßnahmen erforderlich, die ein Kippen verhindern sollen.

Bei der Wahl der Ladungssicherungsmittel müssen das Ladungsgewicht und die Verladeweise beachtet werden. Neben speziellen Fahrzeugeinrichtungen (Rungen, Wagenwände und -borde) kommen verschiedene Arten von Festlegehölzern und Zurrmitteln (Lastsicherungsband, Gurte, Ketten und Drahtseile) zum Einsatz.

Auswahl des richtigen Güterwagens

In bestimmten Wagen sind bereits Einrichtungen zur Sicherung und zum Schutz der Ladung eingebaut wie beispielsweise Stirn- und Seitenwände, Rungen und Niederbindeeinrichtungen oder verriegelbare Trennwände.

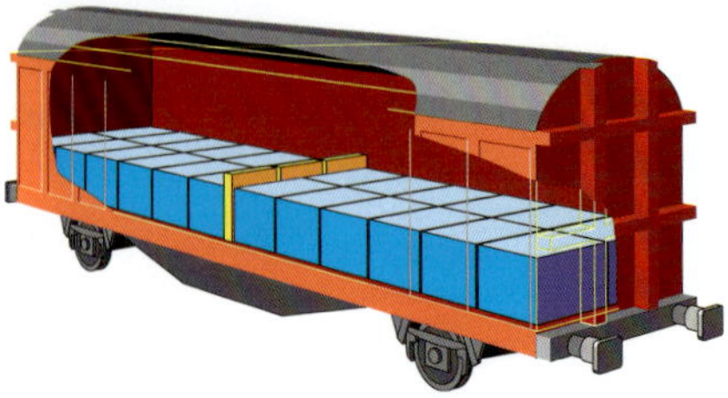

Starre Verladung mit Festlegehölzern

Das Ladegut wird auf dem Güterwagen so festgelegt, dass es sich bei den auftretenden Beanspruchungen nicht verschieben kann. Dies geschieht beispielsweise mit Festlegehölzern, die auf dem Wagenboden vernagelt werden.

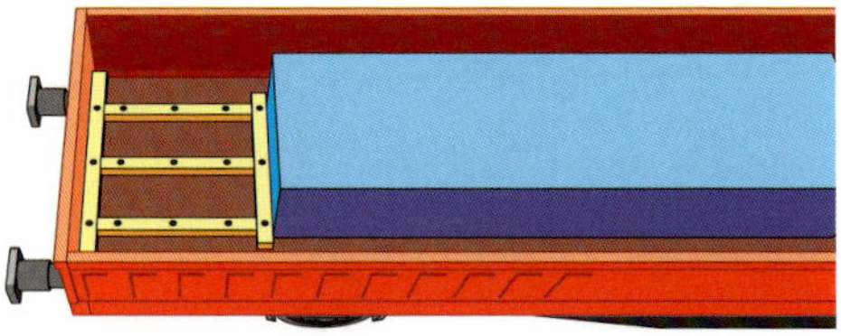

Starre Verladung mit Festbindungen

Das Ladegut wird mit Ketten, Stahlseilen, Stahldrähten oder mit Gurten an geeigneten Güterwagenbauteilen festgebunden.

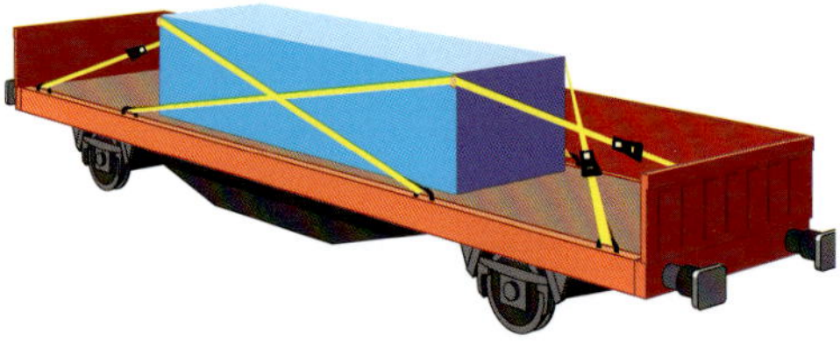

Gleitende Verladung

Dem Ladegut wird die Möglichkeit gegeben, sich bei Beanspruchungen in Längsrichtung zu verschieben. Um seitliche Verlagerungen zu vermeiden, werden Führungshölzer genagelt.

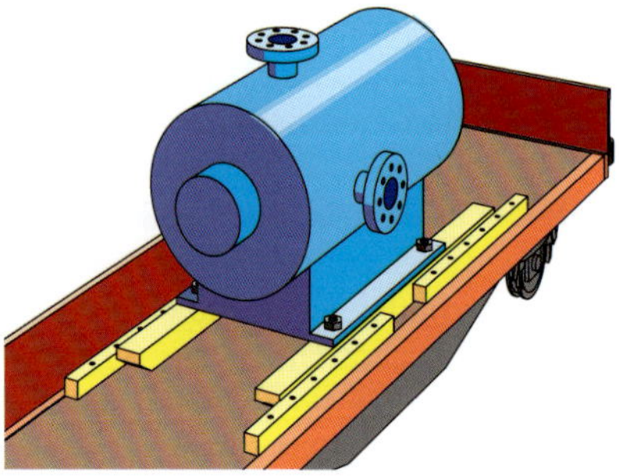

Verkeilung von zylindrischen Ladeeinheiten

Zylindrische Ladeeinheiten wie beispielsweise Rohre oder die Räder von Fahrzeugen werden verkeilt.

Abb. 7-28: Verladearten und Ladungssicherung (Auswahl)

Quelle: DB AG/Broschüre Ladungssicherung in Güterwagen

Außergewöhnliche Transporte

Als außergewöhnliche Transporte (aT) werden diejenigen Sendungen bezeichnet, die wegen ihrer äußeren Abmessungen, ihres Gewichts oder ihrer Beschaffenheit besondere Anforderungen an die Infrastruktur stellen bzw. nur unter besonderen technischen und/oder betrieblichen Bedingungen befördert werden können. In der Regel ist bei derartigen Transporten für die Trassenanmeldung eine Machbarkeitsstudie beim EIU in Auftrag zu geben, durch welche die jeweiligen transportspezifischen Beförderungsbedingungen festgelegt und übergeben werden.

Beispiele für außergewöhnliche Sendungen:

- **Lademaßüberschreitungen** (Lü) sind Sendungen, die das kleinste Lademaß einer der am Laufweg beteiligten Bahnen überschreiten.

- **Starre Ladeeinheiten,** wie beispielsweise Betonträger, die auf zwei oder mehreren Wagen mit Drehschemel oder Drehgleitschemel verladen werden.

- **Schwerwagen** sind Fahrzeuge, die über die höchste angeschriebene Lastgrenze hinaus bis zur konstruktiven Tragfähigkeit des Wagens beladen sind oder deren Beladung die angeschriebene Lastgrenze der zu befahrenden Strecke überschreitet.

- Transport von Ladungen, die nicht nach den Verladerichtlinien gesichert sind und bei denen auch keine gleichwertigen alternativen Sicherungen vorhanden sind.

Neben außergewöhnlichen Sendungen gibt es auch außergewöhnliche Fahrzeuge und Züge. Wie bei den Lü-Sendungen wird hier bei den für Fahrzeuge vorgesehenen Maßen abgewichen. Für die Trassenanmeldung von übergroßen Fahrzeugen zur Personenbeförderung ist beim EIU eine Befahrbarkeitsprüfung zu beantragen. Ist im Ergebnis ein restriktionsfreier Verkehr des Fahrzeugs möglich, wird eine fahrzeugbezogene Streckenfreigabe erteilt.

7.4 Zugsicherungstechnik

7.4.1 Einführung

Zugbeeinflussungssysteme überwachen das Verhalten des Triebfahrzeugführers gegenüber Signalen. Werden Signale nicht beachtet, muss durch eine Beeinflussung des Zuges verhindert werden, dass Gefährdungen oder Unfälle eintreten.

Die EBO schreibt vor, dass Strecken, auf denen Geschwindigkeiten von über 100 km/h zugelassen sind, mit einer Zugbeeinflussung ausgerüstet sein müssen. Damit soll ein Zug selbsttätig zum Halten gebracht und bei Geschwindigkeiten über 160 km/h auch kontinuierlich geführt werden. Die dazu erforderlichen technischen Anlagen und Systeme werden unter dem Begriff Zugbeeinflussungssysteme zusammengefasst. In Deutschland sind auch die Strecken, die für Geschwindigkeiten unter 100 km/h zugelassen sind, weitgehend mit einer Zugbeeinflussung ausgerüstet.

Abb. 7-29:
Güterzug bei der Einfahrt in den nächsten Streckenblock. Augenfälligste Einrichtungen der Strecke sind die außen an der rechten Schiene angebrachten Gleismagnete, die in Abhängigkeit vom zugehörigen Signal geschaltet werden.
Foto: DB AG/Wolfgang Klee

Zugsicherungs- und Zugsteuerungssysteme

Die Punktförmige Zugbeeinflussung (PZB) und die Linienzugbeeinflussung (LZB) sind ältere Systeme, die einen sicheren und zuverlässigen Zugbetrieb gewährleisten. In Europa erschweren verschiedene Zugsicherungs- und -steuerungssysteme den grenzüberschreitenden Fahrzeugeinsatz. Mit dem European Train Control System (ETCS) steht ein System zur Verfügung, das langfristig die verschiedenen nationalen Zugsicherungs- und Zugbeeinflussungssysteme in Europa ersetzt.

- Die **PZB** löst eine Zwangsbremsung aus, wenn Halt zeigende Hauptsignale, Vorsignale in Warnstellung, Geschwindigkeitsbeschränkungen oder Überwachungssignale vor BÜ vom Triebfahrzeugführer nicht beachtet werden. Diese Aufgabe übernimmt die PZB bei Geschwindigkeiten bis zu 160 km/h.

- Die **LZB** zeigt die Signalzustände im Führerraum dynamisch an (elektronische Sicht), da bei Geschwindigkeiten über 160 km/h der übliche 1.000-m-Bremsweg-Abstand zwischen Vor- und Hauptsignal nicht ausreicht, um einen Zug rechtzeitig zum Anhalten zu bringen. Der Triebfahrzeugführer wird so entsprechend früher über die Signalstellung informiert und ggf. zum Halten aufgefordert. Die LZB-Technologie wird nicht weiterentwickelt; die LZB-Strecken sollen bis 2030 auf ETCS umgerüstet werden.

- Beim **ETCS** handelt es sich um ein Zug-Kontroll-System, das ein Fahren ohne Haupt- und Vorsignale ermöglicht und dabei zugleich die Sicherheit erhöht. Das System ist eine Weiterentwicklung der LZB, wobei unterschiedliche nationale Standards miteinander kompatibel gemacht werden. Hinsichtlich der Zugsicherungstechnik ist mit ETCS ein interoperabler Eisenbahnverkehr möglich.

7.4.2 Punktförmige Zugbeeinflussung (PZB)

Zu den wichtigsten Sicherungseinrichtungen während der Zugfahrt zählt die PZB. Sie ist ein sicherheitsrelevanter Bestandteil für das Fahren im Raumabstand und gehört neben der Signalabhängigkeit zu den wesentlichen Faktoren, die sichere Zugfahrten gewährleisten. Die PZB ist ein punktförmig wirkendes System, bei dem nur an ausgewählten Stellen im Streckennetz Informationen an das Fahrzeug übertragen werden. Entsprechend einer voreingestellten Bremskurve wird zu einem bestimmten Zeitpunkt geprüft, ob sich der Fahrtverlauf innerhalb vorgegebener Werte bewegt (Soll-Ist-Vergleiche).

Bereits Mitte des 19. Jahrhunderts gab es erste mechanische Systeme zur Sicherung von Zugfahrten. Neben den Signalen, die die Fahrten für einen bestimmten Streckenabschnitt zulassen (Fahrtstellung) oder untersagen (Haltstellung), wurden verschiedene Einrichtungen entwickelt, die bei Nichtbeachtung eines Signals direkt in den Fahrbetrieb eingreifen und eine Zwangsbremsung auslösen.

Anfang der 1930er-Jahre wurde die Induktive Zugbeeinflussung (Indusi) eingeführt. Das System Indusi überträgt das Signalbild über eine Induktionsspule zum Fahrzeug, kontrolliert dessen Geschwindigkeit und löst bei Gefahr eine Zwangsbremsung aus. Bereits diese Anlage wies als passive Schwingkreise die heute noch üblichen Gleismagneten auf. Damit war die Punktförmige Zugbeeinflussung geboren.

Bestandteile der PZB

Die PZB besteht aus Strecken- und Fahrzeugeinrichtungen. Zu den Streckeneinrichtungen gehören Gleismagnete, Schalteinrichtungen an den Signalen (Signalkontakte oder Relais), Leitungsverbindungen und Geschwindigkeitsprüfeinrichtungen. Zu den Fahrzeugeinrichtungen gehören Fahrzeugmagnete jeweils in Fahrtrichtung rechts, ein Wegimpulsgeber am Radsatz, ein Registriergerät oder Rechner mit Betriebsprogramm, ein Signalgeber je Führerraum sowie verschiedene Leuchtmelder und Bedienelemente.

Abb. 7-30:
PZB-Gleismagnet (im Vordergrund) und mittig im Gleis angeordnete Eurobalise für das Zugsicherungssystem ETCS
Foto: Jürgen Janicki

Streckeneinrichtungen

Der PZB-Gleismagnet besteht aus einem Gehäuse, in dem eine Spule mit einer festgelegten Frequenz und der Kondensator für den Schwingkreis untergebracht sind. Die Gleismagnete sind je nach Aufgabe als Einspulen-Gleismagnete auf eine Frequenz von 500 Hz, 1.000 Hz oder 2.000 Hz abgestimmt. Am gemeinsamen Standort von Haupt- und Vorsignalen, an Überwachungssignalen für BÜ und an Kombinationssignalen kommen 1.000/2.000-Hz-Doppelgleismagnete zum Einsatz. Der Gleismagnet ist über eine Kabelverbindung mit der Schalteinrichtung des zugehörigen Signals verbunden. Über den Schaltkontakt des Signals wird der Gleismagnet – je nach Stellung des Signals – wirksam geschaltet.

Fahrzeugeinrichtungen

Am Drehgestell oder am Fahrzeugrahmen ist ein PZB-Fahrzeugmagnet angebracht, dessen Magnetfelder mit den Frequenzen 500 Hz, 1.000 Hz und 2.000 Hz schwingen. Beim Überfahren eines Streckenmagneten mit wirksam geschaltetem passivem Schwingkreis tritt dementsprechend im zugehörigen Schwingkreis des Fahrzeugs Resonanz auf und führt zu einer Beeinflussung.

Auf dem Führertisch befinden sich drei Tasten – die Befehls-, Frei- und Wachsamkeitstaste. Verschiedenfarbige Leuchtmelder zeigen die Betriebsbereitschaft, eine Beeinflussung oder den Ablauf der angehängten Geschwindigkeitsüberwachung an. Im Fahrbetrieb kann es zu den verschiedensten Kombinationen der Leuchtmelderanzeigen kommen.

Abb. 7-31:
PZB-Fahrzeugmagnet
Foto: Jürgen Janicki

Ablauf bei einer Beeinflussung

Bei einer Beeinflussung am 1.000-Hz-Magneten des Vorsignals wird die Wahrnehmung dadurch überwacht, dass der Triebfahrzeugführer innerhalb von vier Sekunden die „Wachsamkeitstaste“ bedient haben muss. Andernfalls wird an dieser Stelle eine Zwangsbremsung ausgelöst. Nach Bedienung der Wachsamkeitstaste läuft eine Bremswegüberwachung ab. Dabei wird kontrolliert, ob die Geschwindigkeit des Zuges nach einer bestimmten Zeitdauer tatsächlich auf einen vorgegebenen Sollwert abgesenkt wird (Bremskurve). Eine Beeinflussung am 500-Hz-Magneten löst eine direkte Prüfung der Geschwindigkeit aus, sofern das Signal zwischenzeitlich nicht wieder auf Fahrt gestellt wurde. Eine Beeinflussung am 2.000-Hz-Magneten löst eine sofortige Zwangsbremsung aus.

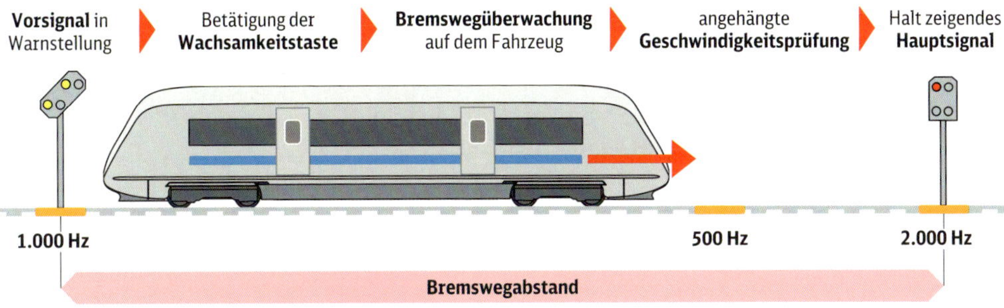

Abb. 7-32: Überwachungspunkte der PZB

Abbildung: Jürgen Janicki

Geschwindigkeitsprüfeinrichtungen

Zur Geschwindigkeitsüberwachung sind am Gleis Geschwindigkeitsprüfabschnitte verlegt. Der Fahrzeugmagnet induziert beim Überfahren im Einschaltmagneten eine Spannung. Dadurch wird im Schaltkasten ein Relais angespeist, das wiederum einen elektronischen Zeitkreis anlaufen lässt. Nach Ablauf einer vorab eingestellten Zeit wird der Wirkmagnet, der in einem bestimmten Abstand hinter dem Einschaltmagneten verlegt ist, unwirksam geschaltet. Der Rückstellmagnet bringt die Geschwindigkeitsprüfeinrichtung wieder in die Grundstellung zurück.

- **Zuggeschwindigkeit > Prüfgeschwindigkeit:** Der Zug durchfährt die Messstrecke in einer kürzeren Zeit als der eingestellten. Der Wirkmagnet ist noch wirksam und beeinflusst die Fahrzeugeinrichtung. Es wird eine Zwangsbremsung ausgelöst.
- **Zuggeschwindigkeit < Prüfgeschwindigkeit:** Der Zug durchfährt die Messstrecke in einer längeren Zeit als der eingestellten. Der Wirkmagnet ist nicht mehr wirksam, somit wird auch keine Zwangsbremsung ausgelöst.

Abb. 7-33: Geschwindigkeitsprüfabschnitt

Abbildung: Jürgen Janicki

Schutz von Bahnübergängen

An technisch gesicherten lokführerüberwachten BÜ mit oder ohne Schrankenanlagen wird dem Triebfahrzeugführer durch ein Überwachungssignal die Einschaltung der technischen Sicherung des BÜ angezeigt (Signal Bü1 „Der Bahnübergang darf befahren werden"). Eine nicht ordnungsgemäße Sicherung führt dazu, dass das Überwachungssignal in der Grundstellung verbleibt (Signal Bü 0 „Halt vor dem Bahnübergang! Weiterfahrt nach Sicherung"). Der in Höhe des Überwachungssignals verlegte 1.000-Hz-Magnet bleibt aktiv geschaltet.

Fahrt auf Befehl

Bei zulässiger Vorbeifahrt an Halt zeigenden oder gestörten Signalen kann der Triebfahrzeugführer die Wirkung einer 2.000-Hz-Beeinflussung durch Bedienen des Tasters „Befehl" verhindern. Dieser Taster wird auch bei kurzzeitigen Rangierfahrten vorbei an Halt zeigenden Hauptsignalen auf Anweisung des Fahrdienstleiters bedient, bei denen auf die fahrzeugseitige Ausschaltung der PZB verzichtet wird. Die PZB überwacht die zulässige Höchstgeschwindigkeit von 40 km/h.

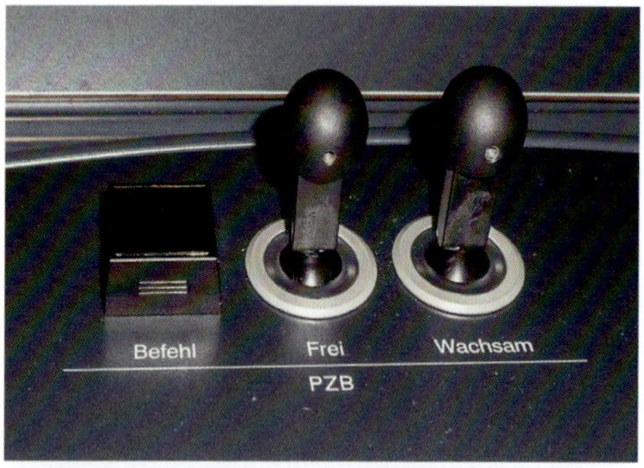

Die **PZB-Befehlstaste** darf nur während der Vorbeifahrt an einem Halt zeigenden oder gestörten Hauptsignal und nur auf besondere Anordnung bedient werden.

Die **PZB-Freitaste** ist nach einer Indusi-Zwangsbremsung bei Schnellbremsstellung des Führerbremsventils so lange zu drücken, bis die Hupe verstummt.

Wird ein wirksamer 1.000-Hz-Magnet überfahren, muss die **PZB-Wachsamkeitstaste** betätigt werden. Es ertönt die Hupe und der gelbe Leuchtmelder zeigt Dauerlicht.

Leuchtmelder blau
(betriebsbereit und eingeschaltete Zugart)

Leuchtmelder weiß
(leuchtet bei betätigter Befehlstaste und 2.000-Hz-Beeinflussung)

Leuchtmelder rot
(leuchtet nach 500-Hz-Beeinflussung)

Leuchtmelder gelb
(Überprüfung der Wachsamkeit)

Abb. 7-34: Bedienelemente auf dem Führertisch

Abbildung: Jürgen Janicki

Europäische Zugsicherungssysteme

Neben den in Europa vorhandenen unterschiedlichen Bahnstromsystemen sind auch die verschiedenen Zugsicherungssysteme eine Hürde im grenzüberschreitenden Fahrzeuglauf. In der Vergangenheit wurden zeitgleich mit der Elektrifizierung bei den Bahnen einfache Zugsicherungssysteme wie beispielsweise Indusi (DB), Crocodile (SNCF) oder Integra (SBB) entwickelt und eingeführt. Diese in ihren Überwachungsmöglichkeiten beschränkten Systeme sind heute netzweit verbreitet und ihre Installation im Fahrzeug stellt sich vergleichsweise unproblematisch dar.

Mit der Zunahme betrieblich und sicherheitstechnisch gestiegener Anforderungen wurden die alten Zugsicherungssysteme teilweise erweitert und parallel dazu neue Zugsicherungssysteme eingeführt. Dabei entstanden neben weiteren punktförmigen Systemen speziell für höhere Geschwindigkeiten auch linienförmige Zugsicherungseinrichtungen mit mehr oder weniger komplexer Datenübertragung. Neben den verschiedenen nationalen Zugsicherungssystemen, die historisch über Jahrzehnte gewachsen sind, wurden selbst in jüngster Zeit nicht kompatible neue Sicherungs- und Leitsysteme eingeführt.

7.4.3 Linienzugbeeinflussung (LZB)

Die LZB ist ein linienförmig wirkendes Zugsicherungs- und Steuersystem, das Zugfahrten kontinuierlich führt. Die Hauptaufgabe der LZB ist die Ermittlung, Vorgabe und Überwachung der jeweils zulässigen Höchstgeschwindigkeit der Züge. Nach einer Beeinflussung wird die Einhaltung der Beeinflussung überwacht. Durch die signaltechnisch sichere Anzeige der gültigen Höchstgeschwindigkeit und anderer relevanter Daten im Führerraum sind ortsfeste Signale nicht mehr erforderlich, können aber zur Sicherstellung eines Mischverkehrs mit Zügen ohne Führung durch Führerraumanzeigen oder als Rückfallebene bei Systemausfall zur Weiterführung des Betriebs mit reduziertem Leistungsverhalten vorhanden sein.

Gleichwohl wird beim System der LZB noch am Prinzip der ortsfesten Blockteilung mit einer Kennzeichnung durch LZB-Blockkennzeichen entlang der Strecke festgehalten. Aus Gründen der Leistungsfähigkeit der LZB-Strecken ist die LZB-Blockteilung in der Regel kleiner als die durch Hauptsignale angezeigte Blockteilung für signalgeführte Züge.

In Verbindung mit der Automatischen Fahr- und Bremssteuerung (AFB) kann der LZB-geführte Zug automatisch geführt werden. Bei manueller Führung bekommt der Triebfahrzeugführer eine Zielgeschwindigkeit und die zugehörige Zielentfernung, bei der die Zielgeschwindigkeit erreicht sein muss, angezeigt. Der Triebfahrzeugführer muss hier den Zug nach einer vorgegebenen und überwachten Bremskurve selbst abbremsen.

Abb. 7-35:
Bei der Linienzugbeeinflussung (LZB) dient eine im Gleis als Antenne verlegte Linienleiterschleife zur Informationsübertragung.
Foto: DB AG/Claus Weber

Linienleiter

Zur Informationsübertragung dient eine im Gleis als Antenne verlegte Linienleiterschleife. Die beiden Linienleiter sind alle 100 m gekreuzt. Diese Kreuzungsstellen dienen als Referenzpunkte, mit denen sich der Zug selbst grob ortet. Über den Linienleiter senden die LZB-Streckenzentralen Informationen, die von den Empfangsantennen der Fahrzeuge aufgenommen werden. Im Fahrzeuggerät werden diese Informationen ausgewertet und an die Fahrzeugsteuerung weitergeleitet. Damit die LZB-Streckenzentrale jederzeit die richtigen Führungsgrößen für den Zug ermitteln kann, sendet das Fahrzeuggerät über Sendeantennen Daten über den zurückgelegten Weg, das Bremsvermögen und die Länge des Zuges sowie andere Informationen über den Linienleiter und die Streckengeräte zurück an die LZB-Streckenzentrale.

7.4.4 European Train Control System (ETCS)

Die innerhalb Europas unterschiedlichen Zugbeeinflussungssysteme sind ein wesentliches Hindernis für den grenzüberschreitenden Fahrzeugeinsatz. Abhilfe schafft das Betriebsleitsystem ERTMS (European Rail Traffic Management System), das neben dem Zugbeeinflussungssystem ETCS auch den Einsatz der Digitalfunktechnik GSM-R (Global Standard für Mobile Communication/Railway) als Übertragungsmedium und eine einheitliche Systemstruktur mit einem Display auf dem Führertisch mit einschließt.

Streckeneinrichtungen

Die Sicherung geschieht auf der Streckenseite durch eine geeignete Einrichtung wie beispielsweise eine Streckenzentrale. Hier wird die Fahrerlaubnis erzeugt und über Fahrzeugantennen an das Fahrzeug übertragen. Zusätzlich erhält der Zug Informationen über die zulässigen Geschwindigkeiten entlang der zugewiesenen Strecke und über die Streckenneigung (zur Berechnung der Bremskurve). Die Fahrzeugeinrichtung überwacht das Einhalten der zulässigen Geschwindigkeit und zurückzulegenden Wegstrecke und löst bei Überschreitung eine Zwangsbremsung aus. Die Selbstortung des Zuges geschieht über Eurobalisen (Transponder), die im Gleis verlegt sind und Daten an das Fahrzeug übertragen.

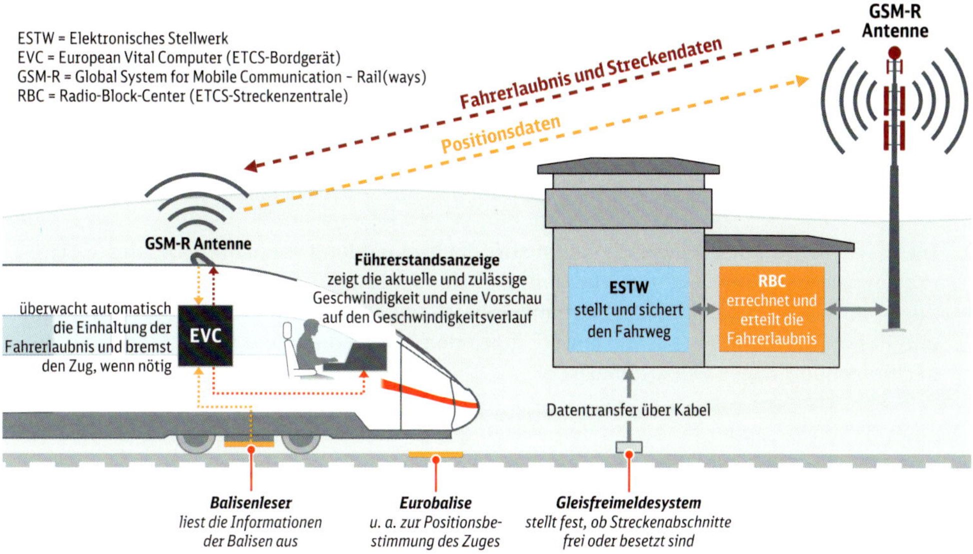

Abb. 7-36: ETCS-Level 2

Quelle: DB AG Themendienst ETCS, Siemens Druckschrift Trainguard

Ausrüstungsstand (ETCS-Level)

Eine Zugsicherung mit ETCS ist in verschiedenen Ausprägungsstufen (sogenannten Levels) möglich, die den verschiedenen betrieblichen Beziehungen zwischen den Zug- und Streckeneinrichtungen entsprechen. Diese Levels werden vom Infrastrukturbetreiber gemäß seiner technologischen Strategie und seinen Leistungsanforderungen bei der Ausrüstung einer Strecke gewählt. Ein komplett mit ETCS ausgerüstetes Fahrzeug kann unabhängig vom Level auf allen Strecken betrieben werden.

- Im **Level 0** fährt das Fahrzeug, wenn die Strecke kein Zugbeeinflussungssystem aufweist. Das Fahrzeug fährt die zulässige Höchstgeschwindigkeit für das Fahren ohne Zugbeeinflussung, in Deutschland höchstens 50 km/h. Dieser nach der EBO festgelegte Wert wird vom ETCS-Fahrzeuggerät technisch überwacht, wenn dieser vorher durch eine Balise an das Fahrzeuggerät übergeben wurde.

- Im **Level STM/NTC** (Specific Transmission Module/National Train Control) fährt ein Fahrzeug mit ETCS auf Strecken, die noch mit einem herkömmlichen nationalen Zugbeeinflussungssystem ausgerüstet sind.

- Im **Level 1 LS** (Limited Supervision = signalgeführt) übernimmt das ETCS die Rolle einer punktförmigen Zugbeeinflussung. Die örtlichen Streckensignale mit landesspezifischer Signalisierung werden beibehalten. Die Informationen zum Signalbegriff werden über Eurobalisen, die im Gleis verlegt sind, an den Zug übertragen. Der Standort des Zuges wird im Stellwerk durch herkömmliche Gleisfreimeldeanlagen ermittelt.

- Im **Level 2** (mit und ohne Signale) sind ortsfeste Streckensignale nicht mehr erforderlich, können aber als Rückfallebene vorhanden sein. Informationen werden mithilfe des bahnspezifischen Mobilfunks GSM-R übertragen. Der Zug ermittelt seinen genauen Standort durch Dopplerradar, Radimpulsgeber und Eurobalisen und teilt diesen wiederum über GSM-R der Streckeneinrichtung mit. Die Gleisfreimeldung und Vollständigkeitsprüfung geschieht noch über ortsfeste Einrichtungen wie Gleisstromkreise oder Achszähler. Level 2 ist vergleichbar mit der heutigen LZB.

- **Im Level 3** wird auf ortsfeste Systeme zur Gleisfreimeldung verzichtet. Ortsfeste Streckensignale sind nicht mehr vorhanden. Ziel ist es, diese Form der Abstandshaltung von Zügen auch als „moving block" zu realisieren. Dabei bestimmen die Fahreigenschaften und Parameter eines vorausfahrenden Zuges den Abstand und die Geschwindigkeit des nachfolgenden Zuges vollautomatisch.

Die europäischen Länder nutzen in den einzelnen Level unterschiedliche ETCS-Versionen. Das führt dazu, dass die Fahrzeuggeräte der Triebfahrzeuge nicht immer mit der jeweiligen Streckenausrüstung kompatibel sind. Für die EVU ist es deshalb stets relevant zu wissen, welche streckenspezifischen Anforderungen gelten. Bei der Ausrüstung mit ETCS muss künftig sichergestellt werden, dass europaweit nur noch ein einheitlicher Standard ohne nationale Sonderlösungen realisiert wird. Bei Strecken mit internationaler Bedeutung ist eine enge Abstimmung in technischer und zeitlicher Hinsicht mit den Nachbarstaaten und den dortigen EIU erforderlich. Dabei muss die Abwärtskompatibilität zu bereits installierten ETCS-Infrastruktureinrichtungen gewährleistet werden, um einen freizügigen Fahrzeugeinsatz zu ermöglichen.

Fahrzeugausrüstung

Die ETCS-Grundausrüstung eines Fahrzeugs besteht im Wesentlichen aus dem Zugsicherungsrechner, der Weg- und Geschwindigkeitserfassung, der Displayanzeige im Führerraum und dem Bremseingriff. Die einzelnen Komponenten kommunizieren über einen Datenbus miteinander und werden mit einem modifizierten ETCS-Führerraumdisplay angezeigt. Eine standardisierte Darstellung führt und informiert den Triebfahrzeugführer. Zur Bedienung werden die vorhandenen Tasten „Wachsam", „Frei" und „Befehl" der LZB/PZB verwendet.

Integration bestehender Altsysteme

Beim Zugsicherungssystem ETCS bestehen Integrationsmöglichkeiten älterer nationaler Zugsicherungssysteme. Die Integration geschieht in der Form, dass die konventionell über Antennen zwischen Fahrzeug und Strecke ausgetauschten Daten in einem Übersetzungsmodul in „ETCS-Sprache" übersetzt werden. Nach diesem Integrationskonzept endet die nationale Zugsicherungsausrüstung an der Bus-Schnittstelle der ETCS-Fahrzeugausrüstung.

7.4.5 Sicherheitsfahrschaltung

Die Sicherheitsfahrschaltung (Sifa) überwacht die Einsatzfähigkeit (Dienstfähigkeit) des Triebfahrzeugführers während der Zugfahrt. Hierzu müssen in bestimmten Zeitabständen vom Triebfahrzeugführer Bedienelemente betätigt werden. Wird in einer vorgegebenen

Zeitspanne keine Bedienhandlung erfasst, wird in zwei Stufen optisch und akustisch gewarnt. Erfolgt daraufhin wiederholt keine Reaktion, wird eine Zwangsbremsung eingeleitet und der Antrieb abgeschaltet.

Es gibt verschiedene Arten der Sifa, die sich aber in ihrer Funktionsweise ähneln:

- Die **elektromechanische Sifa** ist in älteren Fahrzeugen eingebaut. Hier geschieht die Überwachung durch ein elektrisches Zeitglied und ein mechanisches Bauteil, das von der Achse angetrieben wird.

- Die **elektronische Sifa** ist in neueren Fahrzeugen eingebaut. Hier sind anstelle der mechanischen Bauteile für die Zeiterfassung zwei elektrische Zeitglieder eingebaut.

- Die **elektronische Anforderungssifa** ist durch das Aufforderungsprinzip gekennzeichnet. Hier ist die Betätigung der Wachsamkeit nur innerhalb festgelegter Zeitintervalle möglich, deren Anforderungsfrequenz z. T. durch einen Zufallsgenerator vorgegeben ist. In Verbindung mit einer geschwindigkeitsabhängigen Verkürzung der zeitlichen Anforderungsabstände wird ein Gewöhnungseffekt ausgeschlossen.

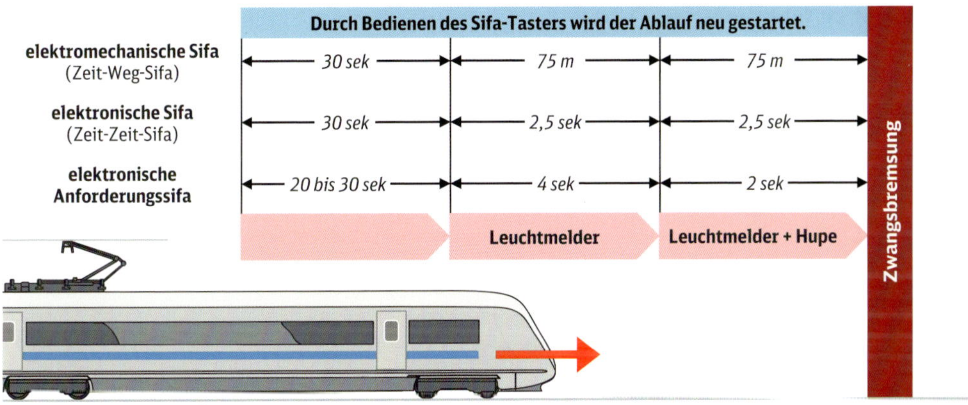

Abb. 7-37: Bauformen der Sicherheitsfahrschaltung (Sifa)

Abbildung: Jürgen Janicki

7.4.6 Zugfunk

Der Zugfunk verbindet ortsfeste Betriebsstellen und fahrende Züge. Das in Deutschland weitgehend eingeführte digitale Zugfunksystem basiert auf dem weltweit dominierenden Standard GSM, der für die Verwendung bei der Eisenbahn angepasst wurde (GSM-R = Global System for Mobile Communications – Rail). Um für die Bedürfnisse des Bahnbetriebs alle erforderlichen Anforderungen zu erfüllen, musste der GSM-R-Standard spezielle Sicherheits- und Verfügbarkeitsnachweise erbringen, bevor die Zulassungsbehörden dieser Form des Zugfunks eine Betriebsgenehmigung erteilen konnten. Als zusätzliche Leistungsmerkmale bietet das System den Gruppen- und Sammelruf, die funktionale Adressierung sowie die Priorisierung (Verdrängung eines Rufs). Damit steht eine einheitliche und europaweit interoperable Systemplattform zur Verfügung, auf der alle mobilen Sprach- und Datendienste der Zugkommunikation abgedeckt werden können.

Das System funktioniert auch bei hohen Geschwindigkeiten und bei dem Befahren von Tunnelstrecken sicher und zuverlässig. Es ermöglicht nicht nur die Zugsteuerung unter Einbeziehung von satellitengestützter Ortung (GPS), sondern z. B. auch das Auslesen von Diagnose- oder Energiedaten, die Information von Fahrgästen und Zugpersonal über Verspätungen und Anschlüsse sowie die Aktualisierung des elektronischen Buchfahrplans EBuLa.

Funktionale Adressierung und Priorisierung

Ein wichtiges Merkmal des Zugfunksystems GSM-R ist die funktionale Adressierung. Sie eröffnet dem Nutzer die Gelegenheit, bestimmte Funktionsinhaber im Netz direkt anzusprechen, ohne den Teilnehmer und seine Telefonnummer zu kennen. Dazu meldet sich jeder mobile Teilnehmer unter seiner betrieblichen Funktion und Zugnummer im Netz an; Die funktionale Nummer wird dann automatisch in eine Telefonnummer übersetzt. Nach der Anmeldung ist nun jeder Teilnehmer unter seiner angemeldeten funktionalen Kennung im gesamten GSM-R-Netz jederzeit erreichbar. Mithilfe einer ortsabhängigen Adressierung ist es möglich, beispielsweise den für einen Streckenabschnitt betrieblich zuständigen Fahrdienstleiter zu sprechen.

GSM-R-Gespräche sind unterschiedlich priorisiert. Dadurch erreichen wichtige Rufe mit hoher Priorität – wie beispielsweise ein betriebliches Gespräch zwischen einem Fahrdienstleiter und einem Lokführer – immer ihr Ziel. Sie führen damit zwangsläufig auch zu einer Verdrängung im Netz und zur Beendigung existierender Gespräche. Ein Notruf hat die höchste Priorität und wird sofort durchgestellt. Er kann von jedem notrufberechtigten Teilnehmer abgegeben werden und erreicht alle definierten stationären und mobilen Teilnehmer innerhalb des Notrufbereichs.

GSM-R-Telematik-Anwendungen

- Zugsteuerung und Zugsicherung
- betriebliche Kommunikation
- Fahrzeugortung, Fahrzeugüberwachung
- Übermittlung von Energie- und Diagnosedaten (Zustandsüberwachung)
- Übermittlung von Informationen für Fahrgäste
- Aktualisierung des elektronischen Buchfahrplans EbuLa
- kurzfristige und ereignisgesteuerte Fahrzeugdisposition

Abb. 7-38: Anwendungen und Dienste des Systems GSM-R

Foto: DB AG/Dorothea Schmid

7.5 Systemwechsel

7.5.1 Systemgrenzen

Im europäischen Bahnsystem gibt es eine Vielzahl historisch gewachsener, nationaler Bahnsysteme und unterschiedliche technische Standards; vor allem aber gibt es eine zunehmende Zahl von Verkehrsunternehmen und in jedem Nationalstaat mindestens eine Zulassungsbehörde.

Weiterhin sind heute in Europa in den für den internationalen Verkehr offenen Netzen im Wesentlichen vier Spannungssysteme verbreitet. Daneben gibt es vier wesentliche Spurweiten: Die Normalspur mit 1.435 mm, die Breitspur in Irland (1.600 mm) und auf der iberischen Halbinsel (1.668 mm) sowie in den Ländern der ehemaligen UdSSR und Finnland (1.520/1.524 mm). Hinzu kommen über 20 unterschiedliche Zugsicherungssysteme, unterschiedliche Lichtraumprofile und Achslasten, zudem zahlreiche Spitzen- und Schlusslichtsignalisierungen sowie die Problematik des Rechts- und Linksverkehrs. Betriebliche Dispositionsverfahren, Störungsmanagement, Ausrüstungsgegenstände, Streckenkenntnis und Landessprache sind weitere wichtige Punkte, die ebenfalls neu definiert und angepasst werden müssen. Die Systemvielfalt setzt sich im Bereich des Zug- und Rangierfunks fort. Auch hier bestehen vielfältige national unterschiedliche Systeme. Dies alles hat in der Vergangenheit dazu geführt, dass der internationale Eisenbahnverkehr und hier vor allem der europäische Hochgeschwindigkeitsverkehr erschwert wurden.

Systemwechsel

Parallel zum politischen Zusammenwachsen der Länder innerhalb der EU steigt auch der Waren- und Dienstleistungsverkehr weiter an. Da heute bei einem wesentlich höheren Anteil am Modal Split das relative Wachstum auf der Straße dennoch stärker ausfällt als auf der Schiene, muss für eine Verlagerung auf die Schiene erheblich gegengesteuert werden. Die Liberalisierung und die technische Harmonisierung der Eisenbahnen in Europa sind dabei wichtige Schlüssel für die Zielerreichung. Dazu ist es erforderlich, dass Bahnverkehr künftig nach einheitlichen technischen Regeln funktioniert. Die länderspezifischen Systeme sollen langfristig zu einem gemeinsam nutzbaren System zusammenwachsen und zu einer Öffnung der nationalen Bahnsysteme führen. Grenzüberschreitende Züge, die ohne umständlichen Zeitaufwand durch Lok- und Personalwechsel auf in- und ausländischen Strecken fahren können, sollen dann zur Regel werden. Dazu wird ein einheitliches europäisches System der Zugsicherung und des Bahnbetriebs entwickelt und damit eine Infrastruktur geschaffen, auf der Züge in Europa nach einheitlichen Standards verkehren können. Diese neue Technologie schafft für eine große Zahl von Verkehrsunternehmen den einfachen Zugang zu Europas Bahnnetzen.

Mehrsystemfahrzeuge

Die Fortschritte im elektrischen Teil aktueller Triebfahrzeuge und Triebzüge durch stetig weiterentwickelte Leistungshalbleiter ermöglichten nicht nur den Einzug der Drehstromtechnik, sondern in der Folge auch die Konzeption von Mehrsystemfahrzeugen. Im Vergleich zur Einsystemlokomotive wird sich der Beschaffungspreis bei einer Zweifrequenzlokomotive nur geringfügig auf 105 Prozent und bei einer Viersystemlokomotive auf 120 Prozent erhöhen. Deshalb wurden in den letzten Jahren von verschiedenen Betreibern in großen Stückzahlen Mehrsystemlokomotiven beschafft, die heute in erster Linie im grenzüberschreitenden Güterverkehr eingesetzt werden. Im Reisezugbereich stellen in bestimmten Relationen mehrsystemfähige Hochgeschwindigkeitszüge verschiedener Bahngesellschaften eine schnelle Verbindung zwischen den europäischen Metropolen her.

Abb. 7-39: Mehrsystemfähiger Hochgeschwindigkeitszug TGV INOUI im Bahnhof Frankfurt (Main) Hbf. Derartige Fahrzeuge benötigen neben den Einrichtungen für die verschiedenen Stromsysteme für die Zielländer auch die entsprechenden Zugsicherungs- und Zugfunksysteme. Foto: DB AG/Volker Emersleben

Transition

Die Umschaltung der Spannungs- und Funksysteme sowie der Zugsicherungen eines angetriebenen Fahrzeugs für den Betrieb im Netz eines anderen Landes wird mit dem englischen Wort „Transition" bezeichnet. Dabei werden unter anderen die elektrischen Einrichtungen im Fahrzeug gemäß den Bahnverwaltungen und Spannungssystemen geschaltet und überwacht. Je nach Streckenausrüstung wird das System im Stand oder während der Fahrt gewechselt. Spannung und Frequenz des neuen geänderten Spannungssystems werden von der Systemerkennung identifiziert und von der Leittechnik im Fahrzeug auf Plausibilität geprüft.

Umspurung

Der Begriff „Umspurung" bezeichnet den Übergang von Eisenbahnfahrzeugen auf ein Eisenbahnnetz anderer Spurweite durch Anpassung des Laufwerks. In der Regel kommen hier Fahrzeuge zum Einsatz, bei denen während des Systemwechsels die Achsen oder Drehgestelle getauscht werden. Die Fahrzeuge werden dazu im Grenzbahnhof in einer speziellen Anlage angehoben. Innerhalb von fünf Minuten lassen sich so zwei Güterwagen inklusive Last für die jeweils andere Spurweite umrüsten. Alternativ werden seit einiger Zeit auch Fahrzeuge mit umspurbaren Laufwerken eingesetzt. Diese werden beim Befahren spezieller Umspuranlagen für eine andere Spurweite ertüchtigt. Güterwagen mit veränderlicher Spurweite sind auf der Seitenwand durch ein „E" gekennzeichnet.

Abb. 7-40: Drehgestell mit umspurbarem Radsatz Foto: Jürgen Janicki

7.6 Fahrdynamik

7.6.1 Einführung

Der Begriff Fahrdynamik umfasst alle Abläufe, die im Zusammenhang mit der Bewegung von Fahrzeugen stehen. Fahrdynamische Berechnungen dienen der Ermittlung von Fahrzeiten, Bremswegen, benötigten Energiemengen und Grenzlasten. Sie sind die Grundlage für die Erstellung von Fahrplänen und Voraussetzung für den ressourcenschonenden und wirtschaftlichen Einsatz der Triebfahrzeuge. Auch spielen sie eine wesentliche Rolle bei der Gestaltung von Infrastrukturprojekten. Voraussetzung für fahrdynamische Berechnungen ist die Kenntnis von Neigungen und Krümmungen der zu befahrenden Strecke.

7.6.2 Fahrwiderstände

Die Zugkraft dient der Überwindung der Widerstände, die bei einer Zugfahrt der Bewegung entgegenwirken. Eine wesentliche Rolle spielt der Streckenwiderstand, der sich aus dem Verlauf einer Strecke und den Streckenparametern ergibt. Daneben muss der Laufwiderstand berücksichtigt werden, der bereits bei der Fahrt auf gerader und ebener Strecke entsteht. Auch der Strecken- und der Laufwiderstand setzen sich wieder aus mehreren Komponenten zusammen. Bei der Beschleunigung eines Zuges ist zusätzlich noch die als Beschleunigungswiderstand wirkende Trägheitskraft zu überwinden.

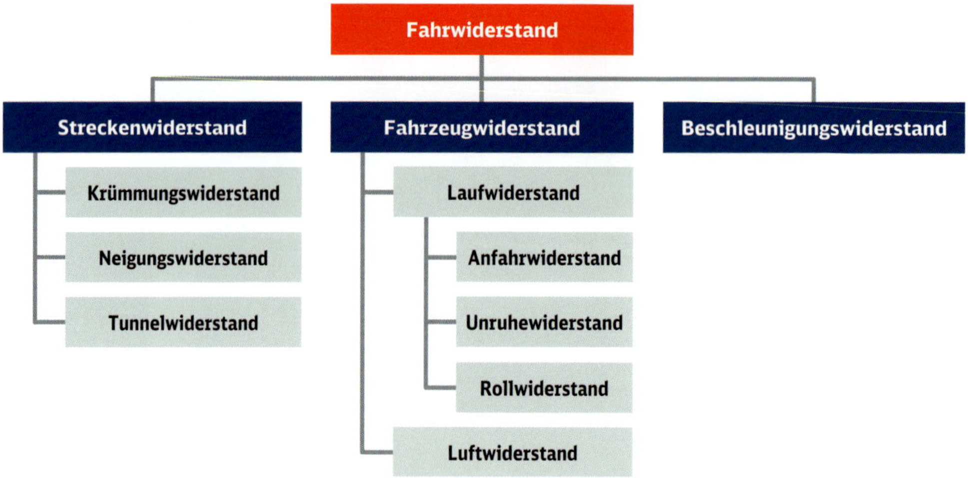

Abb. 7-41: Zusammensetzung des Fahrwiderstands   Abbildung: Jürgen Janicki

Der gesamte Fahrwiderstand ist dabei die Summe aller entgegen der Fahrtrichtung wirkenden Kräfte:

- Der **Krümmungswiderstand** entsteht, wenn ein Zug durch Kurven fährt. Hier wird mehr Kraft verbraucht als beim Befahren einer geraden Strecke.
- Der **Neigungswiderstand** entsteht beim Befahren von Neigungen. Hier handelt es sich um eine Komponente der Gewichtskraft in Bewegungsrichtung, die sowohl antreibend (Gefälle) als auch bremsend (Steigung) wirken kann.
- Der **Tunnelwiderstand** entsteht beim Befahren von Tunnelstrecken. Hier muss im Tunnel ein erhöhter Luftwiderstand berücksichtigt werden, der nicht dem Lauf-, sondern dem Streckenwiderstand zugeordnet wird.
- Der **Anfahrwiderstand** muss zu Beginn einer Zugfahrt überwunden werden, was besonders bei schweren Güterzügen eine wichtige Rolle spielt. Hier kann es dazu kommen, dass die Zugkraft nicht ausreicht, um den Zug in Bewegung zu setzen. Die Verhältnisse lassen sich dadurch bessern, dass den einzelnen Wagen etwas Kupplungsspiel gegeben wird. Dadurch dehnt sich der Zug beim Anfahren und es muss nicht mehr der Anfahrwiderstand aller Wagen gleichzeitig überwunden werden. Die Haftreibung ist größer als die Gleitreibung, deshalb ist erheblich mehr Kraft aufzubringen, um die Fahrzeuge zunächst in Bewegung zu bringen. Dies wird auch als „Losbrechwiderstand“ bezeichnet.
- Der **Unruhewiderstand** entsteht bei der Fahrt durch Schwingen der Fahrzeuge. Die Energie aus diesen Schwingungen wird z. T. über Dämpfung und Reibung in den Federungen abgeführt und wirkt sich als Widerstand aus.
- Der **Rollwiderstand** hängt von der Rollreibung zwischen Rad und Schiene ab und entsteht durch Verformung beim Durchlaufen der Kontaktfläche. Eine weitere Rolle spielen hier aber auch die Lagerreibung und die Reibung innerhalb des Antriebs.

- Der **Luftwiderstand** hängt von der aerodynamischen Form des Zuges und seiner Geschwindigkeit ab. Bei hohen Zuggeschwindigkeiten muss auch ein hoher Luftwiderstand überwunden werden.
- Der **Beschleunigungswiderstand** bestimmt den für die Beschleunigung erforderlichen Leistungs- und Energiebedarf.

7.6.3 Bewegungsabschnitte einer Zugfahrt

Die vier wesentlichen Bewegungsabschnitte einer Zugfahrt werden mit dem Begriff „Fahrspiel" bezeichnet. Damit kann die benötigte Reisezeit oder die zurückgelegte Wegstrecke zwischen zwei Orten als Summe der Einzelphasen aufgezeigt werden.

Fahrzustand	Erläuterung
Anfahren	Beschleunigung auf eine Zielgeschwindigkeit
Konstantfahrt	Fahrt mit einer variablen Zugkraft entsprechend der einzuhaltenden Geschwindigkeit
Ausrollen	antriebslose, von den Widerständen abhängige Fahrt (Auslauf)
Bremsen	Verzögerung auf eine Zielgeschwindigkeit bzw. bis zum Stillstand

Abb. 7-42: Bewegungsabschnitte einer Zugfahrt (Fahrspiel)

7.6.4 Zugkraft

Bei einer Zugfahrt muss die Zugkraft, die vom Triebfahrzeug aufzubringen ist, mindestens so groß sein wie der Fahrwiderstand. Dieses Gleichgewicht stellt sich unter Umständen selbsttätig ein, da bei ungenügender Zugkraft die Geschwindigkeit oder Beschleunigung abnimmt. Die Zugkraft, die ein angetriebenes Rad auf die Schiene überträgt, wird durch die Reibung zwischen Rad und Schiene begrenzt. In ihrer Höhe ist sie von der Radsatzlast (Achslast) abhängig. Die Zugkraft kann durch Anordnung mehrerer angetriebener Fahrzeuge im Zug erhöht werden. Dabei kann sowohl eine weitere Lokomotive an der Zugspitze als auch eine Schiebelok am Zugende eingesetzt werden.

Der Begriff Grenzlast beschreibt die größte fahrbare Last, die auf einem bestimmten Laufweg möglich ist – unter Berücksichtigung aller relevanten technischen Kriterien. Dabei muss an jedem Signalstandort bzw. an bestimmten Betriebsstellen jederzeit die Möglichkeit bestehen, einen stehenden Zug wieder anzufahren (Anfahrgrenzlast). Begrenzt wird die übertragbare Zugkraft auch durch die im Zug über die Zugeinrichtungen übertragbare Längskraft. Diese ist in ihrer Höhe von der Bauart der Zugeinrichtung abhängig. In der Regel lassen automatische Kupplungssysteme höhere Zugkräfte zu als die herkömmliche Zugeinrichtung, die aus Schraubenkupplung und Zughaken besteht.

8 Weitere Schienenverkehrs-systeme

8.1 Straßenbahnen

8.1.1 Grundlagen für Bau und Betrieb

Das Rückgrat des innerstädtischen Nahverkehrs bilden verschiedene schienengebundene Verkehrssysteme. Neben der Eisenbahn und ihren verschiedenen Zuggattungen gehören dazu Straßen- und Stadtbahnen sowie auf eigenem Gleiskörper geführte eisenbahnähnliche Systeme wie Hoch- und Untergrundbahnen (U-Bahnen). Die schienengebundenen städtischen Verkehrssysteme unterscheiden sich nicht nur in ihren technischen Merkmalen, sondern auch hinsichtlich ihrer rechtlichen Grundlage: Im Gegensatz zu Eisenbahnen werden Straßen- und U-Bahnen auf Grundlage des Personenbeförderungsgesetzes (PBefG) betrieben; Bau und Betriebsführung unterliegen der Straßenbahn-Bau- und Betriebsordnung (BOStrab).

Im Stadtverkehr rentiert sich der Einsatz von Straßen- und Stadtbahnen überall dort, wo die vorhandenen Fahrgastzahlen einen Betrieb mit Buslinien unwirtschaftlich werden lassen oder für den Bau einer U-Bahn zu niedrig sind.

Personenbeförderungsgesetz

Das PBefG regelt die Beförderung von Personen mit Straßenbahnen und Kraftfahrzeugen (Pkw, Busse). Es definiert Straßenbahnen als Schienenbahnen, die den Verkehrsraum öffentlicher Straßen benutzen und sich mit ihren baulichen und betrieblichen Einrichtungen sowie in ihrer Betriebsweise der Eigenart des Straßenverkehrs anpassen. Dazu zählen auch Schienenbahnen mit besonderem Bahnkörper, aber ähnlicher (oder gleicher) Betriebsweise. Als Straßenbahnen gelten demnach neben U-Bahnen auch Schwebebahnen oder ähnliche Bahnen besonderer Bauart.

Straßenbahn-Bau- und Betriebsordnung

Die BOStrab ist – genau wie die EBO – eine Rechtsverordnung, die vom Bundesminister für Verkehr herausgegeben wurde. Um den Anforderungen der unterschiedlichen Straßenbahnsysteme gerecht zu werden, verzichtet die BOStrab weitgehend auf detaillierte Grenzwert- oder Maßangaben und lässt so Anpassungen an historisch gewachsene, lokale Gegebenheiten der jeweiligen Kommunen ausdrücklich zu. Grundlegende Anforderungen wie z. B. Spurführung, Lichtraumbedarf und Trassierung werden in der BOStrab nur erwähnt. Weitergehenden Beschreibungen dient das untergeordnete Regelwerk in Form von „Technischen Regeln". Umfangreiche Veränderungen im Bereich der EN- und DIN-Regelwerke führen zunehmend zu einem Anwachsen der Anforderungen an die verschiedenen Schienenverkehrssysteme. Als Beispiele seien hier die Anforderungen an das Crashverhalten der Fahrzeuge und deren Festigkeitsauslegung genannt.

8.1.2 Straßenbahn

Straßenbahnen werden überwiegend auf straßenbündigem Bahnkörper geführt. Streckenabschnitte auf besonderem Bahnkörper führen auch hier zu einer besseren Beförderungsqualität. Straßenbahnen nehmen am öffentlichen Verkehr teil; sie passen sich deshalb mit ihren baulichen und betrieblichen Einrichtungen sowie ihrer Betriebsweise der Eigenart des Straßenverkehrs an. Straßenbahnen werden in der Betriebsart „Fahren auf Sicht" betrieben; die Fahrzeuge müssen die für die Einhaltung der Straßenverkehrs-Ordnung (StVO) notwendigen Ausrüstungen aufweisen und über eine hohe Bremsleistung verfügen. Die Stromzuführung geschieht meist über eine Oberleitung. Vereinzelt werden die Fahrzeuge auch mit Energiespeicher oder alternativen Stromzuführungssystemen betrieben. Viele Straßenbahnhaltestellen sind ebenerdig, allenfalls mit niedrigen Halteinseln ausgestattet.

Abb. 8-1:
Münchener Straßenbahn
Foto: Jürgen Janicki

Stadtbahn

Stadtbahnen haben sich aus den Straßenbahnen entwickelt; sie werden sowohl auf straßenbündigem wie auch besonderem Bahnkörper betrieben. Bei Bau und Betrieb müssen die Anforderungen beider Betriebssysteme abgedeckt werden (z. B. Fahrt auf Zugsicherung und Sicht, Berücksichtigung der Eigenarten des Straßenverkehrs). Die Stromzuführung geschieht in der Regel über eine Oberleitung.

Regionalstadtbahn[1]

Hier verkehren Fahrzeuge, die für den Betrieb sowohl auf BOStrab- als auch auf EBO-Strecken zugelassen sind und gleichzeitig Straßenbahn- und Eisenbahnfahrzeuge sind. Grundvoraussetzung der Verknüpfung ist die Regelspurweite von 1.435 mm. In der Regel besitzen die Fahrzeuge Ausrüstungen für den Zwei- oder Mehrsystembetrieb und unterschiedliche Zugsicherungssysteme. Fahrzeuge mit Hybridantrieb fahren in der Stadt unter der Fahrleitung der Straßenbahn, während auf den nicht elektrifizierten Eisenbahnstrecken des Umlands ein integrierter Dieselantrieb zum Einsatz kommt.

1 auch als Tram-Train (englischer Begriff Light Rail) bezeichnet

8.1.3 Hoch- und Untergrundbahn (U-Bahn)

Die U-Bahn ist ein Massenverkehrsmittel, das in Ballungszentren die verschiedensten städtischen Bereiche miteinander verbindet und eine hohe Leistungsfähigkeit mit kurzen Fahrzeiten aufweist. Die Betriebsweise gleicht oder ähnelt derer der Eisenbahnen. Der U-Bahn-Betrieb wird grundsätzlich auf unabhängigem Bahnkörper mit Zugsicherungseinrichtung durchgeführt, im Kernbereich im Tunnel oder aufgeständert. Die Stromzuführung geschieht meist – aufgrund des dann kleineren erforderlichen Tunnelquerschnitts – über eine Stromschiene, kann aber auch über eine Oberleitung erfolgen. Aus Kostengründen werden die Strecken abseits der Innenstadtbereiche möglichst oberirdisch geführt. U-Bahn-Systeme sind gekennzeichnet durch relativ große Haltestellenabstände und Linienlängen sowie separate Haltestellenbauten. Hochbahnsteige und Hochflurfahrzeuge lassen die Realisierung weitgehend optimaler Einstiegsverhältnisse zu. Dies führt zu einem hohen Komfort für den Fahrgast, zu schnellen Ein- und Ausstiegszeiten und damit zu kurzen Haltestellenaufenthalten. Da die Nachfrage über den Tag stark schwankt, ist die Möglichkeit der Änderung der Zugbildung über Stärken und Schwächen der Züge besonders wichtig.

Völlig separat geführte U-Bahn-Systeme gibt es in Deutschland in den Städten Berlin, Hamburg, München und Nürnberg. Die U-Bahnen in Berlin und Hamburg gehören mit zu den ältesten, diejenigen in München und Nürnberg zu den jüngeren U-Bahn-Systemen der Welt. Eine Breite von 2,9 m ist heute bei den Wagenkästen Standard, der jedoch nur bei neuen U-Bahn-Systemen angewendet werden kann. Bei älteren Systemen sind die vorhandenen, historisch gewachsenen Lichtraumprofile für die Wagenkastenabmessungen maßgebend, die z. T. geringer ausgeführt sind.

Abb. 8-2:
Hamburger Untergrundbahn (U-Bahn)
Foto: Jürgen Janicki

8.1.4 Einschienenbahn (Sattelbahn, Hängebahn)

Sattelbahnen – auch stehende Bahnen oder Monorails genannt – sind vollautomatische, führerlose städtische Einschienenbahnen mittlerer Leistungsfähigkeit. Ihr wichtigstes Merkmal ist der einzelne schmale Fahrweg, der meistens aufgeständert verläuft und so eine gewisse futuristische Faszination ausübt. Diese Bauweise hat den Vorteil, die Bahn vom übrigen Verkehr zu trennen, erlaubt eine weitgehende Automatisierung und sorgt für eine Zuverlässigkeit, die sonst nur bei U-Bahnen erreicht wird. Einschienenbahnen eignen sich hervorragend für Punkt-zu-Punkt-Verbindungen wie beispielsweise bei Flughäfen und deren Anbindung an wichtige Nahverkehrswege, aber auch für verschiedene innerstädtische Verkehrsaufgaben.

Neben der aufgeständerten Bauart können Einschienenbahnen auch als Hängebahn ausgeführt werden. Ein Beispiel für eine derartige Bahn ist die weltbekannte Wuppertaler Schwebebahn.

8.2 Schienenbahnen zur Überwindung großer Steigungen

8.2.1 Einsatzstrecken

Bei Schienenbahnen setzt der zwischen den angetriebenen Achsen eines Fahrzeugs und der Schiene zu berücksichtigende Reibungsbeiwert der Haftung enge Grenzen. Dies führt überall dort zu Problemen, wo große Höhenunterschiede überwunden werden müssen. Lassen sich diese nicht vermeiden, muss eine geeignete – meist aufwendige – Linienführung mit zahlreichen Sonderbauwerken gewählt werden. Hier bieten sich neben dem Einsatz von Luftseilbahnen auch verschiedene spurgeführte Systeme wie Zahnrad- und Standseilbahnen als Lösung an.

Da diese spurgeführten Systeme meist in topografisch schwierigem Gelände realisiert werden, verursacht ihr Bau im Vergleich zu reinen Luftseilbahnen relativ hohe Investitionskosten. Diese sind in erster Linie zurückzuführen auf den aufwendigen Bau der Fahrbahn – insbesondere in felsigem Grund – sowie auf die Notwendigkeit, Sonderbauwerke wie Tunnel, Brücken und Verbauungen gegen Steinschlag und Lawinen zu erstellen. Hinzu kommen relativ hohe Betriebskosten, vor allem, wenn der Betrieb auch im Winter aufrechterhalten und somit der Fahrweg stets von Schnee und Eis befreit werden muss.

8.2.2 Zahnradbahn

Die Anwendung des Zahnstangenantriebs macht ohne aufwendige Trassierungsmaßnahmen die Bewältigung von Steigungen bis zu 250 ‰ – im Ausnahmefall bis zu 480 ‰ – möglich. Zahnradbahnen setzen die Antriebskraft der Triebfahrzeuge mit Zahnrädern in Bewegung um.

Dazu kommen verschiedene Systeme zum Einsatz, die sich im Wesentlichen im verwendeten Zahnstangensystem unterscheiden, während sich die Ausführung der Zahnräder weitgehend ähnelt. Beim Zahnschienensystem (System Strub) greifen die Zahnräder in eine an der Oberseite entsprechend geformte Zahnstange ein, die zwischen den Schienen auf den Schwellen befestigt ist. Beim Leiterzahnstangensystem (System Riggenbach) kommt hierfür eine Art Leiter zum Einsatz. Daneben gibt es noch eine Vielzahl weiterer Systeme ohne nennenswerte Verbreitung.

Bei reinen Zahnradbahnen sind die Zahnräder ständig im Eingriff und die Achsen der Triebfahrzeuge nicht angetrieben. Diese Antriebsform eignet sich für kurze Steilstrecken, kommt auf meist wenige Kilometer langen Bergbahnen zum Einsatz und lässt nur eine geringe Höchstgeschwindigkeit zu. Gemischte Bahnen besitzen einen kombinierten Antrieb für Adhäsion und Zahnrad. Diese Antriebsform kommt auf Strecken zum Einsatz, auf denen nur einzelne Abschnitte mit starken Steigungen vorhanden sind. Sie hat den Vorteil, dass auf den ebenen Streckenabschnitten mit höheren Geschwindigkeiten gefahren werden kann.

Abb. 8-3: Meterspurige Wendelstein-Zahnradbahn mit Zahnschiene (System Strub) Foto: Wendelsteinbahn/Peter Hofmann

8.2.3 Standseilbahn

Die Standseilbahn ist ein spurgeführtes Verkehrsmittel, bei dem die Fahrzeuge von einem Seil bewegt werden. Standseilbahnen werden vorwiegend auf Schienen geführt.

Als Fahrbahnunterbau kommen neben dem klassischen Schotterbett auch Stahlträger oder Betonkonstruktionen zum Einsatz. Die Zugseile werden über Streckenrollen im Gleisbereich geführt. Die Antriebsmotoren befinden sich normalerweise in der höher liegenden Station (Bergstation). Dort befinden sich auch die Umlenkscheiben, der Hilfs- und Notantrieb, die elektrische Ausrüstung und Steuerung sowie die Betriebs- und Sicherheitsbremsen. In den Drehgestellen oder Fahrwerken sind zusätzlich Fangbremsen eingebaut, die im Bedarfsfall zum Einsatz kommen.

Bei gleichzeitiger Verwendung von zwei Fahrzeugen wirken die Züge jeweils als Gegengewicht füreinander. Die Strecken werden dann meist eingleisig mit einer in der Streckenmitte gelegenen Ausweichstelle ausgeführt. Kurze Strecken werden meist zweigleisig gebaut.

Standseilbahnen lassen Strecken mit Gleisbögen, Brücken, Viadukten und Tunnelabschnitten zu und erlauben auch den Bau von Zwischenstationen.

Je nach Ausführung der Anlage können die Fahrzeuge ein Fassungsvermögen von bis zu mehreren Hundert Personen aufweisen und Fahrgeschwindigkeiten von bis zu 50 km/h erreichen. Damit eignet sich dieses Verkehrsmittel nicht nur für Berggebiete, sondern auch als öffentliches Verkehrsmittel in großen Städten. Auch der Gütertransport ist möglich; dafür kommen entweder separate Vorstellwagen oder eine an das Fahrzeug angebaute Materialplattform zum Einsatz.

Abb. 8-4: Die Oberweißbacher Bergbahn ist eine Standseilbahn im Thüringer Schiefergebirge. Foto: DB AG/Kai Michael Neuhold

9 Weiterentwicklung des Bahnsystems

9.1 Zukunftstrends

9.1.1 Einflussfaktoren und Entwicklungen

Wie sehen die Verkehrswelt und Bahnsysteme der Zukunft aus? Dazu gibt es nicht nur eine Vielzahl von Einflussfaktoren, sondern auch verschiedene Szenarien. Zukünftig ist die Welt nicht nur durch Klimawandel und Ressourcenknappheit gekennzeichnet, sondern auch durch einen weiter wachsenden Mobilitätsbedarf und eine zunehmende Zahl von Mobilitätsformen. Nachhaltige Mobilität wird zum Grundbedürfnis der Menschen und zur Voraussetzung für eine moderne arbeitsteilige Gesellschaft in einer globalisierten Welt. Sollten strukturelle Maßnahmen zur Verbesserung des Modal Split zugunsten der Schiene ausbleiben, könnten sich dadurch erhebliche verkehrs- und umweltpolitische Probleme ergeben.

Aufgrund einer Vielzahl von sich wandelnden Rahmenbedingungen und Trends steht das Bahnsystem vor großen Herausforderungen. Abhängig vom wirtschaftlichen Wachstum, von politischen Vorgaben und von der künftigen Verkehrsnachfrage sind es in erster Linie technologische Innovationen, die zu weitreichenden Veränderungen im Eisenbahnsystem führen werden.

Zukunftstrend

Globalisierung
zunehmende wirtschaftliche, politische, soziale und kulturelle Verflechtung der Länder und Menschen

Klimawandel
weltweite Veränderung des Klimas verbunden mit einer langfristigen Temperaturerhöhung

Ressourcenverknappung
schwindende Verfügbarkeit wirtschaftlich notwendiger natürlicher Ressourcen

Urbanisierung
Ausbreitung und Diffusion städtischer Lebensformen und Verhaltensweisen

Digitalisierung
Ausdehnung der Informations- und Kommunikationstechnologien

demografischer Wandel
Veränderung von Umfang und Struktur der Bevölkerung

Auswirkungen auf das Eisenbahnsystem (Auszug)

- weltweite Zunahme des Verkehrs und der damit verbundenen negativen Auswirkungen
- Vermeidung klimaschädlicher Emissionen (z. B. durch Nutzung regenerativer Energiequellen)
- Weiter- und Neuentwicklung verbrauchsarmer Triebfahrzeuge sowie Nutzung alternativer Antriebe
- Ertüchtigung des Bahnsystems für Extremwetterlagen (Sturm/Orkan, Schnee/Eis, Starkregen und Hitze)
- effizientere Nutzung natürlicher Ressourcen (Brennstoffe, Gestein, Metalle, Böden und Wasser)
- Nutzung nachwachsender Rohstoffe und alternativer Kraftstoffe
- steigende Ansprüche an die Verkehrsinfrastruktur und optimierte Verkehrsabläufe
- effizientere bzw. intelligentere Vernetzung verschiedener Verkehrsmittel
- Umstellung der Leit- und Sicherungstechnik auf digitale Stellwerke und ETCS (European Train Control System)
- Umstellung der Betriebsabläufe auf automatisierte Zugbildung und fahrerloses Fahren
- veränderte Verkehrs- und Transportnachfrage
- Bewältigung der alters- und fluktuationsbedingten Verringerung der Mitarbeiter

Abb. 9-1: Wichtige Einflussfaktoren auf die Verkehrsentwicklung und damit auf die Zukunft des Eisenbahnsystems Abbildung: Jürgen Janicki

Klimawandel

Der Klimawandel und die damit verbundenen langfristigen Veränderungen von Temperaturen, Niederschlagsmengen und Meeresströmungen beruhen vorwiegend auf menschlichen Einflüssen. Der Verkehrssektor gilt neben der Energiewirtschaft als zweitgrößter Verursacher klimaschädlicher Treibhausgase und liegt hier noch vor der Industrie und der Landwirtschaft. Stickoxide, Rußpartikel und Methan verändern nicht nur das Klima, sondern gefährden auch direkt die Gesundheit der Menschen.

In einem vom Bundeskabinett verabschiedeten Klimaschutzplan 2050 nimmt der Verkehrsbereich deshalb eine zentrale Rolle ein. Danach soll der Verkehr spätestens im Jahr 2050 nahezu unabhängig von Energieträgern mit fossilem Kohlenstoff und damit weitgehend klimaneutral sein. Das Bahnsystem ist aufgrund der physikalischen Vorteile des Rad-Schiene-Systems, des bereits heute hohen Anteils der Elektromobilität, der unkomplizierten Umwandlung der elektrischen Energie in Antriebskraft sowie der Rückspeisung von Bremsenergie ins Bahnstromnetz äußerst energieeffizient.

Deshalb wird sich der Klimaschutz in den nächsten Jahren zum wichtigsten Entwicklungstreiber für das Bahnsystem entwickeln. Voraussetzung für eine nennenswerte Verlagerung der Personen- und Güterverkehre auf die Schiene ist ein umfangreicher Ausbau der Bahninfrastruktur- und Beförderungskapazitäten unter Einbeziehung alternativer Antriebstechnologien wie Batteriebetrieb oder Wasserstoff.

Trotz vieler Vorteile ringen Eisenbahnen um ihre Bedeutung im Verkehrsmarkt

Im Personenverkehr führt die wachsende und immer älter werdende Bevölkerung zu veränderten Mobilitätsbedürfnissen und zu einer Anpassung der Reisendenströme. Das Mobilitätsverhalten der Menschen wird sich stark ändern. Künftig werden Themen wie Vernetzung, Nachhaltigkeit und mobiles Arbeiten bzw. Einkaufen eine immer wichtigere Rolle spielen. Neue Technologien wie beispielsweise Elektromobilität oder autonomes Fahren werden zu geänderten Kundenansprüchen im Transportsektor führen.

Im SGV ist der Marktanteil an der gesamten Transportleistung in der Vergangenheit kontinuierlich gesunken. Die aktuell wirtschaftlich schwierige Entwicklung vieler Unternehmen des SGV lässt sich z. T. auf die im Vergleich zu den Wettbewerbern höheren Kosten zurückführen. Dem gefallenen Preis für Dieselkraftstoff stehen steigende Strompreise für die elektrische Traktion gegenüber. Auch hat der SGV jährlich steigende Trassenpreise zu verkraften, während der durchschnittliche Lkw-Mautsatz seit Jahren sinkt.

Die Globalisierung wird zu einem weiteren Anstieg des Gütertransports und der Seehafen-Hinterlandverkehre führen. Der Aufschwung in den ehemaligen Schwellenländern hat zu einer entsprechenden industriellen Produktion, zu einer weiter verstärkten globalen Arbeitsteilung und zu einer gesamthaften Expansion des Welthandels geführt. Neue große Märkte sind insbesondere in den ehemaligen Ostblockländern und in zahlreichen Regionen Asiens entstanden. Die Verkehrszunahme bewirkt, dass sich auch die induzierte Verkehrsleistung in den „alten" Industrienationen erhöht.

9.1.2 Zukunftsbündnis Schiene

Der Schienenverkehr der Zukunft wird zum Kernelement einer nachhaltigen Mobilitäts- und Transportstrategie und soll einen wesentlichen Beitrag zum Erreichen der Klimaschutzziele leisten. Deshalb hat die Schienenbranche zusammen mit den Nutzern des Personen- und Güterverkehrs sowie dem Bundesministerium für Verkehr und digitale Infrastruktur (BMVI) im Zukunftsbündnis Schiene im Jahr 2020 einen Masterplan für das Bahnsystem in Deutschland entwickelt.

Wichtigste Ziele dieses Masterplans sind, bis zum Jahr 2030 die Fahrgastzahl zu verdoppeln und im Güterverkehr den Anteil der Eisenbahn am Modal Split von 19 auf dann 25 Prozent zu erhöhen. Eine im Auftrag der Bundesregierung durchgeführte Studie kommt zu dem Ergebnis, dass eine Steigerung der Schiene an der Güterverkehrsleistung bis 2050 auf 30 Prozent möglich ist.

Mit dem Masterplan werden die nachfolgend aufgeführten Ziele verfolgt. Daneben sollen die Maßnahmen des „Masterplans Schienengüterverkehr" sowie des „Innovationsclusters Digitale Schiene" dauerhaft umgesetzt werden.

Abb. 9-2: Masterplan Schienenverkehr im Rahmen des Zukunftsbündnisses Schiene — Abbildung: Jürgen Janicki; Zuggrafik: Siemens

Deutschlandtakt

Ein wichtiger Baustein für eine nennenswerte Verlagerung der Verkehre auf die Schiene ist der Deutschlandtakt. Im SPV wird es künftig ein netzweit abgestimmtes Taktangebot mit aufeinander abgestimmten Umsteigemöglichkeiten in den Knotenbahnhöfen geben. Dabei wird der Fernverkehr künftig fast alle 100.000-Einwohner-Städte anbinden, im Kernnetz die Takte verdichten und die Reisezeiten verkürzen. Im SGV sollen bedarfsgerechte Kapazitäten und kürzere Transportzeiten zur Verkehrsverlagerung beitragen.

Kern des Konzepts ist ein umfangreicher fahrplanorientierter Infrastrukturausbau sowie eine Erhöhung der Beförderungskapazitäten. Der Deutschlandtakt wird damit zur Planungsgrundlage für die Weiterentwicklung des deutschen Schienennetzes. Dafür hat der Bund einen Zielfahrplan und eine davon abgeleitete Liste mit den erforderlichen Infrastrukturausbauten erarbeiten lassen. Basis des Zielfahrplans ist ein integraler Taktfahrplan für den Personenverkehr mit optimalen Anschlüssen für das gesamte Angebot vom HGV bis zur Regionalbahn. Der Zielfahrplan ist angebotsorientiert und bringt schnellere Verbindungen und kürzere Fahrzeiten. Gleichzeitig berücksichtigt er die für einen wachsenden Güterverkehr erforderlichen Streckenkapazitäten.

Anfang des Jahres 2020 unterzeichneten der Bund und die Deutsche Bahn den „Vertrag über die neue Leistungs- und Finanzierungsvereinbarung“ (LuFV III) und damit das größte Modernisierungsprogramm, das es jemals in Deutschland gegeben hat. Danach sollen bis 2030 insgesamt 86 Milliarden Euro in den Erhalt und die Modernisierung des bestehenden Schienennetzes sowie die Erneuerung von Bahnhöfen, Stellwerken und Energieversorgungsanlagen fließen. Davon trägt der Bund 62 Milliarden Euro, den Rest steuert die DB aus Eigenmitteln zu.

Die erste Etappe des Deutschlandtakts soll bereits bis zum Fahrplanjahr 2025 umgesetzt sein. Ein Großteil der hierfür zusätzlich benötigten Infrastrukturprojekte befindet sich bereits in der Umsetzungsphase. Diese „Leuchtturmprojekte“ bilden wichtige Eckpfeiler auf dem Weg zum Deutschlandtakt.

Masterplan Schienengüterverkehr

Für den stark wachsenden Güterverkehr müssen wirksame Maßnahmen für einen umwelt- und klimaverträglichen Transport gefunden werden. Der 2017 vorgestellte Masterplan soll den SGV stärken und seine Wettbewerbsfähigkeit verbessern. Zur Reduzierung der Trassen- und Anlagenpreise für den SGV werden dazu in den nächsten Jahren zusätzliche Bundesmittel bereitgestellt. Wichtige Güterverkehrsstrecken und Großknotenpunkte im Schienennetz werden aus- oder neugebaut und für den Betrieb von 740 Meter langen Güterzügen ertüchtigt. Langfristig sollen auch Lösungen für Zuglängen von 1.000 Metern erarbeitet werden.

Die Digitalisierung und Automatisierung der Zugbildungsanlagen und die Einführung der automatischen Kupplung schaffen die Voraussetzung zum vollautomatischen Rangieren und Kuppeln. Die Ausrüstung der Fahrzeugflotte mit Telematik-Geräten ermöglicht die Fahrzeugortung mit GPS sowie die Laufleistungs- und Ladegutüberwachung. Güterwagen werden damit zum vernetzten Transportmittel und zu einem Werkzeug für hochproduktive Logistiklösungen.

Dienstleistungen und Vernetzungen

Neben der Nutzung innovativer Technologien wird künftig das Anbieten attraktiver Dienstleistungen eine immer wichtigere Rolle spielen. Das Verkehrsmittel Bahn allein kann seine Fahrgäste und Transportgüter systembedingt nicht von Haus zu Haus befördern. Im Schienenverkehr gewinnen deshalb sowohl die Schnittstellen zu anderen Verkehrssystemen und zum Individualverkehr wie auch die Bildung von Reise- und Transportketten an Bedeutung. Die Zusammenführung und Vernetzung aller Verkehrssysteme soll einerseits die Kapazitäten für die Bewältigung des erwarteten Verkehrswachstums schaffen und andererseits auch den veränderten Verkehrsbedürfnissen der Kunden Rechnung tragen.

9.2 Weiterentwicklung der Systemkomponenten

9.2.1 Infrastruktur

Eine moderne und leistungsfähige Verkehrsinfrastruktur ist nicht nur eine der Grundvoraussetzungen für Wirtschaftswachstum und Beschäftigung, sondern auch für die Einführung des Deutschlandtaktes. Die Neu- und Ausbaumaßnahmen in die Schieneninfrastruktur des Bundes tragen der erwarteten Entwicklung Rechnung. So konnten schon in den letzten Jahren wichtige Bausteine zum Ausbau des Schienennetzes fertiggestellt werden. Alleine im Jahr 2020 investierte die Deutsche Bahn 12,2 Milliarden Euro in die Eisenbahninfrastruktur. Damit wurden rund 1.800 Kilometer Gleise, über 160 Brücken und mehr als 1.900 Weichen erneuert sowie 800 Bahnhöfe modernisiert. Zusätzlich befanden sich 46 Großprojekte im Bau und werden 11 Großprojekte fertiggestellt. Bis zum Jahr 2029 sollen in Erhalt und Verbesserung des bestehenden Schienennetzes jährlich 8,6 Milliarden Euro fließen.

Fahrwegtechnik

Der Zeitaufwand für Bau und Instandhaltung des Fahrwegs soll künftig deutlich reduziert werden. Der Wunsch, längere, schwerere, schnellere und längere Züge zu fahren, erfordert auch Anpassungen am Fahrweg. Steigende Achslasten und höhere Geschwindigkeiten führen beim Schotteroberbau zu einer starken Belastung der Bettung. Das Bettungsmaterial reibt sich aneinander ab und verliert im Laufe der Zeit seine Belastungsfähigkeit. Auch die Haltbarkeit der Befestigungsmittel nimmt bei steigenden Ansprüchen ab.

Bei Strecken mit hoher Belastung erhöht sich der Unterhaltungsaufwand, weshalb die Konstruktionselemente des Fahrwegs kontinuierlich weiterentwickelt werden. Mittelfristig soll sich außerdem – durch den Einsatz lärmmindernder Technologien am Fahrweg – die Ausbreitung und Entstehung von Laufgeräuschen deutlich minimieren. Beispielsweise können Schienendämpfer die Schwingung des Gleises mindern und so das Rollgeräusch reduzieren.

Personenbahnhöfe

Viele Bestandsbahnhöfe sind nicht mehr zeitgemäß und zukunftsfähig. Die Deutsche Bahn hat deshalb vor einigen Jahren ein umfangreiches Modernisierungsprogramm gestartet, mit dem die Bahnhöfe nicht nur aufgefrischt, sondern auch an aktuelle Anforderungen angepasst und barrierefrei umgebaut werden. Bahnhöfe sollen künftig neben Handel und Gewerbe eine umfassende Vernetzung unterschiedlicher Mobilitätsangebote, eine intelligente Integration des Individualverkehrs sowie Arbeits-, Wohn- und Erholungsmöglichkeiten bieten.

Viele Bestandsbahnhöfe stoßen zu Spitzenzeiten an ihre Kapazitätsgrenzen. Für die prognostizierten steigenden Fahrgastzahlen müssen deshalb Konzepte entwickelt werden, mit denen Bahnhöfe und Umsteigevorgänge effizient und komfortabel gestaltet werden.

Bei den Bahnhöfen wird eine weitgehende Klimaneutralität angestrebt. Dies wird erreicht durch Verwendung von Materialien aus nachwachsenden regionalen Rohstoffen, die Nutzung erneuerbarer Energien aus Geothermie, Solarthermie- oder Fotovoltaikanlagen sowie eine weitgehende Begrünung.

Abb. 9-3: Neuer Bahnhof München Hbf

Abbildungen: Auer Weber/Quelle: DB Netz AG

9.2.2 Fahrzeuge

Die gestiegenen Anforderungen an Umweltfreundlichkeit, Nutzmasse und Geschwindigkeit führen zu neuen Fahrzeugkonzepten. Der Markt verlangt immer komfortablere, schnellere, wartungsärmere und leisere Schienenfahrzeuge, die gleichzeitig auch Maßstäbe in Bezug auf Aerodynamik, Ästhetik, Funktionalität, Kompatibilität und Flexibilität setzen sollen.

Da die Schieneninfrastruktur oft langsamer wächst als das Verkehrsaufkommen, sind Fahrzeugideen mit großen Transportkapazitäten im Personen- und Güterverkehr gefragt. Gefordert sind „intelligente Fahrzeuge", die einen Bahnbetrieb auf höchstem Verfügbarkeitsniveau bei geringen Kosten gewährleisten, eine hohe Standardisierung für einen universellen Fahrzeugeinsatz, Interoperabilität für die Nutzung bei unterschiedlichen Betreibern und in verschiedenen Netzen sowie die Zulassung in möglichst vielen Ländern.

Abb. 9-4: Die Zukunft des Schienenverkehrs liegt in der Elektromobilität. Auf den nicht elektrifizierten Strecken kommen Brennstoffzellentriebzüge (links) oder Batterietriebzüge (rechts) zum Einsatz. Foto: Siemens

Elektrische Antriebskonzepte setzen sich durch

Der Schienenverkehr stellt bereits seit über einem Jahrhundert den traditionellen Anwendungsfall für den Einsatz von elektrischer Energie dar. Bei der künftigen Beschaffung von Schienenfahrzeugen ist auch der Elektrifizierungsgrad des Schienennetzes von besonderer Bedeutung. Aufgrund ihrer Unabhängigkeit von fossilen Brennstoffen können elektrisch angetriebene Fahrzeuge auf elektrifizierten Strecken umweltfreundlicher und effizienter als Dieselfahrzeuge betrieben werden. Auf den nicht elektrifizierten Strecken kommen künftig Fahrzeuge mit hybriden Antriebssystemen oder elektrische Fahrzeuge mit einem eigenen Energiespeicher (Akkumulator oder Brennstoffzellen) zum Einsatz. Technologische Durchbrüche in der Speichertechnologie werden dazu führen, dass sich batteriebetriebene Triebfahrzeuge hinsichtlich Reichweite und Ladezeiten deutlich verbessern werden. Ein wesentliches Kriterium für die Nutzung elektrischer Antriebe wird sein, dass der hierfür genutzte Strom im Wesentlichen aus regenerativen Energiequellen stammt. Die Deutsche Bahn hat deshalb damit begonnen, die Nutzung regenerativer Energiequellen voranzutreiben. Bis zum Jahr 2030 sollen rund 80 Prozent des Strombedarfs durch Wasser-, Wind- und Sonnenkraftwerke gedeckt werden.

Eisenbahnfahrzeuge werden immer schneller

Neue Fahrzeuggenerationen von Höchstgeschwindigkeitszügen werden für eine Höchstgeschwindigkeit von bis zu 360 km/h ausgelegt. Damit lassen sich 1.000 km in gerade mal drei Stunden zurücklegen. Dank ihrer Interoperabilität mit dem konventionellen Netz können diese Züge auch auf konventionellen Strecken verkehren, die nicht speziell für den HGV gebaut wurden. Zur Erhöhung der Wirtschaftlichkeit und zur Verringerung des Energieverbrauchs werden die Antriebssysteme künftig einen höheren Wirkungsgrad aufweisen. Der Einsatz von Verbundwerkstoffen im Fahrzeugbau wird zu einer deutlichen Gewichtsreduzierung und damit auch zu Energieeinsparungen führen.

Abb. 9-5: Velaro Novo - neues Fahrzeugkonzept für HGV-Triebzüge Abbildung: Siemens

9.2.3 Bahnbetrieb

Die vorhandene Leit- und Sicherungstechnik entspricht meist nicht mehr den Kriterien der aktuellen Ansprüche an Leistungsfähigkeit, Zuverlässigkeit und Wirtschaftlichkeit und ist z. T. auch am Ende ihres Lebenszyklus angekommen. Wie kein anderes Verkehrssystem eignet sich das technische System der Bahn zur weitgehenden Automatisierung der Betriebssteuerung und -überwachung. Moderne Technologien werden in den nächsten Jahren herkömmliche personalintensive Verfahren ablösen und so einen Beitrag zu einer effizienten Nutzung der Schieneninfrastruktur leisten. Die Umstellung der Leit- und Sicherungstechnik auf das European Train Control System (ETCS) soll langfristig die unterschiedlichen Zugsicherungssysteme in Europa ersetzen und damit eine echte technische Interoperabilität ermöglichen. Der Zugverkehr auf dem Streckennetz der Deutschen Bahn wird künftig von 280 digitalen Stellwerken (DSTW) gesteuert, die sukzessive die 2.600 herkömmlichen Stellwerke unterschiedlicher Bauarten ablösen. Die Aktualisierung und Vereinheitlichung der Leit- und Sicherungstechnik führt zu einer deutlichen Qualitätssteigerung und zu einer Erhöhung der Verfügbarkeit und Pünktlichkeit.

Abkürzungen

ABS	Ausbaustrecke
Abf	Abfahrt
Abzw	Abzweigstelle
AC	Abkürzung für Wechselstrom (alternating current)
AEG	Allgemeines Eisenbahngesetz
AFB	Automatische Fahr- und Bremssteuerung
AFZS	Automatisches Fahrgastzählsystem
AK	Automatische Kupplung
Ank	Ankunft
Anschl	Anschluss
Anst	Anschlussstelle
Apl	außerplanmäßig
ARA	Außenreinigungsanlage
Arb	Arbeiten, Arbeitsstelle
Arbz	Arbeitszug
Asig	Ausfahrsignal
aT	außergewöhnlicher Transport
ATWS	automatisches Warnsystem
Auf	Aufsicht
Avsig	Ausfahrvorsignal
Awanst	Ausweichanschlussstelle
AWS	automatisches Warnsystem
AZ	Autozug

B	Bedarfszug
BA	Bauabschnitt
BAZ	Bauartzulassung
Baust	Baustelle
Bauz	Bauzug
BbahnG	Bundesbahngesetz
Bbf	Betriebsbahnhof
BBG	Bundesbeamtengesetz
BdS	Betreiber der Schienenwege
Bebu	Betriebsstellenbuch
Bef	Befehl
Befo	Beförderungsanordnung
Betra	Betriebs- und Bauanweisung
Betrst	Betriebsstelle
BEVVG	Gesetz über die Eisenbahnverkehrsverwaltung des Bundes
Bez	Bezirk
Bf	Bahnhof
BfW	Bedingungen für Wartungseinrichtungen
Bgl	Baugleis
BGV	Berufsgenossenschaftliche Vorschrift
Bk	Blockstelle
BKr	Bogenkreuzung
Bksig	Blocksignal
Bkvsig	Blockvorsignal
BLAB	Bahnstromleitungsabzweig
Blifü	Blinklichtanlage mit Fernüberwachung
Blilo	Blinklichtanlage mit Überwachungssignal
BNetzA	Bundesnetzagentur
BOA	Bau- und Betriebsordnung für Anschlussbahnen
BOStrab	Verordnung über den Bau und Betrieb der Straßenbahnen
BR	Baureihe
Br	Bremse
Brevo	Bremsvorschrift
Brh	Bremshundertstel
Brpr	Bremsprobe
BSS	Betriebssteuerungsstrategie
Bstg	Bahnsteig
BÜ	Bahnübergang
BVWP	Bundesverkehrswegeplan
BW	Bogenweiche
BZ	Betriebszentrale

Ct	Container

DAB	Dacharbeitsbühne
DAK	Digitale Automatische Kupplung
DB	Deutsche Bundesbahn
DC	Abkürzung für Gleichstrom (direct current)
DGUV	Deutsche Gesetzliche Unfallversicherung
Dksig	Deckungssignal
Dkst	Deckungsstelle
DKW	Doppelte Kreuzungsweiche
Dosto	Doppelstockwagen
DR	Deutsche Reichsbahn
DSA	Dynamischer Schriftanzeiger
DSTW	Digitales Stellwerk
DW	Doppelweiche

DZSF	Deutsches Zentrum für Schienenverkehrsforschung
EBA	Eisenbahn-Bundesamt
EBC	Benannte Stelle Eisenbahn-Cert
EBG	EBuLa-Bordgerät
EBL	Eisenbahnbetriebsleiter
EBO	Eisenbahn-Bau- und Betriebsordnung
EBOA	Eisenbahn-Bau- und Betriebsordnung für Anschlussbahnen
EBuLa	Elektronischer Buchfahrplan und Langsamfahrstellen
EBV	Eisenbahnbetriebsleiterverordnung
EC	Eurocity
ECM	Entity in Charge of Maintenance (für die Instandhaltung zuständige Stelle)
EdB	Eisenbahn(en) des Bundes
EFB	elektronischer Frachtbrief
EFR	Elektronische Fahrtenregistrierung
EG	Empfangsgebäude
EG	Europäische Gemeinschaft
EHG	Einheitshilfsgerätewagen
EHZ	Einheitshilfszug
EiB	Eisenbahner im Betriebsdienst
EIBV	Eisenbahninfrastruktur-Benutzungsverordnung
EIGV	Eisenbahn-Inbetriebnahmegenehmigungsverordnung
EIN	Europäische Identifikationsnummer
Einf	Einfahrt
EIU	Eisenbahninfrastrukturunternehmen
EkrG	Eisenbahnkreuzungsgesetz
EKW	Einfache Kreuzungsweiche
El	Fahrleitungssignale
El	elektrisch
Ellok	elektrische Lokomotive
ENeuOG	Eisenbahnneuordnungsgesetz
EOW	elektrisch ortsgestellte Weiche
EP	Eisenbahnpaket
ERA	European Railway Agency (Europäische Eisenbahnagentur)
ERegG	Eisenbahnregulierungsgesetz
ERTMS	European Rail Traffic Management System
ESBO	Eisenbahn-Bau- und Betriebsordnung für Schmalspurbahnen
Esig	Einfahrsignal
ESO	Eisenbahnsignalordnung
ESTW	Elektronisches Stellwerk
ESZB	Elektronisches Stellwerk für Signalisierten Zugleitbetrieb
ET	Elektrischer Triebzug
ETCS	European Train Control System
EU	Europäische Union
EUB	Eisenbahn-Unfalluntersuchungsstelle des Bundes
EVO	Eisenbahn-Verkehrsordnung
EVC	European Vital Computer
Evsig	Einfahrvorsignal
EVN	european vehicle number (Europäische Fahrzeugnummer)
EVU	Eisenbahnverkehrsunternehmen
EW	Einfache Weiche
EWG	Europäische Wirtschaftsgemeinschaft
EWL	Einfache Weiche links
EWR	Einfache Weiche rechts
EWV	Einzelwagenverkehr
F	Fernstrecke
FBOA	Festbremsortungsanlage
Fbv	Führerbremsventil
Fdl	Fahrdienstleiter
FGN	Fahrgastnotbremse
FIA	Fahrgastinformationsanlage
Fpl	Fahrplan
Fplo	Fahrplananordnung
Fplm	Fahrplanmitteilung
Fspr	Fernsprecher
FSÜ	Fahrstraßensignalüberwacht
FuB	Fern- und Ballungsnetz
Für	Fahrwegprüfung
Fweg	Fahrweg
Fz	Fahrzeug
Ggl	Gegengleis
GGVSEB	Gefahrgutverordnung Straße, Eisenbahn und Binnenschifffahrt
Gl	Gleis
GL	Grenzlast
GM	Grenzzeichenfreimeldung
GNT	Geschwindigkeitsüberwachung Neigetechnik
GPS	Global Positioning System
Gs	Gleissperre
GSM-R	Global System for Mobile Communications - Rail
GWB	Gleiswechselbetrieb

Gz	Güterzug
GZK	Gemischtzugkupplung
HAG	Henschel-Abschleppgerät
Hast	Haltestelle
HAV	Hemmschuhauswurfvorrichtung
Hbf	Hauptbahnhof
HBL	Hauptluftbehälterleitung
Hiz	Hilfszug
HG	Hochgeschwindigkeit
HGV	Hochgeschwindigkeitsverkehr
HL	Hauptluftleitung
HOA	Heißläuferortungsanlage
Hp	Hauptsignal
Hp	Haltepunkt
HS	Sperrsignal (Formsignal)
HV	Handverschluss
IBG	Inbetriebnahmegenehmigung
IBS	integriertes Bediensystem
IC	Intercity
ICE	Intercity-Express
IK	Interoperabilitätskomponente
IK	InterKombi-Zug
IKE	InterKombi-Express
iLBS	integriertes Leit- und Bediensystem
Indusi	Induktive Zugbeeinflussung
IRA	Innenreinigungsanlage
IS	Informations- und Steuerleitung
ITF	Integraler Taktfahrplan
Kl	Kleinwagen
KPS	Knotenpunktsystem
Kr	Kreuzung
KRBW	Kreuzungsbauwerk
Ks	Kombinationssignal
Ks	Kuppelstelle
KV	Kombinierter Verkehr
LaTPS	lärmabhängiges Trassenpreissystem
Lf	Langsamfahrsignal
Lfst	Langsamfahrstelle, vorübergehend
LIB-Index	Liberalisierungsindex
Lok	Lokomotive
Lokw	Lokomotivwechsel
LS	Sperrsignal (Lichtsignal)
LST	Leit- und Sicherungstechnik
LU	Lauffähigkeitsuntersuchung
Lü	Lademaßüberschreitung
LüK	Länge über Kupplung
LüP	Länge über Puffer
LWL	Lichtwellenleiter
LZ	Lokleerzugfahrt
LZB	Linienzugbeeinflussung
M	Militärzug
Mbr	Mindestbremshundertstel
MDZ	Mechanisierter Durcharbeitungszug
Mio	Million
N	Nahverkehrszug
NBN	Nutzungsbedingungen Netz
NBÜ	Notbremsüberbrückung
NBS	Neubaustrecke
NBS	Nutzungsbedingungen für Serviceeinrichtungen
NE	nichtbundeseigene Eisenbahnen
Ne	Nebensignal
NEAT	Neue Eisenbahn-Alpentransversale
NLZ	Netzleitzentrale
Nmg	Notfallmanager
NVR	National Vehicle Register (nationales Fahrzeugeinstellungsregister)
OB	Ortsstellbereich
Ol	Oberleitung
OLAB	Oberleitungsabzweig
OLSP	Oberleitungsspannungsprüfeinrichtung
öA	örtliche Aufsicht
ÖRil	Örtliche Richtlinie
ÖBB	Österreichische Bundesbahn
ÖPNV	Öffentlicher Personennahverkehr
ÖPSV	Öffentlicher Straßenpersonenverkehr
P	Posten
PBefG	Personenbeförderungsgesetz
PP	Planungsprämissen
PSS	Planumsschutzschicht
PZB	Punktförmige Zugbeeinflussung
Ra	Rangiersignal
RB	Regionalbahn
Rb	Rangierbegleiter

RBC	Radio-Block-Center (ETCS-Streckenzentrale)
Rbf	Rangierbahnhof
RE	Regional-Express
Rf	Rangierfahrt
Rg	Rangierer
Rgl	Regelgleis
RID	Reglement international concernant le transport des marchandises dangereuses (Ordnung für die internationale Eisenbahnbeförderung gefährlicher Güter)
Ril	Richtlinie
Ro	Rottenwarnsignal
RoLa	Rollende Landstraße
RoRo	Roll-on/Roll-off
Rp	Räumungsprüfung
RS	Rolling stock
RÜ	Reisendenübergang
Rz	Reisezug

SA	Schienenauszug
SAnh	Sattelanhänger
SBB	Schweizerische Bundesbahn
S-Bahn	Stadtschnellbahn
Sbk	selbsttätige Blockstelle, selbsttätiges Blocksignal
Sch-Tfz	Schiebetriebfahrzeug
Schrw	Schrankenwärter
Sdz	Sonderzug
SFS	Schnellfahrstrecke
SGV	Schienengüterverkehr
Sh	Schutzsignale
SiBe	Sicherheitsbescheinigung
Sifa	Sicherheitsfahrschaltung
Sig	Signal
Sigabh	Signalabhängigkeit
SiGe	Sicherheitsgenehmigung
Sipo	Sicherungsposten
SK	Schraubenkupplung
SMS	Sicherheitsmanagementsystem
SNB	Schienennetz-Benutzungsbedingungen
SO	Schienenoberkante
Sp	Schaltposten
Sperrf	Sperrfahrt
SPFV	Schienenpersonenfernverkehr
SPNV	Schienenpersonennahverkehr
SPV	Schienenpersonenverkehr
Str	Strecke
Stw	Stellwerk
SÜ	Straßenüberführung
Sv	Haupt- und Vorsignalverbindung

TE	Technische Einheit im Eisenbahnwesen
TEC	TransEuro-Combi
TEIV	Transeuropäische-Eisenbahn-Interoperabilitätsverordnung
TEN	Transeuropäisches Eisenbahnnetz
Tf	Triebfahrzeugführer
TfPV	Triebfahrzeugführerschein-Prüfungsverordnung
TfV	Triebfahrzeugführerscheinverordnung
Tfz	Triebfahrzeug
Tfzf	Triebfahrzeugfahrt
Tfzl	Lokzug
TGV	Train á grande vitesse
TP	Transportleitung
TPS	Trassenpreissystem
Ts	Signal für Schiebelokomotiven und Sperrfahrten
TSI	Technische Spezifikationen für die Interoperabilität

U-Bahn	Untergrundbahn
Ubf	Umschlagbahnhof
UFD	Unterflurdrehbank
UIC	International Union of Railways
uKZ	unmittelbare Kosten des Zugbetriebs
Üst	Überleitstelle
UVPG	Umweltverträglichkeitsprüfung
UVV	Unfallverhütungsvorschrift
Uw	Unterwerk
UZ	Unterzentrale

V	Abkürzung für Geschwindigkeit
VDB	Verband der Bahnindustrie in Deutschland
VDE	Verkehrsprojekte Deutsche Einheit
VDEV	Verein Deutscher Eisenbahnverwaltungen
VDV	Verband Deutscher Verkehrsunternehmen
VKM	Vehicle Keeper Marking (Fahrzeughalterkennung)
Vmax	Abkürzung für Höchstgeschwindigkeit
VMZ	größte zulässige Geschwindigkeit des Zuges (bei LZB)
VO	Verordnung

Vr	Vorsignal
Vsig	Vorsignal
Vst	Verkehrsstation
VT	Verbrennungstriebzug, -wagen
VV	Verwaltungsvorschrift
VwVfG	Verwaltungsverfahrensgesetz
VzG	Verzeichnis örtlich zulässiger Geschwindigkeiten

Wb	Wechselbehälter
WB	Wirbelstrombremse
Wg	Wagen
Wgm	Wagenmeister
Wgp	Wagenprüfer
Wn	Weichensignal
WSH	Wetterschutzhäuschen
Ww	Weichenwärter
X	Kreuzung

Z	Zug
Z-AK	Automatische Zugkupplung
ZB	Zugangsberechtigter
ZBA	Zugbildungsanlage
Zes	Zentralschaltstelle
ZEV	zentrale Energieversorgung
ZF	Zugfunk
Zf	Zugführer
Zg	Signale an Zügen
ZHG	Zweiwegehilfsfahrzeuge
ZLB	Zugleitbetrieb
Zm	Zugmelder
Zmb	Zugmeldebuch
Zmst	Zugmeldestelle
Zp	Signale für das Zugpersonal
Zs	Zusatzsignal
Zsig	Zwischensignal
Zstw	Zentralstellwerk
Zub	Zugbegleiter
Zugg	Zuggattung
Zugv	Zugvorbereiter
Zvsig	Zwischenvorsignal
ZZS	Zugsteuerung, Zugsicherung und Signalgebung

Maßeinheiten

A	Ampere (Einheit für Stromstärke)
Ah	Amperestunde
bar	Druck
GW	Gigawatt
GWh	Gigawattstunde
Hz	Hertz (Einheit für Frequenz)
kg	Kilogramm
km/h	Kilometer je Stunde (Einheit für Geschwindigkeit)
kV	Kilovolt (Einheit für Spannung/1kV = 1.000V)
kW	Kilowatt (Einheit für Leistung)
kWh	Kilowattstunde
m	Meter
MW	Megawatt
MWh	Megawattstunde
min	Minute
mm	Millimeter
m/s^2	Meter pro Sekunde (Beschleunigung)
Pkm	Personenkilometer
s	Sekunde
t	Tonne
Tkm	Tonnenkilometer
Trkm	Trassenkilometer
TWh	Terrawattstunde
V	Volt
W	Watt
Wh	Wattstunde
Ws	Wattsekunde
°C	Grad Celsius

Glossar

A

Abfahrauftrag: Auftrag zur Abfahrt des Zuges

Ablaufen: Bewegen von Fahrzeugen durch Schwerkraft

Ablaufberg: Gefällstrecke, auf der Güterwagen zur Zusammenstellung von Zügen ablaufen können

Absender: Unternehmen, das selbst oder für einen Dritten Güter versendet

Abstoßen: Anschieben von Fahrzeugen mit einem nicht angekuppelten Triebfahrzeug, das anschließend anhält

Abzweigstelle: Betriebsstelle, wo Züge auf eine andere Strecke übergehen können

Akkumulator (Akku): Speicherelement für elektrische Energie auf chemischer Basis

Akkutriebfahrzeug: angetriebenes Fahrzeug mit eigenem elektrischen Energiespeicher (Akkumulator)

Allgemeines Eisenbahngesetz: Gesetz zur Gewährleistung eines sicheren Eisenbahnbetriebs und eines attraktiven Verkehrsangebots

Anfahrgrenzmasse: größte Zugmasse, die von einem bestimmten Triebfahrzeug in einer gegebenen Steigung angefahren werden kann

Angebotsplanung: Gestaltung von Verkehrsangeboten im öffentlichen Schienenpersonenverkehr

Anschlussbahn: Eisenbahn des nichtöffentlichen Verkehrs mit Anschluss an eine Eisenbahn des öffentlichen Verkehrs

Anschlussstelle: Bahnanlage, wo Züge ein angeschlossenes Gleis als Rangierfahrt befahren können

Antriebsdrehgestell: unter dem Fahrzeugkasten drehbar angeordneter Rahmen mit angetriebenen Radsätzen

Aufdrücken: Zusammenschieben von Fahrzeugen zum Entkuppeln

Ausfahrgleis: Hauptgleis, auf dem Züge aus dem Bahnhof ausfahren

Ausfahrgruppe: Gleisgruppe zur Fertigstellung neu gebildeter Züge

Auslastung: Tatsächlicher Anteil der Nutzung an der möglichen Kapazität

Außenreinigungsanlage: Anlage für die Außenreinigung von Schienenfahrzeugen

außergewöhnlicher Transport: Transport, der besondere Anforderungen an die Infrastruktur stellt bzw. nur unter besonderen technischen oder betrieblichen Bedingungen durchgeführt werden kann

automatische Kupplung: Vorrichtung zum selbsttätigen Verbinden und Lösen von Schienenfahrzeugen untereinander

autonomes Fahren: computergesteuertes Bewegen eines Fahrzeugs

B

Bahnanlage: zur Abwicklung oder Sicherung des Reise- oder Güterverkehrs auf der Schiene erforderliches Objekt

Bahnbetrieb: Gesamtheit aller Tätigkeiten, die zur Durchführung des Fahrbetriebs bei einer Eisenbahn erforderlich sind

Bahnhof: Verkehrs- und Betriebsanlage einer Eisenbahn mit mindestens einer Weiche

Bahnübergang: höhengleiche Kreuzung einer Eisenbahnstrecke mit einer Straße oder einem Weg

Bahnstrom: elektrischer Antriebsstrom, mit dem Schienenfahrzeuge von Eisenbahnverkehrsunternehmen versorgt werden

Bahnstrommix: Zusammensetzung der Energieversorgung elektrischer Bahnen

Barrierefreiheit: uneingeschränkte Nutzungsmöglichkeit des Bahnsystems für Menschen mit Behinderungen

Befehl: schriftliche Weisung an das Zugpersonal zur Regelung betrieblicher Besonderheiten oder Abweichungen

Beförderung: Ortsveränderung von Gütern einschließlich der transportbedingten Aufenthalte

Beidrücken: Zusammenschieben auseinanderstehender Fahrzeuge zum Kuppeln

Bestandsnetz: bestehendes Schienennetz

Betrieb: Gesamtheit aller Maßnahmen zur Planung, Durchführung, Sicherung, Steuerung und Kontrolle von Zugbewegungen

Betriebsbremsung: Bremsstufe, die nach Ermessen des Triebfahrzeugführers angewendet wird, um eine Verzögerung entsprechend den Anforderungen des Betriebs zu erzielen

Betriebsleistung: vom Eisenbahnverkehrsunternehmen auf dem Schienennetz zurückgelegte Trassenkilometer

Betriebsstelle: Stelle, die der unmittelbaren Regelung und Sicherung der Zug- oder Rangierfahrt dient

Betriebsverfahren: System betrieblicher Regeln und technischer Mittel zur Durchführung von Fahrten mit Eisenbahnfahrzeugen

Bettung: Unterlage für das Gleis (Gleisbett)

Bettungsreinigung: maschinelle Reinigung des Gleisbetts von Verunreinigungen

Bezugslinie: Umgrenzungslinie, die den Infrastrukturbereich vom Fahrzeugbereich trennt

Blockstrecke, Blockabschnitt: Gleisabschnitt, in den ein Zug beim Fahren im festen Raumabstand nur einfahren darf, wenn er frei ist

Blockstelle: Bahnanlage, die eine Blockstrecke begrenzt

Breitspur: Spurweite größer als 1.435 Millimeter

Bremse: System oder Einrichtung zur Durchführung einer Bremsung

Bremsgewicht: im Eisenbahnbetrieb eingeführter Begriff zur Beschreibung der Bremsleistung eines Fahrzeugs

Bremshundertstel: rechnerisches Verhältnis von Bremsgewicht zu Zugmasse (Zuggewicht) in Prozent

Bremsmasse: Maß zur Bewertung des Bremsvermögens eines Fahrzeugs

Bremsprobe: Überprüfung der Funktionsfähigkeit der Bremsen eines Zuges

Bremsprobeberechtigter: Mitarbeiter, der für das richtige Bedienen und Prüfen der Eisenbahnbremsen im Betrieb verantwortlich ist

Bremsung: Vorgang, der zu einer Verzögerung des Zuges führt

Bremsweg: Weg, den ein Zug von der Einleitung einer Bremsung bis zum Stillstand zurücklegt

Brennkrafttriebfahrzeug: angetriebenes Fahrzeug, das seine Energie durch eine Brennkraftmaschine, in der Regel einen Dieselmotor, erzeugt

Brücke: Bauwerk zur Überquerung von Hindernissen wie beispielsweise Verkehrswegen und Tälern

Buchfahrplan: Fahrplanunterlage für den Triebfahrzeugführer

Bundesnetzagentur: deutsche Bundesbehörde zur Aufrechterhaltung und Förderung des Wettbewerbs in „Netzmärkten"

Bundesverkehrswegeplan: Planung der Bundesregierung zum Neu- und Ausbau überregionaler Verkehrswege in Deutschland

C

Container: standardisierter Transportbehälter für den Güterverkehr

D

Dampflokomotive: angetriebenes Fahrzeug, das seine Energie durch einen befeuerten Dampfkessel erzeugt

Deckungssignal: Signal zum Sichern eines Gefahrpunkts

Deckungsstelle: Bahnanlage zur Sicherung des Bahnbetriebs an besonderen Stellen

Deutschlandtakt: Konzept für ein netzweit abgestimmtes Taktangebot im Schienenpersonenverkehr und für eine hohe Verfügbarkeit von Systemtrassen im Schienengüterverkehr

Dienstmasse: Masse in einem festgelegten Betriebszustand

Digitalisierung: Ausdehnung der Informations- und Kommunikationstechnologien

Doppeltraktion: Steuerung zweier Triebfahrzeuge eines Zugverbands vom führenden Triebfahrzeug aus

Drehgestell: unter dem Wagenkasten drehbar angeordneter Rahmen mit Radsätzen

Drehscheibe: drehbare Vorrichtung zum Umsetzen oder Wenden von Schienenfahrzeugen

Druckluftbremse: Bremse, bei der die Bremskraft durch komprimierte Luft in einem Bremszylinder erzeugt wird

Durchrutschweg: freigehaltener Gleisabschnitt hinter einem Hauptsignal

dynamische Bremse: Bremse, bei der die Bremskraft durch Teile des Antriebs erzeugt wird

E

Einfahrgleis: Hauptgleis, auf dem Züge in den Bahnhof einfahren

Einfahrsignal: Signal, das die Einfahrt in den Bahnhof sichert

Einfahrweiche: auf das Einfahrsignal folgende Weiche

Einschienenbahn: Verkehrsmittel, das nur auf einer Schiene läuft

Einstiegshilfe: fahrzeuggebundene Einrichtung zur Erleichterung des Einstiegs in Eisenbahnfahrzeuge

Einzelwagenverkehr: Transport einzelner Güterwagen oder Wagengruppen

Eisenbahn : schienengebundenes Verkehrsmittel zur Beförderung von Personen und zum Transport von Gütern

Eisenbahn-Bau- und Betriebsordnung: Rechtsverordnung über den Bau und Betrieb von regelspurigen Eisenbahnen des öffentlichen Verkehrs in der Bundesrepublik Deutschland

Eisenbahn-Bundesamt: Aufsichts- und Genehmigungsbehörde für Eisenbahnen

Eisenbahnfähre: Schiff mit eigener Gleisanlage zum Transport von Eisenbahnfahrzeugen

Eisenbahninfrastruktur: zur unmittelbaren Abwicklung des Verkehrs auf der Schiene erforderliche bauliche Anlagen und technische Einrichtungen

Eisenbahninfrastrukturunternehmen: Unternehmen, das Eisenbahninfrastruktur betreibt sowie Zugfahrten steuert und sichert

Eisenbahnrecht: Gesamtheit aller Rechtsvorschriften und Rechtsnormen für den Bau und Betrieb von Eisenbahnen

Eisenbahnsystem: Gesamtheit aller technischen und funktionellen Komponenten einer Eisenbahn, die miteinander in Beziehung stehen

Eisenbahnverkehrsunternehmen: Unternehmen, das Zugfahrten durchführt

Elektrant: Einrichtung zur Stromversorgung abgestellter Triebfahrzeuge

elektrische Bremse: Bremse, bei der die Bremskraft durch die Fahrmotoren erzeugt wird

Elektrolokomotive: elektrisch angetriebenes Triebfahrzeug für die Zugförderung

Emission: Ausstoß von Schadstoffen, Wellen oder Strahlung in die Umwelt

Endbahnhof: Bahnhof am Ende einer Strecke

Energieeffizienz: Maß für den Energieaufwand zur Erreichung eines bestimmten Nutzens

Energieverbrauch: für eine Nutzanwendung verbrauchte Energiemenge

Entgleisung: Vorgang, bei dem ein Eisenbahnfahrzeug während der Fahrt unkontrolliert den Fahrweg verlässt

Eurocity: Zuggattung für schnellfahrende Züge des internationalen Fernverkehrs in Europa

F

Fahr-/Bremsschalter: Bedieneinrichtung zur Ansteuerung von Traktion und Bremse

Fahrdienstleiter: Mitarbeiter, der auf ihm zugeordneten Betriebsstellen eigenverantwortlich Zugfahrten zulässt

Fahrdienstvorschrift: grundlegendes Regelwerk für die Durchführung der Zug- und Rangierfahrten

Fahrbahn: Elemente des Fahrwegs zur unmittelbaren Führung der Fahrzeuge sowie ortsfeste Anlagen mit unmittelbarem Einfluss auf Trassierungen und Lichtraum

Fahrplan: Beschreibung des Fahrtverlaufs einer Zugfahrt hinsichtlich der Fahrwege, Verkehrstage, Fahrzeiten und Geschwindigkeiten.

Fahrstraße: signaltechnisch gesicherter Fahrweg für einen Zug

Fahrtstellung: Stellung, in der sich das Führerbremsventil bei gelöster Bremse befindet

Fahrweg (1): Bauwerke und sonstige Einrichtungen, die von Fahrzeugen benutzt werden können

Fahrweg (2): Linie, auf der sich ein Zug bewegt

Fahrwiderstand: Widerstand, der bei der Zugfahrt der Bewegung entgegenwirkt

Fahrzeugbegrenzungslinie: Umgrenzungslinie der Fahrzeugkonstruktion

Fahrzeugeinstellungsregister: Register, in dem registrierungspflichtige Eisenbahnfahrzeuge geführt werden

Fahrzeughalter: natürliche oder juristische Person, die als Eigentümer oder Verfügungsberechtigter ein Eisenbahnfahrzeug nutzt

Fahrzeugmasse: Schwere eines Fahrzeugs angegeben in Kilogramm (kg) oder Tonnen (t)

Fahrzeugnummer: Nummer eines Eisenbahnfahrzeugs, die seine grundlegenden Eigenschaften beschreibt und das Fahrzeug nummeriert

Feste Fahrbahn: Oberbauform, bei der eine Tragplatte aus Beton oder Asphalt das Schotterbett ersetzt

Feststellbremse: Bremse, mit der ein Fahrzeug im Betrieb abrollsicher abgestellt werden kann

Flankenfahrt: seitlicher Zusammenstoß von Schienenfahrzeugen auf zusammenlaufenden Fahrwegen

Flankenschutz: Maßnahme zur Vermeidung von Flankenfahrten

Führerbremsventil: Bedienungsorgan zur Steuerung der Druckluftbremse

Führerraum: Raum, der die Bedienelemente zum Betrieb eines Eisenbahnfahrzeugs enthält

G

Ganzzug: aus mehreren Wagen bestehende Einheit, die direkt vom Versand- zum Empfangsbahnhof verkehrt

Gefahrguttransport: Transport einer Ladung, von der besondere Risiken ausgehen

Gegengleis: Gleis, das entgegen der gewöhnlichen Fahrtrichtung befahren wird

Geschwindigkeitsprüfabschnitt: Gleisabschnitt mit Geschwindigkeitsüberwachung unter Anwendung der induktiven Zugbeeinflussung

Gleichstrom: elektrischer Strom, dessen Richtung und Stärke sich zeitlich nicht ändert

Gleichstromtriebfahrzeug: angetriebenes Fahrzeug, bei dem die Zuführung der elektrischen Energie aus einem Gleichstromsystem erfolgt

Gleis, Gleisrost: Fahrbahn für Schienenfahrzeuge bestehend aus Schwellen, auf denen zwei parallel liegende Schienen befestigt sind

Gleisabschluss: Einrichtung zum Aufhalten von Fahrzeugen bei stumpf endenden Gleisen

Gleisanschluss: Schienenweg zur Erschließung eines Geländes oder Gebäudes zum Zwecke des Gütertransports

Gleisbegehung: Sichtprüfung des Gleisbereichs im Rahmen einer Begehung

Gleisbefahrung: Sichtprüfung des Gleisbereichs im Rahmen einer Befahrung

Gleisbremse: im Gleis angebrachte Anlage zur Verringerung der Geschwindigkeit von rangierten Wagen

Gleisfreimeldeanlage: Einrichtung die prüft, ob Weichen, Kreuzungen und Gleisabschnitte frei von Fahrzeugen sind

Gleisstopfung: maschinelle Verdichtung des Schotters im Gleisbett

Grenzlast: größte fahrbare Last, die auf einem bestimmten Laufweg möglich ist

Gütertriebwagen: angetriebenes Schienenfahrzeug zum Transport von Gütern

Güterverkehr: Gesamtheit des Transports von Gütern

Güterwagen: nicht angetriebenes Schienenfahrzeug zum Transport von Gütern

Güterzug: Kombination mehrerer Eisenbahnfahrzeuge zum Transport von Gütern

H

Haltepunkt: Bahnanlage ohne Weichen, wo Züge planmäßig halten, beginnen oder enden

Haltestelle: Verkehrsanlage einer Bahn, die dem Zugang von Fahrgästen dient

Handbremse: Bremse, die mit der Hand betätigt wird

Hauptbahn: Eisenbahnstrecke von hoher verkehrlicher Bedeutung

Hauptgleis: Gleis, das planmäßig von Zügen befahren wird

Hauptsignal: Signal, das die Einfahrt eines Zuges in den folgenden Gleisabschnitt regelt

Hemmschuh: lose auf die Schiene zu legendes Hilfsmittel zum Abbremsen von Eisenbahnfahrzeugen

Herzstück: Weichenbauteil, an dem sich die Schienen beider Gleise kreuzen

Hochbahn: Bahn, die eine brückenähnliche Konstruktion oberhalb des normalen Verkehrsraums nutzt

Hochgeschwindigkeitsverkehr: Zugverkehr auf einer Hochgeschwindigkeitstrasse mit Spitzengeschwindigkeiten von mindestens 250 km/h

Hybridtriebfahrzeug: Fahrzeug, das unterschiedliche Antriebssysteme kombiniert

I

Inbetriebnahmegenehmigung: Genehmigung zur Inbetriebnahme neu gebauter oder umgebauter Eisenbahnfahrzeuge

Indusi: Einrichtung zur Beeinflussung eines Zuges; mit induktivem System zur Informationsübertragung

Industriebahn: Eisenbahn des nichtöffentlichen Verkehrs für den Güterverkehr innerhalb eines Industriegebiets

Inselbahnhof: Bahnhof, der komplett von Gleisanlagen umschlossen ist

Inspektion: Maßnahme zur Feststellung des Istzustands eines Objekts

Instandsetzung: Maßnahme zur Wiederherstellung des Sollzustands bzw. der Funktion eines fehlerhaften Objekts

Intercity: Zuggattung für schnellfahrende Züge des Fernverkehrs

Intercity-Express: Hochgeschwindigkeitszug der Deutschen Bahn

intermodaler Güterverkehr: verknüpfter Transport von Ladeeinheiten mit verschiedenen Verkehrsträgern

intermodaler Wettbewerb: Wettbewerb zwischen unterschiedlichen Verkehrsträgern

Interoperabilität: Fähigkeit eines Schienenfahrzeugs, sich an unterschiedliche technische Standards (z. B. Spurweite oder Stromsystem) anzupassen

intramodaler Wettbewerb: Wettbewerb innerhalb eines Verkehrsträgers

J K

Kilonewton: physikalische Einheit für Zug- und Bremskräfte von Eisenbahnfahrzeugen

Klima: Gesamtheit der meteorologischen Erscheinungen (z. B. Niederschlag, Temperatur, Wind)

Klimaschutz: Maßnahmen, die der Erderwärmung und dem damit verbundenen Klimawandel entgegenwirken

Klotzbremse: Reibungsbremse, bei der die Bremskraft durch Anpressen von Bremsklötzen an das sich drehende Rad erzeugt wird

kombinierter Güterverkehr: intermodaler Verkehr, bei dem der überwiegende Teil der Beförderungsstrecke mit der Eisenbahn oder dem Schiff zurückgelegt wird

Kopfbahnhof: Bahnhof, dessen Hauptgleise stumpf enden

Kreuzung: Fahrwegelement, an dem sich Gleise kreuzen

Kreuzungsweiche: Fahrwegelement, an dem sich Gleise kreuzen und eine Verbindung zwischen den kreuzenden Gleisen hergestellt werden kann

Kuppeln: Vorgang, bei dem eine Verbindung zwischen den Schienenfahrzeugen hergestellt wird

Kurswagen: Wagen, die im Verlauf einer Fahrt auf einen anderen Zug übergehen

L

Ladeeinheit: Transportgut bestehend aus Ladungsträger, Sicherungsmittel und Ladung

Ladegut: zu transportierender Gegenstand

Lademaß: Begrenzungslinie, die den äußeren Umfang einer Ladung beschreibt

Lademaßüberschreitung: Sendung, die das zulässige Lademaß überschreitet

Ladungssicherung: Maßnahme, die eine unkontrollierte Bewegung der Ladung während der Zugfahrt verhindert

Ladungsträger: güteraufnehmendes Objekt

Langsamfahrstelle: Gleisabschnitt mit vorübergehender Geschwindigkeitsbeschränkung

Lärm: störende oder gesundheitsschädigende Geräusche

Lärmminderung: Reduktion von Lärm durch aktive oder passive Maßnahme

Lärmschutz: Maßnahme zum Schutz gegen gesundheitsgefährdenden Lärm

Lastgrenzenraster: Anschrift an einem Güterwagen mit der Angabe der zulässigen Ladungsgewichte

Leerfahrt: Zugfahrt zur Überführung von Eisenbahnfahrzeugen

Lichtraumprofil: Umgrenzungslinie des für die Durchfahrt von Eisenbahnfahrzeugen und für bahnbetriebliche Zwecke freizuhaltenden Raumes

Lichtsignal: Darstellung der Signalbegriffe durch Lichtpunkte unterschiedlicher Farbe und Anordnung

Linie: Reihenfolge der bedienten Haltepunkte/Haltestellen

Linienleiter: im Gleis als Antenne verlegte Linienleiterschleife

Linienzugbeeinflussung: Einrichtung, die Signalzustände im Führerraum dynamisch anzeigt

Logistik: Planung, Steuerung und Überwachung aller Transportvorgänge

Lokführer: umgangssprachliche Benennung des Triebfahrzeugführers

Lokomotive: Triebfahrzeug, das auch von einem Zug abgekuppelt und unabhängig betrieben werden kann

Luftschadstoff: Luftverunreinigung, die schädliche Auswirkungen auf die Umwelt haben kann

M

Magnetschienenbremse: Bremse, die auf die Schiene abgesenkt und magnetisch angezogen wird

Masse: Schwere eines Objekts angegeben in Kilogramm (kg) oder Tonnen (t)

Massengut: Ladegut in großer Menge

Mehrfachtraktion: Steuerung mehrerer Triebfahrzeuge eines Zugverbands vom führenden Triebfahrzeug aus

Mehrkrafttriebfahrzeug: elektrisches Eisenbahnfahrzeug, das entweder über eine Fahrleitungsanlage oder einen Dieselgenerator mit Energie versorgt wird

Mehrsystemfahrzeug: Eisenbahnfahrzeug, das in verschiedenen Bahnsystemen betrieben werden kann

Messfahrt: Überprüfung der Gleisgeometrie im Rahmen einer Befahrung

Meterlast: maximale Masse je Längeneinheit, mit der ein Fahrzeug eine Strecke belastet

Mindestbremshundertstel: das für einen bestimmten Streckenabschnitt erforderliche Mindestbremsvermögen eines Zuges

Mischbetrieb: Betrieb verschiedener Verkehrsmittel auf einer Strecke

Mischtraktion: Steuerung verschiedenartiger Triebfahrzeuge eines Zugverbands vom führenden Triebfahrzeug aus

Mittelpufferkupplung: Vorrichtung, die Puffer und Kupplung in einem Bauteil vereinigt

mobile Ausrüstung: Schienenfahrzeug für Bau und Instandhaltung von Strecke und Infrastruktur

Mobilität: räumliche Beweglichkeit von Personen, Gütern und Daten

Modal Split: prozentuale Verteilung des Verkehrsaufkommens auf verschiedene Verkehrsmittel

multimodaler Güterverkehr: Transport von Gütern mit mindestens zwei Verkehrsträgern

N

Nachhaltigkeit: Handlungsprinzip für eine zukunftsfähige und generationengerechte Entwicklung

Nebenbahn: Eisenbahnstrecke von untergeordneter verkehrlicher Bedeutung

Nebenfahrzeug: Sonderfahrzeug für Betriebszwecke

Nebengleis: Gleis, das nicht planmäßig von Zügen befahren wird

Neigetechnik: Einrichtung, die beim Befahren von Gleisbögen den Fahrzeugkasten neigt und so eine höhere Geschwindigkeit ermöglicht

Netzgrafik: grafische Darstellung eines Eisenbahnnetzes und seines Fahrplans

Netzwerkbahn: Produktionssystem des Schienengüterverkehrs, das Einzelwagen- und Ganzzugverkehr miteinander verbindet

Normalspur: Spurweite mit einem Nennmaß von 1.435 Millimetern

Notbremse: Einrichtung, um Züge unabhängig vom Triebfahrzeugführer zum Halten zu bringen

Notfallmanagement: Maßnahmen zur Wiederherstellung des Betriebs nach gefährlichen Ereignissen

Notfalltechnik: Ressourcen zur Beseitigung von Betriebsbehinderungen an Fahrzeugen und Anlagen nach gefährlichen Ereignissen

O

Oberbau: Fahrweg bestehend aus Schiene, Schwelle und der darunterliegenden Bettung (z. B. Schotter)

Oberleitung: über dem Fahrweg aufgehängte Leitung zur Versorgung von Schienenfahrzeugen mit elektrischer Energie

P

Partikel: kleine bis kleinste Teilchen (z. B. Staub, Ruß)

Personenbeförderungsgesetz: Gesetz, das die Beförderung von Personen mit Straßenbahnen und öffentlichen Kraftfahrzeugen regelt

Personenkilometer: Maßgröße für die Verkehrsleistung im Personenverkehr

Personenverkehr: Gesamtheit der Fahrten und Reisen von Personen

Planfeststellungsverfahren: förmliches Genehmigungsverfahren zur umfassenden Entscheidung über die Zulässigkeit einer Baumaßnahme

Primärenergie: Energie, die mit den ursprünglich vorkommenden Energieformen oder Energiequellen zur Verfügung steht

Puffer: federnde Vorrichtung am Fahrzeuganfang oder -ende zum Auffangen von Stößen

Pünktlichkeit: Anteil pünktlicher Halte in Bezug auf die Summe aller Halte

Q R

Radlenker: Fahrwegelement zur Führung der Räder

Radsatz: zwei durch eine Welle verbundene Räder

Radsatzlast: von einem Radsatz auf den Fahrweg wirkende Kraft

Rampe: Bauwerk zum Ausgleich von Höhenunterschieden zwischen zwei Gleisabschnitten

Rangierbahnhof: aus einer Vielzahl von Gleisen bestehende Zugbildungsanlage

rangieren: Vorgang, bei dem Eisenbahnfahrzeuge auf ein anderes Gleis geschoben werden

Rangierer: Mitarbeiter, der bei der Zugvorbereitung mitwirkt und zusammen mit dem Triebfahrzeugführer Rangierfahrten durchführt

Rangierfahrt: Bewegung eines einzelnen selbstfahrenden Triebfahrzeugs oder einer Gruppe gekuppelter Fahrzeuge mit einem Triebfahrzeug

Rangierlok: Triebfahrzeug, das in der Regel für Rangierzwecke genutzt wird

Regelfahrzeug: Fahrzeug, das für den regelmäßigen Betrieb einer Bahn notwendig ist

Regelgleis: Gleis einer zweigleisigen Strecke, das entsprechend der gewöhnlichen Fahrtrichtung befahren wird

Regelwerk: Sammlung von Regeln und Bestimmungen in gedruckter oder elektronischer Form

Regionalbahn: Zuggattung mit kleineren Haltabständen und geringeren Durchschnittsgeschwindigkeiten

Regional-Express: Zuggattung mit mittleren Haltabständen und höheren Durchschnittsgeschwindigkeiten

Reisezug: Kombination mehrerer Eisenbahnfahrzeuge zur Beförderung von Personen

Reiterbahnhof: Bahnhof, bei dem das Empfangsgebäude quer über das Gleisfeld gebaut ist

Rußpartikel: staubförmige Emissionen, die bei der Verbrennung entstehen

S

Satellit: Güterverkehrsstelle am Anfangs- bzw. Endpunkt der Beförderungskette

Schallschutzwand: Anlage des aktiven Schallschutzes an Bahnstrecken

Scheibenbremse: Bremse, bei der die Bremsbeläge gegen die Seitenflächen einer rotierenden Scheibe gedrückt werden

Schiebebühne: parallel laufende Vorrichtung zum Bewegen von Eisenbahnfahrzeugen

Schiene: aus Profilstahl bestehendes Trag- und Führungselement einer Bahn

Schienenfahrzeug: spurgebundenes Fahrzeug, das von mit Spurkranz versehenen Rädern auf Gleisen geführt und getragen wird

Schienenschleifen: Abschleifen von Fahrflächenfehlern auf der Gleisoberfläche

Schmalspur: Spurweite kleiner als 1.435 Millimeter

Schraubenkupplung: Bauteil zur Herstellung einer Verbindung zwischen Schienenfahrzeugen

Schüttgut: loses Gut in schüttbarer Form

Schutzweiche: in abweisender Stellung verschlossene Weiche als Flankenschutz einer Fahrstraße

Schwelle: Träger der Schiene und Spurhalter für das Gleis

Schwerwagen: Güterwagen, der über die höchste angeschriebene Lastgrenze hinaus bis zur konstruktiven Tragfähigkeit beladen ist oder deren Beladung die angeschriebene Lastgrenze der zu befahrenden Strecke überschreitet

Serviceeinrichtung: Eisenbahninfrastruktur und technische Einrichtung zur Erbringung von Serviceleistungen für Eisenbahnunternehmen

Sicherheitsfahrschaltung: Einrichtung im Führerraum zur Überwachung der Einsatzfähigkeit des Triebfahrzeugführers während der Zugfahrt

Signal: sichtbares, hörbares oder elektronisches Zeichen mit einer festgelegten Information

Signalabhängigkeit: Abhängigkeit, die bewirkt, dass ein Signal nur auf Fahrt gestellt werden kann, wenn alle Fahrwegelemente richtig liegen und verschlossen sind

Signalbuch: Regelwerk, in dem Aussehen und Bedeutung der Signale festgelegt sind

Sinuslauf: durch konische Laufflächen und Spurspiel erzeugte wellenartige Bewegung eines Radsatzes bei Fahrt im geraden Gleis

Sonderzug: aus besonderem Anlass eingesetzter Zug

Spurkranz: Wulst an der Innenkante der Radlauffläche

Spurmaß: Grundmaß der Spurführung

Spurweite: Abstand der beiden Schienen zwischen den Innenflächen der Schienenköpfe

Stadtschnellbahn: Schienenbahn zur Personenbeförderung in Großstädten und ihrem Umland (Vorortbahn)

Stadtverkehrsfahrzeug: Fahrzeug für eine städtische Schienenbahn, das dem öffentlichen Personenverkehr dient

Standseilbahn: spurgeführtes Verkehrsmittel, bei dem die Fahrzeuge von einem Seil bewegt werden

Stationspreissystem: Preissystem für die Nutzung von Personenbahnhöfen

Stellwerk: Bahnanlage zur Steuerung des Bahnbetriebs

Straßenbahn: städtische Schienenbahn, deren Fahrzeuge sich überwiegend auf einem straßenbündigen Bahnkörper bewegen

Strecke: Verkehrsverbindung zwischen zwei Punkten

Streckenblock: technische Einrichtung, die das Fahren im Raumabstand erzwingt

Streckengleis: alle Gleise einer Strecke

Stromabnehmer: Vorrichtung zur Entnahme von Strom aus einer Oberleitung

Strommix: Zusammensetzung des Stroms nach Art der Energieerzeugung

Stromschiene: neben oder über dem Fahrweg angebrachte Schiene zur Versorgung von Triebfahrzeugen mit elektrischer Energie

Stückgut: stückweise gehandhabtes Ladegut

Stumpfgleis: einseitig angebundenes endendes Gleis

Systemwechsel: Wechsel von einem Eisenbahnsystem zu einem anderen

T

Taktfahrplan: Fahrplan mit identischem zeitlichen Abstand zwischen den Zugfahrten einer Linie

Talbremse: Gleisbremse, die unmittelbar dem Ablaufberg folgt

Tonnenkilometer: Maßgröße für die Verkehrsleistung im Güterverkehr

Traktion: Antrieb von Eisenbahnfahrzeugen

Transition: Umschaltung der Einrichtungen eines angetriebenen Fahrzeugs für den Betrieb im Netz eines anderen Landes

Transformator: elektrotechnisches Bauteil zur Veränderung der Spannung von Wechselstrom oder Drehstrom

Transport: Beförderung von Personen oder Gütern mithilfe eines Transportmittels

Transportleitung: Organisationseinheit eines Eisenbahnunternehmens zur Überwachung der Zuläufe

Transportmittel: Fahrzeug oder Gerät zum Transport von Personen oder Gütern

Trapeztafel: Signaltafel zur Markierung der Stelle, an der Züge vor einer Betriebsstelle halten sollen

Trasse: geplante zeitliche und räumliche Belegung eines Streckenabschnitts für eine spezifische Zugfahrt

Trassenentgelt: für die Bereitstellung einer Trasse zu zahlendes Entgelt

Trassenpreissystem: Entgeltlogik der DB Netz AG für die Trassennutzung durch Kunden

Triebfahrzeug: angetriebenes Fahrzeug ohne Nutzlastbeförderung

Triebfahrzeugführer: Person, die zum selbstständigen Führen und Bedienen eines Triebfahrzeugs befugt ist

Triebfahrzeugführerheft: Dokument, in dem die wichtigsten betrieblichen Regeln für den Triebfahrzeugführer zusammengefasst sind

Triebfahrzeugführerschein: Dokument, das zum Führen von Eisenbahnfahrzeugen berechtigt

Triebkopf: angetriebenes Fahrzeug ohne Nutzlastbeförderung am Anfang oder Ende einer Triebzugeinheit

Triebwagen: angetriebenes Einzelfahrzeug mit Nutzlastbeförderung

Triebwagenzug: Mehrfachtraktion von Einzeltriebwagen oder Einzeltriebzügen

Triebzug: mit eigenem Antrieb versehene, im Regelbetrieb nicht trennbare Einheiten aus mehreren Fahrzeugen

Tunnel: Bauwerk zur Unterquerung von Hindernissen wie beispielsweise Bergen oder anderen Verkehrswegen

Turmbahnhof: Bahnhof, in dem sich die Strecken niveaufrei oberirdisch kreuzen

U

Überhöhung: Höhenunterschied zwischen der bogenäußeren und bogeninneren Schiene im Gleisbogen

Überholung: Ausweichen von in gleicher Fahrtrichtung fahrenden Zügen

Überleitstelle: Bahnanlage der freien Strecke, wo Züge auf ein anderes Gleis derselben Strecke übergehen können

Überwerfungsbauwerk: Brücke oder Tunnel am Schnittpunkt mehrerer Bahnstrecken

Umlaufplan: Darstellung der Reihenfolge der Züge in grafischer Darstellung

Umlaufplan: grafische Darstellung aller Fahrten, die ein Fahrzeug nacheinander abwickeln soll

Umspurung: Übergang eines Fahrzeugs auf ein Eisenbahnnetz anderer Spurweite durch Anpassung des Laufwerks

Umweltverträglichkeitsprüfung: Verfahren zur Prüfung umweltrelevanter Vorhaben auf ihre möglichen Umweltauswirkungen

Unterbau: Erdbauwerk, das zur Anpassung des Geländes an das Gleis dient

Unterflurdrehbank: Anlage zur Reprofilierung der Laufflächen von Eisenbahnfahrzeugen

Untergrundbahn: Bahn mit vollständiger oder teilweiser unterirdischer Verkehrsführung

Unterwerk: Anlage zum Umspannen von Strom

V

Vegetationskontrolle: Überprüfung und Zuschneiden/Entfernen der Vegetation im Gleisbereich

Verkehr: Ortsveränderung von Personen und Gütern

Verkehrsleistung: zentrale Leistungsgröße zur Messung der erbrachten Transportleistung

Verkehrssystem: Gesamtheit aller strukturellen Komponenten, die für die Ortsveränderung von Personen oder Gütern erforderlich sind

Verkehrsträger: Streckenart der Verkehrsmittel (z. B. Straße, Schiene)

Verkehrsvertrag: Vertrag zwischen Besteller und Eisenbahnverkehrsunternehmen über die Erbringung von Verkehrsleistungen im Personenverkehr

Verschieben: Bewegen von Fahrzeugen durch Menschenkraft oder ortsfeste Förderanlagen

Vollbremsung: höchste mit dem Führerbremsventil bzw. Fahrbremsschalter einstellbare Bremsstufe

Vorheizanlage: Einrichtung zur Stromversorgung abgestellter Reisezugwagen

Vorsignal: im Regelbremswegabstand vor einem Hauptsignal stehendes Signal zur Ankündigung des zu erwartenden Signalbegriffs

W

Wagen: nicht angetriebenes Fahrzeug zum Transport von Personen oder Gütern, das in einen Zug eingestellt wird

Wagengattung: Einteilung von Wagen nach ihren konstruktiven Hauptmerkmalen und ihrem Verwendungszweck

Wagenladungsverkehr: Transportform, bei der Einzelwagen und Wagengruppen regionsweise gebündelt und in gemeinsamen Güterzügen befördert werden

Wartung: Maßnahme zur Bewahrung des Sollzustands eines Objekts

Wechselstrom: elektrischer Strom, dessen Richtung und Stärke sich periodisch ändert

Wechselstromtriebfahrzeug: angetriebenes Fahrzeug, bei dem die Zuführung der elektrischen Energie aus einem Einphasenwechselstromsystem erfolgt

Weiche: Fahrwegelement, auf dem sich Gleise verzweigen und Schienenfahrzeuge einen Gleiswechsel ohne Halt durchführen können

Weichenantrieb: technische Einrichtung zum Bewegen der Weichenzunge

Weichenzunge: verstellbarer Bereich einer Weiche

Wendezug: Zug, bei dem beim Fahrtrichtungswechsel das Triebfahrzeug nicht umgesetzt werden muss

Werksbahn: Eisenbahninfrastruktur eines Unternehmens, die ausschließlich für eigene Zwecke genutzt wird

Werkstatt: Anlage mit einem Arbeitsraum für die Durchführung von Arbeiten an Eisenbahnfahrzeugen

Werkverkehr: Transport innerhalb eines Werkes

X Y Z

Zahnradbahn: Verkehrsmittel, bei dem ein angetriebenes Zahnrad in eine im Gleis angebrachte Zahnstange oder Zahnschiene greift

Zug: auf der Strecke oder im Bahnhof verkehrende Kombination mehrerer Eisenbahnfahrzeuge entsprechend den betrieblichen oder kommerziellen Anforderungen

Zugbeeinflussung: Einrichtung, die Daten über die zulässige Fahrweise vom Fahrweg zum Fahrzeug überträgt und bei Abweichungen Zwangsbremsungen auslöst

Zugfunk: Funkanlage eines Zuges

Zuggattung: Merkmal zur Unterscheidung von Zügen nach ihren Aufgaben

Zuggeschwindigkeit: zulässige Geschwindigkeit, mit der ein Zug auf einem Streckenabschnitt verkehren darf

Zughaken: an den Fahrzeugstirnseiten angebrachter Haken zur Übertragung der Zugkräfte

Zuglast: Gesamtmasse eines Zuges

Zugleitbetrieb: Betriebsverfahren, bei dem ein Zugleiter die Zugfolge mit fernmündlichen Meldungen regelt

Zugmasse: Schwere eines Zuges angegeben in Tonnen (t)

Zugnummer: nummerische Kennung eines Zuges

Zugsammelschiene: Kabel, das die Wagen eines Zuges mit elektrischer Energie versorgt

Zugsicherung: Gesamtheit der zur Sicherung des Zugverkehrs erforderlichen Einrichtungen und Maßnahmen

Zusatzsignal: Signal, das einen schriftlichen Befehl ersetzt oder einen Signalbegriff inhaltlich ergänzt

Zwangsbremsung: durch Sicherheitseinrichtungen oder Zugtrennung eingeleitete Schnellbremsung

Zweiwegefahrzeug: Kraftfahrzeug, das auch auf Schienen fahren kann

Index

T

U

V

W

Quellen und verwendete Dokumente

Bücher

Berndt, Thomas: Eisenbahngüterverkehr. Stuttgart/Leipzig/Wiesbaden: B.G. Teubner, 2001.

Grundlagen der Bremstechnik. 3. Auflage. Mödling/München: Knorr-Bremse, 2007.

Hausmann, Anita – Enders, Dirk: Grundlagen des Bahnbetriebs. 3. Auflage. Berlin: Bahn Fachverlag GmbH, 2017.

Janicki, Jürgen – Reinhard, Horst – Rüffer, Michael: Schienenfahrzeugtechnik. 4. Auflage. Berlin: Bahn Fachverlag GmbH, 2020.

Lübke, Dietmar (Gesamtkoordination): Das System Bahn. 1. Auflage. Hamburg: DVV Media Group GmbH, 2008.

Marks-Fährmann, Ulrich – Restetzki, Klaus – Biehounek, Alexander – Hegger, Andreas: Grundwissen Bahn. 10. Auflage. Haan-Gruiten: Verlag Europa-Lehrmittel, 2020.

Motherby, Marianne: Kompendium Eisenbahn-Gesetze. 15. Auflage. Hamburg: DVV Media Group GmbH, 2009.

Pachl, Jörn: Systemtechnik des Schienenverkehrs. 4. Auflage. Stuttgart: Teubner-Verlag, 2004.

Wittenberg, Klaus-Dieter – von Lüpke, Alexander – Zwanziger, Frank – Heinrichs, Horst-Peter: Kommentar zur Eisenbahn-Bau- und Betriebsordnung (EBO). 6. Auflage. Leverkusen: Eurailpress Tetzlaff-Hestra GmbH & Co. KG, 2020.

Beiträge

Bormet, Jörg – Rausch, Ralf: Weichen stellen für die Zukunft der Betriebssteuerung. In: Deine Bahn (7/2017), 6-9.

Brandau, Jochen – Hein, Carsten – Müller, Alexis – Walther, Götz: Betriebsregelwerk EVU (BRW). Motivation für eine brancheneinheitliche Regelung. In: Deine Bahn (02/2015), 46-51.

Janicki, Jürgen: Hochgeschwindigkeit als Zukunftsstrategie. In: Deine Bahn (09/2010), S. 14-18.

Janicki, Jürgen: Barrierefreie Gestaltung von Eisenbahnfahrzeugen. In: Deine Bahn (08/2012), S. 48-51.

ohne Autor: Container: Laderaum der Gegenwart und Zukunft. In: Deine Bahn (10/2020), 52-57.

ohne Autor: Der Arbeitsplatz des Triebfahrzeugführers. In: Deine Bahn (10/2020), 35-39.

Schöberl, Horst – Ehret, Bodo: Die Bahnstromversorgung bei der DBAG. In: Deine Bahn (10/2008), 44-49.

Weiland, Kristian – Hundertmark, Annika: Mit dem digitalen Bahnbetrieb in die Zukunft der Eisenbahn. In: Deine Bahn (09/2020), S. 14-18.

Normen, Richtlinien, Regelwerke und Gesetze

Allgemeines Eisenbahngesetz (AEG) von 1993, zuletzt geändert am 03.12.2020
Quelle: www.gesetze-im-internet.de

DIN 25003; Systematik der Schienenfahrzeuge
Herausgeber: Deutsches Institut für Normung e. V. (09/2001)

Eisenbahn-Bau- und Betriebsordnung (EBO) vom 08.05.1967, zuletzt geändert am 05.04.2019
Quelle: www.gesetze-im-internet.de

Fahrdienstvorschrift; Richtlinie 408
Quelle: https://fahrweg.dbnetze.com/fahrweg-de

Richtlinie 2008/57/EG des Europäischen Parlaments und des Rates vom 17. Juni 2008 über die Interoperabilität des Eisenbahnsystems in der Gemeinschaft (Neufassung)

Richtlinie 96/48/EG des Rates vom 23. Juli 1996 über die Interoperabilität des transeuropäischen Hochgeschwindigkeitsbahnsystems

Richtlinie 301 – Signalbuch Aktualisierung 11 (27. September 2019)
Quelle: https://fahrweg.dbnetze.com/fahrweg-de

TEIV (Transeuropäische-Eisenbahn-Interoperabilitätsverordnung) vom 05.07.2007, zuletzt geändert am 22.11.2013 (Download im März 2015)

TSI (technische Spezifikationen für die Interoperabilität)
Quelle: www.eur-lex.europa.eu (Download der konsolidierten Fassungen mit Stand 16.06.2019)

Verordnung über den Bau und Betrieb der Straßenbahnen (Straßenbahn-Bau- und Betriebsordnung – BOStrab) vom 11.12.1987, zuletzt geändert am 01.10.2019
Quelle: www.gesetze-im-internet.de

Verordnung über die Erteilung der Fahrberechtigung an Triebfahrzeugführer sowie die Anerkennung von Personen und Stellen für Ausbildung und Prüfung (Triebfahrzeugführerscheinverordnung – TfV) vom 29. April 2011; zuletzt geändert am 26.11.2019
Quelle: www.gesetze-im-internet.de

VDV-Schrift 757: Bremsen im Betrieb bedienen und prüfen – Bremsvorschrift
Herausgegeben vom Verband Deutscher Verkehrsunternehmen (VDV)

Sonstige Informationen

Bundesforschungsprogramm Schiene
Bundesministerium für Verkehr und digitale Infrastruktur (05/2019)

Dr. Klebsch, Heininger, Martin (VDE Verband der Elektrotechnik Elektronik Informationstechnik e.V.)
Studie „Alternativen zu Dieseltriebzügen im SPNV“ (5/2019)

Gleitende Mittelfristprognose für den Güter- und Personenverkehr; Mittelfristprognose Winter 2019/20
Intraplan Consult GmbH im Auftrag des Bundesministeriums für Verkehr und digitale Infrastruktur

Integrierter Bericht 2014
Herausgeber: Deutsche Bahn AG
Quelle: www.deutschebahn.com

Masterplan Schienengüterverkehr
Herausgeber: Bundesministerium für Verkehr und digitale Infrastruktur

Projektgruppe Masterplan Schienengüterverkehr
Stand Juni 2017

Nutzungsbedingungen Netz der DB Netz AG (NBN 2022)
Quelle: https://fahrweg.dbnetze.com/fahrweg-de

Schienennetznutzungsbedingungen in der Fassung vom 15.12.2019 (SNB 2021)
Quelle: https://fahrweg.dbnetze.com/fahrweg-de

Schulungsunterlagen von DB Training, Learning und Consulting

Verladerichtlinien Band 1 Grundsätze
UIC (04/2020)

Inserenten